脉动天山

新疆 750kV 电网建设与发展

国网新疆电力公司 组编

中国电力出版社
CHINA ELECTRIC POWER PRESS

内 容 提 要

新疆 750kV 输变电系列工程是国家电网公司落实西部大开发战略、贯彻两次中央新疆工作座谈会部署的重要德政工程、民生工程。历经十年，建成了"三环网、双通道、两延伸"的 750kV 骨干网架，实现了新疆与西北主网的联网。对于实现全疆范围的电力资源优化配置、水火电互补以及"疆电外送"目标，推动新疆经济社会可持续发展和长治久安，推动"一带一路"战略落地和全球能源互联具有重要意义。

本书采用篇章式布局，分为综合篇、规划篇、建设篇、运维篇、创新篇、精神文明篇六篇，全面总结回顾了新疆 750kV 输变电系列工程的发展、规划设计、工程建设、生产运行的全过程。

本书可供国内外电网工程规划、建设、运维相关管理及技术人员学习和参考。

图书在版编目（CIP）数据

脉动天山：新疆 750kV 电网建设与发展/国网新疆电力公司组编.—北京：中国电力出版社，2016.12
ISBN 978-7-5123-9548-0

Ⅰ.①脉… Ⅱ.①国… Ⅲ.①电网-电力工程-概况-新疆 Ⅳ.①TM7

中国版本图书馆 CIP 数据核字（2016）第 161041 号

中国电力出版社出版、发行

（北京市东城区北京站西街 19 号 100005 http://www.cepp.sgcc.com.cn）

北京雁林吉兆印刷有限公司印刷

各地新华书店经售

＊

2016 年 12 月第一版 2016 年 12 月北京第一次印刷

787 毫米×1092 毫米 16 开本 27.5 印张 488 千字

印数 0001—4200 册 定价 **156.00** 元

2011年9月14日，时任中共中央政治局委员、新疆维吾尔自治区党委书记张春贤（左四）视察新疆电力调度中心，了解新疆750kV电网建设运行情况。

2007年11月10日，时任中央政治局委员、新疆维吾尔自治区党委书记王乐泉（左二）视察国网新疆电力公司，时任国家电网公司党组书记、总经理刘振亚（右二）向其介绍新疆750kV电网发展规划。

2011年4月2日，时任新疆维吾尔自治区党委副书记、自治区主席努尔·白克力（左一）一行视察哈密750kV变电站，了解新疆与西北主网联网工程投运后电网运行情况。

2014年1月27日，时任国家电网公司总经理舒印彪（右一）在北京会见时任新疆维吾尔自治区党委常委、自治区常务副主席黄卫（左二），并就加快新疆750kV电网建设、服务地方经济社会发展交换了意见。

2006年6月17日，国家电网公司与新疆维吾尔自治区政府签订新疆电网"十一五"发展会谈纪要。

2012年2月4日，新疆维吾尔自治区750kV电网全面建设启动会在乌鲁木齐召开。

本书编委会

主　任	刘劲松　叶　军
副主任	沙拉木·买买提　开赛江·阿不都如苏里　　许传辉
	孙　涛　白　伟　涂海江　赵青山　黄　震
	阿斯卡尔·阿合买提　　谢　恒　张龙钦
委　员	乔西庆　黄　钢　晏　青　胥　新　车　勇　孙学峰
	戴拥民　贾　涛　周　斌　王峰强　张　陵　吕新东
	李允昭　罗忠敏　徐忠国　肖　琴　高　峰　王逸军
	韦　强　孙　海　赵宜明　彭　钟　李　渝　房　忠
	陈亚新　李明伟　徐　禾　张　伟　孟　岩　王修江
	刘建彬

专家顾问组

苏胜新　文　博　王凤雷　杨玉林　谭洪恩　施学谦　金　炜

编写工作组

组　长	车　勇
副组长	彭生江　瞿　朋　周　勃　郭文清　康玉函
成　员	李　亚　胡常胜　王金锁　王海宾　郝大勇　潘晓冬
	杨新猛　杜　平　周　辰　张辉疆　徐世玉　高朝阳
	丁赞成　罗清雷　常喜强　张　勃　彭素江　曾玲玲
	赵建维　胥　巍　刘　维　程　峰　杨世江　唐　凯
	吕　盼　张增强　周　专　赵　津　童　彤　柏　丽
	邵　海　张　梅　李佳伟　赵云锋　宋春雷　李本德

前　言

　　新疆 750kV 输变电系列工程是国家电网公司落实国家西部大开发战略，贯彻两次中央新疆工作座谈会部署的重要德政工程、民生工程，对于实现全疆范围的电力资源优化配置、水火电互补以及"疆电外送"目标，推动新疆经济社会可持续发展和长治久安，推动"一带一路"战略落地和全球能源互联具有重要意义。

　　新疆 750kV 输变电系列工程全长 4949.1km，投运容量 4290MVA，横穿戈壁、跨越雪山，施工环境极其恶劣，大量通道开辟在无人区域，生态环境脆弱，生命保障艰难，是世界上最具挑战性的超高压输变电工程。在国家电网公司的坚强领导下，国网新疆电力公司加强组织领导，精心周密部署，发挥集团化优势，联合新疆维吾尔自治区政府和当地各族人民攻坚克难，发扬"努力超越、追求卓越"的企业精神，在茫茫戈壁、巍巍雪山上战天斗地，在平凡的岗位上日复一日默默坚守，以青春、热血、智慧铸就了伟大的新疆 750kV 电力长城，塑造出"顽强拼搏、攻坚克难、百折不挠、勇攀高峰"的新疆"750 精神"，创造了世界电网建设的新奇迹，谱写了丝绸之路繁荣发展的新篇章。

　　回首新疆 750kV 电网工程建设，感慨万千。十年的历程在每个新疆电力人心中都刻下了深深的烙印。

　　在知名的百里风区，常年积雪不化的高山大岭，百里无人烟的茫茫大漠，

脉动天山

一座座铁塔巍然屹立，一条条输电线路贯通南北，这伟大壮举的背后折射的是战略部署、管理创新、坚韧不拔。

特别能吃苦、特别能战斗、特别负责任、特别能奉献的电力铁军，在新疆 750kV 电网建设的每一天，都在讲述着动人的故事。他们将深深的国家电网情融入崭新的中国梦，在勾勒出"疆电外送"壮美画卷的同时，铸就了最动人的"750 精神"。

党中央、国务院、国家电网公司党组的坚强领导，新疆维吾尔自治区人民政府的大力支持，国网新疆电力公司历任领导班子的执着与坚守，有关建设单位的众志成城，公司员工的无私奉献，已成为 750kV 电网工程的一部分，并将一直点缀着新疆电力人用十年光阴精心描绘出的美丽且厚重的画卷。历经十年寒暑，国网新疆电力公司建起了天山东段环网、天山西段环网和乌昌地区环网，打通了新疆与西北电网联网 750kV 第一通道和第二通道，打造了向南延伸至南疆喀什地区、向北延伸至北疆准北地区的 750kV 输电线路，在新疆构成了"三环网、双通道、两延伸"的 750kV 骨干网架，支撑起哈密—郑州 ±800kV 特高压直流外送通道。新疆 750kV 输变电系列工程的逐步建成投运，实现了新疆与西北电网联网，彻底改变了新疆电网孤网运行的历史，极大地改善了新疆因能源资源时空和季节分布布局造成的局部缺电、窝电状况，并通过特高压外送通道将新疆丰富的能源送到我国东部负荷集中地区，有力促进了我国清洁能源的开发利用。

十年的成绩已画上句号，面对我国"十三五"发展的宏伟蓝图，面对"十三五"能源及电力发展目标，面对构建全球能源互联网的重任，新疆电网刚刚起步，在前行的道路上还需积累。因此深感有义务、有责任总结回顾 750kV 电网发展历程与经验、成果，展示一个个生动场景，讲述一个个感人故事，与大家共同见证规划设计、工程建设、生产运行全过程。这不仅有利于各方面深化对新疆 750kV 电网建设与发展的认识，而且有助于今后发扬"努力超越、追求卓越"精神。同时，也希望对国内外电网规划、建设、运维相关管理及技术人员有所启发。

本书采用篇章式布局，全面回顾了 750kV 系列工程建设起因、探索、历程和成效。

综合篇从新疆的战略地位出发，首先回顾了党和国家及国家电网公司对新疆经济社会发展的高度重视及殷殷重托，分析了新疆经济快速发展给电网带来的挑战。其次介绍了国网新疆电力公司把握机遇，做出建设 750kV 电网的抉择过程以及工程建设时高起点的卓越管理。最后回顾了十年建设的成就，展示了 750kV 电网工程所产生的巨大效益。

规划篇旨在全面、系统地反映新疆750kV电网规划和工程设计情况，从750kV电压等级选择论证、电网规划历程、规划成果、关键技术使用和环保设计等方面对新疆750kV电网的规划和设计情况进行总结。

建设篇从工程建设现有的管理体制入手，针对750kV工程项目建设的前期、进度、安全、质量、造价、技术、物资、验收进行全方位的总结归纳，充分展示工程建设的管理、成果、亮点。

运维篇归纳了新疆750kV电网的运行特点以及工作过程中所遇到的难点，总结750kV电网工程投产前准备工作的开展情况及经验，对工程投入运行后生产运行管理、工程检修管理中的各项工作过程、成果、亮点进行了充分展示，系统地总结与探讨了新疆750kV电网生产运行工作中的管理经验与体会。

创新篇展示了输电线路、变电设备、电网系统等方面的科技攻关成果，以及企业发展和电网建设方面的管理创新成果。

精神文明篇反映了750kV电网建设过程中在党建工作文化建设、团队建设等方面取得的成绩，记录了在平凡岗位上无私奉献的代表性人物，抒发了建设者的感悟。

经过近一年的收集、整理、编撰，本书终于面世了。在本书编写过程中，得到了国网新疆电力公司本部和相关单位众多管理、技术人员的大力支持和帮助，国网经研院、国网能源院和华北电力大学也对本书提出了宝贵的意见，在此一并向他们表示感谢。

由于编者水平有限，书中难免有表达不当和不足之处，敬请谅解。

编　者
2016年11月

目　录

脉动天山

综合篇

回顾历史，西部大开发、"疆电外送""一带一路"等国家战略的相继出台，两次中央新疆座谈会以及"十一五""十二五"两个五年规划的落地等，给新疆经济社会的发展带来了无穷无尽的机遇。

保障经济发展的重任让每一个新疆电力人都感受到了巨大的压力，新疆电力人清楚地认识到，必须顺应时代潮流，抓住战略机遇，构建更高电压等级的坚强电网，实现"疆电外送"，践行跨区域能源互联，才能为推动电力市场建设、"一带一路"战略实现和新疆经济社会快速发展和长治久安贡献更大的力量。

经过多年的论证分析，结合国家政策和电网建设实践经验，新疆电力人先后做出了一系列重大抉择：新疆必须建设超高压750kV电网，必须建设特高压外送通道，必须在"一带一路"战略下加快建设全球能源互联网基础骨干网架！

十年励精图治，新疆750kV主网架"三环网、双通道、两延伸"的建设目标基本完成。新疆750kV电网的建设显著提升了能源大范围优化配置能力，成为连接西部边疆与中原地区的"电力丝绸之路"，形成"煤从空中走，电送全中国"的新格局。

新疆电力人用几代人的汗水、青春乃至生命，把这些纵横交错的电网编织到天山南

北。750kV 电网如同电力能源的"高速公路"，不但结束了新疆长期孤网运行历史，而且正沿着古老的丝绸之路不断延伸。今天的新疆电力不但能满足区内需要，还可以为区外乃至周边国家的电力供应提供支撑。

作为我国向西开放的桥头堡，新疆有着特殊的区位优势、资源优势、政策优势、后发优势，新疆 750kV 电网的建设与发展意义显著。

从国家及地区发展的战略层面来看，新疆 750kV 电网建设有力地保障了国家能源安全，促进了能源资源的优化配置，引领了电力丝绸之路的建设，助力于全球能源互联网的发展，有利于新疆地区的社会稳定和长治久安。

从国家电网体系的发展层面来看，新疆 750kV 电网建设充分利用了新疆本地的发电资源，提升了新疆电网的保障能力，实现了"煤电并举"的能源输出方式，为特高压直流和坚强智能电网建设打下了坚实的基础。

从经济发展的保障提升层面来看，新疆 750kV 电网建设满足了当地发展的用电需求，提供了经济发展的基础保障，提升了电力工业的经济效益，带动了电力装备制造业的快速发展。

从环境保护的层面来看，新疆 750kV 电网建设促进了新能源电力的消纳，采用绿色风电、光伏替代了燃煤供暖，通过清洁电力实现了节能减排，实施绿色发展，构建生态文明。

精思傅会，十年乃成，新疆电力人精心铸造电力长城，积极打通外送通道，铺就电力丝绸之路，功在当代，利在千秋。如今，伴随着丝绸之路经济带建设的深入推进，新疆正站在新的历史起点上，描绘着更加宏伟的蓝图。打造国家能源资源陆上大通道，向国内外输出更多的电力资源，新疆需要更坚强的配套电网支撑。"十三五"末，新疆电网将建成"五环网、三交流、五直流"的骨干网架，届时新疆电网将是全国最大的省级电网，也是全国最大的电力外送基地。

第一章 历史回眸

新疆维吾尔自治区地处祖国西北边疆和亚欧大陆腹地，拥有"三山夹两盆"的独特景观，地形复杂、山川耸立、河湖纵横、景色壮丽，与俄罗斯等 8 个国家接壤，是我国面积最大、陆地边境线最长、毗邻国家和陆路口岸最多的省区，是中国连接中亚、南亚、西亚和欧洲的重要陆路通道，也是古丝绸之路的交通要塞，是我国向西开放的重要门户。新疆拥有丰富的煤炭、水力、油气、风能、太阳能等能源，是我国重要的能源资源战略基地。

新疆是西部地区经济增长的重要支点，也是我国西北边疆的战略屏障。自古以来，边疆稳则国安，边疆乱则国难安。新疆局势事关全国改革发展稳定大局，事关祖国统一、民族团结、国家安全，事关实现"两个一百年"奋斗目标和中华民族伟大复兴，对实现经济社会快速发展和安全稳定意义深远。

改革开放以来，党和国家制定了一系列战略方针政策，对新疆经济社会的快速发展和安全稳定寄予厚望。本章重点讲述在新疆 750kV 输变电工程十年建设历程中，国网新疆电力公司（以下简称国网新疆电力）面临的发展选择和先于经济社会发展所面临的困境。

第一节 殷 殷 重 托

新中国成立后，党和国家非常重视新疆的发展，特别是改革开放以来，新疆进入经济社会快速发展、综合实力明显增强、各族群众得到实惠最多的时期。1999 年，中央提出实施西部大开发战略，把促进新疆发展摆在更加突出的位置。此后十年间，党和国家两次召开中央新疆工作座谈会，研讨部署新疆工作，审核并批准了"十一五""十二五"五年规划纲要，相继出台《中国的能源政策（2012）》《能源发展战略行动计划（2014～2020 年）》，制定并颁布了《推动共建丝绸之路经济带和 21 世纪海上丝绸之路的愿景与行动》。面对国家煤电油运的紧张形势、环境保护的严峻态势以及能源资源的分布不均，为实现全国电力可持续发展，"西电东送""疆煤东运""疆电外送"战略和构建全球能源互联网战略应运而生。新疆建设者们承担着努力建设团结和谐、繁荣富裕、文明进步、安居乐业的社会主义新疆，转化资源优势为经济优势，打造丝绸之路经济带核心区的历史重任。

20世纪70年代中后期，我国在电力发展的政策中明确提出了发展大电站、建设大型水电和火电基地、实施大型水电和坑口电站向外送电发展电网的原则，这一原则为"西电东送"奠定了基础，创造了政策机遇。

2000年10月，中共十五届五中全会通过的《中共中央关于制定国民经济和社会发展第十个五年计划的建议》，把实施西部大开发、促进地区协调发展作为一项战略任务，强调"实施西部大开发战略、加快中西部地区发展，关系经济发展、民族团结、社会稳定，关系地区协调发展和最终实现共同富裕，是实现第三步战略目标的重大举措"，为"西电东送"的大规模实施提供了历史机遇。

2000年，原国家计委主持召开了"西电东送"发展战略研讨会，并向国务院提出了加快"西电东送"工程建设的建议，获国务院同意，形成了"西电东送"战略规划总体原则：促进西部水力资源与大型煤电基地的开发，从而促进西部地区的经济发展，实现全国电力的可持续发展，推进全国联网，把我国电网建设成"安全、可靠、高效、开放"和"结构坚强、潮流合理、技术先进、调度灵活、留有裕度"的电网。同年，贵州、云南的第一批"西电东送"电力项目开工建设，标志着我国"西电东送"工程全面启动，新疆"西电东送"也被提上日程。

《新疆国民经济和社会发展"十一五"规划纲要》中提出，"十一五"时期是全面建设小康社会的关键时期，具有承前启后的历史地位，新疆经济和社会发展将面临前所未有的战略机遇。中央高度重视新疆的发展与稳定工作，做出了"稳疆兴疆，富民固边"的重大战略部署，明确了新疆是西部大开发的重点；做出了加快少数民族地区发展的重大决定，为新疆经济发展和社会稳定提供了政策保障和强大动力。我国经济发展中能源、资源瓶颈制约突出，新疆特色资源优势日益显现，加快能源、资源大规模开发建设的时机已经成熟。国际环境总体上对我国发展有利，新疆地缘优势进一步显现，作为全国向西开放大通道和桥头堡的作用将会进一步加强。科技进步对新疆优势资源转换和经济增长方式转变的促进作用日益增强，为经济快速发展提供了有力支撑。体制改革的继续深化和社会主义市场经济体制的逐步完善，为新疆经济社会发展注入新的活力和动力。改革开放和现代化建设所取得的巨大成就和积累的丰富经验，特别是中央提出的树立落实科学发展观和构建社会主义和谐社会的重大战略思想，为"十一五"时期新疆电网发展奠定了坚实基础。

新疆"十一五"规划纲要明确提出电网要加强主网架建设、完善主网架结构、提高电网输送能力、扩大电网覆盖面、提高自动化控制水平，以全面实现全疆联网。适时启动疆内 750kV 超高压输电通道建设，初步实现全疆范围的电力资源优化配置和水火电互补。加快推进新疆电网与西北电网联网，建成哈密至兰州双回 750kV 超高压输电线路，力争启动哈密南—郑州 ±800kV 特高压直流输电线路工程建设，尽快实现"西电东送"。深化电力体制改革，鼓励和支持有实力的企业参与电厂建设，积极吸引外来资金、社会资金兴建坑口电站、水电站，实行竞价上网。这对电网的发展提出了新的目标和挑战。

2007 年 8 月，时任国务院总理温家宝亲临新疆考察，并就加快新疆发展作重要讲话，随后国务院出台了《关于进一步促进新疆经济社会发展的若干意见》，文件明确提出新疆经济社会发展要实施的四大战略，即以市场为导向的优势资源开发战略、加强薄弱环节的基础能力建设战略、南北互动的区域协调发展战略和面向中亚的扩大对外开放战略。

2007 年 11 月，国务院出台 32 号文件，明确提出把新疆建设成全国大型油气生产和加工基地、大型煤炭基地、重要的石化产业集群、全国可再生能源规模化利用示范基地、进口能源和紧缺矿产资源的陆上安全大通道的战略目标。2010 年，国家把新疆确定为全国第 14 个大型煤炭基地，实现了由煤炭储备基地向开发建设基地的历史性转变。

2010 年 5 月 17 日，中央新疆工作座谈会在北京召开，时任中共中央总书记胡锦涛在会上发表重要讲话，强调做好新形势下的新疆工作，是提高新疆各族群众生活水平、实现全面建设小康社会目标的必然要求；是深入实施西部大开发战略、培育新的经济增长点、拓展我国经济发展空间的战略选择；是我国实施互利共赢开放战略、发展全方位对外开放格局的重要部署；是加强民族团结、维护祖国统一、确保边疆长治久安的迫切要求。全党全国必须充分认识做好新疆工作对党和国家工作全局的重大意义，深刻理解邓小平同志"两个大局"战略思想和中央西部大开发战略决策的重大意义，切实做好新形势下新疆工作，把新疆经济社会发展搞上去，把新疆长治久安工作搞扎实，推进新疆跨越式发展，开创新疆工作新局面。

中央新疆工作座谈会把推进新疆发展上升为重要的国家战略，出台一系列重大政策措施，全国 19 省（市）对口援疆工作全面实施。国网新疆电力发展面临空前历史机遇。按照中央关于确定新疆实现跨越式发展、长治久安的战略部署，新疆进一步加大优势资源转换战略实施力度，着力促进煤炭、发电、电网联动的能源开发，促进准东、哈密、伊犁等大型煤电、煤化工基地的全面开发，加速提升新疆电源装机容量。从国家能源战略、能源流向及新疆经济社会发展的角度出发，为了服务国家能源安全、满足中东部负荷中心用电需要、转变新疆电网发展模式、促进新疆经济发展，需要结合新疆大型煤电基地建设，启动新疆超高压直流"疆电外送"工程。

2010 年 11 月 9 日，在新疆维吾尔自治区党委常委扩大会议上，党委书记张春贤明确指出："无论从国家的需要还是新疆自身发展的需要看，我们都全力争取'疆电外送'。要把'疆电外送'作为主打战略，由新疆和国家电网公司共同携手高位推动"。输电作为继铁路、公路、航空和管道运输之后的一种新的能源输送方式，被新疆维吾尔自治区党委政府纳入新疆经济发展"十二五"规划目标。

2011 年在国家电网公司"两会"上，时任国家电网公司总经理、党组书记刘振亚提出"力争哈密南—郑州 ± 800kV 特高压直流工程年内核准，准东电力外送工程前期工作取得实质性突破"的工作目标。

2011 年 3 月 16 日，《国民经济和社会发展"十二五"规划纲要》正式发布，明确提出发展超高压等大容量、高效率、远距离先进输电技术，增强电网优化配置能力。这为新疆 750kV 超高压电网建设注入了强大动力。

2011 年 5 月 10 日，时任国家电网公司总经理、党组书记刘振亚在新疆视察工作时指出，国家对"疆电外送"高度重视，在新疆经济社会发展和国家能源资源优化配置的重点领域给予支持，在规划"疆电外送"工程的基础上，研究进一步加快"疆电外送"的工作目标。国家电网公司的重视，为新疆电网的发展描绘了一幅宏伟壮丽的蓝图。

2012 年 10 月 24 日，国务院新闻办公室发表《中国的能源政策（2012）》白皮书，把维护能源资源长期稳定可持续利用作为中国政府的一项重要战略任务。我国能源必须坚持"节约优先、立足国内、多元发展、保护环境、科技创新、深化改革、国际合作、改善民生"的能源发展方针，推进能源生产和利用方式变革，构建安全、稳定、经济、清洁的现代能源产业体系，以能源的可持续发展支撑经济社会的可持续发展。

党的十八大以来，以习近平同志为总书记的党中央高度重视新疆工作，多次就做好新疆发展稳定各项工作作出指示。在新疆改革发展稳定的关键时期，习近平总书记亲临新疆视察指导工作，充分体现了党中央对新疆工作的高度重视和对新疆各族人民的亲切关怀。

2014 年 5 月 28 日，第二次中央新疆工作座谈会在北京举行。习近平总书记在会上发表重要讲话时强调，以邓小平理论、"三个代表"重要思想、科学发展观为指导，坚决贯彻党中央关于新疆工作的大政方针，围绕社会稳定长治久安总目标，以推进新疆治理体系和治理能力现代化为引领、以经济发展和民生改善为基础、以促进民族团结与遏制宗教极端思想蔓延等为重点，坚持依法治疆、团结稳疆、长期建疆，建设团结和谐、繁荣富裕、文明进步、安居乐业的新疆。

2014 年 6 月 7 日，国务院办公厅印发《能源发展战略行动计划（2014～2020 年）》，明确提出坚持"节约、清洁、安全"的战略方针，加快构建清洁、高效、安全、可持续的现代能源体系，重点实施节约优先、立足国内、绿色低碳、创新驱动四大战略，主要任务包括增强能源自主保障能力、推进能源消费革命、优化能源结构、拓展能源国际合作、推进能源科技创新。

2015 年 3 月，为推进实施"一带一路"战略，让古丝绸之路焕发新的生机活力，使亚欧非各国联系更加紧密、互利合作迈向新高度，中国政府制定并颁布了《推动共建丝绸之路经济带和 21 世纪海上丝绸之路的愿景与行动》，提出"发挥新疆独特的区位优势和向西开放重要窗口作用，深化与中亚、南亚、西亚等国家交流合作，形成丝绸之路经济带上重要的交通枢纽、商贸物流和文化科教中心，打造丝绸之路经济带核心区"。

2015 年 9 月 26 日，习近平总书记在联大发展峰会上发表重要讲话，倡议探讨构建全球能源互联网，推动以清洁和绿色方式满足全球电力需求。这是习近平总书记站在世界高度，继"一带一路"之后提出的又一重大倡议，是对传统能源发展观的历史超越和重大创新，是中国政府积极应对气候变化，推动联合国 2015 年后发展议程做出的重要倡议。

国家电网公司作为关系国家能源安全和国民经济命脉的国有特大型电网企业，肩负着巨大使命，对实现中华民族伟大复兴的中国梦和人类社会可持续发展具有深远的意义。

第二节　疆　电　先　行

"十一五"以来，新疆经济社会的快速发展势头良好，给新疆电力大发展创造了良好环境，以高载能企业为主体的工业体系需要大力发展能源和电力事业，能源高产需要通道满足外送，环境的严峻形势要求新疆经济社会发展要走一条绿色的能源发展道路。新疆的发展，需要电力先行。

一、经济社会发展势头良好

"十一五"期间，新疆经受住了国际金融危机和 2009 年"7·5"事件带来的不利影响。虽然新疆经济发展和社会稳定面临的形势复杂严峻，但是国民经济依然快速发展。国内生产总值（GDP）年均增长 10.6%，地方财政一般预算收入年均增长 22.7%，全社会固定资产投资年均增长 21.2%，社会消费品零售总额年均增长 16.7%，外贸进出口总额年均增长 16.6%，城镇居民人均可支配收入和农民人均纯收入年均分别增长 11% 和 12.7%，累计新增城镇就业 207 万人，城镇登记失业率控制在 4% 以内，人口自然增长率控制在 11‰ 以下，单位生产总值能耗下降 10.2%，化学需氧量、二氧化硫排放量基本完成总量控制目标。

"十二五"期间，新疆 GDP 年均增长 10.7%，增速远高于国内平均水平。第一产业增加值年均增长 6.5%，第二产业增加值年均增长 13%，工业增加值年均增长 13%，第三产业增加值年均增长 11%。人均 GDP 年均增长 8.3%，接近全国平均水平，位居西部地区前列。全社会固定资产投资年均增长 17%，五年累计投资 8190 亿元。城乡居民消费水平进一步提高，消费结构进一步优化升级，社会消费品零售总额年均增长 16%，2015 年达到 2949 亿元。对外开放持续扩大，对外开放水平进一步提高，外贸进出口总额年均增长 20%，2015 年达到 462 亿美元。新疆呈现国民经济快速发展、综合实力增强的趋势，建立了以农业为基础、工业为主导的国民经济体系，初步形成以天山北坡经济带为依托、以铁路和公路干线为骨架、以区域性和地区性经济中心城市为支点、辐射带动地区经济发展的区域经济格局。

十年间，新疆经济社会发展的总体势头向好，给各行各业尤其是新疆电力事业的发展创造了良好环境。

二、高载能工业占比突出

新疆不断丰富完善新型工业化发展思路，加快以石油石化、煤电煤化工、有色金属、特色农产品深加工、高新技术等为主导的新型工业化步伐，提升工业经济质量。这些高载能的行业构成了新疆工业的核心力量，也是"十一五""十二五"期间支撑新疆经济社会发展的中流砥柱。电力成为支撑新疆工业的基石。

"十一五"期间，新疆工业增加值约 1950 亿元，增长 13.5%；规模以上工业企业实现利润 765 亿元，增长 69%。依托建设国家大型石油石化基地的有利条件，争取中央石油企业的支持，开展石化下游产业的深度合作，推动克拉玛依、米东、库车及独奎等石化工业园区建设，促进石化下游产业集群化发展。"十二五"期间，制造业迈上新台阶，工业增加值比重提高到 46.8%。三次产业的迅猛发展促进了新疆经济高速发展，尤其是第二产业发展。工业对新疆经济发展的年均贡献率约为 54%，工业的发展极大地带动了新疆经济的发展。

新疆产业结构不断调整和优化，从表 1-1 可以看出，"十一五"初期到"十二五"末期，新疆第一产业在 GDP 中所占的比重逐年下降。第二产业的比重逐步提高，并逐渐趋于稳定。工业对新疆生产总值的贡献率为 40％左右，工业总产值的年均增长速度比国民经济发展速度快约 5 个百分点，是国民经济发展的中坚力量。从三次产业的产业增加值平均增速看，第三产业和第二产业齐头并进，增速都在 10％以上，第一产业增速明显低于第二、三产业。

表 1-1   2006～2014 年新疆产业结构比例

比重	2006 年	2007 年	2008 年	2009 年	2010 年	2011 年	2012 年	2013 年	2014 年
第一产业	17.3％	18.0％	16.4％	17.8％	19.8％	17.2％	17.6％	17.6％	16.9％
第二产业	47.9％	46.4％	49.7％	45.1％	47.7％	48.8％	46.4％	45.2％	45.5％
第三产业	34.7％	35.6％	33.9％	37.1％	32.5％	34％	36％	37.2％	37.5％

新疆大力发展的产业均是高耗能产业，从表 1-2 可以看出，这些产业对新疆工业的增加值贡献巨大，对能源供应尤其是电能供应有着海量的需求。高耗能行业中，以石油和天然气开采业的工业增加值为最，占工业增加值 60％以上，石油、化工、冶金、有色和轻工等主要行业增长速度加快。在冶金工业、石油化工工业、煤炭开采和煤化工工业等高载能产业的带动下，全疆电力需求迅速增大。2006～2008 年全疆用电量增速已明显高于"十一五"初期电力规划预测的 12％的年均增长率。其中，2006 年全疆用电量同比增长 15％，2007 年同比增长 16％，2008 年同比增长 17.3％。随着高载能产业的迅速发展，新疆电力消费弹性系数也逐年增大，工业用电大幅度增加。

表 1-2   2006～2009 年新疆规模以上工业企业分行业增加值（单位：亿元）

行业	2006 年	2007 年	2008 年	2009 年
规模以上工业企业工业增加总值	1145.1	1396.7	1695.1	1498.2
石油和天然气开采业	846.9	897.6	1142.7	677.8
电力、热力生产和供应业	57.3	73	104.3	106.7
石油加工、炼焦及核燃料加工业	3.3	49.7	−27.2	253.1
化学原料及化学制品制造业	25.8	41.1	60.3	58
煤炭开采和洗选业	26	32.3	58.7	77.3
黑色金属冶炼及压延加工业	20.6	47	52.1	37.8
有色金属冶炼及压延加工业	8.6	10.6	8	10
黑色金属矿采选业	7.6	13.3	46.5	20.7
有色金属矿采选业	24.9	34.7	28.9	20.4

注   数据来源为国家统计局。

三、能源资源外送受限

作为我国新兴的大型煤炭基地、大型油气生产和加工基地、重要的石化产业集群、全国可再生能源规模化利用示范基地，新疆拥有丰富的煤炭、水力、油气、风能、太阳能等能源，是我国的能源宝库。煤炭预测资源量 2.19 万亿 t，占全国预测资源总量的 40% 以上，位居全国首位；水力资源理论蕴藏量 38178.7MW，占全国资源总量的 5.6%，位居全国第四位；石油远景资源储量 213 亿 t，占全国陆上资源总量的 20%；天然气远景资源储量 10.84 万亿 m³，占全国陆上资源总量的 32%；风能资源总储量 8.9 亿 kW，约占全国的 20.4%，位居全国第二位；全年日照时间较长，日照百分比为 60%～80%，全疆日照 6h 以上的天数为 250～325 天，年总日照时数达 2550～3500h，太阳年辐射照度 550～660 万 kJ/m²，年平均值 580J/m²，太阳能总储量约占全国的 41%。

新疆能源资源虽然丰富，但存在分布不均的问题。煤炭资源整体呈现"北富南贫、资源整装"的特点，主要分布在东部准东区域、哈密地区、西部伊犁地区。新疆水力资源最大的特点是径流年际变化不大，这与冰川融水补给的规律相符，但径流随季节变化很大，冬季枯水期来水量往往仅为夏季丰水期的 10%～20%，且主要分布在北部阿勒泰、西部伊犁、南疆五地州；油气资源分布呈"北油（准噶尔盆地）南气（塔里木盆地、吐哈盆地）"的格局。新疆可开发利用的风能资源集中在九大风区，集中分布在阿勒泰、塔城地区和吐鲁番、哈密地区。

新疆能源的开发潜力是巨大的。预测资源量超过 1000 亿 t 的煤田有准东煤田、吐哈煤田、伊犁煤田和库拜煤田 4 个煤田，煤炭预测资源量超过 100 亿 t 的煤田有 24个，其资源总量约占新疆预测总资源量的 98%。新疆水资源主要集中在伊犁河流域、额尔齐斯河流域、开都河流域和叶尔羌河流域，技术可开发量 1656.5 万 kW，年发电量 712.6 亿 kWh，经济可开发量 1567 万 kW，年发电量 682.8 亿 kWh。风电可开发量达 1.2 亿 kW。

2006～2012 年新疆能源工业的投资情况见表 1-3，这七年间新疆能源工业的投资以惊人的速度递增，平均增速 19.1%，以电力、蒸汽、热水生产和供应业的投资为主，这与新疆各地区加大电源生产建设密切相关。"十二五"初期，能源工业的投资发展增长率相对"十一五"时期有所减缓，但是投资绝对数量依然在大幅度增长，为新疆电力生产的大幅度增长提供了资金保障。

表 1-3 2006～2012 年新疆能源工业投资情况（单位：亿元）

类别	2006 年	2007 年	2008 年	2009 年	2010 年	2011 年	2012 年
全社会固定资产投资总额	109998	137324	172828	224599	278122	311485	374695
能源工业（国有）	5687	6715	7940	10003	11219	11468	12402
煤炭采选业	759	836	1014	1241	1477	1635	1784
石油和天然气开采业	387	586	740	1271	1798	2009	1963
电力、蒸汽、热水生产和供应业	4042	4611	5336	6686	7054	6806	7670
石油加工及炼焦业	369	549	698	561	556	653	540
煤气生产和供应业	129	133	153	244	336	365	446

注 数据来源为国家统计局。

"十一五"期间，新疆能源产量年平均增长率达到 10.6%，能源消费总量不断扩大。"十二五"期间，新疆能源产量增长放缓，年平均增长率为 5.8%。能源消费总量增长迅速，已经超越能源产量增长速度，但在相对数量上存在一定差距，有 23.3% 左右的能源被输送到疆外。从表 1-4 可以看出，能源产量的增长速度比能源消费量的增长速度快 4.2 个百分点，到 2009 年约一半的能源产量都不在疆内消费，而是通过各种方式转移到疆外。

表 1-4 新疆部分年份能源生产和消费情况

年份 \ 类别	能源产量（万 t 标准煤）	能源消费量（万 t 标准煤）	电力生产比上年增长百分比	新疆生产总值比上年增长百分比	电力生产弹性系数
2006 年	9528.7	6047.3	15.2	11	1.38
2007 年	10735.8	6575.9	16.7	12.2	1.37
2008 年	12669.1	7069.4	16	11	1.45
2009 年	13542.3	7525.6	14.3	8.1	1.77
2010 年	14696.8	8290.2	21.4	10.6	2.02
2011 年	16117.4	9926.5	28.8	12	2.4
2012 年	17744.4	11831.6	35.8	12	2.98
2013 年	18943.2	13631.8	40.4	11	3.67
2014 年	19473.2	14926.1	25.4	10	2.54
年均增长	9.3%	12.0%	—	—	—

注 数据来源为国家统计局。

"十一五"期间，新疆电力生产增长幅度很大，平均为 14.9 个百分点；电力生产弹性系数平均在 1.5 左右。"十二五"期间新疆电力生产增长幅度突飞猛进，平均为 30 个百分点，比"十一五"期间高约 15 个百分点；电力生产弹性系数平均在 2.7 左右，比"十一五"时期平均高 1.2。新疆在"十二五"期间电力生产能力有了质的飞跃，全区发电装机容量有了很大的提高。

事实证明，新疆的能源和电力生产的速度快于国民经济发展的速度，且能源生产一直高于能源消费，更多的能源通过多种方式向疆外输送。

拥有巨额煤炭资源储量的新疆，对受制于煤炭能源瓶颈的华东、华中和华南地区来说，其重要性是不言而喻的。新疆煤炭产量虽大，但外运能力不足，能源外送就不得不面对运输能力的限制。从经济性考虑，只有哈密地区的煤炭适合向东部沿海地区运输，对此，国家提出了"疆煤东运"的发展战略，新疆当地也加快改造提升各条运煤专线，力争实现商品煤规模化东运，以满足东部发电需求。但是无论从当前还是从长远来看，"疆煤东运"受到运力等条件的限制，要满足经济社会发展对电力的需求，应变"输煤"为"输煤输电并举，输电为主"，走远距离、大规模输电和大范围资源优化配置的道路。因此，建设坚强的高压电网、实现全国范围的能源资源优化配置势在必行。

新疆能源电力发展前途光明，却存在巨大发展瓶颈。从电力生产能力和消费水平上来看，完全可以满足疆内用电需要，问题突出体现在新疆地域广袤，能源资源同负荷中心之间距离较远，远距离输电成本高。由于各区域资源有限和开发能力不同，必须依靠高电压等级的输电线路解决不同区域电力调配和消费的问题。针对能源资源分布不均的问题，为了加大可再生能源开发和利用比率，必须利用坚强的高电压等级智能电网将风光水火电能打捆外送。在缺乏高电压等级电网输电线路的情况下，集中开发的新能源无法输送到能源消费区域，新能源的开发就无从谈起。所以，新疆把能源资源优势转化为经济优势的发展道路，必须依靠坚强的高电压电网支撑。

四、环境保护形势严峻

新疆地处我国西北内陆干旱地区，由于特殊的地理位置、地形条件和干旱气候的影响，生态环境极为脆弱。多年平均降水量仅有147mm，不足全国平均降水量的1/4。沙漠、戈壁的面积巨大，植被稀疏，森林覆盖率低，绿洲被包围分割，地表土壤盐渍化和水土流失严重，河道断流湖泊萎缩，脆弱的生态环境不易恢复。

新疆大气污染、水污染现状不容乐观。根据2006～2014年新疆环境状况公报，新疆环境总体状况稳定，但是局部地区空气质量问题突出，首要污染物为可吸入颗粒物，包括沙尘和煤烟；水环境质量差、水生态受损重、环境隐患多。"十一五"到"十二五"期间，新疆工业的大力发展，需要依靠大量能源资源的开发，对环境造成的影响巨大。

新疆面临的环境保护形势严峻，生态环境的约束对绿色发展提出了更高的要求。

党的十八大报告对推进中国特色社会主义事业做出"五位一体"总体布局，生态文明建设要求人与人、人与自然、人与社会和谐共生，建立可持续的生产方式和消费方式，走可持续、和谐的发展道路。2014年，国务院印发《关于印发〈能源发展战略行动计划（2014～2020年）〉的通知》，通知中明确提出"着力发展清洁能源，推进能源绿色发展"，要求着力优化能源结构，把发展清洁低碳能源作为调整能源结构的主攻方向。坚持发展非化石能源与化石能源高效清洁利用并举，逐步降低煤炭消费比重，提高天然气消费比重，大幅增加风电、太阳能、地热能等可再生能源和核电消费比重，形成与我国国情相适应、科学合理的能源消费结构。

环境是人类生存和发展的基本前提。新疆作为中国经济社会发展的"后起之秀"，不能为追求经济的发展而忽略生态文明建设。在加大环境保护的同时，新疆经济社会发展需要坚持发展非化石能源与化石能源高效清洁利用并举，积极促进清洁能源的开发利用，走一条绿色发展的道路。

五、电力先行的必要性

新疆的经济社会发展形势良好，却又面临复杂的现实状况。高载能产业支撑的工业是新疆近十年经济社会发展的核心力量。新疆初步形成了以天山北坡经济带为依托、以铁路和公路干线为骨架、以区域性和地区性经济中心城市为支点、辐射带动地区经济发展的区域经济格局，建立了以农业为基础、工业为主导的国民经济体系。

以市场为导向的优势资源开发战略的实施让石油化工工业、煤电煤化工工业、金属和矿石开采冶炼工业迅速发展壮大，一方面提高了能源资源的产能，另一方面高载能产业对新疆电力的充足和安全供应提出了很高的要求。

作为我国的能源基地，能源资源是新疆经济社会发展的一大优势，响应"西电东送""疆煤东运"以及"疆电外送"一系列战略的号召，能源远距离、大规模、跨区域外送成为大势所趋。无论从当前还是长远来看，满足国家及新疆内部经济社会发展对电力的需求，必须走远距离、大规模输电和大范围资源优化配置的道路。

脆弱的生态环境和严峻的环境保护形势要求新疆的经济社会发展不能走"先污染后治理"的老路，必须在各行各业的发展中把保护环境放在最突出最重要的位置。

为实现新疆经济跨越式发展，实现稳疆兴疆、富民固边，首要是保证电力供应，让人民用上安全稳定清洁的电能，让各行各业的用电得到保障，让新疆的能源优势通过向外输电的方式转化为经济优势，让清洁能源的发展造福子孙后代。新疆电力能否做到这一点，将深刻影响新疆经济社会发展的动向，影响新疆人民的幸福生活。

第三节　多　重　挑　战

国网新疆电力是国家电网公司的全资子公司，新疆电网是西北电网的重要组成部分，肩负着我国能源基地电力外送的使命，也是实现与中亚及欧洲地区能源互联互通的桥头堡。新疆电网的大力发展，极大地促进了新疆经济社会的繁荣发展与和谐稳定，为我国东部能源匮乏地区提供了能源支撑，为实现西部大开发战略做出了贡献。

新中国成立之初，新疆仅有 7 座电厂，总装机 998kW，年发电量 97 万 kWh，尚不及当今新疆一天的社会用电量。1950 年，中国人民解放军新疆军区的官兵破土动工，兴建了乌鲁木齐水磨沟电厂，这是中华人民共和国成立后在新疆兴建的首座电厂。但当时电力供应维持工业生产尚捉襟见肘，根本无法保证居民生活用电，全疆大部分地区基本还在使用煤油灯照明。

1955 年，新疆维吾尔自治区成立，一场大规模的电力建设在天山南北的 166 万 km² 的土地上如火如荼地全面展开。经过了几十年的发展，国网新疆电力取得了丰硕的建设成就，成功在 2007 年底实现了 220kV 电网全疆联网。

在新的时期，新疆电网面临着诸多挑战，处理不好将会限制自身乃至新疆的发展。面对党和国家的殷殷重托及推动新疆经济社会发展和稳定的巨大压力，新疆电力人充分认识到电网存在的问题，做强电网，在引领新疆发展中不辱使命。

一、网架结构薄弱，可靠性相对较低

"十一五"期间，新疆电网网架、电源逐年加强，2007 年实现了全疆 220kV 输电线路联网。但从总体上来说，新疆电网仍处于弱联网的发展期，电网网架相对薄弱，除乌鲁木齐地区及附近建成了较为坚强的网络结构外，主系统与周边地区电网呈长线、链状连接，特别是在联网初期，与地区电网均为单线弱联，主网很多变电站及各地区电网间的联络线不满足 $N-1$ 要求。电网远距离大功率转供电力、安全稳定问题突出，不能完全满足安全稳定导则规定的三级标准。暂态稳定、动态稳定、频率稳定、电压稳定问题相互交织，电网稳定水平相对较低。特别是暂态稳定性较差，与地区电网联络线控制大多表现为暂态稳定控制。随着负荷的增长，静态稳定、频率稳定与动态稳定问题逐渐成为矛盾的焦点。

二、部分网架难以满足电力负荷

新疆电力供需基本平衡，但依然存在局部限电情况，根本原因除了电源缺口之外，更主要是电力负荷增长过快，需要远距离输电，而输电线路无法满足供电需要。

如，新疆在未建设 750kV 电网时，乌鲁木齐仅有 220kV 电网，并不能完全满足供电需要。乌鲁木齐用电负荷增长很快，尽管乌鲁木齐 220kV 电网几经改造，将多条线径偏细的 220kV 输电线路更换为 LGJ-2×400 双分裂导线，但仍然难以满足送电需要，在 $N-1$ 开断情况下，部分 220kV 输电线路仍濒临过载，特别是乌北上送通道 220kV 乌米、乌矸、梁米线大截面 2×LGJ-400 导线 $N-1$ 方式过载问题。疆内电源分布不均，负荷中心缺乏电源支撑，"十一五"时期该区域网架仍然不能满足跨区域输入电源的需要。

在实现 220kV 电网全疆联网之前，南疆电网未与主网联网，自身装机容量不足，存在电力缺口。南疆地区用电增长较快，煤炭资源严重缺乏，电源装机容量小，径流式小水电比重大，连接南北疆的 220kV 线路输送能力受限，造成南疆多年持续性限电，缺电形势严重，亟须建设连接南、北疆的高一级电压等级送电通道。

三、远距离低电压限制跨区域送电

新疆经济带主要沿绿洲分布，各绿洲间平均距离约为 300km，地州首府等主要城市之间距离在 500km 左右，导致新疆电网单位投资成本是全国平均水平的 11.34 倍。网内电源和负荷分布不均衡，水电主要集中于西部，南部地区缺少大电源支撑。新疆电力流向整体呈"西电东送、中电北送、中电南送"格局。新疆南部地区缺少电源，北疆恰甫其海、吉林台水电、玛电向南疆五地州送电，送电距离达 2600 多千米。

新疆电网主网电压等级低、覆盖范围大，导致电网送电能力小、网损率较高、电压及无功控制困难及供电可靠性差。分散供电使得整体网架线路长度增加，与电源集中的供电网架相比，线路建设难度大、投入资金多，长距离输电增加了线损的电能。"十一五"期间全疆综合线损率均在 7.9% 以上。

四、大量新建电源能源外送无法满足

电源建设的速度加快，对电网输送电力的能力提出更高的要求。伴随着电源装机容量的迅速增加，现有电网难以满足自身用电需要和电力大规模外送要求。新疆是我国重要能源基地，逐步发展成为西部经济强区和我国经济增长的重要支点。但新疆电网建设相对滞后，全疆220kV主网结构比较薄弱，南疆、北疆都存在"瓶颈"段，难以满足各地区间电力交换、大型火电、水电及风电基地发展、600MW以上大机组发电上网的需求，制约了这些地区能源资源优势的发挥。现有电网输送能力有限，不能满足送出需要，局部区域窝电问题较为严重，塔城、阿勒泰等区域电力外送受阻问题日趋严重，制约区域新能源及水电开发建设。

疆内电源和负荷分布不均，南疆地区需要大量跨区域输电。新疆能源资源主要分布在北疆，北疆发电装机容量占全疆的80％以上，火电占全疆的85％以上，新疆主要电力流向是由北疆送往南疆。由于电网东西、南北跨度均超过2000km，220kV电网网架结构难以满足地区间大功率送电的需要以及大容量电厂、大型火电和清洁能源基地的接入及送出需要。南疆地区用电增长较快，但主力电源装机容量小，径流式小水电比重大，造成近年来南疆季节性限电。

新疆220kV电网网架尚不能完全满足新疆内部能源资源跨区域调配，更难在全国范围内实现"疆电外送"，新疆新能源的消纳缺乏充足的外送能力。

第二章 战略抉择

"十一五"到"十二五"是新疆电网大力发展的战略机遇期,在国家电网公司的坚强领导下,国网新疆电力面对党和国家对新疆发展的殷殷重托,充分认识到新疆需要建设更高电压等级的坚强智能电网,抓住电网升级、"疆电外送"等机遇,做出建设750kV电网等重要决策。

第一节 把 握 机 遇

新疆电网存在的核心问题是缺少更高电压等级构成的跨区域坚强智能电网。只有通过更高电压等级电网将新疆连接起来,将新疆与外部区域连接起来,才能根本改变新疆电网的安全稳定性,促进当地大水电、大煤电、大型可再生能源发电基地的集约化发展,实现能源配置输煤输电并举,打通能源外送通道。国网新疆电力认识到电网发展的问题,积极响应国家"西部大开发""西电东送""疆电外送"和构建全球能源互联网政策的号召,把握电力发展方向,积极思考,努力应对,发扬努力超越、追求卓越的企业精神,把握良好机遇。

一、电压升级

2004 年,国家电网公司提出了"一特三大"战略,即发展超高压电网,发挥电网的输送和网络市场功能,促进大型煤电、水电、核电基地集约化开发,实现电力资源在全国范围优化配置。继"一特三大"战略出台之后,国家电网公司在"十二五"初期又提出"一特四大"战略,通过建设以超高压电网为骨干网架的坚强智能电网,促进大水电、大煤电、大核电、大型可再生能源发电基地集约化发展,实现能源配置从过度依赖输煤向输煤输电并举,加快发展输电方式转变。电力发展从重发轻供向电源电网协调发展转变,电力布局从注重就地平衡向全国乃至更大范围统筹平衡转变。电源结构从过度依靠煤电向优化提高非化石能源比重转变。电网功能从单一输电载体向综合性资源配置平台转变。

"十一五"到"十二五"期间，新疆电网面临的主要问题是电压等级太低，无法满足跨区域、远距离、大容量的电力输送且输电线损太高，营运不经济。新疆在完成 220kV 电网全疆互联之后，仍然难以满足乌昌能源负荷核心区域的供电需要。新疆并不是能源匮乏地区，随着新疆大型煤炭基地、水电基地和风光发电基地的陆续建成，新疆的电力生产早已超越电力消费能力。新疆需要的是通过坚强的高电压电网打通区域间的能源配置，提高能源通道的电力输送能力，从而满足疆内能源需求，实现全国更大范围内的能源资源优化配置。

通过建设更高电压等级坚强电网，加快新疆区内小电网接入新疆主电网进程，发挥大电网效益，逐步完善主网与各小电网连接通道，将现有独立电网（如兵团电网）纳入新疆主电网统一调度管理。

二、铺设新能源发展通道

根据"十二五"新疆电网发展规划，到 2015 年，新疆电网总装机规模达 2580 万 kW，乌鲁木齐及周边的核心电网总装机规模达 800 万 kW。新疆水电将重点开发伊犁河和开都河梯级水电站，伊犁河梯级装机达 130 万 kW，开都河梯级装机达 120 万 kW，必然出现大量新建电源点，进而要求有畅通的电力输送通道，显然 220kV 电网难以满足要求。随着负荷的快速增长和大型水、火电厂（站）的建设，新疆境内各地区间交换功率也迅速加大，新疆电网亟须超高压电网并加快超高压电网建设步伐。

新疆有大量能源资源储备，可再生能源的储量尤其丰富，水资源、风能和太阳能资源储量都位居全国前列，可开发的潜力巨大。由于我国能源资源和用电负荷呈逆向分布，新疆新能源的开发利用必须依靠外送能源通道，220kV 电网无法满足新建电源的外送需要，更高电压等级电网的建设成为新能源大力开发和外送的基础工程。

没有新疆超高压电网的建设，就不能将生产出来的大量可再生能源电量送到电力消费区域，多余的产能只能放弃。

三、疆电外送

第一次中央新疆工作座谈会提出，从国家能源战略和能源流向及促进新疆经济社会发展的高度出发，为了服务国家能源安全、满足中东部负荷中心用电需求，转变新疆电网发展模式，促进新疆经济发展和富民成疆，迫切需要结合新疆大型煤电基地建设，尽快启动新疆超高压直流"疆电外送"工程。

我国发电资源和用电负荷的分布极不均衡，80％的水资源分布在西部地区，煤炭资源保有储量的76％分布在新疆、内蒙古、山西、陕西等北部地区，陆地风能主要集中在西北、东北、华北北部等地区；东部沿海和京广铁路沿线以东地区经济发达，用电负荷约占全国的2/3，发电能源资源却严重不足。中、东部由于缺乏能源资源，电力缺口巨大，急需大量能源资源和电能的输入。根据我国能源资源特点，以煤炭为主体、电力为中心的能源结构在未来相当长的历史时期内无法改变。能源资源与能源需求呈逆向分布，决定了能源和电力跨区域大规模流动的必然性。

以河南为例。河南是全国人口大省、粮食和农业生产大省、新兴工业大省，随着国家粮食生产核心区、中原经济区和郑州航空港经济综合实验区三大国家战略规划的相继实施，河南在全国发展大局中的地位进一步提升，河南当前正处于工业化、城镇化快速发展阶段，未来能源需求仍将刚性增长，能源保障面临的资源约束日益加剧。河南的能源以煤炭为主，煤炭消费占一次能源消费比重的80％以上，煤炭储量却仅占全国的2.4％，人均煤炭保有储量仅为全国平均水平的1/3，煤炭资源接续能力不足，2010年由煤炭净调出省转为净调入省，电煤供应相对滞后，一些电厂陷入了"无米下锅"的困境。河南的能源供应由单一缺煤向缺煤、缺机并存转变，煤炭短缺和电力负荷矛盾日益严峻。河南的水资源基本开发殆尽，核电建设短期很难突破，可再生能源在长期内只能起到补充作用。因此，河南必须依靠大规模跨区域输电保证能源供给。

新疆作为我国重要的能源基地，传统的能源运输方式难以满足当前能源的需要，能源的运力制约着能源的开发与利用，制约着能源消费区域的经济社会发展。随着我国东部地区煤炭资源日渐枯竭，国家提出"疆煤东运"发展战略，把靠近内地的吐鲁番、哈密推到了"疆煤东运"主战场的位置。"疆煤东运"面临的第一个问题是运力不足。在完成铁路建设之前，煤炭主要依靠公路运输，运输量非常有限，煤炭需求量的增长速度远超公路运煤的增长速度。铁路的运力不足及运输的高成本等问题对煤炭的外运产生阻力。面对"疆煤东运"的巨大压力，输煤与输电并举、以输电为主的"疆电外送"方式，成为能源外送的最佳方式。

新疆作为重要的战略资源开发和储备基地，建设能源大通道、集约开发新疆各类能源、就地转化为电力以及实施"疆电外送"，事关国家能源安全、产业布局和新疆跨越式发展。

四、"一带一路"建设

2014年5月，第二次中央新疆工作座谈会提出，新疆要着力打造丝绸之路经济带核心区，建设国家大型煤炭煤电煤化工基地、大型风电基地和国家能源资源陆上大通道。为落实这一战略构想，推动"疆电外送"战略实施，就要构建更高电压等级环网，优化新疆送端电网结构，推动新疆超高压建设提速，提升新疆能源大范围配置能力，促进新疆能源资源优势向经济优势转换。

"一带一路"的战略构想使我国与周边国家实现电力基础设施互联互通成为现实选择。我国与周边国家扩大电网互联互通规模具有巨大潜力。未来，国家电网公司需要在建设更高电压等级电网连通全疆乃至整个西北电网的基础上，依托远距离、大容量、低损耗的超高压技术来打造"一带一路"经济带输电走廊，助力亚太地区基础设施的互联互通。

我国周边国家能源资源丰富，与我国互补性较强，可通过建设高压电网实现互联互通，实现更大区域间能源资源的优势互补，保障国家能源安全。我国巨大的电力需求为相关国家提供了巨大的电力市场，开发丰富的太阳能、风能资源，可增加这些地区投资，带来巨大经济效益；同时向丝绸之路经济带附近的能源匮乏国家提供盈余的电力，发展本地的能源产业，助力经济发展。

为实现更大范围能源的互通互联，积极构建全球能源互联网的倡议应运而生。这是贯彻"一带一路"战略的重要举措，也是对"一带一路"战略的提升和发展，二者紧密联系、相互促进。构建全球能源互联网，必将有力促进各国政策沟通、设施连通、贸易畅通、资金融通、民心相通、加快"一带一路"战略落地。

新疆作为向西开放的桥头堡，推动疆内及疆外能源互联可为全球能源互联打造坚实的基础。

五、建设全国电力市场

《能源发展战略行动计划（2014～2020年）》明确提出深化能源体制改革，加快重点领域和关键环节改革步伐，充分发挥市场在能源资源配置中的决定性作用，推动供求双方直接交易，构建竞争性电力交易市场。

2014年1月召开的国家电网公司工作会议提出，加快建设全国统一电力市场，坚持市场化方向，以建立市场规则、健全电价体系为重点，放开两头、监管中间，在发电侧竞价售电，在用电侧竞价购电，构建统一开放、竞争有序的全国电力市场体系。

新疆乃至整个西北电网由于缺乏区域之间的电力交换，电网内不同地区间的能源分布、负荷密集程度、劳动力价格、负荷高峰出现时间等差别较大，难以形成统一的电力市场，不利于电力的健康发展，难以实现更大范围内的能源资源优化配置，降低成本。

为实现更大范围内的能源资源优化配置，使各电源在同等条件下公平竞价上网，进而引导电源结构向合理化方向发展，实现能源资源利用最优化，推动新疆地区资源优势转化战略实施，实现企业规模化管理和运营，提高新疆国民经济和人均收入，新疆必须建设超高压电网，与西北电网形成统一网架，形成统一区域电力市场。

六、经济社会发展

改革开放以来，新疆的经济发展一直滞后于全国平均水平。新疆经济与社会发展不仅与东部差距大，在西部也不占优势。自改革开放以来，新疆人均 GDP 基本保持低于全国人均 GDP 的状态（见表 2-1），且差距越来越大，新疆的经济社会发展需要强劲的动力。

表 2-1 部分年份全国与新疆人均 GDP 对比

年份	全国人均 GDP（元）	新疆人均 GDP（元）	差距（元）	年份	全国人均 GDP（元）	新疆人均 GDP（元）	差距（元）
1978	381	313	68	2002	9398	8457	941
1980	463	410	53	2003	10542	9828	714
1985	858	820	38	2004	12336	11337	999
1990	1644	1713	—69	2005	14185	13108	1077
1995	5046	4701	345	2006	16500	15000	1500
1996	5846	5102	744	2007	20169	16999	3170
1997	6420	5848	572	2008	23708	19797	3911
1998	6796	6174	622	2009	25608	19942	5666
1999	7159	6443	716	2010	30015	25034	4981
2000	7858	7372	486	2011	35198	30087	5111
2001	8622	7945	677	2012	38420	33796	4624

注 数据来源为国家统计局。

电力是推动经济社会发展的关键因素之一。一个地区的发展，离不开可靠的电力保障。拥有一个容量充足、结构合理、调度灵活、安全可靠的现代化大电网，是一个地区综合实力的体现。

新疆幅员广阔，是少数民族同胞聚居区。所谓国以农为本，民以食为天，新疆地区的社会稳定与农村电力的供应息息相关。电网存在的各种问题限制了农村地区的用电需求，甚至无法保障居民的基本生活用电，这对人民的安居乐业极为不利。随着新疆社会主义新农村建设和农业产业化步伐的加快，农村地区的居民生活用电和生产用电稳步增长。为满足农村地区的电力需求，需要开展农村电网升级改造工程，依靠跨区域输电满足电力需求，解决无电人口的用电问题。新疆 750kV 电网的建设和投运，必将推动电力相关产业和用电产业的发展，吸引外部投资流入新疆，创造大量就业机会，吸纳当地劳动力就业，促进各民族交往交流交融。

近年来，新疆做大做强石油化工企业，大力发展煤电、煤化工工业，进一步加强有色金属、黑色金属和特色非金属矿产资源等的勘查开发力度，建设国家重要的矿产资源生产加工基地，振兴棉纺织工业，加大对各行各业的投资，用电量大幅度增加。建设超高压电网，保障能源的供给，也就保障了各行各业的发展。

新疆超、特高压电网的建成，极大地保证了新建电厂的能源外送，为能源产业的迅速发展创造了机会，对能源相关产业包括水泥等建筑行业起到积极地拉动作用。

随着电网建设不断推进，电网建设滞后、区域间联系不强、电网运行风险大等问题得到了解决，部分区域配电网设施残旧、线路供电半径长、线路超载严重、供电可靠性偏低、电压质量不高等薄弱环节得到进一步完善，为实现新疆跨越发展提供了更加强有力的保障。

第二节 精 思 博 会

在 220kV 电网基础上，新疆选择的高一级电压等级电网关乎新疆电网未来发展的动向，关乎国家战略与新疆经济社会快速发展和谐稳定的实现。经过反复严谨地论证，新疆最终选择了 750kV 电压等级。在 750kV 骨干网架建设的基础上，为更大程度地实现"疆电外送"，国网新疆电力做出了建设超高压外送通道的战略抉择。

一、750kV 电网的战略抉择

2003 年，国网新疆电力协同西北电网有限公司，委托西北电力设计院和新疆电力设计院联合开展《新疆电网电压等级论证》，2004 年底完成了初步研究报告。2005 年，国家电网公司组织开展全国特高压电网规划研究工作，提出规划建设全国 1000kV 电网，加快新疆煤电外送的步伐，并提出研究新疆与西北主网形成统一电网的问题。

2005 年 10 月，国家电网公司组织对《新疆电网电压等级论证》进行评审，并下发了《关于印发新疆电网高一级电压等级论证报告评审意见的通知》（国家电网发展〔2005〕

792 号文）。在论证的过程中，750kV 较 500kV 充分体现了适应性、技术性、经济性等多个方面的优势。750kV 电网的引入可以实现电力送出需要，促进新疆能源开发优势，提高各地区的功率交换能力。在与西北 750kV 电网同步之后可以更加方便地外送电量，从而减少变电工程的建设，构建统一的西北电网。

在评审意见中，国家电网公司决定新疆高一级电压等级应当选择 750kV，明确提出了建设新疆 750/220kV 电网。

在做出重大抉择之后，国网新疆电力有序落实 750kV 建设的各项准备工作，组织技术骨干赴韩国参加电力公社 750kV 电网工程技术培训，制定并落实首项 750kV 输变电工程玛纳斯发电厂三期（2×30 万 kW）送出工程规划，并在工程建设的过程中进一步深化研讨新疆电网电压等级的选择。

随后，"新疆电网电压等级论证深化研究启动会"在乌鲁木齐召开。在《新疆电网电压等级论证》基础上，结合新疆煤电基地和风电开发规划、负荷水平等，就新疆电网电源配置、负荷分布、电压结构等进行了深入的再评估，会议一致认为：新疆电网采用 750kV 电压等级对实现新疆电网与西北电网联网、加快新疆电力外送、实施能源转换战略、实现能源资源优化配置、促进新疆经济社会又好又快发展有着重要意义。再一次印证了新疆选择建设 750kV 电网是正确的。

二、构筑"疆电外送"通道

2009 年，新疆累计生产原煤 8740 万 t，仅调出 1200 万 t，占总产煤量的 15%。同年山西省煤炭产量约 6 亿 t，外调量接近 4 亿 t，外送规模超过总产煤量的 60%。这一数据充分表明交通已经成为制约"疆煤东运"的最大瓶颈。新疆煤炭资源无法纳入全国平衡体系，不可避免地出现了疆内煤炭过剩的局面。

新疆为了摆脱"能源孤岛"的困局，提出了"疆煤东运"战略部署。2009 年 6 月，新疆至内地的"一主两翼"运煤铁路线开建，主要用于吐鲁番—哈密一带 6000 亿 t 煤炭资源的"疆煤东运"。虽然新疆正在全力打破运输瓶颈，力争实现商品煤规模化东输，但 2012 年向内地调运煤炭 5000 万 t、2015 年调运 1 亿 t、2020 年调运 5 亿 t 的规划目标仍然给交通运输带来了前所未有的压力。在煤炭长距离运输过程中，中间运输环节多、调控难度大，煤炭输入区的电煤供应依旧极为脆弱，一旦遭遇恶劣天气等突发因素，极易造成供需失衡。

我国能源资源与能源需求市场分布不均衡，重要的煤电、水电基地与中、东部负荷中心的距离一般都在 800～3000km，客观决定了我国能源和电力发展必须走远距离、大规模输电和全国范围优化电力资源配置的道路。新疆距离内地路途遥远，仅靠铁路和公路进行长距离的煤炭运输，不仅运力长年饱和，而且天气、交通事故等因素带来的客观"软肋"极有可能给本来就非常脆弱的运输大动脉造成新的梗阻。因此，大规模的"疆煤东运"单单靠提高运输能力很难从根本上解决我国内地特别是中、东部地区能源紧缺的问题。

变过度输煤为输煤输电并举不仅可以缓解日益紧张的交通运输压力，有效降低煤炭的运输成本和沿途损耗，还可以通过为中、东部地区提供清洁安全的电能，保证我国经济优势地区的发展动力，减轻中、东部地区发展过程中产生的环境容量压力，达到东西部协调发展、共同富裕的区域发展战略目标。

根据 2009 年 4 月国家电网公司、中国电力工程顾问集团公司编制的《国家电网总体规划设计》，我国将以晋陕蒙宁新煤电基地和西南水电开发为契机，发展特高压电网，实施"一特四大"战略，实现大水电基地、大煤电基地远距离、大容量、低损耗外送，缓解煤电油运紧张的局面，提高更大范围优化配置资源的能力。

在这样的背景下，国网新疆电力做出建设两条 750kV 输变电线路与西北主网联网的决策，构筑新疆电力的外送通道。2010 年 11 月 3 日，随着新疆与西北主网联网 750kV 第一通道工程的顺利投运，新疆电力资源第一次跨越天山，走进了内地。

党的十七届五中全会确立了"加强现代能源产业和综合输送体系建设"的思路。远距离输电作为能源运输范畴的一支重要力量，对构成综合输送体系的铁路、公路、水路、航空和管道运输五大交通运输方式产生了积极影响。新疆已经建成投运的双回 750kV 超高压输电线路，可以外送电力 100 万 kW。远距离输电作为能源综合运输体系的重要组成部分，应该更多地发挥优化能源资源配置以及缓解其他运输手段压力的作用。与输煤相比，远距离输电在效率、环保、节约土地资源和经济性等方面都具有非常明显的优势。测算表明，输煤与输电两种能源输送方式对 GDP 的贡献比约为 1：6，就业拉动效应比为 1：2。2020 年前后国家电网公司特高压网架建成后，通过获得联网效益，全国可以节约发电装机 2000 万 kW，折合投资约 500 亿元。从输送方式的操作性来讲，"疆电外送"比"疆煤东运"更为简单，超高压"疆电外送"一定会成为新疆煤炭资源转化为财富最为畅通的路径。

2011 年 3 月 16 日，我国国民经济和社会发展"十二五"规划纲要正式发布，明确提出发展超高压等大容量、高效率、远距离先进输电技术，增强电网优化配置能力。超高压首次被写入国民经济和社会发展规划纲要。在国家电网公司的大力推动下，输电成为继铁路、公路、航空和管道运输之后的一种新的运输方式。煤电并输、输电为主，推动新疆经济社会转型发展，被纳入新疆维吾尔自治区党委政府的发展规划中。在国网新疆电力"十二五"规划中也明确提出了要修建超高压"疆电外送"工程。

2011 年 4 月 15 日，新疆维吾尔自治区发展改革委在乌鲁木齐召开了哈密南—郑州 ±800kV 特高压直流输电工程前期工作启动会议，全面展开工程的可行性研究工作。新疆超高压"疆电外送"工程迈出了实质性的一步。

三、打造"一带一路"桥头堡

2015 年 9 月 26 日，习近平总书记在联大发展峰会上发表重要讲话，倡议探讨构建全球能源互联网，推动以清洁和绿色方式满足全球电力需求。10 月 22 日，时任国家电网公司董事长、党组书记刘振亚在《人民日报》刊发了《构建全球能源互联网，推动能源清洁绿色发展》署名文章，深刻阐述了构建全球能源互联网的重大意义、实质内涵和工作思路。这对国网新疆电力更深刻、更准确地理解和把握习近平总书记倡议的精神实质，推动新疆电网和能源清洁绿色可持续发展具有重要意义。

全球能源互联网实质是"特高压电网 + 泛在智能电网 + 清洁能源"，特高压电网是关键，智能电网是基础，清洁能源是重点。中央"一带一路"战略确立了新疆在丝绸之路经济带核心区的重要地位。新疆既是我国重要的能源基地，也将是全球能源互联网的重要通道之一，高效优质地规划建设新疆智能送端电网，不仅为实现全疆、全国的资源优化配置，也为实现全球能源尤其是清洁能源资源的优化配置奠定了坚实基础。国网新疆电力全体员工在深感自豪的同时，深刻认识到肩负的重担，要把握全球能源互联网的实质内涵，进一步明确方向，找准定位，注重长远，践行构建全球能源互联网倡议，不断创造价值。

在这样的战略机遇下，国网新疆电力积极贯彻落实国家以及新疆维吾尔自治区党委政府关于"一带一路"战略的重要部署，发挥电力能源优势和国家电网整体优势，立足新疆特点，加大电网建设力度，主动加强沟通交流，致力于实现与"一带一路"上各国及人民的和谐共赢。在构建能源互联网思想的指引下，国网新疆电力积极落实相关工作，针对性地开展各类专题研究，加快电网建设步伐。

结合"一带一路"战略实施和新疆实际，国网新疆电力编制完成了新疆电网"十三五"发展规划，规划体系包含29个专业、1936项规划报告，明确了"十三五"发展目标和思路，到"十三五"末，新疆电网将形成"五直三交"8个外送通道，同时分别与昌吉、乌鲁木齐、伊犁、阿勒泰、塔城等党委政府签署了共同发展合作协议。主动和新疆维吾尔自治区发改委对接，积极承担电力工业、能源"十三五"规划中电网部分的编制工作，将电网规划成果与新疆维吾尔自治区国民经济和社会发展规划紧密衔接。

为适应清洁能源和能源互联时代的到来，国网新疆电力编制了《适应新疆大型能源基地网源送端网架结构构建关键技术研究及应用》《新疆"十三五"风电、光伏发电消纳能力分析及风光互补关键技术研究》等专题研究报告，指导新疆清洁能源开发。并针对新疆750kV网架结构开展新疆电网主网架研究、能源基地送出网架研究等专题研究，将成果纳入电网建设规划。编制完成《新疆向巴基斯坦送电方案研究》《新疆与周边国家地区联网方案研究》等专题研究报告，提出新疆与巴基斯坦联网工程纳入国家电网公司总体规划。

第三节　卓　越　管　理

一、构建科学高效的管理体制

国网新疆电力提出要建设750kV电网骨干网架的同时，迅速搭建起了750kV电网领导小组和建设指挥部，明确了指挥部机构设置、人员组成及职责，将前期工作、工程管理、安全质量管理、技术管理、物资供应、工程资金、综合管理七大模块工作明确划分形成小组，统一指挥协同工作，有力推动新疆750kV电网工程建设。

"十二五"期间，在全国对口支援新疆的背景下，国网新疆电力紧紧抓住新疆电力大建设、大开放、大发展的历史机遇，加快推进"两个转变"，全面深化"三集五大"体系建设，提升经营管理水平，积极履行社会责任，加大应用"五位一体"协同机制，提升企业管理水平、投资能力和运营能力，不断增强依法治企水平。大力推进全球能源互联网建设，统筹安排好改革改制、经济管理、党风廉政和依法治企等各项工作，确保电网安全和队伍稳定，全面完成各项目标任务，与国家电网公司同步建设"一强三优"现代公司。

二、明确电网建设管理目标

为保质保量如期完成 750kV 输变电工程建设，国网新疆电力严格遵照落定国家电网公司制定的各项管理规定，因地制宜地开展安全文明施工、质量监督、环境保护、安保维稳等电网建设管理中的各项工作。在 750kV 输变电工程建设规划中，构建工程建设管理网络、工程安全网络、工程质量管理网络，明确建设管理单位、设计单位、施工单位、监理单位、调试单位、运行单位等工程参建单位的职责，详细规划整个工程的前期管理、安全管理、现场文明施工管理、计划进度管理、质量管理及技术管理、造价管理及资金管理、合同管理、信息管理、施工协调管理、物资管理、档案资料管理、工程结算管理、工程投产达标管理和工程创优管理。

安全文明施工管理的目标是按照"四统一"原则（统一规划、统一组织、统一协调、统一监督），做好本工程的安全文明施工管理，确保全过程安全文明施工。与施工单位签订《安全文明施工协议》并督促其严格执行，协议中突出强调对职工身心健康的关注与保护。施工单位负责编制《安全文明施工实施细则》并按规定实施，现场总体布局具备安全文明施工条件及氛围，建立健全安全文明施工管理规章制度。严格按照《国家电网公司基建安全管理规定》《国家电网公司电网建设工程安全管理评价办法》《输变电工程安全文明施工标准》中所列的各项要求执行。

工程建设认真贯彻"安全第一、预防为主、综合治理"的方针，健全安全管理规章制度，认真落实安全管理责任制；成立由建设、设计、监理、施工等单位安全第一责任人参加的工程建设项目安全委员会；加强安全文明施工作业标准化建设，杜绝违章作业和各类安全隐患；坚持抓基础、抓基本功，建立可控、在控、能控的安全常态机制，明确各项目标。

计划进度管理目标是坚持以"工程进度服从安全、质量"为原则，积极采取相应措施，确保工程开、竣工时间和工程阶段性里程碑进度计划按时完成。

投资控制目标是在满足安全质量的前提下，优化工程技术方案，合理控制工程造价，严格规范建设过程中设计变更、现场签证，严格执行合同，做好工程项目结算工作，实现工程造价与结算管理目标。

环境保护目标是确保工程环保、水保设施建设"三同时"，落实工程环保、水保方案及批复意见，推行绿色施工，建设资源节约型、环境友好型的绿色和谐工程；确保竣工前完成工程拆迁、迹地恢复；确保工程顺利通过环保和水保验收。严格按照《国家电网公司基建安全管理规定》中所列的各项要求执行。

各施工单位在编制项目管理实施规划时，应根据施工过程中或其他活动中产生的污染气体、污水、废渣、粉尘、放射性物质以及噪声、振动等可能对环境造成的污染和危害，单独编制环境保护措施。各参建单位在组织安全教育培训时，应针对工程实际，将环境保护措施和要求，及环境保护的法律、法规知识作为教育培训的重要内容，对职工进行培训教育。工程现场的办公区、生活区采取绿化措施，以改善生态环境。施工期间，挖、填、平整场地以及土石方的堆放，按项目管理实施规划确定的方案和施工时间段进行。工程建设项目施工过程中及竣工后，对受到破坏的环境采取恢复措施。对违反环境保护法律、法规的行为，以致造成环境破坏或污染事故的单位和个人，组织人员对事故进行调查处理，追究事故责任。

基建管理信息系统应用目标是完整性、及时性、准确性达100％。

档案管理目标是严格按照国家、行业、国家电网公司和项目建设管理单位的有关档案管理规定进行档案管理，将档案管理纳入整个现场管理程序，坚持归档与工程同步进行。确保实现档案归档率100％、资料准确率100％、案卷合格率100％，保证档案资料的齐全、准确、规范、真实、系统、完整；保证在合同规定的时间移交竣工档案。

三、提升电网科技水平

国网新疆电力为了满足电力需求的快速增长、适应电网建设外部环境和节能环保要求，满足电网对输送能力、输送效率和安全稳定水平越来越高的要求，着力加强电网技术创新及应用。"十二五"期间，充分利用成熟技术，大力采用先进适用技术，加大科技研发和技术创新，消除电网薄弱环节，提高电网智能化水平，降低土地资源占用，降低电网损耗。重点应用推广的先进适用技术主要包括：

1. 特高压交/直流输电技术

随着大型能源基地的开发外送，新疆电网逐步形成以750kV和超高压外送通道构成的骨干网架。"十二五"期间，形成围绕天山西部的大环网和围绕乌昌负荷中心的小环网，及与西北电网通过4回750kV相连的750kV交流同步网架，750kV交流输电技术在新疆得到全面推广应用；建设哈密南—郑州±800kV等特高压直流工程；推进特高压交/直流系统成套设计与核心设备国产化的实现。

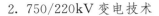

2. 750/220kV 变电技术

新疆建设 750kV 骨干网架的关键技术在于两个大级差电压等级首台首套变压器的研制创新和应用推广。

3. 大截面导线和新型材料导线

"十二五"期间，广泛采用大截面导线，提高线路输送能力，减少线路回路数和输电走廊。为充分利用原有线路走廊道、杆塔和构架，减小改造工程投资，缩短工期，新型材料导线（如碳纤维复合芯铝绞线和铝合金耐热导线等）在改造工程中的应用较为普遍。

4. 新技术的应用

新技术的应用包括智能变电站的建设、负荷横担的应用、不同恶劣自然条线下对原有避雷技术等的改进应用，因地制宜地开展电网建设工作，不断提升电网科技水平。

四、打造优质精品工程

国网新疆电力积极贯彻"百年大计、质量第一"的方针，落实《建设工程质量管理条例》《国务院办公厅关于加强基础设施工程质量管理的通知》等质量管理法规，坚持"设计精品、设备可靠、系统稳定、科技创新、绿色环保、平安和谐"的工程建设方针，以"五统一"（统一设计标准、统一管理流程、统一设备规范、统一概预算标准、统一建设协调，切实提高工作效率，提升工程建设水平）为基本原则，鼓励工程参建单位树立质量精品意识，提高工程建设质量管理水平，在确保达标投产、建设质量全面达到国家电网公司输变电优质工程的基础上，争创国家电网公司流动红旗、国家电网公司输变电优质工程、国家优质工程奖等奖项。

在规划中通过明确工程创优目标、责任主体及重点措施，指导工程参建单位（设计、施工、监理等）创优实施细则的编制及实施，最终实现工程创优目标。

工程开工前，设计、施工、监理单位均严格执行《国家电网公司输变电工程优质工程评定管理办法》，制定"创优实施细则"，按照"过程创优、一次成优"的理念，全过程开展工程创优活动。

在工程建设期间，国网新疆电力严格按照国家电网公司相关要求，加强安全质量工作检查督查，提高安全质量管理；强化应用工程标准工艺，提高标准工艺应用率；强化分包管理与工程质量、工艺过程管控，防控施工安全风险；实施工程强制性条文及质量通病控制全过程管理，规范工程验收及投运后的标准化管理，全面提高基建工程建设质量。

第三章 十年乃成

第一节 倾心描绘美好愿景

精思傅会，十年乃成。"十二五"末，新疆已建成"三环网、双通道、两延伸"骨干网架，这样的电网结构不仅可以满足新疆绿洲经济带的供电需要，同时还可以保障各电源基地的电力外送，适应各地州之间大功率交换的需要，并能与新疆 220kV 电网很好地衔接。

为进一步增大北疆向南疆的送电能力，优化潮流分布，避免大功率迂回，建设伊犁至库车翻越天山的 750kV 输电线路，打通伊犁电源基地直送南疆的送电通道，形成围绕天山山脉西段的伊犁—阿克苏—吐鲁番—乌鲁木齐—伊犁 750kV 西部环网。

为实现将准东煤电基地电力外送，避免大功率迂回，建设准东—哈密 750kV 输电通道，形成准东—哈密—吐鲁番—乌鲁木齐—准东 750kV 东部环网。

为满足南疆三地州负荷发展，750kV 电网从阿克苏进一步延伸至喀什；为满足准北阿勒泰、塔城等地区的用电需要，建设主网至准北的 750kV 输变电工程，将 750kV 电网延伸至准北。

"十一五"期间，实现新疆 750kV 电网与西北主网联网，并将 750kV 电网进一步延伸至乌鲁木齐，再由乌鲁木齐向西延伸至伊犁，向东延伸至准东，向南延伸至巴州，初步构成 750kV 网架。目标建成凤凰—乌北单回 750kV 输电线路、乌北—吐鲁番—哈密双回 750kV 输电线路及吐鲁番—巴州单回 750kV 输电线路，构建 Y 字形 750kV 主干网架。

"十二五"期间，新疆电网负荷保持两位数增长，水电装机持续增长，火电及风电电源进入大规模开发时期，新疆 2015 年总装机规模为 2010 年的近 5 倍。750kV 电网，形成沿天山南北坡经济带东西向展开，向南、北疆延伸，连接大型电源基地、负荷中心的坚强网架。新疆 750kV 电网建设目标是建成"三环网、双通道、两延伸"骨干网架。 "三环网"的第一环网为凤凰—亚中—达坂城—乌北—凤凰，围绕乌昌都市圈的 750kV 小环网；第二环网为乌北—五彩湾—芨芨湖—巴州—哈密—吐鲁番—达坂城—乌北，配合特高压直流外送形成的 750kV 大环网；第三环网为沿天山山脉西段形成的伊犁—乌苏—凤凰—乌鲁木齐—吐鲁番—巴州—库车—伊犁，覆盖天山南北坡经济带的 750kV 大环网。"双通道"为哈密—敦煌和哈密—柴达木两个 750kV 联网外送通道。"两延伸"为 750kV 电网适时向南延伸到南疆喀什地区、向北延伸至北疆准北地区。

新疆 750kV 电网的规划设计是在一步步探索和反复修订中逐步建立起来的，凝聚了无数新疆电力人跋山涉水的艰险、反复计算的辛劳、思考论证的勤恳，形成了科学的建设目标，为新疆 750kV 电网描绘了一幅美丽蓝图，如图 3-1 所示。

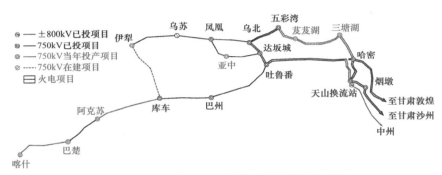

图 3-1　2015 年 750kV 及以上电网现状示意图

第二节　精心铸造电力长城

自 2007 年凤凰—乌北 750kV 输变电工程开工建设以来，至"十二五"末期，新疆电网形成"三环网、双通道、两延伸"的 750kV 骨干电网，包括环天山东段环网、环天山西段环网和乌昌地区环网，并以环网为依托，进一步延伸到喀什、准北区域。其中，在天山南北坡经济带形成伊犁—乌苏—凤凰—乌鲁木齐—吐鲁番—巴州—库车—伊犁的 750kV 西环网，在乌昌负荷中心形成凤凰—亚中—达坂城—乌北—凤凰的 750kV 乌昌核心区环网，在新疆东部形成五彩湾—芨芨湖—三塘湖—哈密—吐鲁番—乌北—五彩湾的 750kV 东环网；750kV 电网向北连接五家渠延伸至准北地区，向南连接阿克苏、巴楚延伸至喀什地区。新疆电网的主网架由 220kV 直接升级为 750kV，电网配置资源能力不断增强。

一、凤凰—乌北 750kV 输变电工程

凤凰—乌北 750kV 输变电工程由西北电网有限公司投资建设，2007 年 5 月 16 日开工，2008 年 5 月 30 日竣工，建设工期 13 个月，于 2008 年 6 月 20 日投产运行，工程总投资 11.95 亿元。

（一）建设规模

凤凰—乌北 750kV 输变电工程包括凤凰 750kV 变电站新建工程，乌北 750kV 变电站新建工程，凤凰—乌北 750kV 输电线路工程。

为满足玛纳斯电厂三期扩建工程 2008 年 6 月投产送出的需要，工程分阶段进行建设。首先，建成凤凰、乌北 750kV 变电站的 220kV 开关站部分、凤凰—乌北 750kV 输电线路，工程建成后 220kV 降压运行；然后，根据电力系统发展情况适时升压至 750kV，建设凤凰 750kV 变电站和乌北 750kV 变电站的 750kV 部分，凤凰—乌北输电线路升压至 750kV 运行。具体工程建设规模如下：

1. 凤凰 750kV 变电站新建工程

变电站远景建设规模为 2×1000MVA，750kV 规划出线 6 回，主变压器进线 2 回，采用 3/2 断路器接线；220kV 规划出线 12 回，主变压器进线 2 回，采用双母线分段接线。建设 220kV 开关站部分，220kV 出线为 6 回另加一回临时过渡出线。

2. 乌北 750kV 变电站新建工程

变电站远景建设规模为 2×1500MVA，750kV 规划出线 6 回，2 回主变压器进线，采用 3/2 断路器接线；220kV 规划出线 14 回，2 回主变压器进线，采用双母线分段接线。建设 220kV 开关站部分，220kV 出线 6 回另加一回临时过渡出线。

3. 凤凰—乌北 750kV 输电线路工程

凤凰—乌北 750kV 输电线路工程起自玛纳斯 750kV 变电站，止于乌北 750kV 变电站，工程建设规模为新建单回 750kV 输电线路。线路总长约 136.05km，全线采用 750kV 线路等级铁塔，共计 306 基。导线采用 6×LGJK-310/50 扩径钢芯铝绞线，地线采用 1 根 GJ-80 钢绞线和 1 根光纤复合架空地线（OPGW）。

（二）地理位置

凤凰 750kV 变电站位于昌吉回族自治州玛纳斯县兰州湾乡十里墩村，变电站总占地

面积 155.72 亩，地形基本平坦，主要为耕地。

乌北 750kV 变电站位于乌鲁木齐市米东区下大草滩村，变电站总占地面积 174.42 亩，变电站地形以丘陵地貌为主，间有部分开垦农田。

凤凰—乌北 750kV 输电线路途径玛纳斯县、呼图壁县、昌吉市、乌鲁木齐县、乌鲁木齐市三县两市，地形地貌以村庄农田为主，地势基本平坦。路径曲折系数 1.07，最高海拔 610m，主要跨越 220kV 线路 4 处、110kV 线路 8 处、高速公路 1 处、省道 1 处、县道 2 处。

（三）工程意义

凤凰—乌北 750kV 输变电工程是新疆第一条 750kV 输变电工程，起点高、要求严，具有新疆 750kV 输变电示范工程作用，建设意义重大。该工程是玛纳斯电厂三期扩建配套输变电送出工程的主要组成部分，是实施建设西北"外向型、送出型、规模型"750kV 电网的重要内容，其建设投运不仅满足了玛纳斯盈余电力的送出需要，缓解乌昌地区供电的紧张局面，而且对新疆 750kV 主干网架和"疆电外送"条件的形成和新疆经济社会的发展，都起到了至关重要的作用。

二、乌北—吐鲁番—哈密 750kV 输变电工程

乌北—吐鲁番—哈密 750kV 输变电工程是由国网新疆电力建设管理，2009 年 3 月 28 日开工，2010 年 1 月 28 日竣工，建设工期 11 个月，工程总投资 42.8 亿元。线路按照 750kV 建设，初期降压 220kV 运行。

（一）建设规模

乌北—吐鲁番—哈密 750kV 输变电工程包括乌北 750kV 变电站扩建工程、吐鲁番 750kV 变电站新建工程、哈密 750kV 变电站新建工程、乌北—吐鲁番—哈密 750kV 输电线路工程。乌北—吐鲁番—哈密 750kV 输变电工程建设规模见表 3-1。

表 3-1　　　　　乌北—吐鲁番—哈密 750kV 输变电工程建设规模

哈密 750kV 变电站新建工程	新建规模：建设一组 1500MVA 主变压器，750kV 出线 2 回，220kV 出线 5 回，2 组 420Mvar 高压电抗器
	现有规模：1 组 1500MVA 主变压器，750kV 出线 4 回，220kV 出线 7 回（一回备用），4 组 420Mvar 高压电抗器

续表

吐鲁番 750kV 变电站 新建工程	新建规模：建设一组 1500MVA 主变压器，750kV 出线 4 回，220kV 出线 5 回，2 组 420Mvar、2 组 240Mvar 高压电抗器
	现有规模：1 组 1500MVA 主变压器，750kV 出线 5 回，220kV 出线 9 回，3 组 420Mvar、2 组 240Mvar 高压电抗器
乌北 750kV 变电站 扩建工程	原有规模：1 组 1500MVA 主变压器，750kV 出线 1 回，220kV 出线 6 回
	扩建规模：扩建 750kV 出线 2 回，2 组 240Mvar 高压电抗器
	现有规模：1 组 1500MVA 主变压器，750kV 出线 3 回，2 组 240Mvar 高压电抗器，220kV 出线 6 回
乌北—吐鲁番—哈密 750kV 输电线路工程	送电线路总长度约 2×580km（乌北—吐鲁番同塔双回路段 45.6km、乌北—吐鲁番Ⅰ回 164.589km、乌北—吐鲁番Ⅱ回 164.486km、吐鲁番—哈密Ⅰ回 369.701km、吐鲁番—哈密Ⅱ回 369.675km），同塔双回路架设线路 92 基塔，单回路塔基共 2233 基（其中换位辅助塔 12 基）

（二）地理位置

乌北—吐鲁番—哈密 750kV 输电线路工程，起自乌鲁木齐市米东新区的乌北 750kV 变电站，经吐鲁番市葡萄沟乡的吐鲁番 750kV 变电站，止于哈密市边关墩的哈密 750kV 变电站。

乌北—吐鲁番—哈密 750kV 输电线路途经乌鲁木齐市、吐鲁番市、鄯善县、哈密市，全线共涉及 4 个市县。线路处于天山南北、吐鲁番盆地北部边缘及准噶尔盆地南部边缘，地形以戈壁滩为主，翻越天山山脉时以山地为主，海拔为 400～1500m。线路沿线平地 68.5%、丘陵 18.1%、山地 13.4%，穿越著名的"三十里风区"和"百里风区"，沿线村落稀少，有国道、省道及乡间公路可供利用，交通条件较为便利，全线跨越 220kV 线路 19 次、110kV 线路 5 次、35kV 线路 22 次、高速公路 8 次、铁路 14 次、国道 8 次。

乌北 750kV 变电站位于乌鲁木齐市米东新区下大草滩村东侧、米泉市东北侧。

吐鲁番 750kV 变电站位于吐鲁番市葡萄沟北的苏贝希村东北侧，S202 省道东侧。

哈密 750kV 变电站位于哈密市陶宫乡石城子村西南的边关墩，S303 省道西侧。

（三）工程意义

乌北—吐鲁番—哈密 750kV 输变电工程是国网新疆电力投资建设的首个 750kV 输变电工程，是新疆 750kV 目标网架的重要组成部分，是新疆电网于"十一五"期间建设的电压等级最高、输送能力最强、投资规模最大、带动效益最明显、惠及民生最多的一项电网工程。该工程的开工建设，对于形成覆盖全疆的 750kV 主干网架、满足新疆电网区域间功率交换、加快新疆与西北电网联网、尽快实现新疆电力大规模外送、促进新疆经济社会的发展具有关键作用，是一项具有重大政治意义、经济意义和创新意义的宏伟事业。

三、吐鲁番—巴州 750kV 输变电工程

吐鲁番—巴州 750kV 输变电工程由国网新疆电力建设管理，2010 年 4 月开工建设，2011 年 1 月 10 日建成投运，建设工期 10 个月，工程总投资 15.1 亿元。

（一）建设规模

吐鲁番—巴州 750kV 输变电工程包括吐鲁番 750kV 变电站二期扩建工程、巴州 750kV 变电站新建工程和吐鲁番—巴州 750kV 输电线路工程。吐鲁番—巴州 750kV 输变电工程建设规模见表 3-2。

表 3-2　　　　　　吐鲁番—巴州 750kV 输变电工程建设规模

序号	工程名称	项目	一期规模	二期规模
1	吐鲁番 750kV 变电站二期扩建工程	地理位置	吐鲁番市葡萄沟以北苏贝希村	
		主变压器（MVA）	1×1500	
		750kV 出线（回）	4	1
		750kV 高压电抗器（Mvar）	$2 \times 420 + 2 \times 240$	1×420
		220kV 出线（回）	9	
		新增占地	不新增占地	
2	巴州 750kV 变电站新建工程	地理位置	焉耆回族自治县县城以西的七个星镇	
		主变压器（MVA）	1×1500	
		750kV 出线（回）	1	
		750kV 高压电抗器（Mvar）	1×420	
		220kV 出线（回）	7	
		新增占地	新增永久占地 12.15hm²	
		占地类型	戈壁荒漠	

续表

序号	工程名称	项目	一期规模	二期规模
3	吐鲁番—巴州750kV输电线路工程	电压等级	750kV	
		输送功率及电流	2300MW、1771A	
		线路长度	337km	
		杆塔型式和数量	直线塔609基，转角塔、终端塔80基，共计689基	
		导线型号及特性	6×LGJK-310/50 和 6×LGJ-400/50	
		地线型号	1×19-13.0-1270；JLB20A-150	
		架设方式及相序排列	单回路架设，排列方式以水平排列为主	
		地貌类型	戈壁荒漠区、土石山区和平原农业区	
		主要跨越河流	托克逊河、清水河、开都河	

（二）地理位置

吐鲁番750kV变电站位于吐鲁番市葡萄沟以北苏贝希村的东北侧。

巴州750kV变电站位于巴音郭楞蒙古自治州焉耆回族自治县县城以西的七个星镇。

吐鲁番—巴州750kV输电线路工程起自吐鲁番750kV变电站，止于巴州750kV变电站，线路全长337km，途经吐鲁番市、221兵团、托克逊县、和硕县、24兵团、和静县、22兵团、焉耆县等四县两市三个兵团。

（三）工程意义

吐鲁番—巴州750kV输变电工程是新疆750kV目标网架的重要组成部分，是天山南北主要功率交换通道，是南、北疆联网的第二条大动脉。该工程的建设有利于提高北疆电网与南疆电网之间的送电能力，将北疆能源富集区的富余电力送出，满足南疆五地州国民经济发展对电力的需要，实现南疆电力工业产业结构的升级。同时，该工程的建设有利于南疆各地州大型电源的电力外送，不仅进一步优化了电源结构，降低发电运行成本和新疆电力工业整体运营成本，还实现了节约能源和改善环境的目的，减少南疆燃气发电，从而置换出更多的天然气向内地输送，为实现可持续发展以及建设社会主义和谐社会奠定了基础。

四、凤凰—乌苏—伊犁750kV输变电工程

凤凰—乌苏—伊犁750kV输变电工程由国网新疆电力建设管理，2011年5月开工建

设，2013 年 4 月 30 日竣工投运，建设工期 24 个月，工程总投资 20.96 亿元。

（一）建设规模

凤凰—乌苏—伊犁 750kV 输变电工程包括凤凰 750kV 变电站二期扩建工程、乌苏 750kV 变电站新建工程、伊犁 750kV 变电站新建工程、凤凰—乌苏 750kV 输电线路工程、乌苏—伊犁 750kV 输电线路工程。凤凰—乌苏—伊犁 750kV 输变电工程建设规模见表 3-3。

表 3-3　　　　　　　　　　凤凰—乌苏—伊犁 750kV 输变电工程建设规模

序号	工程类型	工程数量	建设规模
1	凤凰 750kV 变电站二期扩建工程	1	扩建凤凰（玛纳斯）750kV 变电站：扩建 1 个 750kV 出线间隔，1 组 300Mvar 高压电抗器、1 组 60Mvar 低压电抗器
2	750kV 变电站新建工程	2	（1）新建乌苏 750kV 变电站：为开关站，没有主变压器；新建 2 个 750kV 出线间隔；新建 1 组 300Mvar 高压电抗器。 （2）新建伊犁 750kV 变电站：新建 1 台 1500MVA 主变压器；新建 1 个 750kV 出线间隔；1 组 300Mvar 高压电抗器；220kV 出线 6 回；2 组 60Mvar 低压电抗器、1 组 45Mvar 低压电抗器
3	750kV 新建输电线路	2	（1）新建凤凰—乌苏 750kV 输电线路工程：全长约 151km，导线采用 6×LGJ-400/50 钢芯铝绞线和 6×LGJK-310/50 扩径导线，采用单回路水平排列方式。 （2）新建乌苏—伊犁 750kV 输电线路工程：全长约 265km，导线采用 6×LGJ-400/50 钢芯铝绞线，采用单回路水平排列方式

（二）地理位置

凤凰 750kV 变电站位于新疆昌吉回族自治州玛纳斯县兰州湾镇十里墩村，站区东临 X158 县道。

乌苏 750kV 变电站位于新疆塔城地区乌苏市西大沟镇西南侧，乌—白公路（X793 县道）西北侧。

伊犁 750kV 变电站位于新疆伊犁哈萨克自治州尼勒克县苏布台乡境内。

凤凰—乌苏 750kV 输电线路途经玛纳斯县、石河子市、沙湾县、克拉玛依市独山子区和乌苏市 5 个市、县、区行政管辖区境内，路径地区的海拔 400～800m。输电线路塔基永久占地面积约 9.49hm²，临时占地面积约 65.85hm²。

乌苏—伊犁 750kV 输电线路工程位于新疆乌苏市、精河县、尼勒克县及伊宁县等境内，途经地区海拔 300～2500m。线路从变电站向西出线后跨越四棵树河、古尔图河，均采用一档跨越，不在河道内立塔。输电线路塔基永久占地面积约 17.61hm²，临时占地面积约 122.3hm²。

（三）工程意义

凤凰—乌苏—伊犁 750kV 输变电工程是北疆 750kV 网架的重要组成部分，线路覆盖区域电网具备接入 600MW 以上大机组的条件，不仅促进了电源结构的优化调整，也带动了新疆电网的技术升级；解决了伊犁 220kV 线路输电能力的瓶颈问题，满足了伊犁水、火电外送的需要；大幅提高了断面输电能力，节约了线路走廊；满足了沿线及乌昌负荷中心发展的需要，通过 220kV 输电线路向周边的经济带辐射供电，对增大新疆电网供电能力、保证天山北坡经济带工农业生产的用电需求有着重要的作用。

五、库车—巴州 750kV 输变电工程

库车—巴州 750kV 输变电工程由国网江苏省电力公司为项目法人进行投资，国网新疆电力为建设单位进行建设，2012 年 3 月开工建设，2013 年 8 月 30 日建成投运，建设工期 18 个月，工程总投资 14.5 亿元。

（一）建设规模

库车—巴州 750kV 输变电工程包括库车 750kV 变电站新建工程、巴州 750kV 变电站扩建工程和库车—巴州 750kV 输电线路工程。库车—巴州 750kV 输变电工程建设规模见表 3-4。

表 3-4　　　　　　　　　库车—巴州 750kV 输变电工程建设规模

序号	工程类型	工程数量	建设规模
1	巴州 750kV 变电站扩建工程	1	扩建 1 组 1500MVA 主变压器，1 回 750kV 出线和 1 组 360Mvar 高压电抗器等
2	库车 750kV 变电站新建工程	1	新建 1 组 1500MVA 主变压器、1 回 750kV 出线、1 组 360Mvar 高压电抗器和 8 回 220kV 出线等

续表

序号	工程类型	工程数量	建设规模
3	库车—巴州750kV 输电线路工程	1	单回路架设，系统正常时单回最大输送功率为2300MW。 推荐线路长约298km，塔基总数672基，其中直线塔600基、转角塔70基、终端塔2基，单回路架设，直线塔、悬垂转角塔采用自立式"酒杯"型塔，导线水平排列，耐张转角塔、终端塔采用自立式"干字"型塔。 导线采用LGJ-400/50钢芯铝绞线和LJGK-310/50型扩径导线，每相六分裂，分裂间距400m；地线一根采用OPGW-120，另一根采用铝包钢绞线JLB20A-100

（二）地理位置

库车750kV变电站位于库车县城东北侧，属于库车县阿格乡，用地为国有未利用土地。

巴州750kV电站位于巴音郭楞蒙古自治州焉耆回族自治县以西的七个星镇。

库车—巴州750kV输变电工程线路途经阿克苏地区的库车县、巴音郭楞自治州的轮台县、库尔勒市和焉耆县等三县一市，沿线海拔1050～2000m，线路全长286.647km。

（三）工程意义

库车—巴州750kV输变电工程是南疆750kV网架的重要组成部分，不仅有利于满足南疆五地州用电的需要，提高电网安全稳定性和供电可靠性，还可为库拜煤田附近地区建设大容量火电机组接入提供条件，带动南疆电网的技术升级。该工程有助于优化全疆潮流分布，降低电网功率损耗；有助于提高断面输电能力，节约线路走廊；有助于环天山南北坡经济圈向东、西侧展开，向南、北疆延伸，并连接大型电源基地和负荷中心。

六、乌北—五彩湾750kV输变电工程

乌北—五彩湾750kV输变电工程由国网新疆电力建设管理，2013年11月开工建设，2014年12月28日竣工投运，建设工期14个月，工程总投资为18.5亿元。

（一）工程概况

乌北—五彩湾750kV输变电工程包括乌北750kV变电站五期扩建工程、五彩湾

750kV 变电站新建工程和乌北—五彩湾 750kV 双回输电线路工程。乌北—五彩湾 750kV 输变电工程建设规模见表 3-5。

表 3-5　　　　　　　　乌北—五彩湾 750kV 输变电工程建设规模

工程组成		1. 扩建乌北 750kV 变电站	
		2. 新建五彩湾 750kV 变电站	
		3. 新建乌北—五彩湾 750kV 双回输电线路，路径全长为 2×156km	
乌北 750kV 变电站	站址	新疆维吾尔自治区乌鲁木齐市米东区	
	建设规模	电压等级	750kV
		主变压器	1×1500MVA
		交流出线	750kV 出线 2 回；220kV 出线 2 回
		750kV 高压电抗器	1 组 360Mvar
	占地面积	永久占地：2.5hm²（位于原有围墙内的预留场地）；临时占地：0	
五彩湾 750kV 变电站	站址	新疆维吾尔自治区昌吉回族自治州五彩湾地区	
	建设规模	电压等级	750kV
		主变压器	2×1500MVA
		交流出线	750kV 出线 2 回；220kV 出线 8 回
		750kV 高压电抗器	1 组 360Mvar
	占地面积	14.95hm²	
乌北—五彩湾 750kV 输电线路	运行电压	750kV	
	路径长度	2×156km（其中同塔双回 45km，并行单回 111km），590 基	
	占地面积	永久占地 12.54hm²，临时占地 40.32hm²	

（二）地理位置

乌北 750kV 变电站位于新疆乌鲁木齐市米东区下大草滩东侧，进站道路向东南方向与北园北路引接。

五彩湾 750kV 变电站位于新疆昌吉回族自治州吉木萨尔县五彩湾煤电煤化工工业园区南侧，西侧为新 G216 五大高速，进站道路向西方向与五彩湾工业园区至奇台县新修县道引接。

乌北—五彩湾 750kV 输电线路位于新疆乌鲁木齐市米东区、昌吉州回族自治区阜康市和吉木萨尔县境内，输电线路全长 2×156km，起自米东区下大草滩村附近的 750kV 乌北变电站，止于吉木萨尔县五彩湾工业园区南侧的 750kV 五彩湾变电站，途经米东区、阜康市、六运湖农场、吉木萨尔县等一区一市一县一农场。

（三）工程意义

乌北—五彩湾 750kV 输变电工程的建设保证了五彩湾等矿区的正常开发建设，满足区域内近期电力供应的需求，满足昌吉东部地区负荷发展的需要；有利于加强新疆750kV 网架结构，降低地区短路电流水平，提高乌昌地区供电可靠性；有利于将 750kV 电网延伸至准东地区，为五彩湾地区建设大容量火电机组提供保障。

七、凤凰—亚中—达坂城 750kV 输变电工程

凤凰—亚中—达坂城 750kV 输变电工程由国网新疆电力作为项目法人进行投资，2014 年 5 月 11 日建成投运，工程总投资 24.9 亿元。

（一）建设规模

凤凰—亚中—达坂城 750kV 输变电工程包括凤凰 750kV 变电站三期扩建工程、亚中 750kV 变电站新建工程、达坂城 750kV 变电站新建工程、凤凰—亚中 750kV 输电线路工程、亚中—达坂城 750kV 输电线路工程、乌北—吐鲁番 750kV 线 II 接东郊变电站的输电线路工程等 6 项工程。

1. 凤凰 750kV 变电站三期扩建工程

扩建主变压器规模 1×1000MVA，新增 1 回 750kV 出线至西山变电站，220kV 没有出线，66kV 侧新增 1×60Mvar 低压电抗器和 2×60Mvar 低压电容器。750、220kV 配电装置均采用敞开式布置方式。扩建在变电站站内预留场地进行施工，不需新征土地，施工全部在变电站内进行。

2. 亚中 750kV 变电站新建工程

新建主变压器规模 2×1500MVA，750kV 出线 2 回，750MVA 并联高压电抗器 1×240Mvar，220kV 出线 8 回，66kV 低压并联电抗器 1×60Mvar＋2×60Mvar，低压并联电容器 2×60Mvar。变电站总征地面积 16.21hm²，其中变电站围墙内永久占地面积 8.97hm²，其他占地面积 7.24hm²，变电站占地类型为牧草地。

3. 达坂城 750kV 变电站新建工程

新建主变压器规模 1×1500MVA，750kV 出线 5 回，750kV 并联高压电抗器 1×210Mvar，220kV 出线 6 回，66kV 安装 1×60Mvar 并联电抗器和 1×60Mvar 并联电容

器。变电站总征地面积 14.30hm²，其中变电站围墙内永久占地面积 9.1hm²，其他占地面积 5.2hm²，变电站占地类型为牧草地。

4. 凤凰—亚中 750kV 输电线路工程

起自凤凰 750kV 变电站，止于亚中 750kV 变电站，线路路径全长约 124km，铁塔约 260 基，采用单回路水平架设，自凤凰 750kV 变电站门型构架出线后，基本与已建凤凰—乌北 750kV 输电线路并行走线。导线采用 6×LGJ-400/50 钢芯铝绞线，子导线分裂间隔采用 400mm。线路塔基永久占地面积 7.66hm²，临时占地面积 24.09hm²。

5. 亚中—达坂城 750kV 输电线路工程

起自亚中 750kV 变电站，止于达坂城 750kV 变电站，线路路径全长约 99km，铁塔约 210 基，采用单回路水平排列方式，导线采用 6×LGJ-400/50 钢芯铝绞线，子导线间分裂间距采用 400mm。线路塔基永久占地面积 6.12hm²，临时占地面积 19.22hm²。

6. 乌北—吐鲁番线 750kV Ⅱ 接东郊 750kV 变电站的输电线路工程

起自东郊 750kV 变电站，止于乌北—吐鲁番 750kV Ⅰ、Ⅱ 回线路，线路路径全长约 2.5km，铁塔约 6 基，采用单回水平排列架设列、同塔双回架设，除变电站终端塔按同塔双回路设计外，其余采用单回水平架设。导线采用 6×LGJ-400/50 钢芯铝绞线，子导线间分裂间距采用 400mm。线路塔基永久占地面积 0.15hm²，临时占地面积 0.49hm²。

（二）地理位置

凤凰 750kV 变电站位于昌吉州玛纳斯县兰州湾镇十里墩村，站区东临 X158 县道。

亚中 750kV 变电站位于乌鲁木齐市甘沟乡马家庄西南侧。

达坂城 750kV 变电站位于乌鲁木齐市达坂城区盐湖化工厂的西北侧。

凤凰—亚中 750kV 输电线路工程路径全长约 124km，其中线路位于玛纳斯县境内长度约 39.3km，呼图壁县境内长度约 44.1km，昌吉市境内长度约 35.8km，乌鲁木齐市乌鲁木齐县境内长度约 4.8km，地区海拔 400～1300m。

亚中—达坂城 750kV 输电线路工程路径全长约 99km，沿途经过乌鲁木齐市沙依巴克区、天山区、达坂城区，新疆建设兵团农十二师的 104 团、西山农场，乌鲁木齐市乌鲁木齐县及种牛场，地区海拔 1080～1300m。

乌北—吐鲁番线 750kV Ⅱ 接达坂城 750kV 变电站输电线路工程位于乌鲁木齐市达坂城区，地区海拔 1180～1220m。

（三）工程意义

凤凰—亚中—达坂城 750kV 输变电工程是乌昌负荷中心 750kV 环网网架的重要组成部分，不仅能够彻底解决乌昌电网的供电问题，提高电网可靠性，满足乌昌西部电网的负荷要求，有利于优化乌昌西部 220kV 电网。 还可为西山附近大型火电电源建设及达坂城地区风电大规模开发创造条件，为新疆"十二五"期间大规模电力外送以及全疆各地州之间大功率电力交换奠定了基础。

八、库车—阿克苏 750kV 输变电工程

库车—阿克苏 750kV 输变电工程由国网新疆电力作为项目法人进行投资，2015 年 12 月 24 日竣工投运，工程总投资 14 亿元。

（一）建设规模

库车—阿克苏 750kV 输变电工程包括库车 750kV 变电站三期扩建工程、阿克苏 750kV 变电站新建工程和库车—阿克苏 750kV 输电线路新建工程。

1. 库车 750kV 变电站三期扩建工程

扩建 1 回 750kV 出线至阿克苏，位于站区东侧北起第五个出线间隔，向西出线，配置 1×360Mvar 高压电抗器。

2. 阿克苏 750kV 变电站新建工程

新建 1×1500MVA 主变压器，1 回 750kV 出线（至库车 750kV 变电站），配置 1×300Mvar 高压电抗器，7 回 220kV 出线；用地为国有未利用地，现为戈壁荒地。

3. 库车—阿克苏 750kV 输电线路新建工程

起自库车 750kV 变电站，止于阿克苏 750kV 变电站，线路长度约 290km，全线采用单回路架设。

（二）地理位置

库车 750kV 变电站位于新疆阿克苏地区库车县城东北侧，属于库车县阿格乡。

阿克苏 750kV 变电站位于阿克苏市西南侧，属于阿依库勒镇。

库车—阿克苏 750kV 输电线路工程起自库车 750kV 变电站，止于阿克苏 750kV 变电

站，线路长度约290km，沿线途经库车县、新和县、温宿县、农一师五团、农一师六团、阿克苏市等三县一市两个团场，均位于新疆阿克苏地区。

（三）工程意义

库车—阿克苏750kV输变电工程是南疆750kV网架的重要组成部分，不仅满足了南疆各地州火电机组接入的需要，带动南疆电网技术的升级，改善南疆电网稳定性；还加强了新疆主网向南疆地区远距离送电的能力，节约线路走廊，保证南疆电网安全、可靠、稳定运行，进而保障南疆地区的经济发展和社会稳定。

九、阿克苏—巴楚—喀什750kV输变电工程

阿克苏—巴楚—喀什750kV输变电工程由国网新疆电力作为项目法人进行投资，2014年11月25日开工建设，2015年12月24日竣工投运，建设工期14个月，工程总投资18.9亿元。

（一）建设规模

阿克苏—巴楚—喀什750kV输变电工程包括巴楚750kV变电站新建工程、喀什750kV变电站新建工程、阿克苏750kV变电站间隔扩建工程、阿克苏—巴楚750kV输电线路工程、巴楚—喀什750kV输电线路工程。

1. 巴楚750kV变电站新建工程

新建主变压器1×1500MVA，750kV出线2回（1回至喀什750kV变电站，1回至阿克苏750kV变电站），装设高压并联电抗器2组，低压电抗器2组，低压电容器1组。全站总征地面积12.03hm²，其中围墙内占地约9.94hm²，其他占地面积约2.09hm²，占地类型为戈壁滩。

2. 喀什750kV变电站新建工程

新建主变压器1×1500MVA，750kV出线规模1回（至巴楚750kV变电站1回），装设高压并联电抗器1组，低压电抗器2组，低压电容器1组。变电站征地面积约12.00hm²，其中围墙内占地面积9.94hm²，进站道路2.28km，征地面积约2.06hm²。

3. 阿克苏750kV变电站间隔扩建工程

建设750kV出线间隔（至巴楚750kV变电站1回），装设高压并联电抗器1组。扩

建是在一期工程预留场地内进行扩建，不需要征地。

4．阿克苏—巴楚 750kV 输电线路工程

输电线路全长约 195km，采用单回路水平排列方式，山区区段导线采用 6×JL/G1A-400/50 钢芯铝绞线，平丘区段采用 6×LGJK-310/50 钢芯铝绞线，导线间分裂间距为 400mm。

5．巴楚—喀什 750kV 输电线路工程

巴楚—喀什 750kV 输电线路全长约 188km，采用单回路水平排列方式，山区区段导线采用 6×JL/G1A-400/50 钢芯铝绞线，平丘区段采用 6×LGJK-310/50 钢芯铝绞线，导线间分裂间距为 400mm。

（二）地理位置

阿克苏—巴楚—喀什 750kV 输变电工程位于新疆阿克苏地区、喀什地区境内，途经阿克苏地区的阿克苏市、柯坪县，喀什地区的巴楚县、伽师县、疏附县。

巴楚 750kV 变电站位于新疆喀什地区巴楚县西北方向的三岔口镇，站址西侧有 G314 国道。

喀什 750kV 变电站位于新疆喀什地区疏附县阿克喀什乡库勒村境内。站址西南侧有红旗水库，南面有其他设施，北侧是古疏勒保护区遗址，东南侧为阿克喀什乡。

阿克苏 750kV 变电站位于新疆阿克苏地区阿克苏市西南侧，站址东面由西向东依次为乡村碎石公路、220kV 输电线路、南疆铁路及 G314 国道。

阿克苏—巴楚 750kV 输电线路全长约 195km，途经新疆阿克苏地区阿克苏市、坷坪县和喀什地区巴楚县等 3 市县。沿线大部分为平地，约占 94.9％；山地约占 5.1％。全线海拔为 1100～1350m。

巴楚—喀什 750kV 输电线路全长约 188km，途经新疆喀什地区的巴楚县、伽师县和疏附县等 3 县和伽师总场。全线均为平地。沿线大部分为平地，约占 94.9％；山地约占 5.1％。全线海拔为 1000～1200m。

（三）工程意义

阿克苏—巴楚—喀什 750kV 输变电工程的建设，有利于贯彻落实中央支援新疆经济建设的战略部署，促进南疆地区经济发展和社会稳定；有利于提高北部电网对南疆三地州的送电能力，提高电网供电质量和供电可靠性，是解决南疆三地州电力不足的有效措

施，为南疆三地州经济快速发展提供了可靠的电力保障，也对国家推行实施"一带一路"战略，促进新疆地区跨越式发展和长治久安具有重要的政治作用和经济意义。

十、哈密—三塘湖 750kV 输变电工程

哈密—三塘湖 750kV 输变电工程由国网新疆电力作为项目法人进行投资，2014 年 11 月开工建设，2016 年 1 月竣工投运，建设工期 15 个月，工程总投资 16.7 亿元。

（一）建设规模

哈密—三塘湖 750kV 输变电工程包括哈密 750kV 变电站扩建工程、三塘湖 750kV 变电站新建工程、哈密—三塘湖 750kV 输电线路工程。

1. 哈密 750kV 变电站扩建工程

建设 1500MVA 主变压器 1 台，高压电抗器 1 组，低压电抗器 3 组，低压电容器 2 组和 750kV 出线 2 回。

2. 三塘湖 750kV 变电站新建工程

建设 1500MVA 主变压器 2 台；高压电抗器 3 组，低压电抗器 4 组，低压电容器 10 组，750kV 出线 4 回和 220kV 出线 8 回。

3. 哈密—三塘湖 750kV 输电线路工程

线路路径长度约 2×146km，共有铁塔 579 基，为双回输电线路，导线截面均采用 6×400mm^2。

（二）地理位置

哈密 750kV 变电站位于新疆哈密地区哈密市。

三塘湖 750kV 变电站位于新疆哈密地区巴里坤县。

哈密—三塘湖 750kV 输电线路起自巴里坤县三塘湖 750kV 变电站，止于哈密 750kV 变电站，途经巴里坤县、伊吾军马场、哈密市，线路翻越莫钦乌拉山和天山，气象条件复杂多变，道路崎岖交通困难，海拔落差 3600m。

（三）工程意义

哈密—三塘湖 750kV 输变电工程的建设有助于满足哈密地区和新疆主网的电力交换

需求，提升哈密地区向新疆主网的送电能力，并为哈密至吐鲁番地区的电磁解环创造了条件。同时，该工程为哈密地区大型能源基地的开发奠定了基础，为哈密风、火电打捆外送提供了坚强的网架支撑，提高了哈密地区供电可靠性，工程建设意义重大。

十一、五彩湾—芨芨湖—三塘湖 750kV 输变电工程

五彩湾—芨芨湖—三塘湖 750kV 输变电工程由国网新疆电力作为项目法人投资建设，2014 年 10 月开工建设，2015 年 12 月竣工投运，建设工期 15 个月，工程总投资 28.1 亿元。

（一）建设规模

五彩湾—芨芨湖—三塘湖 750kV 输变电工程包括五彩湾 750kV 变电站扩建工程、芨芨湖 750kV 变电站新建工程、五彩湾—芨芨湖—三塘湖 750kV 输电线路工程。

1. 五彩湾 750kV 变电站扩建工程

建设高压电抗器 1 组，低压电抗器 2 组，低压电容器 2 组，750kV 出线 2 回。

2. 芨芨湖 750kV 变电站新建工程

建设 1500MVA 主变压器 1 组，高压电抗器 3 组，低压电抗器 5 组，低压电容器 4 组，750kV 出线 4 回，220kV 出线 9 回。

3. 五彩湾—芨芨湖—三塘湖 750kV 输电线路工程

采用两条单回路并行架设，线路长度 2×355km，导线截面均采用 6×400mm^2。

（二）地理位置

五彩湾、芨芨湖 750kV 变电站均位于新疆昌吉回族自治州。

五彩湾—芨芨湖—三塘湖 750kV 输电线路起于五彩湾 750kV 变电站，止于三塘湖 750kV 变电站，沿线经过昌吉回族自治州吉木萨尔县、奇台县、木垒县和哈密地区巴里坤县。

（三）工程意义

五彩湾—芨芨湖—三塘湖 750kV 输变电工程是天山东部 750kV 环网的重要组成部分，不仅满足了哈密地区和新疆主网的电力交换需求，促进哈密山北地区风电送出，为准东能源基地的大规模电源开发以及风、火电打捆外送提供坚强的网架支撑；还有效解决

了哈密南—郑州±800kV输变电工程和新疆与西北电网交流二通道电源容量不足的问题，同时满足了当地供电负荷需要。

十二、伊犁—库车750kV输变电工程

伊犁—库车750kV输变电工程由国网新疆电力作为项目法人投资建设，2014年11月5日开工建设，按计划将于2016年12月31日竣工投运，建设工期24个月，工程总投资18.4亿元。

（一）建设规模

伊犁—库车750kV输变电工程包括伊犁750kV变电站扩建工程、库车750kV变电站扩建工程、伊犁—库车750kV输电线路工程。

1. 伊犁750kV变电站扩建工程

扩建主变压器1台，高压电抗器1组，750kV出线1回。

2. 库车750kV变电站扩建工程

扩建高压电抗器1组，750kV出线1回。

3. 伊犁—库车750kV输电线路工程

线路全长约361km，全线按单回路架设，导线截面采用$6 \times 400mm^2$。

（二）地理位置

伊犁750kV变电站位于新疆伊犁哈萨克自治州尼勒克县苏布台乡西侧。

库车750kV变电站站址位于新疆阿克苏地区库车县苏巴什古城遗址西南侧。

伊犁—库车750kV输电线路工程起自伊犁750kV变电站，止于库车750kV变电站，途经伊犁地区伊宁县、尼勒克县、新源县、巩留县和巴音郭楞州和静县以及阿克苏地区库车县。

（三）工程意义

伊犁—库车750kV输变电工程是新疆750kV骨干电网的一部分，与其他几个750kV输电线路共同形成了伊犁—库车—巴州—乌鲁木齐—伊犁750kV环网。该工程提高了北疆电网对南疆电网的送电能力，满足了南疆快速增长的用电需要；实现将伊犁哈萨克自

治州水、火电基地的富余电力直接送往南疆，并为大规模开发伊犁哈萨克自治州的水电和煤电资源奠定基础；优化了全疆潮流分布，降低了电网功率损耗，并节约了输电线路走廊。该工程的建设对实现新疆跨越式发展、增进民族团结具有重要的意义。

十三、准北—乌北 750kV 输变电工程

准北—乌北 750kV 输变电工程由国网新疆电力作为项目法人建设管理，工程总投资 27.9 亿元。

（一）建设规模

准东—乌北 750kV 输变电工程包括准东 750kV 变电站新建工程、乌北 750kV 变电站扩建工程、准东—乌北 750kV 输电线路工程。

1. 准东 750kV 变电站新建工程

新建 2×1500MVA 主变压器，750kV 出线 2 回，高压电抗器 2 组，低压电抗器 4 组，低压电容器 2 组。

2. 乌北 750kV 变电站扩建工程

扩建 2 个至准北变电站的 750kV 出线间隔，高压电抗器 2 组，低压电抗器 3 组，电气设备短路电流水平按 63kA 考虑。

3. 准东—乌北 750kV 输电线路工程

线路长度 2×319km，其中 2×53km 采用同塔双回路走线，其余段按两个平行走线的单回路架设。

（二）地理位置

准东 750kV 变电站位于新疆塔城地区和布克塞尔蒙古族自治县。

乌北 750kV 变电站位于新疆乌鲁木齐市。

准东—乌北 750kV 输电线路工程起自准东 750kV 变电站，止于乌北 750kV 变电站，途经和丰县、农十师 184 团、昌吉市、阜康市、乌鲁木齐市米东区等，全线海拔 280～650m。

（三）工程意义

准东—乌北 750kV 输变电工程的建设，不仅满足了北疆三地市富余电力送往乌昌电

网的需要，还以准东 750kV 变电站为电源支撑点，进一步梳理和完善了北疆三地市的 220kV 电网结构，提高了新疆电网的供电能力和供电可靠性。

第三节 积极打通外送通道

十年间，国网新疆电力在巨大的建设压力下，跟其他网省公司通力合作，团结在国家电网公司的大旗下，成功打造了三条电力外送通道，既包括 750kV 电网与西北电网同步互联互通，也包括特高压远距离外送能源的大通道，在实现"疆电外送"战略中做出了巨大贡献。2015 年实现"疆电外送"电量 286 亿 kWh，新能源并网 1090 万 kW（新机组并网容量 1454.6 万 kW），新能源消纳 193.6 亿 kWh（占购电总量的 10.3%），全疆新能源装机突破 2000 万 kW。仅 2015 年打捆外送风电 15.34 亿 kWh，同比增长 19%，节约标准煤 52.16 万 t。

一、新疆与西北主网联网 750kV 第一通道输变电工程

新疆与西北主网联网 750kV 第一通道输变电工程的起点为新疆哈密 750kV 变电站，落点为甘肃武胜 750kV 变电站（原永登变电站），中间落点为敦煌（一、二期阶段名为安西变电站）、酒泉和河西（原金昌变电站）3 个 750kV 变电站。线路长度 2×1191km。

新疆与西北主网联网 750kV 第一通道输变电工程包括哈密—安西 750kV 输变电工程和永登—金昌—酒泉—安西 750kV 输变电工程两部分。其中，哈密—安西 750kV 输变电工程由西北电网有限公司作为项目法人投资建设。工程总投资 21.9 亿元。

（一）建设规模

哈密—安西 750kV 输变电工程包括哈密 750kV 变电站扩建安西出线间隔工程、安西 750kV 变电站扩建哈密出线间隔工程、哈密—安西 750kV 双回输电线路工程 3 个单项工程。

1. 哈密 750kV 变电站扩建安西出线间隔工程

扩建 2 个 750kV 间隔、2 组 420Mvar 的高压并联电抗器。750kV 为 3/2 断路器接线，新增 2 台断路器。750kV 采用罐式 SF_6 断路器，高压并联电抗器采用单相、油浸式电抗器。工程在围墙内进行扩建，无新征用地。

2. 安西 750kV 变电站扩建哈密出线间隔工程

扩建 2 回 750kV 出线，2 组 420Mvar 线路高压电抗器，2 组 60Mvar 低压并联电抗器。

3. 哈密—安西 750kV 双回输电线路工程

线路路径长度 352km，全线按同塔双回路架设。导线在海拔 1800m 以上段采用 LGJ-500/45 钢芯铝绞线，在海拔 1800m 以下段采用 LGJ-400/50 钢芯铝绞线，每相 6 分裂，地线均采用架空复合光缆（OPGW）地线。全线采用自立式铁塔共 773 基，基础根据不同地质条件分别采用扩展柔板斜柱基础、掏挖基础等型式。

（二）地理位置

哈密 750kV 变电站位于新疆哈密市东北侧，S303 省道西侧。

安西变电站站址位于甘肃省安西县城东北方向，G312 国道（高速）北侧。

哈密—安西 750kV 双回输电线路工程起于哈密 750kV 变电站，止于安西 750kV 变电站，途经新疆哈密市以及甘肃省敦煌市、瓜州县。

（三）工程意义

新疆与西北主网联网 750kV 第一通道输变电工程是 2010 年国家确定的西部大开发 23 项重点工程之一，标志着西北能源大规模外送正式拉开序幕。该工程的建成投运实现了新疆与西北电网联网，对促进新疆能源资源开发、"疆电外东"具有重要的意义，有利于在更大范围内消纳西北千万千瓦级风电基地的清洁能源。

二、新疆与西北主网联网 750kV 第二通道输变电工程

新疆与西北主网联网 750kV 第二通道输变电工程于 2012 年 5 月 13 日开工建设，2013 年 6 月 27 日竣工投运，建设工期 14 个月，工程总投资 95.6 亿元。其中，二通道联网工程（新疆段）是由国网江苏省电力公司作为项目法人进行投资，由国网新疆电力为建设单位进行建设。

（一）建设规模

新疆与西北主网联网 750kV 第二通道输变电工程包括哈密、敦煌、柴达木 750kV 变电站扩建工程，哈密南、沙州、鱼卡 750kV 变电站新建工程，哈密—哈密换流站—哈密

南—沙州—鱼卡—柴达木750kV双回输电线路工程和沙州—敦煌750kV双回输电线路工程。其中，哈密换流站的建设包含在哈密—郑州±800kV特高压直流工程中，不在本工程范围内。

1. 哈密750kV变电站扩建工程

哈密变电站前期建设包含在乌北—吐鲁番—哈密750kV输变电工程和哈密—安西750kV输变电工程中。扩建750kV出线2回。

2. 敦煌750kV变电站扩建工程

敦煌变电站前期建设包含在永登—金昌—酒泉—安西750kV输变电工程和哈密—安西750kV输变电工程中。

3. 柴达木750kV变电站扩建工程

柴达木变电站前期建设包含在西宁—西宁二—乌兰—格尔木750kV输变电工程和柴达木变电站主变压器扩建工程中。

4. 哈密南750kV变电站新建工程

建设1×1500MVA主变压器，750kV出线4回；哈密南—沙州每回出线上各装设1组300Mvar高压电抗器；主变压器低压侧装设4×90Mvar低压电抗器。

5. 沙州750kV变电站新建工程

新建1×2100MVA主变压器、750kV出线6回。

6. 鱼卡750kV变电站新建工程

不设主变压器，建设750kV出线4回。

7. 沙州—敦煌750kV双回输电线路工程

起自敦煌750kV变电站，止于沙州750kV变电站，沿线经过甘肃省酒泉市瓜州县和敦煌市，输电线路长2×168km，全部为2个单回线路。

8. 哈密—哈密换流站—哈密南—沙州—鱼卡—柴达木750kV双回输电线路工程

起自哈密750kV变电站，经哈密±800kV换流站、哈密南750kV变电站、沙州750kV变电站、鱼卡750kV变电站，止于柴达木750kV变电站，输电线路长2×931km，全部为2个单回线路。海拔3000m以上区段导线采用6×LGJ-500/45钢芯铝绞线，海拔3000m以下区段盐湖区采用6×JL/LB20A-400/50铝包钢芯铝绞线，其余采用6×LGJ-400/50钢芯铝绞线。塔基总数4099基，其中直线塔3653基，耐张塔446基。工程占地面积568.61hm²，其中永久占地面积202.44hm²、临时占地面积366.17hm²。

二通道联网工程（新疆段）新建两条750kV单回输电线路，路径长度2×255km，导线采用 6×LGJ-400/50、4×JLK/G2A-630（720）/45，共有铁塔 1117 基。

（二）地理位置

哈密 750kV 变电站位于新疆维吾尔自治区哈密市陶家宫乡，东侧为 S303 省道。

敦煌 750kV 变电站位于甘肃省酒泉市瓜州县东北侧，站址南临 G312 国道。

柴达木 750kV 变电站位于青海省海西州格尔木市东南，站址南侧为 G109 国道。

哈密南 750kV 变电站位于新疆维吾尔自治区哈密市。

沙州 750kV 变电站位于甘肃省敦煌市七里镇，南临 G215 国道。

鱼卡 750kV 变电站位于青海省海西州大柴旦行委大柴旦镇，西临 G215 国道。

沙州—敦煌 750kV 双回输电线路起自敦煌 750kV 变电站，止于沙州 750kV 变电站，沿线经过甘肃省酒泉市瓜州县和敦煌市，输电线路长 2×168km，全部在甘肃省境内。

哈密—哈密换流站—哈密南—沙州—鱼卡—柴达木 750kV 双回输电线路工程，起自哈密 750kV 变电站，止于柴达木 750kV 变电站，沿线经过新疆哈密市、甘肃敦煌市、阿克塞县、青海海西州大柴旦行委、格尔木市，共 5 个县（市、行委）。输电线路长 2×931km，新疆境内长 2×255km，甘肃境内长 2×383km，青海境内长 2×293km。

二通道联网工程（新疆段）起自哈密 750kV 变电站，途径哈密 ±800 换流站、哈密南 750kV 变电站，止于新甘省界。新疆段工程线路途经哈密市（2×223.5km）和十三师（2×31.5km）。本线路所经地形 88% 为平丘地形，12% 为山地，海拔为 500～1500m。

（三）工程意义

1. 环境效益

新疆与西北主网联网 750kV 第二通道输变电工程是西北电网"十二五"主网架规划的重点建设项目之一，该工程的建设提高了新疆电网向西北主网的送电能力，减少了受电地区燃煤电厂发电，降低环境污染，并缓解了电煤运输的压力，对改善受电地区环境质量将起到积极作用。

2. 社会效益

本工程的建设加强了新疆电网对西北主网的送电能力，有效解决青海电网的缺电问题，并促进地区新能源的发展，为新能源电力接入电网提供了有利条件，符合国家节能减排政策。工程施工需要大量施工人员，缓解了当地就业压力，促进西北地区社会发展。

3. 经济效益

本工程的建设促进了西北地区电源建设和电网建设，带动当地经济发展。工程征地、青苗赔偿费的支付，增加了所在地区的财政收入，对当地经济发展起拉动作用。本工程建成后，满足了青海电力负荷增长的需要，缓解了受电地区的供电压力，避免由于负荷增长可能导致大面积停电的风险，为当地的生产建设和居民生活提供了稳定可靠的电力供应，为当地的经济发展提供了强有力的电力保障，具有良好的经济效益。

三、哈密南—郑州±800kV 特高压直流输电工程

哈密南—郑州±800kV 特高压直流输电工程由国家电网公司作为项目法人建设管理，2012 年 5 月 13 日开工建设，2014 年 1 月 27 日竣工投运，建设工期 21 个月，工程总投资 233.9 亿元。

（一）建设规模

哈密南—郑州±800kV 特高压直流输电工程包括新建送端哈密±800kV 换流站、受端郑州±800kV 换流站以及新建±800kV 直流输电线路。

1. 送端哈密±800kV 换流站

直流额定电压±800kV，输送容量 8000MW，±800kV 直流出线 1 回，接地极出线 1 回。换流变压器台数为 24 台＋4 台备用，单台换流变压器容量按 406.7MVA 考虑，阀组接线按每极 2 个 12 脉动阀组串联考虑。无功补偿总容量为 3860Mvar，分 4 大组，16～18 小组，小组容量按 200～280Mvar 考虑。750kV 交流出线最终规模 6 回，本期规模 4 回。750/500kV 联络变压器总容量 2×2100MVA。哈密换流站接地极采用同心三圆环水平敷设，埋深 3m，外环半径 700m，中间环半径 500m，内环半径 350m。

2. 受端郑州±800kV 换流站

直流额定电压±800kV，输送容量 8000MW；±800kV 直流出线 1 回，接地极出线 1 回。

3. 哈密南—郑州±800kV 特高压直流输电线路

输送容量 8000MW，额定电流 5000A。全线起于新疆哈密市境内的哈密±800kV 换流站，止于河南省郑州市中牟县境内的郑州±800kV 换流站。路径全长约 2210.2km，其中一般线路长 2205.8km，黄河大跨越段长度为 4.4km。

哈密南—郑州±800kV特高压直流输电线路工程（新疆段）起于哈密南换流站，止于红柳河车站（新甘省界）。线路长度165.553km，共新建铁塔327基。线路分为新1、新2两个标段进行建设。新1标段线路长度101.274km，铁塔200基，沿线地貌主要为戈壁滩及丘陵，平地占75.6%；新2标段线路长度64.279km，铁塔127基，沿线地貌主要为山地，山地占100%。线路导线型号6×JL/G3A-1000/45，两根地线均采用LBGJ-150-20AC铝包钢绞线。

（二）地理位置

送端哈密±800kV换流站位于新疆哈密市西南部，西侧为南湖村，北侧为哈密重工业园区，站址隶属于哈密市南湖乡。接地极发爆台极址位于哈密市东南部，隶属于哈密市乌拉台乡。接地极线路路径全长约66km，沿线主要为戈壁荒漠。

受端郑州±800kV换流站位于河南省郑州市中牟县大孟乡。接地极陈家极址位于河南省开封市尉氏县王家村、鸡王村、黑高村之间，219省道西侧。接地极线路路径全长约38km，途经郑州市中牟县和开封市尉氏县，沿线地势平缓，局部有少量平丘地带。

哈密南—郑州±800kV特高压直流输电线路沿途经过新疆、甘肃、宁夏、陕西、山西、河南6个省（自治区）级行政区，其中新疆境内路径长168km，甘肃境内路径长1353km，宁夏境内路径长113.4km，陕西境内路径长173.6km，山西境内路径长252.5km，河南境内路径长149.7km（含黄河大跨越长4.4km）。

（三）工程意义

哈密南—郑州±800kV特高压直流输电工程是"疆电外送"首个特高压项目，也是西北电网首个特高压项目工程。该工程的建设有利于充分利用哈密地区丰富的煤炭和风能资源，促进哈密能源基地煤电、风电的开发，并加快新疆资源优势向经济优势转化，对于缓解电力供需矛盾和提高能源安全保障能力具有十分重要的作用。哈密南—郑州±800kV特高压直流输电工程的建设构筑起了"西电东送"的"高速路"，为新疆和中部地区负荷中心的资源优化配置创造了有利条件，是体现统筹规划、落实国家"西电东送"能源战略的重要举措。

作为国内第一项打捆风电送出的火电外送直流输变电工程，哈密南—郑州±800kV特高压直流输电工程的建设满足了促进电力技术革新和推动电网可持续发展的需要，在输电系统设备研制、开发、设计、运行等多方面积累了经验，为西北地区后续开发的电源基地大规模外送奠定了坚实的基础。

第四节 铺就电力丝绸之路

十年来，新疆电力人不畏艰难，乐于奉献，努力拼搏，推动了新疆电网建设的快速发展，实现了"三环网、双通道、两延伸"的750kV骨干网架建设，在电力建设史上留下了浓墨重彩的一笔。

进入"十一五"后，新疆电网建设全面提速，投资规模突破百亿，先后实现了110、220kV电网全疆联网，新疆750kV电网与西北电网联网的"三大突破"，彻底结束了新疆电网长期孤网运行的历史，售电量连续3年保持两位数增长，增幅持续位居全国前列。新疆电网以覆盖区域面积最广（120万km^2）、单条输电线路长度最长（303.6km）连创两项"大世界基尼斯之最"。

在"十二五"期间，新疆电力全面推进"空中高速电力网"建设，积极参与全国资源优化配置，建成围绕天山山脉东、西段以及乌昌中心的三个750kV环网，并以环网为依托，进一步向南疆三地州延伸至喀什地区。同时，打造了两条与西北主网联网750kV通道，建设了哈密南—郑州±800kV特高压直流工程，实现风火打捆"疆电东送"。新疆电网"三环网、两延伸"的逐步打通，逐步消除了局部窝电、缺电的现象，大幅度提高了电网的安全可靠性。

回首十年建设历程，新疆电力人面对的困难是前所未有的。为做好实地踏勘，调研人员跋山涉水，翻越天山，走进无人区。为顺利完成建设任务，建设人员抵御严寒，忍受酷暑，星夜施工保工期。新疆电力人面对困难毫不退缩，迎难而上，取得了许多傲人的成绩，开创了新疆750kV电网发展的大好局面。

2007年，第一条750kV输电线路——凤凰—乌北750kV输变电工程开工建设，在缺乏750/220kV变电工程和750kV线路建设经验的情况下，依靠新疆电力人艰苦奋斗、攻坚克难的精神，顺利完成了建设目标。这项工程成功迈出了750kV电网建设的第一步，为后续建设工作的开展积累了宝贵的经验。

2010年11月3日，新疆与西北电网750kV联网工程顺利投运，新疆电力第一次跨越天山，走进内地，这一重要时刻永远载入了中国电力工业发展的史册。雄伟的天山脚下，除了丝绸古道与亚欧大陆桥以外，又增加了一条崭新的"空中电力高速公路"。从此，新疆丰富的能源资源将通过这条"电力高速公路"源源不断地输送到全国。

2012 年 5 月 13 日，哈密南—郑州 ±800kV 特高压直流输电工程和新疆与西北主网联网 750kV 第二通道工程同时在哈密开工建设。哈密南—郑州 ±800kV 特高压直流输电工程于 2014 年 1 月 27 日正式投运，二通道于 2013 年 6 月底投入运行，"疆电外送"能力提升到 200 万 kW。

这两项工程具有十分重要的战略意义和政治影响，是落实中央战略、服务西部大开发、实施"疆电外送"的关键工程；是综合开发传统能源与清洁能源、推动能源、经济、环境和谐发展的绿色工程；是提高新疆自我发展能力、推进区域经济协调发展的民生工程。工程建成后，形成了 1000 万 kW 的输电能力，显著提升了能源大范围优化配置能力，成为连接西部边疆与中原地区的"电力丝绸之路"，形成"煤从空中走，电送全中国"的新格局。

经过十年辛勤耕耘，国网新疆电力在工程管理创优工作中取得了累累硕果。先后荣获全国"五一劳动奖状"、全国综合治理先进单位、自治区文明行业、开发建设新疆奖、自治区安全生产先进单位、自治区政风行风工作先进单位、自治区履行社会责任突出贡献奖等荣誉称号。

凤凰—乌苏—伊犁 750kV 输变电工程荣获输变电工程项目管理流动红旗；哈密南—郑州 ±800kV 特高压直流输电线路工程（新疆段）荣获国家电网公司 2013 年第二次输变电工程项目管理流动红旗；库车 750kV 变电站工程荣获国家电网公司 2014 年第一次输变电工程变电安全质量管理流动红旗；新疆与西北主网联网 750kV 第二通道输变电工程荣获 2014 年度中国电力优质工程奖和 2013～2014 国家优质工程金质奖；喀什 750kV 变电站工程荣获 2015 年第二次输变电工程变电项目管理流动红旗；哈密南—郑州 ±800kV 特高压直流输电工程荣获 2014～2015 国家优质工程奖。

新疆已经建成以 750kV 骨干网架为支撑、能够实现大规模"疆电外送"和接纳大量新能源的坚强交直流混联电网，并将力争在 2020 年建成坚强智能电网。

第四章 功在当代

第一节 战略启航的新风帆

一、保障国家能源安全

新疆750kV电网对保障国家能源发展的战略意义体现在：能够依靠电力，有力保障国家能源安全；实现新疆能源资源在全国范围内的优化配置，事关国家能源安全、产业布局和新疆跨越式发展；积极响应"一带一路"战略，推进电力丝绸之路的建设，通过打造国家能源资源陆上大通道，向国内、外输出更多的电力资源；是构建全球能源互联网的有力保障，促进电力工业节能减排，推动能源清洁绿色发展；750kV主网架覆盖了南、北疆所有重点区域，从根本上促进新疆的社会稳定和长治久安。

（一）能源安全，国际国内共同关注

能源安全是指能够以可持续的价格持续获得满足经济社会发展需要并符合生态环境要求的能源供应。保障能源安全发展，就要统筹利用国际、国内资源，加大能源开发的深度和广度，增加供应总量，减少中间环节，防止供需失衡，实现能源自主化和多样性，保证能源供应的稳定性和可靠性。

能源安全问题受到国际社会的普遍关注，主要包括3个方面原因：①化石能源具有不可再生性，人们对未来化石能源紧缺产生担忧。②全球能源区域性供应和消费失衡，化石能源尤其是油气资源主要集中在中东、俄罗斯等少数地区和国家，而能源消费增长主要集中在亚太地区的新兴经济体，供给和消费地区分布不均衡会引发对能源持续稳定供应的担忧。③能源生产区域和运输通道存在诸多不确定性，包括各方利益关系错综复杂、政治局势不稳定、地区关系紧张等问题，存在能源供应中断的风险。

从国内能源安全层面来看，我国正处于工业化、城镇化进程加快时期，能源消费强度

较高，且随着经济规模的进一步扩大，能源需求将持续增加，对能源供给形成很大压力，供求矛盾将会长期存在。我国石油消费需求随着经济发展迅速增长，国内增产能力有限，石油的国际依存度不断提高。2009～2014年，中国的原油进口依存度从50.3%上升至58.1%，预计今后相当长一段时间内，中国原油需求仍将继续保持较快增长，而国内产量将保持稳定或小幅增长，对外依存度将进一步提高，这将使中国的能源供应问题更加突出。

我国能源资源分布不均衡，大规模、长距离的煤炭运输导致运力紧张，且运输成本居高不下，影响了能源的工业协调发展。我国的能源禀赋为"富煤、贫油、少气"，煤炭是我国的基础能源，主要用于发电，但煤炭清洁利用水平低，燃烧产生的污染多，给生态环境带来压力。我国可再生能源、清洁能源、替代能源等技术的发展相对滞后，节能降耗、污染治理等技术的应用不广泛，一些重大能源技术装备的自主研发制造水平还不高。我国石油、天然气资源相对不足，需要统筹国内开发和国际合作，加强能源预警机制和能源应急体系的建设，提高能源安全保障程度。

（二）电为中心，保障能源稳定供应

1. 满足能源需求需要，重视电力发展

电力是我国近年来增长最快的能源品种，以2010年为例，我国终端能源消费同比增长4.18%，而电力消费增速则高达13.21%。随着城镇化和工业化的不断推进，预计到2020年和2030年，我国电力消费占终端能源的消费比重将达到28%和32%，分别较2000年提高12和16个百分点。

2. 实现煤炭高效开发利用需要，优化发展煤电

从我国资源禀赋来看，在未来相当长的时间内，煤炭都将是我国的基础能源；从煤炭的利用方式来看，发电则是最主要的方式，2010年发电及供热用煤占当年煤炭消费总量的55.1%。因此，推动煤电的优化发展，有利于实现煤炭资源的高效开发利用，对保障我国能源供应安全意义重大。

3. 缓解石油供应压力需要，发展电能替代

原油对外依存度的不断提高是我国能源安全面临的最大挑战。受资源条件等因素的限制，目前我国原油产量已经接近峰值水平，未来我国在资源勘探方面如果没有重大突破性发现，国内原油生产将以稳产为主。为满足快速增长的石油消费需求，加大原油进口成为必然选择，但由此会带来对外依存度提高、能源安全风险加大等问题。一般认为，我

国原油对外依存度的上限是 70%～75%。为降低对进口原油的依赖，保障国家能源安全和经济安全，必须在节约用油的同时，积极实施多元替代战略，特别是在交通运输等领域实施以电代油，以缓解石油供应的压力。

（三）疆电外送，力保国家能源安全

煤炭作为我国的基础能源，总量丰富，但与地区经济发展程度呈逆向分布。全国含煤总面积达 60 多万 km^2，除上海外，各省（自治区、直辖市）都有煤炭资源赋存，但分布区域并不均衡。经济发达的东部 10 省份（包括辽宁、河北、北京、天津、山东、江苏、上海、浙江、福建、广东）的煤炭资源保有储量不到全国的 8%；而新疆、内蒙古、山西、陕西、宁夏、甘肃、贵州 7 个西部和北部省区的煤炭资源储量则占全国的近 76%。

我国煤炭资源主要用于发电，而煤电也是我国目前最为重要的发电方式，占总发电量的 70% 左右。近年来，拥有大量煤炭、风能和太阳能发电资源的新疆的电力却送不出去，这一局面随着新疆 750kV 电网的建设和"疆电外送"进程的加快得到了不小的改观。

国网新疆电力充分发挥联网工程的作用，利用新疆能源资源优势，通过"疆电外送"有效支援了内地省区的用电需求，极大减轻了铁路公路运输压力，提高了能源输送效率，促进了风电等清洁能源的消纳，经济、社会效益显著。"疆电外送"将有效盘活煤炭资源，提高资源利用率，优化能源结构，促进环境保护，拉动新疆经济和社会发展步入"快车道"，使能源资源开发的成果更多地惠及各族群众。从全国能源格局来看，"疆电外送"将大大改变"近输电、远输煤"的传统供给方式，力保国家能源安全。

二、促进能源资源优化配置

（一）资源配置，电力联网

新疆距离内地较远，电网又长期自成一系，独立于西北电网之外。为破解这种困局，实现更大范围的资源优化配置，提高电力在能源输出中的比重，新疆实施"超高压、大机组、高参数、大电网"战略，积极参与"西电东送"，大力推进 750kV 电网建设及与西北电网联网的步伐，使电力生产和外送成为新疆优势资源转换的重要手段。"十二五"期间，国家电网公司投资了 1264 亿元用于发展新疆电网，重点建设哈密南—郑州 ±800kV

特高压直流输电工程、新疆与西北主网联网750kV第二通道工程和坚强的新疆送端电网等工程。

2010年11月3日,新疆与西北主网联网750kV第一通道输变电工程成功投运,首次实现了新疆电力大容量、远距离、低损耗的跨区外送,为新疆电力参与到全国能源配置体系迈出了第一步。该工程的建成投运结束了新疆电网长期孤立运行的历史,打通了连接新疆与西北的能源大通道,对于推动西北大煤电基地、大风电基地的集约化、规模化开发,促进西部特别是新疆能源资源优势向经济优势转化,实现全国范围的资源优化配置具有重要战略意义,不仅极大地保障了国家能源安全,还有利于延伸新疆煤炭产业链,拉动投资,增加就业,提高地方财政收入,改善人民生活水平。

"十二五"期间,国网新疆电力进一步投资建设了新疆与西北主网联网750kV第二通道输变电工程,并成功建成哈密南—郑州±800kV特高压直流输电工程,打造出属于新疆的"空中电力高速公路网",充分发挥了电力联网的规模效益,促进新疆风、光、水、煤等资源的开发利用,实现了新疆能源资源在全国范围内的优化配置。

(二)"疆电外送",彰显效益

对于正在快速发展中的国网新疆电力而言,"疆电外送"既是一种挑战,更是一次机遇,国网新疆电力统一思想、振奋精神,以对历史和全疆人民负责的态度,锲而不舍地全力推进疆内特高压"疆电外送"工作,全面实现"煤从空中走、电送全中国"的宏伟蓝图。

新疆与西北主网联网750kV第一通道输变电工程自建成投运以来,有效填补了冬季负荷高峰期西北其他省(区)因电煤短缺限电带来的外送缺口,为缓解华北、华中电网冬季缺电形势提供了重要电力支撑;有效提高了风电并网消纳能力,促进了新疆风电等清洁能源的快速发展;联网工程连接哈密、吐鲁番等重要煤电基地,通过750kV主网架,变输煤为输电,实现了资源的就地转化。工程建成投运当年,新疆电网就向西北电网输电2.73亿kWh;投运4个月后,累计送电量达10.01亿kWh,相当于向华北、华中输送电煤40.04万t,极大地节省了铁路公路运力,提高了能源输送效率;期间接入新疆风电约1.91亿kWh,相当于减少二氧化碳排放19.03万t。

自新疆与西北主网联网750kV第一通道输变电工程建成投运以来,新疆开始向外输送电量,随着二通道工程、特高压直流工程的建设及投运,外送电量逐年增加,2010～2015年"疆电外送"情况见表4-1。

表 4-1　　　　　　　　　　　新疆 2010～2015 年外送电量情况

年份	季度	累计供电量（万 kWh）	累计外送电量合计（万 kWh）	交流（万 kWh）	直流（万 kWh）	全口径装机（万 kW）	最大负荷（万 kW）
2010	1	834524	0	0	0	1408	748
	2	1855402	0	0	0		
	3	3073400	0	0	0		
	4	4125795	21135	21135	0		
2011	1	1135919	135348	135348	0	1956	1043
	2	2508615	200660	200660	0		
	3	4089714	259106	259106	0		
	4	5563083	323920	323920	0		
2012	1	1523386	116646	116646	0	2609	1491
	2	4254982	250044	250044	0		
	3	5717790	260935	260935	0		
	4	7829209	330456	330456	0		
2013	1	2106887	143522	143522	0	4089	2015
	2	5874351	286064	286064	0		
	3	7933514	420283	420283	0		
	4	10991782	641580	641580	0		
2014	1	1687761	314258	162785	151473	5121	2264
	2	3829123	807646	276396	531249		
	3	6281775	1200711	323845	876866		
	4	8369217	1752058	456149	1295909		
2015	1	1737726	707254	158348	548906	6576	2573
	2	3994477	1461454	266272	1195182		
	3	6531425	2241303	301233	1940070		
	4	8581205	2878320	381549	2496771		

从表 4-1 可以看出，自 2010 年 11 月一通道联网工程建成投运后，新疆于第四季度首次向外输送电量 21135 万 kWh。2011、2012 年通过一通道工程分别向外输送电量 323920、330456 万 kWh。2013 年 6 月二通道联网工程建成投运，外送电量明显增加，前三季度累计外送电量达 420283 万 kWh，同比增加 61.07%，全年外送电量达 641580 万 kWh，同比增加 94.15%。2014 年 1 月哈密—郑州±800kV 特高压直流外送通道建成投运后，新疆首次出现了直流电外送，且外送电量再次大幅增加，2014 年累计外送电量高达 1752058 万 kWh，是 2013 年度的 1.73 倍。2015 年外送电量继续保持高速增长趋势，同比增加 64.28%。

新疆作为我国重要的能源资源大后方，随着优势资源转换战略和大企业大集团战略的实施，逐步从遥远的供给后方变成精深加工的前沿基地，从"西气东输""西煤东运"

到"西电东送"，新疆正在形成能源资源开发的多样化格局，在不断发展中完成了由资源"批发商"向产品"供应商"的转变，产业链条得以延伸。作为我国重要的战略资源开发和储备基地，在新疆建设能源大通道，集约开发各类能源，就地转化为电力，实施"疆电外送"，有利于把新疆的资源优势转化为经济优势和产业优势。

三、引领电力丝路建设

（一）电力新丝路，银线架通途

在中国的最西端，美丽的新疆曾以"丝绸之路"中心闻名世界。千年前，承载中华文明与友谊的驼队，从长安出发，沿着古老的丝绸之路，把东西方之间的政治、经济、文化连接起来。驼铃古道丝绸路，胡马犹闻唐汉风。丝绸路上，商贾使节来来往往，商品货物进进出出，中华文明从此走向世界。

地处丝绸之路经济带核心区的新疆，建成并投运了750kV主网架以及与西北主网联网的750kV第一、二通道，并在此基础上大力发展特高压直流外送工程。快速发展的新疆750kV电网，正在给天山南北166万km²的土地，带来着更加辉煌的变化。大面积的光伏发电站在戈壁滩上一片连着一片，不间断旋转的风力发电机组一个挨着一个，输送电力的铁塔一座连着一座。如今，新疆这个在人们印象里"遥远的地方"，正通过"电力丝绸之路"的大通道，将丰富的煤炭和风、太阳能等清洁资源就地转化为电力输送到内地，形成"能源空中走、电送全中国"的能源输送新格局。

曾经，古"丝绸之路"给这片土地带来了几千年的繁荣。如今，"电力丝绸之路"又续写着这片土地新的辉煌。作为我国重要的能源外调省区，新疆在国家能源战略储备、能源接替、能源供给、能源安全通道方面的重要作用和地位日益显现。展开新疆电网地理接线示意图，600余条输电线路穿行于新疆的大漠戈壁，铁塔和银线在天山南北堆砌出了一条条钢筋铁骨的经纬线，成为21世纪新疆大地文明与进步的新坐标。

（二）推进"一带一路"战略落地

"一带一路"贯穿亚欧大陆，东边连接着繁荣的东亚经济圈，西边进入发达的欧洲经济圈，中间分布的大多是新兴的经济体和发展中国家，很多国家基础设施建设水平普遍较差，缺水、缺电、缺道路，提升空间巨大。"一带一路"沿线国家具有加大电力投资的刚性需求，市场潜力广阔。

上海社科院中亚研究室程立军表示，接壤八国、位于欧亚大陆中央的新疆，源于独特的区位优势，将由传统对外开放格局中的'末梢'成为'前沿'。结合地区的能源资源禀赋和电力外送需求，国网新疆电力公司建设了坚强的750kV主网架和750kV外送通道，并依托远距离、大容量、低损耗的特高压技术，打造出丝绸之路经济带上的哈密南—郑州±800kV输电走廊，将新疆的区位优势转化为经济优势。未来，新疆电力还将依托特高压技术，实现与周边国家电网的互联互通，共享中亚地区丰富的风能和太阳能资源。

如今，伴随着丝绸之路经济带建设的深入推进，新疆正站在新的历史起点上，描绘着更加宏伟的蓝图。要打造国家能源资源陆上大通道，向国内外输出更多的电力资源，就需要更坚强的电网网架作为支撑。新疆750kV电网覆盖了南北疆所有重点区域，在"内供"和"外送"方面发挥着明显作用，不仅加强了疆内电网的联系，提高了各大能源基地对主网的供电能力，还极大提升了新疆电网对"疆电外送"的支撑能力，从而促进地区经济发展和社会长治久安。

四、助力全球能源互联网

（一）能源互联，电网发展优势领先

构建全球能源互联网，旨在推动以清洁、绿色方式满足全球能源需求，全面推进能源发展的"两个替代"；依托特高压和智能电网，加快水电开发建设，大规模发展风电和太阳能发电，不断提高清洁能源比重；大力推进以电代煤、以电代油、以电代气，提高电能在终端能源消费中的比重。

电网建设是构建全球能源互联网的核心之一。国家电网公司充分发挥特高压、智能电网、新能源等方面的领先优势，大力推进全球能源互联网创新发展，加快我国能源互联网建设，用工程实践为全球能源互联网的构建发挥了示范引领作用。"十二五"末期，国家电网公司已建成具有国际领先水平的"三交四直"特高压工程，同时正在开工建设"四交五直"特高压工程。

构建全球能源互联网，在全球范围内优化配置可再生能源，送端电网的安全稳定是至关重要的。新疆750kV电网的建成投运，不仅为能源外送提供了坚强的网架支撑，也使相关区域的能源互联成为可能。通过一系列的探索和尝试，在新能源装机占比高达1/4

的情况下，新疆电网仍然能够保持长周期安全稳定运行，有效验证了全球能源互联网在技术上的可行性。

（二）能源互联，新疆区位优势明显

构建全球能源互联网，总体可分为三个阶段。①国内互联：2020 年以前，加快推进各国清洁能源开发和国内电网互联，大幅提高各国的电网配置能力、智能化水平和清洁能源比重；②洲内互联：从 2020～2030 年，推动洲内大型能源基地开发和电网跨国互联，实现清洁能源在洲内大规模、大范围、高效率优化配置；③洲际互联：从 2030～2050 年，加快"一极一道"（北极风电、赤道太阳能）能源基地开发，基本建成全球能源互联网，在全球范围实现清洁能源占主导目标，全面解决世界能源安全、环境污染和温室气体排放等问题。

根据构建全球能源互联网的三个阶段论述，要实现全球能源互联网的最终目标，首先要实现国内互联、洲内互联。为实现国内能源互联，需进一步加快特高压交直流工程建设和智能电网发展，优化电网格局，把我国电网建成网架坚强、广泛互联、高度智能、开放互动的世界一流电网。为实现洲内能源互联，需积极落实"一带一路"政策，加快推进与俄罗斯、蒙古国、哈萨克斯坦、巴基斯坦、缅甸、老挝、尼泊尔、泰国等周边国家联网工程，实现与周边国家电网互联互通，为构建全球能源互联网发挥示范引领作用。

新疆作为国家"三基地一通道"的综合能源基地，在国内能源互联网中起着举足轻重的作用。此外，作为"电力丝绸之路"经济带的核心区，新疆是中巴经济走廊、中国—中亚—西亚经济走廊的中转站，是我国内地连接中亚的桥梁。在"十三五"期间，新疆将会落实"电力丝绸之路"的建设，加快推进与哈萨克斯坦、巴基斯坦等周边中亚国家的电力联网工程。

（三）能源互联，清洁电力效益显现

随着技术进步，2020 年左右，我国风电、太阳能发电成本竞争力有望超过化石能源；储能技术将实现重大突破，成本亦将大幅下降；这些技术创新都为清洁能源参与跨省、跨国消纳开辟了广阔前景。国家电网公司力争到 2020 年、2030 年，实现我国清洁能源装机分别达到 8.2 亿、17.8 亿 kW，清洁能源发电量分别达到 2.4 万亿、5.1 万亿 kWh，清洁能源比重分别提高到 16%、29%。到 2050 年，全国清洁能源占一次能源比重达到 80%以上。

在洲内跨国互联方面，新疆具备得天独厚的能源资源优势以及作为"电力丝绸之路"经济带核心区的区位优势，通过推进与周边国家基础设施互联互通，依托远距离、大容量、低损耗的特高压技术来打造"一带一路"经济带输电走廊，实现与中亚五国电网相连，不仅可以将新疆地区的清洁能源送至国外进行消纳，还可以共享中亚地区丰富的风能和太阳能资源。

在国内跨省互联方面，新疆与西北主网联网 750kV 第一通道输变电工程建成投运，不仅有效缓解了 2010 年冬季因电煤短缺导致的西北电网有史以来最严重的电力供需矛盾，支援了华中、华北电网冬季负荷高峰电力紧缺时的用电需求，减轻了铁路公路运输压力，提高了能源输送效率，还促进了新疆、甘肃地区风电等清洁能源的消纳。截至 2012 年 11 月，该工程已安全稳定运行两周年，累计外送新疆电量 61.7 亿 kWh，相当于输送标准煤 216.1 万 t；累计输送消纳酒泉风电 153.9 亿 kWh，相当于节约标准煤 516.3 t，减少二氧化碳排放 1540 万 t。

哈密南—郑州 ±800kV 特高压直流输电工程建成投运后，每年可向华中地区输送电量约 480 亿 kWh，相当于煤炭 2210 万 t，可减少排放二氧化硫 31.7 万 t、氮氧化物 26.7 万 t，不仅有效缓解空气污染压力，而且节省了大量的土地资源，带来巨大的环境保护效益。其每百亿外送电量中，打捆送出风电 19.568 亿 kWh，占全部送出电量的 19.6%，相当于 127 万 kW 风电装机容量对应的全部电量，这些外送风电相当于节约标准煤 68.17 万 t，大大减少了二氧化碳和二氧化硫的排放，推动了新疆清洁能源的快速发展。

通过 750kV 电网的建设，新疆地区丰富的清洁能源得以输送到能源资源匮乏的国家和地区，同时也可以利用其他国家、地区富余的清洁能源，加大清洁能源的发展力度，实现国内、洲内乃至洲际的能源互联。

五、维护新疆地区社会稳定

（一）社会稳定，农电先行

新疆拥有全国六分之一的国土面积，其中大部分都是农村。国以农为本，民以食为天，新疆地区的经济发展和社会稳定与农村电力息息相关。随着社会主义新农村建设和农业产业化步伐的加快，农村居民生活用电和生产用电稳步增长。"十二五"期间，全疆农村人均用电量年均增长率将突破 10%。

新疆农网改造升级和无电地区电力建设工程是党中央、国务院"稳疆新疆，富民固边"战略部署的重要举措。通过实施"三新"农电发展战略，创新农电管理体制，国网新疆电力逐年提高了农网供电能力和供电质量，全面服务于自治区农村经济社会发展和民生事业。近年来，在750kV电网建设过程中，新疆农网工程建设也取得了丰硕的成果，对促进新疆经济发展和维护地区社会稳定均具有极为重要的作用。

随着新疆750kV输变电工程的建设，新疆750kV主网架结构也进一步完善，电网配置资源的能力不断增强。2010～2015年，国网新疆电力在全疆13个地州市84个县全面展开新一轮农村电网升级改造工程。到"十二五"末，全部农网升级改造工程建成投运，解决了94743户低电压用户和224363无电人口的用电问题，农村电网结构进一步趋于完善，电力设备水平全面提高，基本形成了"结构合理、技术先进、供电可靠、节能高效"的新型农村供电网络，使400多万农牧民从中受惠，基本解决了无电地区的用电问题。

（二）拉动投资，促进就业

中共中央政治局委员、新疆维吾尔自治区党委书记张春贤一直强调"资源开发一定要惠及当地"。他要求，要围绕新疆社会稳定和长治久安推进电网建设，抓好涉及民生方面的电力项目建设，更多吸纳当地劳动力就业，促进当地经济发展，开展好"访民情、惠民生、聚民心"活动，促进各民族交往交流交融。

新疆是多民族聚居区，维持社会稳定和促进民族团结，对新疆的稳定和发展有着十分重要的意义。新疆750kV电网建设不仅可以满足疆内各地区快速发展的电力需要，为新疆国民经济的增长奠定基础；而且对吸引外部投资流入新疆、增加就业岗位及提高人民收入均起到积极的促进作用。据测算，若"疆电外送"能力达到3000万kW，会直接和间接增加投资1.2万亿元，并解决近6万人的就业问题。

新疆750kV电网建设拉动了当地经济发展，为招商引资创造了条件，为当地提供了更多的就业机会。在750kV坚强网架结构的保障下，新疆电网于2014年1月建成哈密南—郑州±800kV特高压直流外送通道，直接拉动疆内投资达1100亿元，直接创造10000个以上就业岗位。

这些工程不仅让受电地区和沿线省份受益，还能够提升新疆及周边地区电网运行的稳定程度，带动各族群众就业，增加税收，反哺当地经济发展，保障人民安居乐业、社会稳定。

由于电力系统是一个复杂庞大的发、输、变、配、用电系统，因而仅有外送通道是远远不够的，还要有配套电网作为支撑。截至 2015 年底，随着新疆 750kV 主网架的逐步建成，不仅显著提升了新疆电网的供电可靠性和电能质量，还拉动了上千亿元的煤电和其他基础产业投资，同时带动冶金、建材、电气、机械制造等行业的发展，安置了大量农村剩余劳动力，使资源开发的成果更多地惠及各族群众，促进新疆地区社会稳定和长治久安。

（三）南疆地区，保障供电

新疆地广人稀且人口大多分布于分散的绿洲上，绿洲间电网距离在 300km 左右；电网网架东西、南北跨度均超过 2000km，因而 220kV 电网难以满足电网联网范围扩大、规模升级等需要。

在喀什、和田、阿克苏等新疆南部地州，由于电网薄弱，季节性、时段性的缺电现象依然存在，制约了当地经济的发展和人民群众生活的改善。随着中央对南疆地区经济的大力支持和内地各省对南疆地区的援助，再结合"丝绸之路"经济带的建设以及南疆铁路的延伸，南疆五地州将进一步扩大相关产业的规模，并全力推进喀什特别经济区的建设。因而，在较长一段时期内，南疆地区的电力需求会维持较快的增长水平。

伊犁—库车—巴州 750kV 输变电工程建成投运，可实现将伊犁地区水、火电基地的富余电力直接送往南疆，确保其得到稳定、可靠的电力供应，以满足南疆地区快速增长的用电需求，为地区经济的发展奠定基础。南疆主电网升级为 750kV 后，极大地提高了南疆三地州电网与新疆主电网的功率交换能力，其供电可靠性和电能质量大幅提升，彻底解决了近年来南疆季节性限电的问题。此外，南疆地区凭借 750kV 电网工程建设，还吸引了大量外部资金流入南疆，增加了当地就业岗位，提高了居民收入，改善了百姓们的生活水平，对维护南疆地区社会稳定和促进人民安居乐业具有积极的作用。

"十三五"期间，新疆 750kV 主网架将延伸至最南端的和田地区，并形成环塔里木沙漠大环网，全力保障南疆地区的安全、稳定、可靠用电，为地区经济发展和社会稳定提供优质、高效、满意的电力服务。

第二节 电力发展的助推器

新疆 750kV 电网在国家电网体系中的重要作用表现为：促进了新疆煤炭、太阳能、风能、水资源等发电资源的合理开发利用；提升电网保障能力，增强电网网架结构，提高供电可靠性及电网安全运行水平；改变了传统的"疆煤东运"方式，能源输送的产业链得到进一步延伸，资源附加值更高，形成"煤从空中走、电送全中国"的新格局；为特高压直流工程及坚强智能电网的建设打下坚实的基础。

一、加快新疆发电资源利用

（一）多元化能源资源就地转化

多元化的能源资源是新疆手中的一张王牌，除煤炭外，新疆还有丰富的风能、太阳能、水资源等发电资源。煤炭预测储量 21900 万亿 t，占全国预测储量的 40%；达坂城、阿拉山口、三塘湖、淖毛湖、哈密东南部、塔城老风口等九大风区，年利用小时数多超过 2000h，风电累计装机容量到 2020 年将突破千万千瓦；年日照总时数 2550～3500h，居全国第二位；水资源总量为 832 亿 m^3，水电技术可开发量约 1657 万 kW，居全国第四位。

新疆 750kV 电网建设不仅加强了疆内各地区之间的联系，实现了全疆电能的优化配置，还有助于提高能源基地对主网的供电能力，为大力开发能源基地电源建设提供了保障，也为"疆电外送"提供了电力支撑。

多元化能源资源促进了新能源电力的快速发展，然而可再生能源的随机性、波动性仍对新疆电网运行带来了巨大的挑战。与 220kV 电网相比，当前的 750kV 主网架在抗随机性和抗波动性能力方面，都具有明显的优势。750kV 网架结构更适合于大型煤电、风电基地电源的汇集及外送，更有利于接纳高参数大容量的火电机组群，从而实现能源资源的就地转化和多种能源的打捆输送。

（二）富余电力外送消纳

随着中央新疆工作座谈会精神的全面贯彻落实，以及国家和相关省市加大对新疆的对口支援和帮扶力度，新疆经济社会得到快速发展，煤炭产量、消费量快速增长。在国家相关部委的大力支持下，新疆煤电、煤化工、煤电冶、"疆电外送""疆气东输""疆煤外运"等重大工程启动，为加快新疆大型煤炭基地建设创造了有利条件。"十二五"期间，新疆以准噶尔、吐哈、伊犁、库拜四大煤田为基地，以煤电、煤化工、煤电冶三大产业为支撑，布局了特高压直流"疆电外送"工程、煤基化工项目等，积极推进大型煤炭基地建设，并通过 750kV 电网和特高压直流输电工程实现电力传输及外送。

新疆地区太阳能、风能、水资源等清洁能源发电也保持着比较高的增长态势。光伏出力达到了顶峰，风电保持了强劲的发电势头，水电也呈现出良好的发展势头。 新疆伊犁州喀什河流域、额尔齐斯河流域和新疆南部查汗乌苏河流域、开都河流域水量较大，发电能力强，但这些电量在疆内很难全部消纳，只能通过 750kV 交流外送通道输送出去。国网新疆电力充分利用"疆电外送"的消纳和调整能力，全面提升风电和光伏发电等新能源的接纳水平，推动新疆清洁能源的快速发展。2013 年 11 月 5 日，新疆电网风电机组接入电网运行的总装机容量首次突破 400 万 kW。12 月 7 日，新疆光伏发电并网装机容量首次突破 100 万 kW。

凭借得天独厚的资源优势和地缘优势，作为新疆东大门的哈密尤以煤炭、风能、太阳能的多元资源得到青睐。哈密白天有光、晚上有风，互补性很强，而且哈密距中原负荷中心地区最近，投资少，损耗低，是"疆电东送"的桥头堡。为确保哈密南—郑州 ±800kV 特高压直流输电工程需求，哈密山南共规划建设 6 个电源项目，总装机规模 996 万 kW，总投资约 355 亿元，均位于大南湖矿区，属于大型坑口电厂，与电网项目同步建设。煤炭实现就地转化为电力后，每年可外送电量超过 370 亿 kWh，利用煤炭 1800 万 t 以上。哈密地区风电、光伏发电配套装机容量都在 1000 万 kW 以上，带动哈密地区装备制造业从无到有的发展，并快速形成产业聚集效应。

二、提升新疆电网保障能力

(一) 内供外送，并驾齐驱

新疆电网发展，一方面要满足疆内社会稳定和长治久安需要，加强电力基础设施建设，扩大电网覆盖范围；另一方面要加快建设电力外送通道，促进能源资源转化，服务自治区经济社会又好又快发展。

自 2010 年 11 月新疆电网与西北主网实现联网以来，新疆 750kV 电网建设拉开了飞速发展的序幕。截至"十二五"末，期形成了"三环网、双通道、两延伸"的新疆 750kV 骨干网架，东西跨度达 2200km，南北跨度达 3300km，供电范围几乎覆盖全疆。750kV 主网架建设能够提升改善原先相对薄弱的网架结构，在全疆范围内实现电力资源的优化配置，构建坚强可靠的大电网，以满足工业化、城镇化和能源密集型产业发展的用电需

求，并有效解决南疆等地区的缺电问题，是实现新疆跨越式发展的重要保障。

加快新疆 750kV 电网的建设步伐为"疆电外送"打下了坚实基础，有利于优化能源结构和布局，建设特高压直流外送通道，满足能源基地高效开发和电力大规模外送的需要，事关国家能源安全、产业布局和新疆跨越式发展。外送通道成为连接西部边疆与中原地区的"电力丝绸之路"，其建设不仅有利于提高新疆自我发展能力，提升经济效益，还有助于解决华中、华东区域的煤电运输矛盾，缓解内地省区电力的紧张局面。此外，外送电量的增加能够极大地缓解新疆电网的调峰压力，提高发电负荷率，减少风电弃风电量，提高火电大机组的利用小时数，使在新疆地区内发电的单位煤耗下降，煤炭资源使用效益提升。

（二）五年展望，保障提升

"十三五"期间，新疆电网将投资 2019 亿元，疆内规划新增 110kV 及以上的变电站 305 座、线路 23639.2km、变电容量 10752 万 kVA；到 2020 年将实现"内供五环网、外送九通道"，规划外送能力达到 6600 万 kW，把新疆的风、光、火、水电基地连接起来，形成输送能力更强、电网结构更加安全可靠的坚强送端电网。届时，新疆电网将成为全国最大的省级电网，也是全国最大的电力外送基地。

新疆电网"十三五"末将形成"五环网"的 750kV 骨干网架。"五环网"包括：①750kV 乌昌都市圈环网（凤凰—乌北—达坂城—亚中—凤凰）；②750kV 天山西部大环网（伊犁—库车—巴州—吐鲁番—乌鲁木齐—伊犁），该环建设了翻越天山的伊犁—库车 750kV 输电线路，打通了伊犁能源基地与南疆新能源基地电力互补、互济的联络通道；③750kV 天山东环网（五彩湾—芨芨湖—三塘湖—哈密），该环将覆盖哈密、吐鲁番、乌鲁木齐和准东地区，满足准东工业园区负荷发展的需要，汇集哈密、准东能源基地的风、光、火电，使疆内盈余电力汇流至疆电外送点；④1000/750kV 环塔里木环网（吐鲁番—巴州—库车—阿克苏—巴楚—喀什—莎车—和田—民丰—且末—若羌—尉犁—吐鲁番），满足了南疆环塔里木新能源基地的开发，推动了南疆能源经济的发展，维护了南疆地区社会稳定；⑤750kV 环喀什克州经济特区小环网（巴楚—喀什—莎车—巴楚）。届时，新疆电网将以乌昌都市圈环网、天山东西两个大环网为基础，向南北延伸，满足南疆负荷发展需求，有效避免电网形成长链式结构，提高南北疆电网互供能力，提升新疆主网架的保障程度。

三、助推"煤电并举"能源外送方式

(一)能源输出,"煤电并举"

新疆煤炭资源丰富,但距离中、东部负荷中心有千里之遥。依靠公路、铁路运输,不仅运力不足、运费成本高,而且直接输煤的经济附加值也比较低。对此,国家电网公司提出,"变输煤为输电,把新疆的煤炭资源转换成电力,走远距离、大规模输电之路,在全国范围内优化配置新疆的煤电资源,这是新疆经济发展的新出路,也是新疆经济社会发展和长治久安的现实要求"。

在我国的电力成本中,有相当一大块是煤炭的运输成本,再加上新疆铁路、公路和油气管道的输送能力已经不能满足新疆能源外送的需求,输电开始发挥着越来越重要的作用。面对公路、铁路运力不足的巨大压力,"输煤与输电并举、输电为主"的"疆电外送"方式,无疑就成为能源外送的最佳方式,在新疆经济跨越式发展中作用巨大,地位举足轻重。

电网将作为能源运输范畴的一支重要力量,对铁路、公路、水路、航空和管道这五大交通运输方式构成的综合输送体系产生着积极的影响。新疆与西北主网联网的750kV第一、二通道,以及哈密—郑州±800kV特高压直流工程的建设,均为"疆电外送"提供了有力的支撑,在新疆铁路运力如此紧张的情况下,通过"煤电并举"的能源输出方式,实现新疆富余资源的外送。

(二)以电代煤,彰显效益

近年来,我国东部地区煤炭资源日渐枯竭,国家提出的"疆煤东运"发展战略,把靠近内地的哈密推到了"疆煤东运"主战场的位置。从哈密火车站发往内地的运煤火车一年四季川流不息,从无片刻停歇,但即使这样,新疆煤炭的送出量同内地的需求量相比仍然存在很大的缺口。2009年哈密站开始进行功能改造,将客货专线分开,建设战略装车点,扩大运能。尽管新疆正全力打破运输瓶颈,力争实现商品煤的规模化东运,但对当地交通运输仍是巨大压力。

就在运煤车一路东进的途中,750kV新疆与西北电网联网工程,正以输电的方式把数以万吨计的煤炭资源转换为电能从空中送往内地。2010年11月3日,随着

750kV 新疆与西北电网联网工程顺利投运,新疆电力资源跨越天山,走进了内地。截至 2011 年底,通过新疆与西北联网 750kV 工程向内地输送电力 32 亿 kWh,相当于支援东部地区电煤 120 万 t,有力地缓解了我国东中部地区电力供应紧张和电煤运输运力紧张的状况。

测算表明,输煤与输电两种能源输送方式对 GDP 的贡献比约为 1:6,就业拉动效应比为 1:2,且"疆电外送"比"疆煤东运"和煤化工的可操作性更强。因此,变过度输煤为输煤输电并举,从新疆向中东部负荷中心远距离、大规模输电,把新疆的资源优势转化为经济优势,在全国范围内优化能源资源配置,无疑给新疆能源资源开发模式打造了一个全新的平台。不仅可以缓解日益紧张的交通运输压力,有效降低煤炭的运输成本和沿途损耗,还可以通过为中东部地区提供清洁安全的电能,保证中国经济优势地区的发展动力,减轻中东部地区发展过程中产生的环境容量压力,达到东西部协调发展、共同富裕的战略目标。

随着"疆电外送"工程的实施,将促进新疆能源资源优势向经济优势转化,大幅增加投资、就业和税收。根据测算,新疆煤炭就地转化为电力后,每年外送电量 1650 亿 kWh,利用煤炭 8000 万 t。与运煤相比,产业链得到进一步延伸,资源附加值更高,可直接拉动投资达 3000 亿元,可提高新疆 GDP 约 1.5 个百分点,增加就业岗位 6 万个,间接可解决 30 万人的就业,增加地方政府税收超过 20 亿元/年。新疆将成为连接西部边疆与中原地区的"电力丝绸之路",形成"煤从空中走、电送全中国"的新格局。

四、为特高压直流工程夯实基础

交流输电与直流输电的工程特点各不相同,在电网网架建设中发挥着不同的作用。交流具有输电和构建网架的双重功能,类似"高速公路网",中间可以落点,电力的接入、传输和消纳十分灵活,是电网安全运行的基础;交流电压等级越高,电网结构越强,输送能力越大。直流只具有输电功能,不能形成网络,类似"直达航班",中间不能落点,适用于大容量、远距离输电。

根据我国能源状况和负荷分布的特点,特高压交流定位于主网架建设和跨大区送电,使特高压交流电网覆盖范围内的大型煤电、水电、风电、核电基地就近接入;特高压直流定位于大型能源基地的远距离、大容量外送,西南水电基地、西北及新疆等煤电、风电基地和跨国电力流通过特高压直流输送。

我国发展特高压应坚持交直流并重、同步协调发展。大容量直流输电采用交流电网换相原理，必须有稳定的交流电压才能正常工作，必须依托坚强的交流电网才能发挥作用。特高压直流输电和特高压交流电网两者之间就如同万吨巨轮与深水港口的关系，轮船吨位越大，对港口规模和水深要求就越高。

新疆750kV电网的建设可改善交流系统与直流系统的耦合特性，支撑特高压直流的大功率传输，从而保证交、直流电网的安全稳定运行。同时，新疆750kV主网架也为准东及哈密等大型煤电、风电基地的特高压直流外送工程提供了坚强的网架支撑，为"疆电外送"打下了坚实的基础，实现了新疆的煤电、风电直供中部地区负荷中心，实现了更大范围内的资源优化配置，是落实国家"西电东送"能源战略的重要举措。

五、为坚强智能电网建设做保障

通常，电网发展总体划分为三个阶段。第一个阶段为小型电网，是以城市或局部地区电力配置为主的小型孤立电网，整体自动化水平较低，其交流电压等级最高为220kV。第二个阶段为互联大电网，是具有全国或跨国电力配置能力的大型同步电网，基于现代控制技术实现电网自动化控制，其交流电压等级为330kV及以上的超高压，直流电压等级为高压。第三个阶段为坚强智能电网，旨在实现国家级或跨国跨洲的主干输电网与地方电网、微电网协调发展，基于信息网络和智能控制技术实现电网自动化控制，其交流电压等级为1000kV及以上，直流电压等级为±800kV及以上。

"坚强"和"智能"是现代电网发展的基本要求。"网架坚强"是基础，是大范围资源配置能力和安全可靠电力供应能力的保障；"泛在智能"是关键，是指各项智能技术广泛应用在电力系统各个环节，全方位提高电网的适应性、可控性和安全性。坚强网架与智能化的高度融合是我国电网发展的内在要求和方向。"坚强"是智能电网的基础，"智能"则是坚强电网充分发挥作用的关键，二者相辅相成，有机统一。

新疆750kV电网为智能电网的建设提供了坚强的网架基础，是实现跨省、跨国配置能源资源的有力保障，是安全可靠供应电力的基本要求，是构建新疆及国内智能电网的基础工程，即在发挥国内大电网和疆内坚强网架作用的基础上，有效解决新疆清洁能源发电的随机性、间歇性问题，实现全国集中式电源和泛在分布式电源的优化接入和高效消纳，更加可靠地保障能源供应。

第三节 经济腾飞的新羽翼

新疆 750kV 电网对促进当地经济快速发展的有益作用体现在:保障新疆及内陆地区的电力需求,进而拉动新疆经济的增长,使得电力成为新疆经济社会强劲发展的"先行官";为地区经济发展提供基础的电力保障;提升新疆电力工业的经济效益,满足大型煤电、水电、风电、光伏发电以及电网网架的投资建设,推动新疆能源资源优势向经济优势转化;促进当地电力装备制造业的发展,以新型工业化为第一推动力,实现新疆经济的快速发展。

一、满足社会发展的用电需求

自 2010 年中央新疆工作座谈会召开之后,新一轮对口援疆工作全面展开,各项优惠政策及对口援疆工作全面实施,当地煤炭、油气等优势资源加速转化,一大批民生工程开工建设,推动了用电量快速攀升。2011 年,新疆全社会用电量比 2010 年增加 26%,超过全国 15 个百分点。

此后,新疆经济取得了快速发展,用电量增长始终领先全国其他省区。2012 年上半年,全国发电量增幅同比出现回落,6 月份国家电网公司经营区域有 8 个省区售电量负增长;与此相反的是,新疆电网最大用电负荷从 4 月开始,已 23 次刷新历史纪录,单日最大用电量也屡创新高;国网新疆电力完成售电量 319.63 亿 kWh,同比增长 38.64%,增幅居全国首位。这些数据充分证明电力正在成为新疆经济社会强劲发展的"先行官"和"领头羊"。伴随着新疆 750kV 电网的建设及投运,日益坚强的 750kV 网架结构有力保障了地区发展的用电需求,为新疆经济社会的跨越式发展提供了必要的电力支撑。

仅新疆与西北主网联网 750kV 第二通道输变电工程的建成投运,"疆电外送"的经济效益就得到显著提高。截至 2013 年底,国网新疆电力已经累计外送电量 133 亿 kWh,相当于外送标准煤 440 万 t。其中 2013 年外送电量首次突破 60 亿 kWh,相当于外送标准煤 200 万 t,与 2012 年同期相比实现翻番,创造了"疆电外送"规模新高,有力促进了新疆资源优势向经济优势转化。

2014 年初建成投运的新疆首条特高压直流输电工程开启了"疆电外送"的新纪元。截至 2014 年 8 月,新疆电网完成外送电量 100.14 亿 kWh,累计实现"疆电外送"

233.13亿 kWh；其中火电 82.41亿 kWh，相当于外送标准煤 270万 t；打捆送出风电 17.73亿 kWh，相当于节约标准煤 65.09万 t；1～8月外送电量已超过前两年的总和，增长幅度达到 223.48%。截至 2014 年底实现风、火打捆外送 166亿 kWh，外送增量首次超过内需增量；外送电量累计达 306.9861亿 kWh，其中火电外送电量达 271.2975亿 kWh，相当于外送煤炭（折合标准煤）938.6万 t。

2015 年，国网新疆电力逐步扩大"疆电外送"规模，加快外送通道建设，主动服务发电企业，充分发挥联网工程作用，利用新疆能源资源丰富这一优势，积极组织新能源发电打捆外送至华中、华东等地，有效支援了内地省区的用电需求。2015 年 1～7月，新疆电网外送火电电量 157.129亿 kWh，相当于外送标准煤 193.32万 t，为新疆火电企业增加收入 49.3亿元；外送风电电量 11.08亿 kWh，为新疆风电企业创造收益 6.09亿元（含可再生能源补贴）。

新疆 750kV 电网建设不仅满足了当地用电需求的快速增长，还支撑了我国中、东部能源匮乏地区的电力需求，从而为新疆及受端省份社会发展的用电需求提供了有力的保障。

二、提供经济发展的基础保障

电力是经济社会发展的基础性、先导性、战略性产业，新疆 750kV 电网的建设是实现新疆跨越式发展和长治久安的重要支撑，且由此拉动的能源资源开发、电能可靠供应，均为新疆经济社会的发展带来了新活力。

750kV 电网的建设带动了新疆冶金、建材、电气、机械制造等行业的发展，安置了大量农村剩余劳动力，实现了电网建设与其他拉动内需基础项目的有机衔接。此外，新疆 750kV 电网还满足了现代服务业、制造业对供电质量的更高需求，对于促进新疆经济增长和社会稳定具有十分重要的意义。

随着"疆电外送"项目的加速推进，新疆 750kV 电力外送通道的建设步伐加快，极大地带动了新疆及沿线地区的发展，不仅为当地经济发展提供了基础性的电力保障，还对钢材、水泥、木材等建筑原材料行业发展起到积极的拉动作用。

电力是社会发展最基本的物质条件，经济的发展离不开电力，人民日益增长的物质需求和现代文明也离不开电力。要实现地方经济社会的发展，电网建设是重要基础保障之一。自南疆地区实现 750kV 电网联网后，过去塔里木盆地周边的轮台、库车、沙雅、拜城、泽普和且末等贫困县，都已经逐渐向经济强县发展。新疆 750kV 电网建设保障了

经济发展的电力供应。

三、增强经济发展的促进作用

随着新疆"十二五"电网规划的全面实施，750kV 电网建设在新疆经济跨越式发展的征程中留下了浓墨重彩的一笔。无论是电网建设还是电源建设，作为基础性、先导性的产业，电力正在加速新疆优势资源转换，电力工业正在为新疆经济的腾飞贡献力量。

（一）电网建设，促进经济发展

近年来，新疆全力推动 750kV 主网架、"疆电外送"通道及配套电源项目的建设。这些工程不仅提升了新疆及周边地区电网运行的稳定程度，还让沿线和受端省份受益，带动投资、就业，增加税收，反哺当地经济发展。

在 2010 年新疆与西北主网联网工程成功打通了电力外送的"能源大通道"后，新疆 750kV 主网架及二通道联网工程的建设步伐也逐渐加快。"十二五"期间，不含特高压项目，新疆电网每年建设投资将超过 100 亿元。

"十二五"期间支撑"疆电外送"的输变电工程（包括特高压直流）建成投运后，提高了新疆 GDP 约 1.5 个百分点。新疆每年向外送电超过 2000 万 kW，可配套 3000 万 kW 的发电装机容量，直接带动发电装机投资超过 1500 亿元；每年将实现 5000 多万吨煤炭的就地转化，拉动新疆原煤产量翻一番。

新疆 750kV 主网架及外送通道建设能够促进当地能源资源优势向经济优势转化，大幅增加投资、就业和税收。750kV 电网的快速建设拉动了对新疆电网的投资，通过电网的投产运行取得了收益，并促进了当地经济的发展，带动新疆与内地同步进入小康社会。

（二）电源建设，拉动经济增长

750kV 电网的快速发展，为新疆能源资源的开发利用吸引了大量投资。"十一五"末期，华能、华电、国电、大唐、中电投五大发电集团纷纷表示，未来十年，每家企业将在新疆投资千亿元，进行能源开发；国华电力、华润电力等企业也将倾力投资新疆煤电和新能源。

此外，"疆电外送"工程的实施，在缓解我国内陆地区电力缺口的同时，还将助推新疆形成"空中走电、地上走煤、地下走气"的立体能源输送通道，打造我国大型的"油气生产加工、煤炭煤电煤化工和风电"基地，拉动新疆地区煤电、风电的快速发展，吸引投资，提升电源工业的经济效益。

新疆750kV电网建设基本覆盖南、北疆所有重点区域，可拉动上千亿元对煤电及其他基础产业的投资，对于推动新疆资源优势尽快转化为经济优势，保障能源安全，满足大型煤电、水电和风电开发都具有十分重要的意义。

四、促进电力装备制造业快速发展

实现新疆经济跨越式发展必须以新型工业化作为第一推动力。现代工业产业体系中，装备制造等一大批产业都需要加强，以此带动就业，促进经济良性发展，而这些装备制造业的崛起必然离不开新疆电网的大力建设，750kV输变电工程的建设为电力装备制造企业创造了巨大的市场需求，750kV电力装备的高标准严要求带动了制造企业的科技研发，客观上促进了制造业的快速发展。

（一）超高压，助力特变电工

随着超（特）高压项目在新疆加速推进，与此相关的电气装备制造业迎来了发展的曙光。新疆特变电工股份有限公司董事长张新表示，通过煤变电，然后实现"疆电外送"，是新疆煤炭资源转化方式中最为经济、能耗最少的一种。特变电工的输变电装备研发制造能力位居中国第一；其变压器产能位居世界第一；在辽宁沈阳、湖南衡阳、新疆昌吉等地投资建设了输变电装备制造基地，其装备、试验、研发及生产能力均达到世界领先水平。

国家电网公司是特变电工最大的合作伙伴，也是特变电工的最大市场。近年来，特变电工为"疆电外送"及特高压跨区、跨国电力输送工程做出了重大贡献。尤其值得一提的是，为落实国家"疆电外送"战略，更好服务于新疆电力建设，特变电工着力打造新疆输变电科技产业园特高压基地，于2011年7月8日建成落地，并成功下线当时世界电压等级最高的1700kV特高压试验变压器。这意味着新疆输变电高端装备的自主研发能力、检测手段均迈入世界领先水平，为新疆特高压项目的顺利建设提供了可靠的装备保障。

正是科技园特高压基地的建成落地，使得特变电工新疆变压器厂（简称新变厂）在短短三年中，凤凰涅槃般实现了从330kV到750kV的升级和跨越，并于"十二五"末期具备了生产1000kV及以下变压器、电抗器等千余种高端输变电产品的强大能力。正是新变厂研制的一批批优质变压器及配套产品，保障了新疆与西北主网联网工程以及全长

2192km 的哈密南—郑州±800kV 特高压直流输电工程的成功投运。

"十三五"期间，特变电工将建成新疆±1100kV 变压器研发制造基地，全面提升企业在特高压输变电领域的装备研发和制造水平，这将为"一带一路"战略下新疆电力能源的互联互通提供可靠的产品支撑，保障装备中国和世界能源互联网的强大能力，进而服务全球能源事业的发展。

（二）新能源，助推金风科技

新疆金风科技股份有限公司（简称金风科技）是我国风电设备研发及制造行业的领军企业和全球领先的风电整体解决方案供应商，拥有自主知识产权的直驱永磁技术，也是全球最大的直驱永磁风机研制企业。

作为国内成立最早、规模最大的风能设备制造商，金风科技以"为人类奉献白云蓝天，给未来创造更多资源"为企业使命，积极向社会推行绿色、低碳生活。截至 2013 年 12 月 31 日，金风科技全球累计装机容量超过 19GW，装机台数超过 14000 台，相当于每年可为社会节约标准煤约 1300 万 t，减少二氧化碳排放约 3900 万 t，相当于再造了约 2100 万 m³ 森林。

新疆 750kV 主网架、新疆与西北联网及特高压直流工程的相继开工建设，为新疆风电产业发展提供了广阔空间。2010 年 4 月 26 日，金风科技与中广核风力发电有限公司在乌鲁木齐签约，联手在新疆建设 15 万 kW 风力发电项目。这对于加快新疆经济发展方式转变，加快清洁能源发展和推进节能减排具有重要意义。根据双方签署的战略合作协议，金风科技将向中广核风力发电有限公司提供 15 万 kW 风力发电机组。

2010 年 9 月 3 日，金风科技与新疆哈密行署签署了在哈密地区投资建设兆瓦级风电产业基地的协议。哈密地区拥有丰富的风能资源，是国家规划的七大千万千瓦级风电场基地之一，其中长期规划风电开发总容量预计达 2000 万 kW，相当于 8000 台 2.5MW 风力发电机组的满发容量。金风科技执行董事魏红亮在签约仪式上表示："配合金风科技在乌鲁木齐和酒泉的现有风电产业基地，哈密基地将有效形成对西北地区主要大型国家级风电场基地的完全覆盖，从而为客户提供便捷优质的设备和服务，同时持续巩固金风科技在西北地区的领先市场地位"。

通过卫星地图和相关数据，金风科技发现了新疆伊犁州新源县的风能资源，并在实地勘测以及测风塔采集数据后，进一步确立了在该县建设风能发电项目的想法。为此，金风科技投资 100 亿元，在新源县那拉提镇和哈拉布拉乡加吾尔山建了两座 500MW 风电厂。这是伊犁河谷的首个风电项目，于 2011 年 9 月开工建设，分 10 期进行，全部工程将利用 7 年左右的时间完成。该项目建成后，伊犁风电将并入电网，并与附近的水电项目在时间上形成互补。

随着首台 1.5MW 风电机组下线，吐鲁番金风科技有限公司（托克逊）制造基地于2015 年 11 月正式落户托克逊县新能源装备制造产业园区。该公司是金风科技的全资子公司，项目总投资 6000 万元，建设年产 660 台 1.5MW 风电机组（100 万 kW）的总装配能力基地。吐鲁番金风科技（托克逊）在投产后，将为当地提供就业岗位 60 个，实现工业产值约 30 亿元，实现工业增加值约 5.34 亿元，贡献税收约 1.5 亿元。

第四节　生态文明的践行者

新疆 750kV 电网对环境资源的保护作用体现在：促进新能源电力消纳，加快新疆风电、光伏发电建设的速度；通过绿色风电逐步取代原先的燃煤供暖，全面推进电能替代工作，深入宣贯"以电代煤、以电代油、电从远方来"的电能替代理念；积极发展清洁电力，全面实施火电"上大压小"政策，逐步实现电力工业的节能减排；实现能源行业绿色发展，逐步构建社会主义生态文明。

一、促进新能源电力的消纳

新疆 750kV 电网建设实现了全疆电力能源资源的优化配置，促进了新能源的开发利用，从而达到了保护环境的目的。

新疆具有丰富的新能源资源，开发潜力巨大，风能占全国总量的 37％，仅次于内蒙古；全年平均日照时数居全国第二，新疆戈壁、荒漠、沙地等非常适合发展大规模光伏电站。

受国家节能减排等政策推动，新疆新能源装机爆发式增长，源源不断为全国电网输送清洁能源。自新疆与西北主网实现联网后，每年有超过上百万千瓦的风电、光伏项目建成并网。2015 年，新能源装机占新疆全网装机比例已由 2012 年、2013 年的 8.53％、19.02％升至 33.6％。凭借独特的资源优势，新疆正逐渐成为我国新能源产业发展的高地。

截至 2015 年底，新疆电网新能源装机容量达到 2217 万 kW，其中风电装机 1690 万 kW，同比增长 110.4％，光伏发电装机 527 万 kW，同比增长 62.2％，新疆已经成为名副其实的国内大型风、光电基地。

当前，国网新疆电力积极落实"一带一路"战略部署，加快实施特高压电网和750kV网架建设，确保新疆地区电力可靠供应，推动西北煤电和风电、太阳能的集约化开发，实现新能源电力资源在全国范围内优化配置。

二、绿色风电代替燃煤供暖

借助"一带一路"战略核心区域和中央援疆工作的优势，国网新疆电力以清洁能源消纳、清洁能源供暖、服务民生为重点，全面推进电能替代工作，深入宣贯"以电代煤、以电代油、电从远方来"的电能替代理念。

在750kV电网建设的过程中，国网新疆电力利用750kV主网架的抗随机性和抗波动性能力强的优势，大力推进新疆风电、太阳能等可再生能源的发展，并巧借政策东风，努力推进清洁能源的供暖替代工作。2015年，国网新疆电力完成电能替代项目共3742项，实现替代电量达26.27亿kWh，相当于减排二氧化碳220万t、二氧化硫6.9万t、氮氧化物3.4万t、粉尘62万t，实现了绿色发展的目标。

利用新疆资源优势，国网新疆电力积极配合政府开展"绿色电能，服务蓝天"行动，用绿色电能代替燃煤供暖。根据国家能源局《关于开展风电清洁供暖工作的通知》的要求，国网新疆电力主动在乌鲁木齐、阿勒泰地区开展风电供暖项目试点，2015年，上述两地已有超过100万m²的清洁能源采暖项目进入建设阶段，2016年采暖期便可投入使用。届时，全年可消纳风电0.8亿kWh，减少煤炭消耗约3万t，解决1万余居民供暖问题。

同时，哈密地区已经出台了冬季采暖推广电能替代实施方案，明确从2015年6月起，政府新建公建和公益建筑全部采用电采暖，年内落实项目不少于100万m²。2016年，国网新疆电力计划在此基础上，结合地区电采暖现有政策，充分挖掘电采暖应用潜力，在推广电采暖工作，计划推广分散式电采暖面积150万m²，预计可实现替代电量2亿kWh。

三、清洁电力实现节能减排

为全面推行电能替代工作，提高电能终端消费的比例，用风电等清洁能源来替代燃煤自备电厂发电的方案得到自治区批复，新疆4家高载能企业的燃煤自备机组参与试点，替代燃煤发电容量120万kW，减排二氧化碳21万t。

新疆与全国节能减排工作进度保持同步，以确保实现节能减排目标。2013 年 12 月 31 日 22：35，乌鲁木齐苇湖梁电厂 2 号机组逐渐减负荷到零，与新疆电网断开，锅炉熄火。这座有 60 年历史的新疆第一座火力发电厂正式关停，转型进入风电领域，实现由燃煤火力发电向清洁能源风力发电的华丽转身。如今，新建的风电场已投运，风力发电接入新疆电网。

此外，国网新疆电力积极配合自治区开展的发电机组"上大压小"工作，全力做好所涉及的高耗低效燃煤、燃气发电机组关停与负荷转移工作，加快机组关停区域的电网建设，提升负荷接纳能力，关停 50 余万千瓦燃煤、燃气发电机组，实现替代电量 14.3 亿 kWh；大力在油田开采区域实施以电代油钻机，年替代电量 1 亿 kWh，减少燃油消耗 2.1 万 t；积极推进西气东输石油管道加压泵站的"气改电"工作，年替代电量 0.91 亿 kWh，减少天然气消耗 1200 万 m^3。

通过新疆 750kV 电网的建成投运，提高了当地清洁电力的使用比例，实现了风电等清洁能源对传统火电的替代，推进了煤电工业的"上大压小"工作，最终实现电力工业的节能减排与绿色环保。

四、绿色发展建设生态文明

党的十八大提出，建设中国特色社会主义事业总体布局由经济建设、政治建设、文化建设、社会建设"四位一体"拓展为包括生态文明建设的"五位一体"，这是总揽国内外大局、贯彻落实科学发展观的一个新部署。生态文明，是指人类遵循人、自然、社会和谐发展这一客观规律而取得的物质与精神成果的总和；是指人与自然、人与人、人与社会和谐共生、良性循环、全面发展、持续繁荣为基本宗旨的文化伦理形态。

新疆 750kV 骨干网架和外送通道的建成，促进了新能源电力的大力开发和消纳，可以逐步改善我国能源结构，提高可再生能源比例，充分利用丰富的可再生能源，推动经济社会的可持续发展。在新疆，通过大力发展清洁能源，实现"两个替代"，开展"绿色电能，服务蓝天"行动，既改善了生态环境，又推动了高碳排放低效率的火电机组的关停和负荷转移，形成了良性循环。在未来，清洁能源的大力发展，将会极大改善新疆的环境污染状况，同时减少对非可再生能源资源的开发利用，逐步实现社会主义生态文明建设。

规划篇

今天的新疆，正走在中华民族伟大复兴的康庄大道上。 她土地肥沃，物产丰富，尤其是能源资源。 新疆能源资源中，石油、天然气、煤炭、煤层气以及水能、风能、太阳能等探明储量均位居全国前列。 丰富的能源资源开发利用，离不开坚强的电网支撑。 在新疆电力工业"十一五"规划编制过程中，就已经对750kV电网建设进行了初步可行性论证。 作为助推新疆经济发展的战略规划，建设750kV电网的必要性与迫切性早已彰显出来，国家电网公司和国网新疆电力公司义不容辞地承担了这份责任。

国网新疆电力每位员工都有着发展电网的梦想，当建设750kV电网的梦想萦绕心头时，付诸行动就成为必然的选择。新疆的春天，也是播种的季节。一群光明的使者，在中国边陲这方广袤的热土上播种希望，用他们的智慧与勤劳，在750kV电网的一条条线谱上谱写了动人的时代赞歌。

基于自身资源的特点，国网新疆电力在国家电网公司政策的指导下，多次召开规划研讨会和不同层次的会议，反复论证，广泛征求专家、学者的意见，规划报告考虑各方相关因素，对系统专题和政策深入研究，力求做到750kV电网规划的科学性和前瞻性的统一。凭借对信息资源的把握，不断论证在220kV电网的基础上将超高压电网引入新疆的

可行性。从750kV电压等级选择论证、电网规划背景、规划重点和输电、变电技术应用到环保设计等，每前进一步都反映出了新疆750kV电网建设的不易。同时，在规划设计中遇到的一些问题及解决方案，对新疆电网后续建设和其他省市地区电网的发展提供了宝贵的经验。

科学规划设计的成绩只能代表着过去的努力，未来更需要今天的奋斗。在"十一五"与"十二五"规划的正确指引下，新疆750kV宏伟规划蓝图开始在新疆落地生根。2010年，乌北—吐鲁番—哈密750kV输变电工程投运，标志着新疆电网正式步入超高压时代。随着工程设计和电网建设的不断推进，至2015年新疆750kV骨干网架已具雏形，网架结构更加安全可靠，输送能力更强。如今的新疆，无论在城市乡村、在雪山草原，还是在戈壁荒滩，电力建设如火如荼。在身披彩霞的天山脚下、在绿毯如织的巴音布鲁克草原、在翡翠粼然的吐鲁番葡萄沟、在丛林悠悠的尼勒克，只要有细腿毛驴呼远客的地方，只要有多瓣姑娘歌声飘荡的地方，无处不显示着750kV电网的辐射效应，无处不是电塔星罗棋布，杆线林立，变电站遍布城乡，成为魅力新疆一道独特的风景。我们有理由相信，在不远的将来，以信息化、自动化、互动化为特征的坚强智能电网，必将以新疆为重要的源头，通过750kV电网推动清洁能源大规模、集约化发展，推动电力资源节约高效利用。更加绿色可靠的电力供应，更加真诚规范的供电服务，必将有力助推新疆经济社会腾飞！

第五章 电压等级论证

随着新疆地区经济社会的不断进步和发展，对电力的需求与日俱增，导致220kV电压等级网架已经无法满足其内需和外送，为更好地支撑新疆电网的供电需求，在国家电网公司的大力支持和帮助下，国网新疆电力积极调研、反复研讨，从满足内需外送、跨区联网、经济和综合效益以及输配电价水平等方面考虑，最终形成新的电网电压论证结果。

第一节 缘 起 发 展

新疆位于中国西北边疆，地处亚欧大陆腹地，全区面积166.49万km²，占中国国土面积的六分之一。其地形特点是山脉与盆地相间排列，由北向南构成"三山夹两盆"的地形格局。以天山山脉为中轴，把新疆分为北疆和南疆两个自然条件有明显差异的部分；北疆为温带大陆性干旱、半干旱气候，南疆为温带大陆性干旱气候。

新疆特殊的地貌和天气情况，导致了新疆经济带主要沿绿洲分布，这也决定了其电网必须结合这种特点来规划。新疆地域辽阔，各绿洲间平均距离约为300km，地州首府等主要城市之间距离在500km左右。220kV电网难以满足负荷发展需求，继续在220kV层面加强各地州间联系，一方面投资巨大，远期又与更高电压等级电网重复建设，造成浪费。

自然环境的特殊性及"西电东送"等国家战略给新疆电网带来了机遇与挑战。新疆要提高送电能力、节约输电走廊、改善短路电流水平，需要重新论证电压等级；新疆要更好地适应自身煤电和风电的大规模开发与外送，需要重新论证电压等级；新疆要使其网架结构更加适合大型煤电基地、风电基地的电源汇集及外送，特别是有利于接纳高参数大容量火电机组群，需要重新论证电压等级；新疆电网作为西北电网的主要组成部分，电力外送需求巨大，为大幅提高新疆与内地州间电网主要断面潮流输送的能力，需要重新论证电压等级；结合新疆地域广、资源丰富、绿洲经济，以及与多个国家接壤、具有重要的区位优势等条件，跨国联网送电将在不久的将来成为可能，而这种可能也需要重新论证电压等级。总之，电压等级的重新论证对于新疆电网的发展具有重要战略意义。

基于以上问题，结合国家能源战略、新疆经济社会发展、国家电网总体规划等报告，新疆电网规划人员主动担当、积极作为，多次进行专题会议讨论，剖析自身特点，总结过往已建成电网工程的经验及教训，奔赴现场实地考察、与行业专家和技术人员进行讨论、对规划方案进行研究分析、对比论证，时刻遵循"努力超越，追求卓越"的国家电网企业精神，最终决定在原有网架基础上，提升电压等级，改进网架结构，以期实现新疆电网跨越式发展。

第二节 多 次 研 讨

"实践是检验真理的唯一标准"，升级新疆主电网至更高的电压等级有很多种选择，徒有想法并不能对新疆电网的发展做出改变，因此，如何选择适合新疆电网发展的电压等级便成为首要解决的问题。

《新疆"十一五"电力行业规划》中首次提出新疆电网最高电压升级的必要性，对建设 750kV 电压等级与西北主网联网的规划时序做了详细分析。

2004 年，由国网新疆电力委托西北电力设计院和新疆电力设计院合作完成了《新疆电网电压等级论证》，进一步对新疆建设更高一级电压等级电网进行了分析论证。国家电网公司在宁夏组织召开了《2020 年西北电网规划》评审会，对新疆电压等级进行了评审。评审认为在新疆电网已经形成 220kV 电网的基础上，其高一级电压采用 750kV 具有现实可行性。

2005 年初，国家电网公司布置调整全国电网规划，提出规划建设全国 1000kV 电网，加快哈密火电外送的步伐，在此情况下提出研究新疆与西北主网形成统一 750kV 电网。因此，2005 年西北电力设计院和新疆电力设计院对《新疆电网电压等级论证》进行进一步完善，对新疆发展 750/220kV 电网的方案进行补充论证和分析。并根据全国高一级电压发展、全国联网和西北统一电网的要求，对新疆电网高一级电压等级各方案进行分析和比较，增加必要的电气计算，提出合理的、满足发展需要的、同时具有安全性、经济性的方案。最终论证结果表明，新疆电网已经形成大规模 220kV 电网，新疆电网与西北主网联网的强度、区内资源优化配置的程度、跨国送电的时序及规模等，都可能对新疆电网电压等级的选择产生影响。今后新疆电网将成为电力外送的主要基地，与西北主网联网规模较大，新疆建设 750kV 与西北联网，从而带动 750kV 电网进入新疆则有较大的现实意义。

新疆电网在选择电压等级时考虑多种因素的综合效益，结合当时全国和西北地区电力发展和电网规划的最新成果，重点对 750/220kV 电网方案与 500/220kV 电网方案在新疆电网中的适应性、技术优缺点、经济性等方面进行了比较。为了充分说明不同电压等级方案的适应性和技术经济性，设计水平年从 2010 年延伸到 2030 年，考虑了新疆电力的规模化送电。反复论证的结论为 750kV 电网方案较 500kV 电网方案于新疆来说有更大的优势。

一、满足疆内需求

(一)支撑新疆经济社会跨越式发展

电力在国民经济发展中具有战略性、先导性、基础性作用，是支撑新疆跨越式发展的主要产业。至 2015 年底，疆内已经建成了 750kV 乌昌小环网，750kV 主网架延伸至南疆地区，形成了北至伊犁、南至喀什覆盖全疆大部分地州的 750kV 骨干网架，220kV 电网基本实现分区运行，网架结构更加合理，安全保障水平、经济运行效率大幅提高。

当前新疆面临大建设、大开放、大发展的重大战略机遇，全区上下全力以赴推动新疆跨越式发展，努力在天山南北创造新的人间奇迹。750kV 工程建设将促进钢铁、水泥等产能过剩行业去产能，推动电工装备制造企业发展，推进新疆产业转型，促进劳动就业，带动制造业、服务业等相关附属产业的发展，拉动新疆经济增长。为实现科学跨越、后发赶超，走出一条新型工业化道路，新疆未来对电力的需求规模将快速增长。国网新疆电力积极落实国家电网公司电网发展规划，全力加快建设新疆 750kV 电网主网架，积极推动能源资源转换战略，以实际行动支持"稳疆兴疆、富民固边"，服务于新疆新型工业化发展和优势资源转换战略实施。

(二)满足疆内用电需求

新疆能源资源十分丰富且分布较广，水力资源主要分布在西部的伊犁、北部阿勒泰、南疆地区，煤炭资源主要在东部的准东、哈密，西部的伊犁，而风电中 90% 以上集中在哈密、乌鲁木齐和吐鲁番地区。从新疆内部能源流向来看，位于中部的乌昌负荷中心是一个大的受电端，南疆水电虽较为丰富，但枯水季节电力不足，需要接受主网部分电力；西部伊犁地区水力和煤炭资源都较为丰富，总体是一个电力送出地区，其盈余电力一部分送往乌昌负荷中心，一部分可直接送至南疆；东部准东、哈密两大煤电基地及哈密风电基地的电力除满足自身需要外，主要立足于向西北主网及我国中部、东部负荷中心送电。总体上新疆电网主要呈现西电、北电东送、中电外送、东电外送接力送电的局面，南部电网呈现送受交替状态。

在论证初期，从南疆与北疆功率交换及南疆远期大规模接受北疆电网送电来看，南疆水电开发实现南电北送，750kV 方案较 500kV 方案送电能力高约 58.5 万 kW，更加有利于开都河流域水电开发及送出。远景 2030 年南疆最大缺电容量约 330 万 kW，主要在南疆三地州。主网到和田送电距离近 1300km，南疆各地州负荷中心之间距离均在 300km 左右，750kV 方案较 500kV 方案有较大的优势，不但线路回路数少（2∶3）、落点少（3∶5），且稳定送电能力的裕度也有相对提升。

从伊犁送出来看，预计 2030 年伊犁地区最大送出容量达到 900 万 kW，其中送乌鲁木齐方向最大 615 万 kW，送南疆方向最大 315 万 kW。伊犁—乌鲁木齐主网输电距离长达 450km，伊犁—南疆地区输电距离长达 450km。送电能力计算的结果，750kV 方案最少需要 4 回线路送出，而 500kV 方案至少需要 7 回线路送出。2040 年伊犁送出功率将更大，750kV 方案增加线路或采取一定的稳定措施还可以满足要求，500kV 方案线路走廊和稳定能力的制约较大，存在出现更高一级电压线路送出的可能性。显然 750kV 电压的适应性更好。

从新疆（哈密）与西北主网之间输电能力来看，哈密—西北主网（兰州）之间距离长达 1200km，哈密—新疆内部主网（吐鲁番）之间距离长达 375km，总的送电距离较长。实现新疆风电送出的能力要达到 500 万 kW，在双回 750kV 线路输电范围内，而采用 500kV 输电线路则需要至少 3 回，由此可见，采用 750kV 电压更为合适。

（三）优化电网结构发展

从电网发展过程来看，330kV 电压等级可以配合 300MW 煤电机组及中型水电开发快速发展，在主要电网断面以 330kV 线路代替第二回 220kV 线路的建设，从而尽快形成双回 330kV 网架结构，但在负荷中心的昌吉、乌鲁木齐地区，形成 330/220kV 两级电压环网，增加了电网结构的复杂性，而且 330kV 电压方案在形成的初期，由于电网结构薄弱而可靠性较低，若远期有超大型电源的长距离送电，可能仍然无法避免在 330kV 电压以上出现 750kV 电压，电网结构更加复杂。

500kV 电压由于其经济性的限制，发展进程将比较缓慢，近期在主要断面仍然需要建设第二回 220kV 线路，220kV 电网结构的加强，运行的灵活性和可靠性得到较大提高。远期可能在 220kV 电网结构的基础上形成自吐鲁番分别至哈密和喀什单回 500kV 线路网架结构，这种网架结构可能保持很长时间，两级电压环网运行可能限制 500kV 电网送电能力，而且可靠性也较低。

选择在 220kV 电网以上发展 750kV 电网，从技术上来说与采用 500kV 方案接近，其主要断面送电能力比 500kV 电网略高，可以实现西北统一电网结构，对哈密煤电基地外送机组的事故支持能力较强。而缺点在于已有 220kV 电网结构薄弱，在此基础上发展 750kV 电网，建设初期的送电能力难以发挥，经济性较差，随着新疆电网网架的进一步完善，220kV 电网结构的加强，后期 750kV 电网结构建设的优点将会逐步显现。根据国际惯例，750/330kV、500/220kV 为标准系列，若新疆电网采用 500kV，虽然初期可以节省投资，但在建设过程中，不仅设计水平年内电力的交换受到一定的制约，还会迫使新疆更高一级电压等级电网出现的时机提前。吸取历史经验，从长远看，新疆电网应采用 750kV 电压等级。

二、支撑疆电外送

（一）实现新疆与西北电网联网

西北地区主网最高电压等级为 750kV，新疆电网作为西北电网的重要组成部分，实现新疆与西北电网联网，这是新疆电力发展史上具有划时代意义的大事。联网工程是国家确定的 2010 年西部大开发 23 项重点工程之一，是实现国家能源战略布局、促进全国范围内能源资源优化配置的重大举措，也是国家电网公司落实中央新疆工作座谈会精神、推进全国电网联网的重点工程。联网工程的建成，结束了新疆电网长期孤网运行的历史，实现了新疆电网由 220kV 到 750kV 的新跨越，对于实现"疆电外送"、落实国家"西电东送"战略、促进新疆资源优势转换为经济优势、加快新疆绿色新能源开发、推动电力发展方式转变、保障国家能源安全具有十分重要战略意义。

（二）支撑新疆特高压直流外送

新疆资源丰富，是我国能源开发建设的重点区域，目前新疆电网已建成投运哈密至郑州特高压直流输变电工程。此外，在建特高压直流工程有昌吉—古泉 ± 1100kV 特高压直流工程，规划建设准东至四川等特高压直流输电工程，送电华中、华东等负荷中心地区。

特高压直流输电工程，提高了长距离大容量电力传输能力，有效降低传输单位电力的输电成本。但输送容量过大，对送端交流电网也提出了更高的要求。 特高压运行实践表明，交流电网规模必须与直流容量相匹配，才能承受大容量直流闭锁带来的频率冲击；交流网架强度必须达到一定水平，才能承受直流故障扰动带来的巨大功率冲击。随着特高压直流功率提升至 1000 万～1200 万 kW，交流网架承受潮流大范围窜动能力不足问题突显，极易诱发连锁故障，造成大面积停电事故。在加快特高压直流工程实施的同时，必须要加大 750kV 电网建设步伐，尽快形成 750kV 主网架，对特高压直流电网及以后的跨国联网工程形成强有力的支撑。

（三）促进能源资源优化配置

新疆区域跨度大，各类能源分布广泛，主干电网未延伸至能源基地。为了满足大型能源基地开发，提高系统安全稳定性，满足疆电大功率外送，支持多交流、多直流共存输送，需要构建坚强的 750kV 送端网架结构。

新疆是一个资源富集区，"九大煤田""九大风区""三大油田"以及"十八条大河"中蕴藏着丰富的能源资源，能源资源也是新疆重要的优势资源之一，其储量丰富、品质优良，为发展新疆能源工业创造了良好条件，也为新疆的开发建设提供了雄厚的物质基础。新疆煤炭资源分布的最大特点是北富南贫、资源整装。预测资源量超过 1000 亿 t 的煤田有准东煤田、吐哈煤田、伊犁煤田和库拜煤田 4 个煤田，其中准东煤田、吐哈煤田和伊犁煤田都分布在新疆北部和东部。南疆储量较大的煤田仅有库拜煤田。新疆各地区煤炭资源分布较为集中，大煤田多，具有整装开发的优势。新疆水力资源最大的特点是径流年际变化不大，这与冰川融水补给的规律相符，随季节变化很大，冬季枯水期来水量往往仅为夏季丰水期的 10%～20%，加之新疆水电站调节能力差，导致新疆水电冬季枯水期出力大幅下降，一般仅为装机容量的 20%～30%。新疆可开发利用风能资源集中在九大风区，即乌鲁木齐达坂城风区、塔城老风口风区、额尔齐斯河河谷风区、十三间房风区、吐鲁番小草湖风区、阿拉山口风区、三塘湖—淖毛湖风区、哈密东南部风区、罗布泊风区。九大风区面积 7.78 万 km²，年平均风功率密度均在 150W/m² 以上，年有效风速时间 5600～7300h，技术可开发量 1.2 亿 kW，风能品质好，风频分布比较合理，破坏性飓风很少，具备建设大型风电场极好的风能资源条件。新疆全年日照时间较长，日照百分比为 60%~80%，全疆日照 6h 以上的天数在 250~325 天，年总日照时数达 2550~3500h，太阳年辐射照度 550~660 万 kJ/m^2，年平均值为 $580J/m^2$，居全国第二位，具有很大的资源开发潜力。新疆太阳能峰值出现在东疆和南疆东部一带，低值出现在博州、阿尔泰和天山北麓部分地区，年总辐射照度的区域分布大致由东南向西北不均匀递减，直达辐射峰值点一般分布在哈密一带。

750kV 电压等级在稳定送电能力、输电走廊占用、短路电流水平等方面的优势，可以更好地适应新疆煤电和新能源大规模开发与外送，为新疆实现能源资源优势转换战略和全国范围内资源优化配置奠定基础。

三、经济及综合效益

从国民经济及年费用比较，同等输电能力条件下，750kV 方案总投资、年运行费及年费用均低于 500kV 方案。在节约线路走廊、新疆大型电源基地建设、电网技术升级等方面，750kV 方案更有明显的经济优势。

从节约土地资源角度分析，按 750kV 单回、同杆共架线路走廊宽度需 50m，500kV 单回走廊宽度 30m，同杆共架 36m。初步估算，到 2030 年，同一廊道内 750kV 方案占用的综合走廊宽度约 52m，500kV 方案约 56m，750kV 较 500kV 可节约线路走廊面积约 2300hm²，其中多为耕地和工业用地；以准东 3850 万 kW 机组送出为例，输电线路可以从 500kV 的 17 回减少到 750kV 的 9 回，750kV 每千米线路综合走廊宽度约 34m，500kV 方案约 64m，采用 750kV 方案可节约走廊宽度 50% 左右。在线路走廊宝贵的天山南北坡及穿越难度大的地带，750kV 方案在节约土地资源方面更有优势。

从降低电网损耗角度分析，750kV 方案较 500kV 方案可降低网损约 31%，节约电源投资约 16.8 亿元。每年可少排放 SO_2 达 15730t、烟尘 4356t，每年节约燃煤 91 万 t，节水 174 万 m³（按空冷机组）。

第三节 定 论 形 成

从新疆电网长远发展出发，750/220kV 电网方案与 500/220kV 电网方案均可以满足需要，但 750/220kV 方案具有更好的技术经济优越性，主要体现在更加适合大型煤电基地的开发建设，特别是 750kV 电压更有利于高参数大容量火电机组群的建设，占用的土地资源和线路走廊资源较少，充分体现了可持续发展和科学发展观。

新疆建设 750kV 电网，构筑起"西电东送"的"高速公路"，新疆煤电、新能源基地电力直供中东部地区负荷中心，实现更大范围内的资源优化配置，是落实国家"西电东送"能源战略的重要举措。同时，建设 750kV 电网可加强疆内电网间联系，提高能源基地向主网输电能力，为大力开发能源基地电源建设、电源组织提供保障，为疆电外送提供电力支撑。由此可见，建设 750kV 电网对于国家能源战略具有积极促进作用，新疆电网也必将进入快速发展的新时代。

国网新疆电力最终确定采取 750/220kV 电网方案作为新疆未来电网发展后，在国家电网公司制定的规划思路与原则的基础上，结合新疆自身环境及电网特点，进一步改进和优化了适合于新疆发展的规划思路与原则，全面分析了 750kV 电网的规划背景，为 750kV 电网工程的建设奠定了基础。对比"十一五"与"十二五"初期规划和后期落实情况，国网新疆电力规划人员分析总结实际改进内容，为以后建设类似电网工程提供参考。

第一节　初　期　规　划

面对新疆电力工业基础薄弱，电网规划决策者高瞻远瞩，确立了新疆更高一级电压等级的发展方向，建设 750kV 主网架已成为一种共识。新疆 750kV 电网的建设可满足新疆区内区域间功率交换的需要，是新疆资源优化配置和能源开发政策的需要，它的建设可加强新疆电网网架结构，促进新疆优势资源转换战略的实施，为新疆国民经济发展提供有力的电力保障。

一、能源发展思路

新疆是一个资源富集区，"九大煤田""九大风区""三大油田"以及"十八条大河"中蕴藏着丰富的能源资源。新疆常规能源和清洁能源的特点包括：

1. 储量极其丰富

新疆石油、煤炭、天然气的预测储量分别为 209.2 亿 t、2.19 万亿 t 和 10.4 万亿 m³。按全国第二次油气资源评价，三者的储量分别约占全国陆上石油资源量的 30%、陆上煤炭资源量的 40%、陆上天然气资源量的 34%。新疆水力资源理论蕴藏量 38178.7MW，占全国资源总量的 5.6%，位居全国第四位。根据《中国风能资源评价报告》，新疆风能资源总储量 8.9 亿 kW，约占全国的 20.4%，位居全国第二位。新疆全年日照时间较长，日照百分比为 60%～80%，太阳年辐射照度 550～660 万 kJ/m²，年平均值为 580J/m²，居全国第二位，具有很大的资源开发潜力。

2. 分布广泛

新疆的石油、天然气资源主要分布在准噶尔盆地、塔里木盆地以及吐哈盆地等三盆地。新疆的煤炭资源主要分布在准噶尔、天山、塔里木和阿尔泰五个区域的 27 个含煤盆地，共 57 个煤田。新疆水力资源主要集中在伊犁河流域、额尔齐斯河流域、开都河流域和叶尔羌河流域。风能资源主要集中在"九大风区"，九大风区面积 7.78 万 km²，年平均风功率密度均在 150W/m² 以上，年有效风速时间 5600～7300h，技术可开发量 1.2 亿kW。新疆太阳能峰值出现在东疆和南疆东部一带，低值出现在博州、阿尔泰和天山北麓部分地区，年总辐射照度的区域分布大致由东南向西北不均匀递减，直达辐射峰值点一般分布在哈密一带。

3. 常规能源污染严重

常规能源石油、煤炭、天然气等在开采时释放废气，炼制过程中产生大量废水，燃烧时产生大量的 CO_2、CO、SO_2、氮氧化物以及粉尘，这些污染物会造成大气、水、土壤等多重污染。

4. 常规能源消费比重大

从 1980 年到 2008 年，常规能源消费比重达到 95% 以上，而可再生能源的比重仅约 5%。

常规能源在新疆经济发展中发挥了重大作用，但是新疆生态环境脆弱，常规能源对环境造成不可逆的污染。针对能源形势，新疆的能源结构必须调整。根据环保要求和可持续发展的理念，为实现资源利用的最优化，积极发展可再生能源是必然趋势。

新疆可再生能源发展较快较好的属风能和太阳能。

风能资源在新疆分布广泛，共有九大风区。新疆风能资源分布区域及资源量见表 6-1。

表 6-1　　　　　　　　　新疆风能资源分布区域及资源量

序号	风区	风区面积（km²）	有效风能密度（kWh/m²）	年平均风速（m/s）	有效风速时间（h/a）	蕴藏量（亿 kWh/m²）	可装机容量（MW）
	全疆		260		3000	9100	182000
1	达坂城谷地风区	1500	1500～3000	5.0～6.2	5500～6500	250	4200
2	准噶尔盆地西部风区	14000	1000～1500	4.0～5.0	4500～5500	1000	20000

续表

序号	风区	风区面积 （km²）	有效风能密度 （kWh/m²）	年平均风速 （m/s）	有效风速时间 （h/a）	蕴藏量 （亿kWh/m²）	可装机容量 （MW）
3	吐鲁番盆地西部风区	1000	1500～3000	4.0～5.0	4500～5500	100	2000
4	哈密南、北戈壁风区	50000	1000～2500	4.5～5.5	5500～6500	1250	25000
5	百里风区	3000	1000～1600	4.5～5.5	4500～6000	370	7400
6	北疆东部风区	20000	800～1500	4.0～5.0	4500～5000	1200	30000
7	额尔齐斯河谷西部风区	12000	1000～1500	4.0～5.5	5000～6700	760	5000
8	阿拉山口—艾比湖风区	3000	2000～3600	6	5500～6000	470	8500
9	罗布泊风区	50000	500～1200	5	4500～6000	2350	47000

新疆光能资源主要分布于五大区域（天山南部、天山北部、东疆东部、北疆中部、北疆北部），依据太阳辐射量分为四个资源带。

（1）东疆东部为资源丰富带，年均总辐射量6200MJ/m²。

（2）天山南麓为资源次丰富带，年均总辐射量5800～6200MJ/m²。

（3）天山北麓为资源较丰富带，年均总辐射量5400～5800MJ/m²。

（4）北疆中部、北部为资源亚丰富带，年均总辐射量5000～5400MJ/m²。

由上述数据可知，新疆无论是常规能源还是可再生能源，其产量均居全国前列。新疆环境污染状况及国家能源发展战略决定了新疆应大力发展可再生能源，在更大范围内优化配置能源资源，但由于可再生能源具有随机性、波动性等特点，必须在原有220kV电网的基础上发展750kV电网，以便于满足疆内的供电需求，以及疆外"西电东送"的政策要求。

新疆能源资源的开发和利用，对于进一步促进我国西部开发，实现和谐社会具有重要意义。在电源建设方面，新疆要继续加大电源建设力度，确保发电装机稳步增长，使电源建设与国民经济建设及新疆社会发展相适应。

在保证电力供应总体平衡的情况下，大力开发水电，优化发展火电，适度发展天然气发电，积极开发风电等新能源和可再生能源。重视生态保护，提高能源效率，减少环境污染，实现高效、清洁、低价的电力供应，确保新疆经济社会发展的可持续性。此外，在开发过程中要突出重点，确保大型能源基地的建设，避免电源的无序竞争，防止重复建设。

新疆电源的布局要充分结合新疆能源资源布局和绿洲经济带分布的特点，充分考虑社会承受能力和电网的安全稳定水平，做到各地区电力电量就地平衡和跨区平衡，盈余部分进行外送。要重点开发建设前期工作深入、建设资金基本落实、电力市场前景广阔的电源点。同时，结合地区、区域电力市场发展情况和能源资源分布的情况，因地制宜实现发电方式的多样化，实现能源资源利用的多样化。

二、电网规划

（一）基本原则

新疆电网"十一五"期间着力加快新疆境内 750kV 电网建设，保证各水电基地和大型火电厂的电力送出，也为新疆各地区间实现大功率电力交换创造条件；继续加强 220kV 电网及以下各级电网建设，使各电压等级电网协调发展，为实现全疆范围内的能源资源优化配置奠定基础。

积极推进新疆电网与西北电网的联网工程，尽快将新疆纳入西电东送主通道，为新疆实现能源资源优势转换战略和全国范围内资源优化配置奠定基础。

结合新疆电源建设，贯彻落实国家节能减排重要部署，加快"上大压小"配套电网建设，促进"两型"电网发展。

加快新疆区内小电网联入新疆主电网进程，竭力发挥大电网效益，逐步加强完善主网与各小电网联接通道，尽快将现有独立电网（如兵团电网）纳入新疆主电网统一调度管理。

坚持以市场引导电网建设，以电网引导电源建设，电网、电源协调发展，并适当超前于国民经济发展水平，防止出现结构性、局部性"窝电"或"缺电"，避免资源浪费，建设结构合理、运行灵活、供电可靠的主网架。

（二）发展目标

新疆电网"十一五"规划目标为：到 2010 年，全疆电力供需基本平衡，全疆总装机容量达到 1640 万 kW 左右（含 360 万 kW 外送电力），电气化水平进一步提高，大型水电基地和坑口煤电基地初步形成，电源结构得到进一步优化，水电、风电等清洁可再生能源发电装机份额进一步增大；到 2010 年，水电、火电和风电装机大致比例达到 25：70：5（不含火电外送电源，下同），参与疆内电力平衡的火电单机容量提高到 13.5 万～30 万 kW，单位发供电煤耗进一步下降，力争在"十一五"期间火电单位煤耗下降 20%，节水发电得到初步应用，线损率进一步下降，力争五年内降低 0.1～0.2 个百分点。全疆

220kV 联网基本完成，能源资源配置得到进一步优化，初步实现区域范围内的水火电互补，电网建设规模适应全疆电力市场发展需要，地区电网与主电网协调统一。新疆哈密煤电基地向西北电网送电量达 360 万 kW，750kV 电网延伸入新疆，并经乌鲁木齐延伸至伊犁和巴州。

（三）方案敲定

2003 年，国网新疆电力完成了《新疆电力工业"十一五"发展规划》，规划提出了新疆电网建设方针。继续加强主网架建设，积极推进全疆联网和全疆 750kV 主网架建设，为实现更大范围内的能源资源优化配置奠定基础。建设结构合理、运行灵活、供电可靠的主网架，构筑开放、公平的上网市场，为各电源在同等条件下公平竞价上网创造条件，进而引导电源结构向合理化方向发展，实现能源资源利用最优化。

"十一五"期间，新疆电网将逐步延伸 220kV 主网架，到 2007 年底，新疆电网将形成一个覆盖全疆的统一大电网，从西到东沿天山北坡经济带形成由伊犁—博州—奎屯—乌鲁木齐—吐鲁番—哈密的"一"字形 220kV 主网架。同时以乌鲁木齐电网为核心，南北两翼展开，向北延伸至阿勒泰、塔城。沿塔里木盆地北缘、西缘和南缘绿洲经济带，由托克逊经库尔勒、库车、阿克苏、巴楚、喀什、莎车，延伸至和田。至此，全疆将形成统一的 220kV 电网，220kV 电网覆盖了全疆各地州主要县市。"十一五"期间，规划新建 220kV 变电站 18 座，扩建 14 座，新增变电容量 336 万 kVA，新增 220kV 线路 4858km。到 2010 年，新疆将拥有 220kV 变电站 39 座，变电容量 690 万 kVA，线路达 8138km。

"十一五"期间，积极推进新疆电网与西北主网的联网工程，建成哈密—敦煌 750kV 输变电工程，实现新疆电网与西北主网的 750kV 联网。同时，在"十一五"末，建成哈密—吐鲁番—乌北—凤凰—伊犁、五彩湾—乌北以及吐鲁番—巴州 750kV 输电通道，形成覆盖全疆大部分地州的"工"字形 750kV 主网架，确保哈密火电基地、准东火电基地、伊犁水火电基地和开都河水电基地电力可靠送出，为实现更大范围内的优势资源转换奠定基础。到 2010 年，规划新建 750kV 变电站 6 座，新增变电容量 840 万 kVA，新增 750kV 线路达 1730km。

三、规划成效初现

"十一五"前三年全区 GDP 年均增长率达到 11%，高出"十一五"初期预计 2 个百分点；石油、化工、冶金、有色和轻工等主要行业增长速度加快，特别是在冶金工业、石油化工工业、煤炭开采和煤化工工业等高载能产业的带动下，全疆电力需求迅速增大。根据 2006～2008 年全疆用电量增长情况来看，增速已明显高于"十一五"初期电力规划中预测的年均增长率，其中 2006 年全疆用电量同比增长 15％，2007 年同比增长 16％，2008 年同比增长 17.3％。随着高载能产业的迅速发展，新疆电力消费弹性系数也呈逐年增大的趋势。除上述变化外，新疆电源建设速度也在加快。根据发改办能源〔2008〕1265 号文件《国家发展改革委办公厅关于新疆自治区"十一五"后三年电力建设规模及 2008 年电力建设安排的复函》："为满足新疆经济和社会的发展需要，促进新疆产业结构调整和经济转型，加快新疆电力建设是需要的""除大力发展水电和风电外，2008～2010 年新疆维吾尔自治区和建设兵团火电项目建设规模暂按 800 万 kW 考虑"。到"十一五"末，全疆总装机容量已超过 1655 万 kW。随着负荷的快速增长和大型水、火电厂（站）的建设，新疆境内各地区间交换功率也迅速加大，新疆电网亟须出现超高压电网并加快超高压电网建设步伐。另外，随着准东煤电基地和哈密煤电基地的大规模开发，新疆电力也需要大规模外送，新疆外送电力通道的建设也需要进一步加强，以适应新疆能源资源发展战略地位。

由于新疆单机 30 万 kW 及以上火电机组投产较少且较慢，750kV 电网的前期核准周期较长，到 2008 年，新疆电网随着玛纳斯电厂两台 30 万千瓦火电机组的投运，才建设了凤凰至乌北的第一条 750kV 线路，初期降压运行，以保证玛纳斯电厂盈余电力的可靠送出。2009 年，乌鲁木齐地区建设了苇湖梁二电厂（66 万 kW），进一步满足乌昌地区负荷的正常用电需要，同时提高电网的供电可靠性；2010 年，凤凰—乌北单回 750kV 线路、乌北—吐鲁番—哈密—敦煌的双回 750kV 线路以及吐鲁番—巴州的单回 750kV 线路建成并实现升压运行，进一步提高了新疆电网的输送能力和功率交换，神华米东煤矸石电厂（2×30 万 kW），红雁池一电厂（2×33 万 kW）也相继建成投产运行。

由于伊犁地区和准东地区电源开发速度较为缓慢，电源装机容量增加较少，220kV 电网能够满足电源电力的送出要求，因此 750kV 电网的建设进度比预期规划的稍有滞后，重点工作仍然是在围绕 750kV 电网来补强 220kV 电网，加强 220kV 电网与 750kV 电网的联系，提高 750kV 电网的输送能力，充分发挥 750kV 电网的作用。

第二节 深 化 规 划

经过新疆电网"十一五"规划的实施，新疆电网满足了电源的送出需要，除疆南、和田以及阿勒泰电网因网内电源不足，稳定水平低，在高峰时段存在不同程度的电力缺额外，新疆电网基本满足了电力负荷发展需要。各级电压电网网架结构得到了加强，但仍可需清晰地看到，由于新疆地域辽阔，电力设施建设历史投入不足，新疆电网网架结构依然薄弱，亟待进一步加强。在"十一五"末期，新疆电网规划工作者已经着手新疆"十二五"电网规划的编制工作，超前谋划，绘制新疆电网美好蓝图，精心打造一个适宜于新疆电网发展的合理网架。

在规划方案制定时，虽然规划人员对待工作认真严谨、一丝不苟，但仍可能忽略某些细节上的小问题，或者在建设过程中遇到规划时未考虑到的新问题。遇到这些情况后，规划人员将规划方案与实际情况对比分析，了解总结落实时所改进的措施和技术，为未来建设其他超高压线路奠定了基础。

一、规划决策，超前启动

早在 2009 年，新疆电网规划决策者和精英们就已经开始超前谋划新疆"十二五"电网发展规划。面对一个正在蒸蒸日上的新疆，其电网的发展不可预见因素很多，在 2015 年回顾之初的规划，感觉超前意识仍有不足之处。

2010 年新疆全社会用电负荷为 1120 万 kW，用电量为 653 亿 kWh。"十二五"初，随着中央新疆工作座谈会在北京召开，中央确定了新疆实现跨越式发展、长治久安的战略部署，新疆国民经济呈现出快速发展的趋势，综合实力明显增强，建立了以农业为基础、工业为主导的国民经济体系。也促使了新疆电力工业的跨越式发展，电力供应保障能力不断加强，供电能力和供电质量大幅提升。2015 年新疆全社会用电负荷已经达到了 3450 万 kW，用电量已达到 1602 亿 kWh，位列西北第一。无论用电负荷还是用电量均为 2010 年的 3 倍多，这对新疆电力负荷预测尤其是新疆"十二五"电网规划的编制提出了巨大考验。

2009 年，《新疆电网"十二五"规划》以新疆维吾尔自治区发改委报送国家发改委的《新疆"十一五"后三年电源建设规划》为基础，根据国民经济发展规划、全社会用电历史增长情况、近几年计划建设的工农业项目及前期工作开展情况，提出了新疆电力需求高、中、低三个负荷水平的预测方案。按作为基本方案的中水平预测方案，新疆"十二五"期间需电量和负荷增长率均为 11％。

按照《新疆电网"十二五"发展规划》，到 2015 年新疆 750kV 电网形成围绕乌鲁木齐、昌吉负荷中心的 750kV 小环网（凤凰—乌北—达坂城—亚中—凤凰），形成围绕天山山脉东、西段的两个 750kV 大环网（伊犁—乌苏—凤凰—乌北—吐鲁番—巴州—库车—伊犁西部环网，乌北—五彩湾—芨芨湖—三塘湖—哈密—吐鲁番—达坂城—乌北东部环网），并以环网为依托，向南疆进一步延伸；形成哈密、准东两个超高压直流外送出口。750kV 电网"十二五"期间累计新增线路长度 3086km（不含电源送出线路），累计新增变电容量 15000 万 kVA，累计投资 130.7 亿元。

二、滚动修编，层层推进

面对"十二五"期间新疆经济社会的快速发展，新疆电网建设也迎来了建设高潮。2013 年，根据国务院大气污染防治行动计划调整煤电布局、促进可再生能源发展要求，适应国家审批权限下放的新形势，新疆维吾尔自治区跨越式发展以及优势资源转换战略的实施，新疆电网也迎来了空前的发展机遇，原有电网规划已经很难再适应新的发展。在此基础上，国家电网公司及国网新疆电力公司提出了对《新疆电网"十二五"规则》修编调整，以适应新形势下新疆经济发展对电网的需求。按照规划调整推荐的中水平负荷预测方案，新疆"十二五"期间需电量增长率为 24.3%，最大负荷增长率为 26.2%。较 2009 年负荷电量预测均有较大提升，均超出原预测值的 2 倍以上。

根据修编的负荷预测结果，对新疆电网网架也做了相应调整。一是根据电力电量平衡结果，由于"十二五"期间塔城、阿勒泰地区将建成大量的水电、风电等清洁能源，因此可考虑在"十二五"后期增加乌北—准东 750kV 输变电工程，将电网延伸至准北和丰附近，解决塔城、阿勒泰电网盈余电力的送出问题。二是建成五彩湾—芨芨湖—三塘湖—哈密 750kV 输变电工程，满足准东、哈密北电源开发，保障超高压直流安全稳定运行，形成乌北—五彩湾—芨芨湖—三塘湖—哈密—吐鲁番—达坂城—乌北 750kV 东部环网；较 2009 年版规划新增了芨芨湖和三塘湖变电站 2 个落点，并将原规划中的单回 750kV 线路改为双回线路，供电可靠性得到了极大提高。三是为了提高疆电外送能力，解决青海柴达木地区缺电问题，同时为"疆电外送"直流工程提供网架支撑，保证直流外送工程安全稳定运行，新增建设新疆与西北第二交流输电通道。四是为保证疆电外送更好地实施，提高新疆电网与西北联网的可靠性和稳定性，降低哈密 750kV 变电站短路电流水平，新增吐鲁番—哈密双回 750kV 线路改接至哈密南换流站工程，将新疆电网与西北主网联网点增加为 2 个，形成哈密—敦煌一通道、吐鲁番—哈密南换流站—烟墩—沙洲二通道。五是为解决南疆地区 220kV 电网覆盖面积广，电气距离长，断面稳定极限较低、电力供应紧张问题，新增库车—阿克苏—巴楚—喀什 750kV 单回线路工程，将 750kV 电网延伸至南疆喀什地区。

截至 2013 年底，新疆 750kV 电网已形成自西向东 750kV 骨干网架，向西延伸至伊犁，向南延伸至巴州，通过哈密—敦煌和烟墩—沙洲 750kV 交流通道实现新疆与西北主网联网，同时 2013 年底投运的哈密南—郑州±800kV 特高压直流工程作为疆内首个特高压项目，开启了"疆电外送"新篇章。

三、迎难而上，破解难题

电网规划从来不是一蹴而就的，需要综合国民经济增长的变化、产业结构的调整、电网建设周期及电源建设进度等因素的影响，适时修正规划方案，使之更适合于电网发展。电网规划执行过程中产生偏差的共性原因有四个。一是负荷变化较为明显，地区规划的工业园区受招商引资等多方面条件影响较大，造成变电站规模受负荷变电影响较大；二是线路长度受实际廊道影响较大，导致规划与实际投产线路长度产生偏差；三是 750kV 及以上电网受准周期、施工、调试周期较长影响，导致建设规模与投资滞后于规划；四是自备电厂均未纳入电网规划中，影响电源布局。

另外，经过多年的发展，现在新疆电网已经能基本满足经济社会发展需要，电网建设规模适中，但是新疆电网投资能力弱，难以满足新疆跨越式发展需求。

一是新疆电网网架薄弱。截至 2011 年底，国网新疆电力总资产仅为 336 亿元，每万平方千米 2.5 亿元，不足国家电网公司平均水平的十二分之一。新疆电网仍处在快速发展的深度转型期，并处于 750kV 主干电网建设过渡期，电网长链型网架结构未根本改变，电网运行还不能完全满足安全稳定导则规定的三级标准。不能有效保障自治区经济社会快速发展的用电需求。

二是投资需求居高不下。新疆地域面积大，尽管"十二五"期间国家电网公司持续加大对新疆的帮扶力度，为满足新疆经济跨越式发展及履行社会责任的要求，新疆"十二五"期间电网投资保持高速增长态势，投资 610 亿元。

三是投入产出效益低，新疆电量基数小。2011 年单位固定资产售电量 1.23kWh/元，比国家电网公司平均水平低 0.31kWh/元，投入产出比低，盈利水平差，资本金匮乏，国网新疆电力自身能力无法满足新疆跨越式发展对电网建设的资金需求。

虽然新疆电网规划工作整体发展较好，但目前仍存在一些问题。一是新能源发展过快，导致电网规划对电源配套送出规模的预计不足。新疆风电、光伏资源丰富且相对比较集中，风电、光伏等新能源建设周期短，在规划期内很难预测准确新能源大规模开发的装机容量。二是新疆自备电厂快速发展，违规建设问题十分突出且未纳入电网规划中，影响规划的准确性。三是近年来新疆国民经济呈现出快速发展的趋势，带来了用电负荷的迅速增长，加之高耗能、高污染企业向中西部地区转移，给电网规划带来了许多不可预见因素。

四、电网坚强，适应发展

面对困难，新疆电网规划工作者毫不气馁，使得新疆电网按照规划蓝图一步步变成现实。"十二五"期间，新疆国民经济呈现出快速发展的趋势，综合实力明显增强，建立了以农业为基础、工业为主导的国民经济体系，初步形成了以天山北坡经济带为依托、以铁路和公路干线为骨架、以区域性和地区性经济中心城市为支点、辐射带动地区经济发展的区域经济格局。"十二五"期间，新疆需电量增长率达到26.5%，最大负荷增长率为24.6%，均接近于2013年版规划预测方案。

"十二五"期间，新疆电网的建设严格按照"十二五"规划的思路逐步开展和落实，针对新疆电网地域广、负荷季节性变化大的特点，对规划中的个别项目及时进行修改、调整，以适应电网发展的需要。

2015年，750kV网架基本完成了2013年修编后的电网规划目标，但是，受到施工难度及建设时序影响，伊库线仍处于在建阶段，计划2017年2月完工；五彩湾—芨芨湖—三塘湖750kV输变电工程于2016年4月30日投产；准北—乌北750kV输变电工程已开工建设，预计2017年7月完成投运。

通过"十二五"期间的电网建设，新疆750kV电网得到了快速发展，形成围绕乌鲁木齐、昌吉负荷中心的750kV小环网（凤凰—乌北—达坂城—亚中—凤凰），形成围绕天山山脉东段的750kV大环网（乌北—五彩湾—三塘湖—哈密—吐鲁番—达坂城—乌北的东部环网），围绕天山山脉西段的750kV大环网正在形成（伊犁—乌苏—凤凰—乌北—吐鲁番—巴州—库车—伊犁的西部环网）（伊犁—库车750kV输变电工程正在建设），并以环网为依托，向南疆进一步延伸至喀什地区，向北延伸至准北地区（准北—乌北750kV输变电工程已开工建设）；为加强新疆电网与西北主网联系，建设完成至西北主网的第二个 750kV 输电通道；此外，为配合哈密、准东两个能源基地大规模电源开发和风火打捆外送的需要，已建成至我国中部负荷中心的一回哈密南—郑州 ±800kV 特高压直流输电工程，已开工建设至我国东部负荷中心的一回昌吉—古泉 ±1100kV 特高压直流输电工程。新疆电网"十二五"期间加快了特高压输电技术推广应用，启动了哈密、准东、伊犁大型能源基地特高压直流外送工程前期工作；努力建设坚强的新疆 750kV 送端电网以支撑新疆大规模能源外送通道的建设，搭建疆电外送网络平台，提高电网承载能力，推动新疆能源基地开发和外送。

> 电网规划人员，持一腔热情工作，怀一份赤诚爱家，伏案拟报告一丝不苟，探讨写方案详细周全，虽不用频繁出差，却胜任技术担当，工作量大不抱怨，面对辛苦不怠慢，争分夺秒工作，常至深夜归家，他们用勤恳展现态度，他们用成绩谱写华章，他们说电网是我们共同的家。

第七章　成果展现

工程的规划设计离不开国家战略的支持，更离不开企业政策的引导。"疆电外送"、电力体制改革、"一带一路"、全球能源互联网等战略指引着规划设计的方向，不断加快推进着新疆 750kV 工程的规划建设。

十年工程从规划提出到设计建设，再到落地成型，需要电网规划方案高瞻远瞩的考虑和细致准确的分析研究，形成一个个规划专题报告，指导工程的顺利开展落实。

第一节　规划研究成果

国网新疆电力在规划建设 750kV 骨干网架的过程中，面临着重重困境，同时要兼顾着相关政策法规的制定落实。为了解决困难、落实政策，着眼未来新疆电网发展，新疆经研院编撰了大量的专题研究报告、电网规划和各类研究分析报告，在问题面前艰苦奋斗、披荆斩棘。经过多年的努力，在完成电网规划建设同时，国网新疆经研院在专题研究、电网规划、政策分析等方面也取得了累累硕果。

2004～2005 年，完成了《新疆电网电压等级论证》，进一步对新疆建设更高一级电压等级电网进行了分析论证。新疆作为全国重要的能源接续地，同时兼顾远期转接利用周边国家丰富的能源，坚强的电网结构对于提高电网送电能力十分必要，750kV 电网比500kV 电网的适应性更强。认为在新疆电网已经形成 220kV 电网的基础上，其高一级电压采用 750kV 具有现实可行性。

2005～2007 年，先后完成了《阿勒泰电网联入新疆主电网专题报告》和《阿克苏至喀什联网方案初步研究》，研究结果成功应用于实际工程，结束了新疆电网分区孤网运行的局面，实现了疆内各地区之间 220kV 电网联网，为下一步与西北电网联网打下了坚定的基础。

2008 年，完成了《新疆电网与西北电网联网专题论证报告》和《新疆电网电压等级深度研究》，研究报告指导了新疆与西北联网建设并为后续新疆电网发展方向指明了道路。

2009 年，《新疆电网 2008～2015 年及远景目标网架规划报告》通过中国国际工程咨询公司的正式评估，并且下发了评估意见（咨能源〔2009〕696 号）。评估认为，新疆发展高一电压等级可以采用 750kV 的电压等级。规划报告提出的 2015 年新疆 750kV 网架结构具有较好的安全稳定性，与新疆地区自然地理环境、能源资源和负荷分布相适应，基本上是合理的。但建议根据电力负荷增长情况和电源建设进度，对电网与输变电工程项目的建设时机和时序做进一步优化。

2010 年，先后编制的《伊犁—库车—巴州 750kV 输变电工程项目建议书》《凤凰—亚中—达坂城 750kV 输变电工程项目建议书》《库车—阿克苏—喀什 750kV 输变电工程项目建议书》《新疆 750kV 电网形成初期电网补强完善建设方案》，为"十二五"期间 750kV 主网架的顺利建设打下了坚实基础。随着大型能源基地和特高压直流外送通道的规划，新疆煤电开发将迎来发展高峰期，编制的《新疆煤电开发潜力研究》，根据煤电建设规划，测算了各区域发电需用煤量，根据规划煤电机组用煤量，分别计算各区域煤炭供需平衡和电力供需平衡，最终确定了新疆煤炭流向和电力流向。针对新疆电网装机容量不足，新能源大规模开发，编制了《新疆电网风电输电规划研究报告》，对新疆风电开发制定了"三优先"原则，即优先开发资源丰富的地区，优先开发负荷大和靠近负荷中心地区，优先开发电网输送能力强、网架结构完善的地区。按照"三优先"原则，建议优先开发靠近负荷中心，网架又比较坚强的达坂城、小草湖风区。所开发电力以外送为主的风区例如额尔齐斯河河谷风区、三塘湖—淖毛湖风区、哈密东南部风区，在外送通道建成前应控制风区风电的开发。

2011 年，吐鲁番—巴州 750kV 输变电工程刚建成投运，在伊犁—库车 750kV 输变电工程投运前，吐鲁番—巴州断面为联系南疆与北疆的唯一电力输送通道。组织完成了《吐鲁番—巴州断面输送极限计算分析》，为工程投运后极大限度地发挥效益提供了强有力的技术参考依据。昌吉五彩湾区域拥有丰富的煤炭资源，随着大型煤炭基地资源的开发利用，为满足准东五彩湾煤电煤化工基地用电需求和电源的开发接入需要，同时为准东地区电力外送奠定基础，编制了《乌北—五彩湾 750kV 输变电工程项目建议书》，为后续开展可研工作提供了技术参考。对于电网面临的发展问题先后编制了《准东火电厂群接入系统初步规划》《新疆电网 2011～2013 年网架分析及建设方案》《天山西部环网网架分析》等 10 项专题分析报告。

2012 年，随着新疆优势资源转换战略的实施，南疆四地州经济发展步入快车道，电力刚性需求也随之迅速增长。针对新疆电网在巴州—库车断面 220kV 网架较强，面临继续加强现有 220kV 网架还是尽快实施巴州—库车 750kV 输变电工程的抉择，国网新疆电力公司经济技术研究院根据南疆四地州负荷的发展情况、电源建设进度，结合相关计算，从多方面对巴州—库车 750kV 输变电工程建设必要性和建设时机进行分析，形成了《巴州—库车 750kV 输变电工程建设决策参考》，为巴州—库车 750kV 输变电工程明确了建设时机。

2013 年，组织完成了全疆"十二五"规划滚动修编工作，为国网新疆电力规划工作节约了大量外委咨询成本；多边配合完成了《新疆"十二五"及中长期输电网规划报告》，于 2013 年 9 月 25 日通过中国国际工程咨询公司评估，为国网新疆电力下一步 750kV 电网建设奠定坚实基础；针对新疆电网快速发展出现的热点、难点问题，通过调研、分析、研究和计算，编制完成了《五彩湾 750kV 变电站 220kV 配套送出方案》等 24 项专题研究报告。

2014 年，完成了新疆"十三五"电网相关规划报告的编制及修编工作，形成《新疆电网"十三五"发展规划（总报告）》《特高压及 750kV 网架发展专项规划》《全疆新能源发展专项规划报告》《疆电外送电源组织方案专项规划报告》《新疆电网电力市场需求预测专项报告》规划体系，覆盖全疆各地州、各电压等级。国网新疆电力还结合电网运行情况及电网规划，科学诊断分析电网运行存在的问题，结合必要的电气计算、数据分析，经多方案比选，提出合理的解决方案。2014 年完成了《五彩湾 750kV 变电站中性点加装小电抗必要性分析》《新疆电网与周边国家及地区联网方案设想研究报告》等电网专题研究报告 18 项。

2015 年规划编制期间，经研院针对南疆 750kV 单线单变长链式网架供电能力不足、可靠性差以及环天山西部 750kV 大环网伊库线单回条件下系统稳定性差、伊犁地区窝电等网架薄弱环节，进一步细化分区负荷、断面功率交换需求，结合潮流、稳定计算、送电能力分析等，编制《吐鲁番—巴州—库车 Ⅱ 回 750kV 输变电工程系统方案论证》《关于 2020 年新疆 750kV 目标网架建议》《"十三五"建成环天山西段 750kV 双环网的必要性分析》等专题研究报告，积极向国网北京经济技术研究院、国家电网公司汇报研究结论并获得认可和通过。

为实现新疆电网科学协调发展，结合电网运行实际情况、750kV 电网延伸过渡期，针对电网热点难点问题，筹划开展《准东特高压直流配套火电接入系统方案研究》《中巴联网送端换流站方案研究》《五彩湾地区各阶段短路电流分析》《库车—阿克苏—巴楚—

喀什 750kV 输变电工程投运分析》《新疆电网诊断分析报告（2015 版）》《供电可靠性及其投资敏感性分析》等 28 项专题研究。

围绕建设 750kV 输变电项目过程中面临的问题，国网新疆电力公司经济技术研究院（以下简称国网新疆经研院）等单位所做的规划方案及研究报告，为国网新疆电力相关领导及部门对电网评估分析与实施决策提供了强大的技术支撑。

第二节　代表性规划专题

在新疆 750kV 系列工程建设过程中遇到的种种困难，给工程的推进造成了阻碍，复杂的电网结构、多项工程的联合开工、新能源的爆发式增长等多重问题给新疆电网的发展提出了难题。经过多年努力，新疆电力人不断通过专题分析研究，提出新的技术报告，解决规划设计中的难题，使得电网规划在实践中不断完善，将天堑变为通途。

一、促进 750kV 电网延伸

库车—阿克苏—喀什 750kV 输变电工程的建设，符合西北电网和新疆电网总体规划，是"十二五"期间新疆 750kV 电网建设的重点项目。

2009 年喀什、克州、和田三地州人均 GDP 仅为全疆平均水平的 31%，三地州农民人均纯收入居全疆最后三位。由于南疆三地州能源资源匮乏，并且 220kV 输电线路较长，送电能力有限，无法满足送电需要。750kV 输变电工程建成后，可彻底解决南疆的缺电问题，同时为规划建设的大型水、火电电源的接入和电力外送创造条件，为实现南疆三地州电力工业跨越式发展奠定基础。南疆三地州 750kV 电网和喀什 750kV 变电站的建设，以及远期莎车、和田等 750kV 变电站的建设，将为南疆 220kV 电网提供坚强的电压支撑点，对保证南疆电网安全、可靠、稳定运行，进而对保障南疆三地州的社会稳定，都有着重要的意义。

为充分发挥 750kV 骨干网架在新疆电网中的主要输电作用，彻底解决南疆三地州缺电局面，实现新疆电力工业跨越式发展，库车—阿克苏—喀什 750kV 输变电工程的建设有着极为重要的作用，开展大量专题研究，重点论述库车—阿克苏—巴楚—喀什 750kV 输变电工程的建设必要性、落点方案、网架建设方案、沿线各 750kV 变电站（开关站）规划站址落点和线路规划路径，以及相关的经济和社会效益分析，并提出了初步结论和建议，为工程可研及建成投运提供了必要的前期支撑材料，加快了750kV电网进一步向南疆地区延伸。

二、优化750kV网架结构

"十一五"期间，南疆阿克苏、喀克、和田地区电源以小水电、小火电为主，电网内缺乏大电源支撑，冬季依赖外区电网供电。另一方面，南疆各地州间距离较远，220kV长链式电网输送能力有限。为解决南疆电网供电及伊犁能源基地电力送出问题，国网新疆电力对南北疆750kV链式网络结构和环网结构两种方案进行了多次研究论证，并初步确定在"十二五"期间建设环天山山脉西段750kV大环网，将伊犁电源基地盈余电力直送南疆负荷中心，缓解南疆缺电矛盾。

随着国家加大对新疆支援力度，南疆四地州火电电源前期工作取得较大进展，喀什电厂扩建2×350MW、和田华威2×135MW、库尔勒电厂2×350MW、巴州轮台2×350MW、库车电厂扩建2×330MW、巴楚电厂2×350MW、阿拉尔新沪热电2×350MW等火电均已取得国家能源局核准，陆续建成投产，可对南疆电力供需平衡产生较大影响，在重要边界条件电力盈亏发生变化的情况下，需对750kV主干网架的建设方案进行进一步探讨，在此基础上，形成了十几本专题研究报告。

报告结合了新疆电网整体规划，以及西北电网有限公司、国网新疆电力、西北电力设计院及新疆电力设计院等单位围绕南北疆链式网络结构和天山山脉西段大环网结构两种方案历年的讨论结果，针对边界条件的变化，从电网网架、能源资源分布及流向、电网潮流分布、稳定水平分析、送电能力分析、短路电流比较、网损和南疆五地州电网220kV母线电压水平、伊犁电力送出与南疆受电的输送极限、工程投资等8个方面论证了两种方案的优缺点，最终得出了以下结论：

（1）南疆四地州电源建设期。2012～2013年，冬季南疆缺电时，环网网架可经伊犁直接受电，避免潮流迂回，降低网损；夏天伊犁水电大发，环网网架可避免北疆750kV输电通道潮流过于集中。

（2）南疆电力富余期。2014～2016年，南疆主力火电项目全部建成，南北疆链式网络与大环网结构均可解决"十二五"期间伊犁电网富裕电力的送出，也可满足南疆电网用电需要并适当外送。

（3）"十三五"期间。2016年以后，由于能源资源匮乏，南疆三地州再建大电源项目的可能性较小。南北疆链式网络结构可以解决伊犁电网富余电力的送出，也可满足北疆电网受电需要，但电力向南疆腹地输送潮流迂回严重；天山山脉西段大环网结构实现伊犁电网与南部四州电网互联，使送、受两个电网形成余缺互补，更能发挥电网互联效益。

（4）"十二五"期间建成 750kV 单环网网架投资较低。双回链式网架虽然也符合2020 年远景规划，但投资超前，前期经济效益不明显，且最早需要在"十二五"末期才能建成，耗时更长，建设过渡期电网运行问题较多。

（5）结合潮流、网损、稳定、投资综合比较分析，大环网方案具有一定的优势，因此推荐维持原规划方案，"十二五"期间建设天山山脉大环网网架。但考虑到南疆新增火电电源项目的建设，加之库车—伊犁线路路径较为复杂，因此该线路工程可适当延期建设。远期随着电网输送容量的增大，逐步构筑双回环网加链式结构的目标网架。

三、指导哈密新能源开发建设

2011～2013 年先后完成了《哈密东南部 200 万 kW 风电场接入系统》《哈密千万千瓦级风电基地开发方案及接入电网方案》等 20 多项研究报告，形成了统一的规划建设标准，指导了哈密新能源基地有序开发建设。

《哈密东南部 200 万 kW 风电场接入系统》报告主要针对国家能源局以国能新能〔2010〕249 号文《国家能源局关于哈密千万千瓦级风电基地东南部风区 200 万 kW 项目建设方案的复函》批准的哈密东南部风区 200 万 kW 风电项目建设方案。开发区域位于哈密东南部苦水和烟墩区域，为合理、有效地开发利用风能资源，避免无序开发造成的资源闲置和浪费，根据哈密东南风区各规划风电场的分布，按照 2～3 个 200MW 风电场合建一座 220kV 风电升压站的模式，风电场接入系统可根据风电场的分期开发容量及地理分布，先以 35kV 电压等级汇接升压至 220kV 电压等级，再接入规划建设的 750kV 变电站。根据方案比选，报告建议在风区建设一座 750kV 变电站，主要用于汇接风电电力，每 400MW 风电场用 1 回 220kV 线路汇接于 750kV 风区变电站，与火电打捆经直流送出，也可将部分风电就近接入东南部开关站。本方案最终促成了哈密东南部 750kV 开关站以及哈密南经沙洲至格尔木的第二条双回 750kV 输电通道提前开工建设，为哈密能源基地大规模电源开发和风火打捆外送提供坚强的电网支撑。

《哈密千万千瓦级风电基地开发方案及接入电网方案》报告根据国家能源局国能电

力〔2012〕329 号文的意见，要保证风电总出力达到 500 万 kW 的可靠送出而编制。报告主要从电网发展角度，对哈密地区下一步风电整装开发的新增装机容量、各风区配比提出建议，并对风电接入电网的组织方案提出设想，为下一阶风电场接入系统设计提供参考。该报告指出随着哈密风电大规模开发，应充分考虑哈密地区已核准 400 万 kW 风电容量参与超高压疆电外送，避免因疆内无法消纳而造成大规模弃风，考虑整体消纳、外送能力，结合电网输送能力，建议在东南部风区配置容量 400 万 kW 以内，三塘湖风区配置容量不超过 200 万 kW。为确保风电电力的送出，三塘湖区域新增风电应与三塘湖 750kV 输变电工程同步投产，并且建议加快东部 750kV 环网、特别是三塘湖 750kV 输变电工程前期工作。

四、推动准东特高压直流建设

2014 年 8 月 26 日，国家能源局以《关于同意新疆准东煤电基地外送项目建设规划实施方案的复函》（国能电力〔2014〕402 号），同意准东煤电基地 7 个共 1320 万 kW 煤电项目作为昌吉—古泉 ±1100kV 特高压直流输电工程配套电源开展前期工作。

2015 年初，新疆维吾尔自治区人民政府对 7 个"疆电外送"配套电源项目进行了核准批复，标志着这"疆电外送"第二条特高压直流输电工程进入全面实施阶段。但新疆维吾尔自治区人民政府批复的昌吉—古泉 ±1100kV 特高压直流配套电源 7 个"疆电外送"配套电源项目与国家电网公司规划的网架结构相矛盾。因此需要对昌吉—古泉 ±1100kV 特高压直流配套电源汇集方案进行研究。

昌吉—古泉特高压直流送端换流站站址原设计在准东石钱滩地区，位于西黑山矿区。但本次批复的昌吉—古泉特高压直流配套电源主要分布在五彩湾矿区，若按照该方案进行建设，五彩湾矿区的 4 个电厂送出线路需跨越大井和将军庙矿区，电厂送出线路较长，线路总长度约 572km，按照每千米 250 万元测算，需要投资 14.3 亿元。按照打捆方式接入汇集站有 6 回 750kV 线路需要穿越大井和将军庙矿区，需要线路廊道较宽（0.8km），且压覆矿数量较多（19 家矿权单位）。

准东地区还将建设一条准东—四川 ±1100kV 特高压直流工程及其配套电源，预计晚于昌吉—古泉 ±1100kV 特高压工程开工及投运。根据准东—四川 ±1100kV 特高压直流工程可行性研究报告评审意见，送端换流站站址位于五彩湾工业园南侧，单已开展前期工作电源主要分布在西黑山矿区，西黑山矿区已开展前期工作的电厂 6 座，总容量为

11320MW。因此西黑山矿区已开展前期工作的电厂有可能作为准东—四川±1100kV特高压直流的配套电源。若将已开展前期工作的电厂作为准东—四川±1100kV特高压直流配套电源，需要汇集至五彩湾矿区，电厂送出线路较长，线路总长度约760km，按照每千米250万元测算，需要投资19亿元。按照打捆方式接入汇集站有8回750kV线路需要穿越大井和将军庙矿区，需要线路廊道较宽（0.8km），线路廊道紧张，压覆矿数量较多超过19家矿权单位。从电源汇集角度考虑，不符合电源的就近送出原则。根据两条特高压直流配套电源汇集方案以及远期准东地区电网规划该汇集方案将导致同电压等级交叉跨越约15次。

因此，综合考虑两条直流建设情况及准东地区规划情况、线路建设投资、电源汇集角度、远期规划、后期电网建设等，最终调整两条直流换流站站址位置，将昌吉至古泉直流送端换流站站址调整至五彩湾地区，将准东至四川直流送端换流站站址调整至西黑山地区。并且对电源汇集方案做了优化调整，得到了政府部门的认可，并通过了电力规划总院审查，目前配套电源送出线路工程已经按照研究报告推荐方案正式实施。

昌吉—古泉特高压直流7个配套电源项目汇集至五彩湾地区，具体接入方案为：国网能源、潞安准东电厂以三角环网的形式打捆通过2回线路接入五彩湾换流站；华电英格玛电厂1回线路接入芨芨湖750kV变电站，1回线路接入信友电厂；五彩湾北一、北二、北三电厂各出2回线路接入五彩湾换流站；神华五彩湾二期电厂、恒联电厂以三角环网的形式出2回线路打捆接入五彩湾换流站。采用推荐方案需新建线路长度383km，新建750kV出线间隔9回，新建750kV线路15条，投资合计约13.3亿元。较原方案节省线路189km，节约投资约1亿元。

五、探索新疆电网长远发展

2012年，为满足新疆经济快速发展，适应高速增长的电力需求，支撑新疆电力大规模外送，统筹各电压等级电网协调发展，开展了新疆"十二五"及中长期输电网规划研究，探索新疆电网长远发展。按照"远近结合、安全可靠、技术先进、经济合理"的原则，综合新疆能源资源开发、经济发展需求等因素，在对新疆负荷水平、电源建设、电力平衡、分区电力流向进行分析研究的基础上，结合国家电网总体规划及疆电外送战略目标，通过多方案技术经济比较，提出新疆"十二五"及中长期750kV电网目标网架，并对"十二五"期间主网架建设时序进行研究，同时对远景年目标网架进行了展望。

提出新疆"十二五"建成乌昌750kV小环网,进一步增强乌鲁木齐、昌吉重点负荷中心供电能力;打通伊犁至南疆的送电通道,建成覆盖新疆西部750kV环网,提高伊犁地区富余电力送出能力,就近满足南疆电力缺口;建成覆盖新疆东部的750kV双环网,满足准东工业园五彩湾地区负荷增长,汇集哈密北电源,支撑准东—四川±1100kV特高压直流稳定运行;将750kV主网架延伸至南疆、北疆地区,满足南疆用电需要,解决准北地区电力外送问题。2015年,新疆750kV电网形成"三环网、双通道、两延伸"的骨干网架。电气计算结果表明,系统潮流流向合理,满足$N-1$校核及安全稳定导则的有关要求。远景年建成总计6回超高压直流工程。配合能源基地大规模电源开发和直流外送,构筑局部环网结构和输电通道,建成北疆环网、新疆与西北联网的第三条通道,连接新疆主要能源基地与负荷中心的重要断面均形成双回750kV线路,750kV电网建成较为坚强的送端电网。

六、保障新疆核心电网建设顺利过渡

2013年,在凤凰—亚中—达坂城750kV输变电工程建设过程中,由于亚中变电站受工程前期、物资供应等因素影响,按照计划工期投运的目标十分困难,建设进度滞后至少半年以上。针对过渡期带来的一系列电网运行风险,开展了相关专题研究,分析了亚中变电站整体推迟投运和仅建成开关站两种情况对电网的影响。

结合亚中750kV变电站未能投运的情况下直接架设凤凰—达坂城750kV输变电工程对应的乌昌城网网架情况,从电网正常运行方式安排、线路参数选择、工频过电压、潜供电流、通信网运行及继电保护等方面,对凤凰—亚中—达坂城750kV输变电工程过渡运行方案进行分析,得出如下结论:

(1)凤凰—亚中—达坂城750kV输变电工程投运的过渡期间,无论亚中750kV变电站推迟投运或建成开关站,乌昌城网正常方式下电压均能控制在合理范围内,不会造成运行时高电压问题;但亚中变电站推迟投运的情况下,750kV乌昌小环网运行电压相比建成开关站运行电压高约8kV。同时,由于乌昌电网自身电气距离较近,凤凰—亚中—达坂城750kV输变电工程投运的过渡期间乌昌电网电气联系进一步增强,发生750kV线路故障不会造成电网稳定问题。

(2)亚中750kV变电站推迟投运或建成开关站的情况下,凤凰—达坂城750kV工频过电压最大出现在凤凰侧单相接地三相断开后的线路侧,工频过电压幅值较小,满足设计规程对工频过电压的相关要求。

（3）亚中 750kV 变电站推迟投运的情况下，由于无实测线路参数，且具体电弧熄灭时间存在一些不确定性因素，理论计算与实际值仍存在一定的误差。存在凤凰—达坂城 750kV 输电线路单相短路，因潜供电流问题使重合闸动作不成功的可能。而亚中 750kV 变电站建成开关站的情况下，满足单相重合闸 0.6s 的整定要求，且具有充足的裕度。

（4）由于形成凤凰—达坂城 750kV 输电线路是亚中变电站未建成时的过渡方式，因此运行时间不会太长，不建议将亚中变电站的线路高抗临时搬迁至凤凰变电站；主用通信路由为：凤凰—达坂城（凤凰—亚中—达坂城 750kV 变电站线路光缆）；备用通道路由为凤凰—乌北—达坂城 750kV 变电站线路光缆。满足光纤线路保护装置通信双通道的要求；过渡方案中，不涉及变电站保护搬迁，凤凰 750kV 变电站侧保护与达坂城 750kV 变电站侧保护可配对使用。

七、破解新疆电网发展难题

乌昌电网一直是新疆电网主要的负荷中心和电源中心，随着地区电网结构的日趋紧密及电源大规模投运，乌昌地区短路电流问题也越来越严峻，因此，结合电网现状及规划情况，先后编制了《750kV 乌北片区电网短路电流现状及改进措施》《五彩湾地区各阶段短路电流分析》《芨芨湖片区远期短路电流校核分析》《五彩湾 750kV 变电站 220kV 配套送出及区域短路电流专题研究》《五彩湾 750kV 变电站短路电流水平及中性点小抗加装的必要性分析》《凤凰片区短路电流现状分析与展望》等 20 多项专题报告，对乌昌核心电网短路电流问题进行了详细论证分析。

结果表明，乌北片区 750kV 电网网架结构及接带的电源容量，使得乌北 750kV 变电站短路电流已严重超过 220kV 断路器额定开断电流水平。为降低该片区短路电流，已采取了乌北 750kV 变电站 220kV 侧母联分列运行，但短路电流仍然较高，达到 48kA。通过电网运行方式调整、电厂采用高阻抗变压器、线路侧加装串联电抗器等方式对短路电流均有一定的限制作用，但想彻底解决乌北片区短路电流问题，需合理分配接入乌北 750kV 变电站的电源容量。

为有效降低五彩湾区域各站点短路电流，准东环网中的相关 220kV 线路须进行解环，分片区供电；五彩湾 750kV 变电站 220kV 母线分列运行。通过对相关 750/220kV 电磁环网解环后，短路电流下降较为有限，仅有 5kA 左右。通过 750kV 变电站 220kV 母线分列运行，可大幅度地降低该区域三相、单相短路电流，其中 750kV 变电站的 220kV 侧短路电流有 40% 左右降幅，由原高于 60kA 降到 44kA 以下。针对五彩湾 750kV 变电站 220kV 侧单相短路电流超标的问题，可考虑适时在主变中性点加装小电抗。后期五彩湾区域内含有配套自备电源的企业需考虑在并网线路的用户侧加装串联电抗器。

凤凰 750kV 变电站 220kV 侧短路电流已接近额定遮断电流，制约电网运行方式安排，影响系统安全稳定运行。根据电网规划，凤凰片区各项电网工程对凤凰 750kV 变电站 220kV 侧短路电流均有一定的贡献，短路电流超标严重影响凤凰片区安全稳定运行。针对凤凰片区短路电流水平超标问题，结合该地区网架结构特点，提出了 3 种抑制短路电流的措施，一是调整凤凰片区运行方式，二是调整 220kV 变电站中心性点接地方式，三是凤凰 750kV 变电站主变压器中性点加装小电抗。三种措施均能降低凤凰 750kV 变电站 220kV 侧短路电流水平。但随着各项电网项目的相继投运，仅靠单一的措施无法满足电网发展需要，需要多种措施并举才能降低凤凰 750kV 变电站 220kV 侧短路电流。因此，建议加快乌苏 750kV 变电站的建设，与凤凰 750kV 变电站形成分区供电模式，以降低凤凰 750kV 变电站 220kV 侧短路电流水平。同时为限制凤凰 750kV 变电站单相短路电流，并且在凤凰 750kV 变电站 220kV 侧中性点加装限流电抗器。

按照规划网架结构，到 2020 年，芨芨湖片区 750kV 各厂站短路电流均在合理范围内，且有一定的裕度。

八、寻求新能源发展新模式

"十二五"以来，新疆电网进入了"超常规发展"，尤其是新疆新能源装机呈现"爆发式"增长，保持年平均 76.5% 的快速增长，其中风电年平均增速为 69%，光伏年平均增速为 180%。随着对新疆各地区能源资源的大力开发，拉动了新疆各地区经济，提高了新疆各地区的就业率及生活水平。但是新疆新能源"超常规发展"带来了一系列问题，主要表现为：一是新能源增速过快，开发规模远超当地消纳能力；二是电源结构性矛盾突出，系统调峰能力差；三是新能源开发与电网建设不同步，局部地区新能源送出受限；四是跨区联网通道受内、外部网架结构的制约，跨区输电通道不能充分利用，跨区联网建设滞后于新能源发展。

受风能资源、太阳能资源、地理位置以及区域特性等因素的影响，各地区新能源出力特性存在一定差别。针对新能源"超常规发展"出现的问题，报告对分地州新疆新能源发电出力特性进行分析，研究全疆电网风电、光伏最大同时率和平均同时率情况，分析全疆风电、光伏发展现状及消纳情况，结合经济发展趋势及电网规划情况，预测全疆各地区的风、光消纳能力，重点对受国家大力扶植、呈"爆发式"增长的南疆光伏消纳情况进行研究。

根据分析研究结果，如果要进一步加快开发新能源步伐，需要加快相应 750kV 输变电工程的建设进度，使得电网建设与电源建设同步开展、同步投运，以期提高电网地区电力送出能力，减少弃新能源现象发生。报告还从政府管控、过程监管、辅助政策及技术规范四个方面对新能源发展提出政策建议，为推动全疆新能源的科学、合理、有序发展，保障新疆电网坚强、高效、绿色快速发展，提供了参考依据。

第八章 关键技术

750kV 电网工程的开工建设和投运，对发展和加强新疆地区骨干输电网架，填补超高压输变电工程技术和标准的空白等方面都具有极其深远的意义。特殊的工程环境条件决定了工程在推进过程中需要根据新疆自身特色，在国家电网公司研制新技术的基础上，对关键技术进行研究、改进和更新，使其可以更好地应用于新疆 750kV 电网工程中。

第一节 输 电 技 术

输电线路是连接电源与用电设备之间的桥梁，是在变电站之间建立电气联系、保证电网供电可靠性的基础。因此，输电技术的研究与应用对于电网工程至关重要。由于 750kV 工程各个输电线路途经地区不同，其所需设备材料与技术也要进行相应的改进。国网新疆电力技术人员针对不同情况，改进了扩径导线、复合横担、四分裂导线等九项技术，为输电线路更好的建设与运行提供了保障。

一、改进地线悬垂金具连接方式

普遍来讲，挂点金具连接方式为"环—环"连接（U 型环与 U 型环连接），横线路方向不能转动。新疆部分输电线路处在大风区内，常年频繁的横线路大风以正对悬垂串联板的角度，持续吹向悬垂串，会给悬垂串带来长期不稳定的水平载荷，造成悬垂串的频繁摆动，出现 U 型环接触部位磨损。随着风速的增加，两 U 型挂环之间承受的附加弯矩和应力也随之增加，进一步加速了 U 型环的磨损。

针对这样的情况，国网新疆电力对地线及光缆挂点金具连接方式进行了重新校核和设计，并改用高强度耐磨金具。鉴于新疆地区的大风区有数量多、区域面积大、风频高、风速大（38m/s 以上）等特点，线路受风因素影响较大。在对大风区线路光缆和地线金具进行差异化设计时，采用螺栓与孔的连接方式，并在关键连接点使用高强度耐磨金具，防

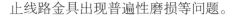

止线路金具出现普遍性磨损等问题。

采取上述措施后，投运的 750kV 工程中未发现金具有明显磨损，设备运行良好。新疆 750kV 工程中根据大风区的自然特点，应用新的金具连接方式，并在关键点更换为高强度耐磨金具，避免了由此带来的停电等大型事故，也减少了后期运行中的检修成本。

二、边串导线防风偏设计

新疆地区自然微气象变化频繁，风区气候更是难以预测，即使是入夏也有可能出现寒潮和大风。2014 年，新疆全疆范围迎来 6 年同期最强寒潮入侵，北疆各地出现了以大风、降温为主的寒潮天气过程，三十里、百里风区的瞬间最大风力达 12 级以上，南疆大部分地区伴有大风和沙尘暴，当时 750kV 吐哈Ⅰ、Ⅱ线分别跳闸，重合不成功。

这一事件引起了国网新疆经研院建管中心的重视，其会同设计单位共同对 750kV 吐哈Ⅰ、Ⅱ线进行全面校核，后来发现在发生故障时，吐哈Ⅰ、Ⅱ线 326 号塔及附近大风风速超过设计风速 28m/s，此时边相绝缘子风偏角为 66°，相距铁塔最近净空距离为 1.5m，不满足工频电气间隙 1.9m 的要求，造成线路放电跳闸。后来设计单位对吐哈Ⅰ、Ⅱ线 28m/s 风速设计区段线路和在建 750kV 线路进行全面校核，制定整改措施，并从技术可行性、施工难度和改造费用、停电损失方面综合比较，推荐合理整改方案，从根本上解决风偏问题。

可以看出，由于内地与新疆自然环境的差别，尤其是新疆大风区内的 750kV 线路设计对于风偏问题的解决与内地有极大的不同。经此事件后，对于其他大风区新建 750kV 工程，均需提高设计标准，对铁塔 V 型合成绝缘子及金具碗头处采取外围加装卡箍的方式进行预控，采用差异化设计，V 串均采用环—环连接方式，以彻底解决 V 串脱落问题。针对大风区边串导线可考虑在初设时由设计单位核算，为其适当增加设计裕度。

三、扩径导线

扩径导线是将现有普通导线或大截面导线的临外层或内层的线股减少几根，这样导线外径没有变化，但导线的铝截面减小了，使原导线的临外层或内层的线股由密绕变为疏绕，同时减少铝截面，从而减少导线的总重量，减少铁塔荷载和结构重量，大大降低线路工程投资。

750kV 工程扩径导线选型按以下思路进行：①将欲扩径的铝截面导线的外径扩大至与常规导线相同的外径，总拉断力能满足工程设计要求；②导线表面质量及其他机械物理电气性能均能满足 750kV 输电线路要求；③同时兼顾生产技术的成熟性与生产成本的增加（与常规导线生产相比）；④各扩径导线的电气特性和机械特性均满足要求，仅电阻损耗略大于常规导线。

新疆 750kV 线路工程采用 6×LGJK-310/50 扩径导线有效降低导线和铁塔造价，每千米工程投资可以节省 7.4 万元，在输送容量不大的 750kV 输电线路中采用具有良好的经济效益。从长期经济性看，采用扩径导线方案与常规导线方案差别不大，但由于采用扩径导线，工程的初期投资较常规导线节省很多，因而在电网建设中具有一定的经济优势，完全可以在更广泛的超、特高压线路工程中推广使用。

四、输油输气管道电磁影响的防护措施

交流输电线路对管道的巡线人员人身安全、对管道及其阴极保护设备以及对管道的交流腐蚀等问题都有着很大的影响。就乌苏—伊犁 750kV 输变电线路对西气东输管道的电磁影响进行计算分析和评估。结果表明，线路正常运行时的计算结果满足人体安全限值以及管道的交流腐蚀限值；线路发生单相接地故障时的计算结果满足管道安全限值，但不满足人身安全限值。

国网新疆经研院建管中心提出了交流输电线路对输油输气管道的电磁影响推荐限值。在了解石油部门相关的管道设计规程规范的基础上，经济、合理地选取交流输电线路对输油输气管道的电磁影响的防护措施。具体防护措施为，与输电线路平行段，在测试桩、阀室等装置与管道连接、有引上线的位置加装绝缘地面。在条件允许的情况下，使用碎石等铺面 3m×3m×0.2m（宽×长×高）的绝缘地面。

乌苏—伊犁 750kV 输电线路工程是乌苏—伊犁 750kV 输变电工程的一部分，起自乌苏市西南侧的乌苏 750kV 变电站，该站址位于西大沟乡附近，止于伊犁 750kV 变电站，该站址位于尼勒克县境内的苏布台西。线路沿线有省道、油气管线伴行线及多条乡间道路可供利用，交通条件较为便利。工程建设规模为新建 750kV 单回路输电线路，本段全线采用 6×LGJ-400/50 钢芯铝绞线。在乌苏 750kV 变电站进出线段 5km 采用铝包钢绞线 JLB20A-100，其余采用 GJ-100 钢绞线，光缆采用 OPGW-120。乌苏—伊犁 750kV 输电线路工程自投运以来，从这一区域的运行经验来看，油气管线运行良好，这表明油气管线在安

全范围内。事实证明，750kV 输电线路对石油管线研究在工程中的应用是成功的。为乌苏—伊犁 750kV 输电线路工程及石油管线安全可靠运行提供了理论依据和技术支持。

五、互联电力系统交流联络线功率波动研究

功率波动是联络线日常运行的固有特性，对于某些相对薄弱的联络线，功率波动会成为限制输电能力的重要因素。然而，表象相似的功率波动产生的机理可能完全不同，应对措施也不一样，当联络线上出现大幅功率波动时，若不能快速准确地判别其产生的机理，找到有效的应对措施，将对电网安全造成极大威胁。为此，深入理解波动机理、突破波动性质判别、快速计算波动峰值、扰动源精确定位等关键技术的研究成为当务之急。

为此，国网新疆经研院的技术人员提出了计及随机功率波动的联络线输电能力计算方法，以及联络线功率波动曲线面积（幅值与周期）与输电能力之间的双指数对应关系，为制定大区联络线运行限额提供了理论支撑与计算依据；提出了基于功率冲击三阶段传播理论和线性化等值模型的波动峰值算法，解决了快速、准确计算功率缺额故障后联络线功率波动峰值的问题，攻克了互联电力系统安全稳定领域的世界级难题；提出了基于脆弱割集的大电网冲击扰动传播理论，从暂态能量角度阐明了冲击能量引起联络线功率大幅波动的机理，为大区互联电网的稳定运行提供重要的技术支撑；提出了电力系统低频振荡中强迫型功率振荡的基础理论，阐明了负阻尼功率振荡与强迫型功率振荡的产生机理和传播特征，提出了利用起振段波形快速判别功率振荡（波动）性质的方法；提出了基于 WAMS 数据的割集振荡能量法和控制器力矩分解算法，在振荡发生后将扰动源逐步定位至机组及机组控制器设备级，解决了波动性质快速判别及扰动源精确定位的难题。

项目提出的振荡性质判别方法和扰动源定位方法已经应用于新疆电网调度日常运行及扰动分析工作中。2014 年 12 月 29 日，针对南、北疆低频振荡事件，基于项目提出的方法，准确判别出南、北疆低频振荡的性质为强迫振荡，并精确定位扰动源为喀发三期 G5 机组，在此基础上提出了解决这一问题的具体措施，提高了电厂送电功率限额。仅以喀发电厂为例，喀发电厂送电极限增加 100MW。

针对新疆哈密三塘湖地区多次出现风电功率振荡，基于项目提出的方法，准确定位了扰动源为麻黄沟东和山北风电场机组。以项目成果为基础开发了功率振荡检测装置，并应用于麻黄沟东和山北风电场，与麻黄沟东、麻黄沟西等站现有的稳控装置配合，实现了尽快平息功率振荡的目的，多次避免了风电场弃风，显著提高了风电场的经济效益，每

年新增发电量总额 7500 万 kWh。

该研究成果被采纳并应用于编制国家电网公司总部、分部及省公司的运行规程制定，得到了生产部门的高度认可。将项目成果应用于《华北—华中特高压互联系统安全稳定运行规定》《西北—新疆互联系统运行规定》编制中。列入国家电网公司重大成果转化目录及重大成果培育计划。随着我国电网互联及大容量远距离输电工程的推进，该成果会应用于更多区域及省级电网，社会效益和经济效益显著。

以上研究成果实现了准确计算互联电力系统联络线功率输电能力，避免了因联络线功率波动超过稳定极限而导致的大停电事故的发生，有力保障了电力系统的安全稳定运行，提高了新能源接纳能力，保护了生态环境。本项目于 2015 年荣获中国电力科学技术进步一等奖和国家电网公司科学技术进步一等奖。

六、复合横担

复合材料（FRP）具有轻质、高强、耐腐蚀、易加工以及耐久性能和电绝缘性能好等良好的特性，是建造输电杆塔的理想材料之一，在未来的输电线路工程中具有广阔的应用前景。对于西北地区而言，其主干网络主要采用 750kV 等级输电线路，因此在 750kV 输电线路工程中推广应用复合材料具有重要的意义。

750kV 复合横担塔采用"上"字型杆塔方案，该方案结构型式简单、连接方便。复合横担构件采用环氧树脂—E 玻璃纤维缠绕型材，其纤维含量高、承载力强；通过钢套管节点相连，该类节点传力可靠、连接方便；外敷硅橡胶套，并外带闪裙，增加了复合横担的爬电比距。复合横担拉力由斜拉复合绝缘子传递，充分利用了复合材料抗拉性能优异的特点。

通过研究，技术人员成功地开发出 750kV 复合横担塔，并通过了结构有限元分析、电场有限元仿真分析、工作电压、污秽耐受、操作冲击耐受、雷电耐受等电气验证试验和构件疲劳、横担过载及真型试验等结构验证试验。试验和分析结果均表明，750kV 复合横担塔设计合理、安全可靠，其结构和电气性能均满足工程应用标准。该研究应用的复合横担塔具有巨大的经济优势和技术优势，并且是具有低碳、节能、环保以及符合工艺美学特点的新型结构，代表了输电杆塔结构的发展趋势。研究成果应用于新疆与西北主网联网 750kV 第二通道输变电工程，这是世界上首次在超高压线路工程中应用复合材料。在该工程中应用了 7 基两个耐张段，投资为 350 万元，节省投资 21 万元，特别是减小线路走廊 12m（约 33%），减少了房屋拆迁，节省了土地资源，具备良好的经济效益和社会效益。

七、四分裂导线

新疆与西北主网联网 750kV 第二通道输变电工程首次在国内 750kV 线路使用四分裂导线方案，以往国内 750kV 线路全采用六分裂导线。实践表明，在低海拔地区，750kV 线路采用四分裂大截面导线电磁环境满足要求，并具有经济优势。结合二通道线路实际情况，在海拔 1000m 以下地区实际应用四分裂导线约 2×35km，导线采用 JLK/G2A-630（720）/45 扩径钢芯铝绞线，电磁环境满足要求，线路本体投资比 6×LGJ-400/50 导线方案节省约 3.5 万元/km，且在输送容量较大时，4×JLK/G2A-630（720）/45 导线年费用具有一定的优势。

八、盐湖地区铁塔基础及地基处理技术

新疆与西北主网联网 750kV 第二通道输变电工程线路不可避免要通过盐湖的湖积平原区，该地区地形相对低洼，为天然湿地，长度约 80km，其中 22km 为沼泽地，地下水埋深 0.5～3m，季节性变幅 0.5～1.0m，由大气降水和周边汇水渗流补给，涌水量较大，基坑开挖必须采用有效的抽排水和支护措施。本工程影响塔基稳定的主要因素是软弱地基土，在盐湖和沼泽湿地段必须采取严格的地基处理措施。

（1）基础设计以扩展柔板斜柱基础和台阶斜柱基础为主；个别无法保证基础边坡或足够上拔土体、主要依靠基础自身重量抵抗上拔力的塔位、跨河漫水与地下水较浅的地区，可采用刚性基础。

（2）基础采用高垫浅埋型式，玻璃钢包裹基础，减少腐蚀介质对它的作用强度。

（3）通过分析基坑土方、混凝土与钢材的价格敏感性，优化基础尺寸，降低基础的综合造价。

（4）基础的混凝土为 C25、C30、C40，基础主筋为 HPB335、HRB400 级钢筋，其余为 HPB300 级钢筋。

九、Q345 大截面角钢

新疆与西北主网联网 750kV 第二通道输变电工程沿线部分地区最低温度达到 −35℃，

考虑钢材低温冷脆，铁塔塔材大量采取 Q345 高强度大截面角钢替代 Q420 高强钢，既满足了安全需求，又保持了相对较轻的塔重。

第二节 变 电 技 术

国网新疆电力在规划、建设 750kV 电网工程时，由于不同变电站条件不同，规划及技术人员实地考察，针对不同情况分别改进了相应的变电技术，推出了新疆 750kV 变电站节能降噪设备、变电设备防污闪涂料、750kV 变电站复合套管、复合绝缘子等 8 项关键技术，为变电站更好地投入运行打下基础。

一、新疆 750kV 变电站节能降噪设备

国内 750kV 变电站推广采用二分裂 JLHN58K-1600 扩径导线，变电站投产后发现导线及金具存在起晕现象。在对 750kV 变电站电晕噪声进行了一系列测试研究后，通过紫外成像观测发现，变电站内部分导体普遍存在电晕现象。国网新疆电力非常重视变电站噪声治理研究，为进一步降低变电站噪声对周边环境的影响，创造绿色环保型变电站，委托国网新疆经研院和华东电力设计院开展 750kV 变电站电晕噪声控制技术研究。

新疆 750kV 变电站采用导线在选型、载流量、电晕电压、无线电干扰、张力、次档距、风偏和经济性等方面进行技术经济比较研究后，确定采用四分裂新型扩径耐热 JGQNRLH55X2K-700 母线的设计方案。根据设计方案，分别委托上海电缆研究所和辽宁锦兴电力金具科技股份有限公司试制新型扩径耐热 JGQNRLH55X2K-700 母线以及配套金具，并通过相应的型式试验。

该设计方案新研制的四分裂扩径耐热 JGQNRLH55X2K-700 导线与常规采用的二分裂扩径耐热 JLHN58K-1600 导线相比，有以下优势：

（1）起晕电压在晴天和雨天的情况下均提高了 20％左右，可有效改善目前 750kV 变电站中存在的导线电晕放电引起的噪声大的问题。

（2）单根导线重量轻了 2.55kg/m，整体结构重量轻了 1.24kg/m，减少了有色金属的消耗量，同时减小了构架的受力，可减少 750kV 构架的用钢量，节约资源，符合国家环保节能的国策，具有良好的经济和社会效益。

（3）综合比较，投资可减少约 5%。

此项研究成果在国家电网公司依托工程设计新技术推广应用实施目录（2014 年版第一批）中列为推广应用类成果，在国家电网公司新建工程中推广应用。同时，该项技术已应用于五彩湾 750kV 变电站工程项目。该工程投运后，750kV 导线在晴天和雨天未见导线电晕放电现象，与新疆地区其他建成投入运行的 750kV 变电站相比，显著降低了 750kV 配电装置的导线电晕噪声，改善了运行人员的工作环境，降低了工程基建投资费用。

二、变电设备防污闪涂料

根据《关于印发输变电设备防污闪技术措施补充规定的通知》要求，处于 c 级及以上交流特高压站、直流换流站、大型能源基地外送站及跨大区联络 330kV 及以上变电站应涂覆防污闪涂料；处于 d 级及以上污秽区，220kV 及以上变电站应涂覆防污闪涂料。新疆微气象复杂、气候变化多端，对于防污闪的要求较之内地更加严格，750kV 变电站多设备爬距满足此污秽等级要求，但是由于各种原因，一些新建变电站并未涂覆防污闪涂料，导致多座变电站在投运前无法落实涂料项目，运行中由于污秽情况严重，大修实施则需多次停电，难以安排。

经过对这一情况的分析与讨论，国网新疆电力认为根据新疆环境特点，有必要进行变电站防污闪涂料的涂覆工作，并多次向国家电网公司提出相关建议。国网基建部印发《关于加强新建输变电工程防污闪等设计工作的通知》（基建技术〔2014〕10 号）对使用涂料重新进行了规定，对于根据实际情况判断，确需涂覆防污闪涂料的，在基建阶段统一实施。对此，国网新疆电力大力落实规定要求，对新建 750kV 变电站在可研评审中依据新疆环境特点，落实涂料项目，在工程投运前实施。

三、750kV 变电站复合套管

变电站套管的材料以硅橡胶为主，硅橡胶主要是由高摩尔质量的线型聚硅氧烷组成，主链为-Si-O-Si-结构，无双键存在，且键能比紫外线辐照能量高，因此分子主链不易被紫外光和臭氧所分解。所以有机硅具有比其他高分子材料更好的热稳定性以及耐辐照和耐候能力，在自然环境下的使用寿命可达几十年。但硅橡胶还是存有一定的缺陷，即在紫外线长期辐射下硅橡胶会出现一定程度的老化现象。

从发生老化的原因来看，硅橡胶分子结构本身是影响硅橡胶耐老化性能的主要原因，因此，改善硅橡胶材料的结构，改进其性能，使硅橡胶延缓老化并延长使用寿命是非常重要的。硅橡胶材料有HTV、LSR和RTV 3种，HTV在3种材料中摩尔质量最大，达到40~80万g/mol，准北750kV变电站工程选用的高温硫化固体硅橡胶生胶的摩尔质量达到了70万g/mol左右，而LSR和RTV只有1万~10万g/mol，同时，3种硅胶中高温固体硫化硅橡胶HTV硫化体系活性最高，且反应温度及压力最大，这些均保证了高温固体硫化硅橡胶最终具有最高的分子量。高分子材料的老化是不断的分子链断链过程，当分子链断链到一定程度时，老化便发展成了性能降低和宏观可见的龟裂、粉化。而分子量越大，其可承受的断链次数也就越多，粉化出现的时间也就会越晚。因此高温固体硫化硅橡胶HTV由于其分子链较长，破坏其结构，使其分子量下降到性能出现明显降低的临界分子量所需时间就越长，HTV较RTV和LSR在耐紫外线老化性能方面具有极大优势，决定应用于准北750kV变电站工程。

四、复合绝缘子

新疆地区存在8个著名的大风区，以乌吐线途径的"三十里风区"为例，在10m高度处线路的最高设计风速为42m/s。其中撕裂最严重绝缘子有效爬距降低达20.4%。强风区复合绝缘子伞裙撕裂问题由来已久，但在低电压等级的线路中一直未被足够重视，随着750kV线路的投运，杆塔高度的上升加剧了伞裙撕裂事故的发生，对电网安全运行构成直接威胁。此状况也引发行业内对哈密—郑州±800kV特高压直流输电线路经过风区安全问题的担忧。

为此，国网新疆电力相关人员做了以下研究。

（1）复合绝缘子强风下力学计算研究。通过仿真计算得出复合绝缘子伞裙在大风下的受流体力、变形和应力集中情况。

（2）应用于"三十里风区"绝缘子可靠性分析，以及国内4家750kV复合绝缘子抗风性能分析。

（3）提高750kV复合绝缘子抗风性能的参数优化研究。从总体结构，如大小伞配合、伞径、伞间距等方面优化，以降低伞裙气态失稳的可能性；从局部结构，如伞厚度、伞根部倒角等方面优化，以缓解伞裙形变和应力集中水平。

（4）建立强风区复合绝缘子抗撕裂性能入网初步导则。为新疆地区特定强风区的复合绝缘子选型提供参考导则，提高强风区复合绝缘子应用可靠性。

通过实地现场调查以及技术人员的反复试验，依据上述研究成果，对复合绝缘子进行了改进。改进了材料的硅橡胶憎水性、漏电起痕性能等。通过优化结构，提高了绝缘子防污闪电压、防覆冰闪络等能力。解决了特殊气候环境方面的覆冰闪络、风沙闪络、强风下绝缘子的伞裙撕裂问题。由于改进后的复合绝缘子适合于新疆独特的地域特征，已被广泛应用在新疆 750kV 电网输电线路中。

该技术于 2014 年荣获新疆维吾尔自治区科学技术进步二等奖。

五、63～750kV 断路器

断路器作为电力系统运行的重要控制与保护设备，输变电系统对其性能也提出了更高的要求。依据关于建设 750kV 电网网架的发展规划，通过计算分析得出系统短路电流将超过 50kA，开断短路电流由 50kA 跃升到了 63kA，高于现有 750kV 罐式断路器设备开断短路电流的能力，开发 63～750kV 断路器才能满足西北电网对开关设备的迫切要求。因此若要满足后续 750kV 工程的建设需求，为国家经济的持续稳定发展提供重要的电力保障，必须研制出具备更高参数的开关设备以满足系统的要求。

国网新疆经研院等单位在借鉴 50～750kV 开关设备成功研制经验的基础上，提出 63～750kV 罐式断路器采用双断口设计方案。

（1）断路器的开断电流由 50kA 增加到 63kA，对喷口、断口电容、运动特性等进行了相应改进，其余部件尽量采用通用化设计，使两种灭弧室中大部分零部件得以通用。

（2）双断口断路器为使断口间电压分布均压，灭弧断口间布置有并联电容器。随着短路电流提高到 63kA，增加并联电容的容量可以在断路器开断近区故障时，有效地降低瞬态恢复电压初期的上升率，改善断路器的开断条件。

（3）开断近区故障试验是最为困难的短路开断试验方式，近区故障开断的瞬态恢复电压是电源侧瞬态电压和线路侧瞬态电压的合成电压。

63～750kV 罐式断路器双断口结构的研制，提出了更为可靠的断路器产品，各厂改进型 63kA 产品，具有结构紧凑、重心低、抗震能力强、操作稳定、噪声低、维护工作量少、检修周期长等优点。满足新疆地区后续 750kV 输变电工程对大容量开关设备的需求。

六、智能变电站监控系统

智能变电站是采用先进、可靠、集成和环保的智能设备，以全站信息数字化、通信平台网络化、信息共享标准化为基本要求，自动完成信息采集、测量、控制、保护、计量和检测等基本功能，同时，具备支持电网实时自动控制、智能调节、在线分析决策和协同互动等高级功能的变电站。

烟墩750kV智能变电站采用国电南瑞科技股份有限公司NS3000S监控系统，该系统基于一体化信息平台，综合集成实现了变电站中各种子系统的技术融合，构建变电站唯一的综合化、标准化平台，实现站端信息资源的标准化、共享化，为就地监控及上级调度系统的各种应用提供基础支撑。

系统集成融合了变电站中SCADA系统、保护故障信息管理系统、智能辅助管理系统、一次设备在线检测系统、故障录波系统、一体化电源系统等各个子系统。通过规范的信息采集渠道，将反映变电站各子系统以及运行的稳、暂、动态各类数据通过统一的数据接口接入，构建覆盖变电站各个子系统的一体化信息平台，实现站内资源完全共享，在变电站端完成数据集成和数据标准化。在系统综合集成平台的基础上，系统为变电站高级应用提供来源唯一、全面、标准的信息数据源和统一面向模型的数据接口，对电网各级调度系统开放标准化的全景信息数据，实现全站各种高级应用功能在综合监控集成系统的一体化配置及可视化展示。

通过该技术的研究与实现，系统实现了变电站系统平台的综合集成和变电站信息的统一建模与共享，大大减少了变电站系统及设备的重复投资，实现了变电站系统运行维护的一体化，不仅节省了变电站建设与维护成本，还提高了变电站运行的可靠性、安全性。

七、750kV设备减震隔震技术

实际工程中，仅靠提高设备自身的阻尼来改善瓷柱式电气设备的抗震能力不太容易实现，而且设备要达到10%以上的阻尼比也比较难，另外，自身阻尼达到一定程度后，对降低设备的地震响应不会特别明显。所以，对于在地震设防烈度较高的地区，除了考虑提高设备自身的抗震能力、优化支架设计外，还应该应用隔震减震技术。

隔震减震技术是在工程结构或设备的特定部位装设某种装置（如隔震支座或耗能装置等）或某种子结构（如调频质量等），或施加外力（外部能量输入），以改变或调整结构的动力特性或动力作用，使得工程结构或设备在地震作用下的动力反应（加速度、速度、位移）得到合理的控制，确保结构或设备本身的安全和处于正常的使用环境状况。

减震主要通过在设备与支架之间或支架底部安装经特殊设计的耗能减震装置来实现。通过减震装置耗散地震能量，减小设备的地震响应，降低设备在地震时破坏可能性，提高安全度。隔震主要通过调整隔震层的刚度、阻尼等参数，延长结构体系周期来实现，从而达到降低结构或设备的加速度、内力等地震响应的效果。

国网新疆经研院等单位首先对 750kV 主变压器及高压电抗器进行了隔震和非隔震的地震响应分析，定量地论证了采用隔震技术后的减震效果，为隔震设计应用提供了充分的理论依据。然后，在理论分析及有限元分析结果的基础上，提出了 750kV 主变压器及高压电抗器安全可靠、经济实用的隔震设计方案。按此方案，基底最大剪力可减小为非隔震结构的 50% 左右，套管顶部加速度分别减小为未隔震的 25% 左右，本体的加速度分别减小为未隔震的 40% 左右，采用隔震方案后极大地提高了变压器和高压电抗器的安全可靠度。

750kV 设备隔震技术研究成果应用于阿克苏 750kV 变电站工程，技术先进，节能环保。阿克苏 750kV 变电站工程应用后，选取与该站同等规模的喀什 750kV 变电站、伊犁 750kV 变电站、库车 750kV 变电站工程进行应用，效果优异，为变电站的安全运行提供保障。

八、风扇型防风沙机柜

针对新疆风沙大、雨水少、户内外昼夜温差大等特殊情况，新疆 750kV 输变电工程采用了风扇型防风沙机柜。

风扇型防风沙机柜采用上边沿双层密封设计，上面一层为自夹紧式密封 EPDM 密封条，既起到了阻挡风沙的作用，又保护了切口断面的边缘。同时顶部 U 槽可作为导流槽，防止水和灰尘开门后进入机柜，机柜门采用数控发泡点胶方式，无接头，确保机柜密封。

机柜内的器件产生热量，且热量需及时排出，否则在高温环境下，会引起系统故障。因此传统侧采用强迫风扇散热。机柜的进风口在前后门上，如图 8-1 所示，前后门上配有针对新疆地区特殊设计的进风罩。

图 8-1 风扇型防风沙机柜外形设计图

进风口部分结构如图 8-2 所示。

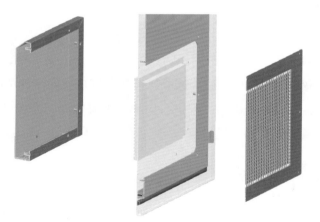

图 8-2 风扇型防风沙机柜进风口设计图

外部防护罩如图 8-3 所示。

出风口隐藏在顶部防雨顶盖内，配合 4 个交流 120×120 风机向外排风，如图 8-4 所示。考虑恶劣天气情况或者风机有可能停转的情况，顶部出风口处也配置普通过滤器，防止在恶劣天气时，风沙从出风口处落入柜内。

机柜门锁均采用德国户外柜标准三点锁具系统，并且锁具均在密封条外侧，能消除沙尘从锁具密封处进入柜内的风险。

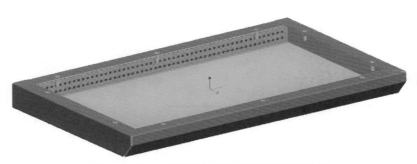

图 8-3　风扇型防风沙机柜外部防护罩设计图

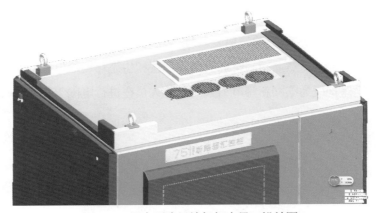

图 8-4　风扇型防风沙机柜出风口设计图

第九章 环保设计

党的十八大把生态文明和环境保护提到前所未有的高度，将科学发展观和生态文明建设写入党章，纳入中国特色社会主义事业和社会主义现代化建设的总体布局。新疆资源优势显著，不仅是我国战略资源的重要基地，还是带领我国迈进超高压、特高压交直流混联电网时代的先头部队。然而新疆特殊的地理位置和生态环境给电网的发展带来了一定的阻碍，因此，环境保护成为国网新疆电力公司设计人员在进行电网工程设计时考虑的关键因素之一。

第一节 环 境 特 点

新疆远离海洋，深居内陆，四周有高山阻隔，海洋气流不易到达，形成明显的温带大陆性气候；区间气温温差较大，日照时间充足，降水量少，有其独特的自然环境特征。新疆土地辽阔，动植物资源丰富，生态环境多种多样，是我国多种重点保护动植物的归属地。

一、地形地貌

新疆地处欧亚大陆腹地，东距太平洋 2500～4000km，西至大西洋 6000～7500km，南到印度洋 1700～3400km，北距北冰洋 2800～4500km。从大气环流影响来看，太平洋湿润气流要跨越重山，只有小量能到达南疆，印度洋气流很难翻越青藏高原，只有大西洋和北冰洋气流，可影响到新疆西部和北部，这种远离水汽的海陆关系使新疆成为欧亚大陆的干旱中心。

高山环抱的地形结构对干旱环境的形成又进一步产生深刻影响，根据地貌轮廓、构造特征及沉积物的特征，新疆境内从北向南可分为阿尔泰山、准噶尔以西山地、准噶尔盆地、天山、塔里木盆地和南部山区六大地貌单元，构成"三山夹二盆"的总体轮廓。自山麓至盆地中心，规律地分布着倾斜洪积—冲积扇及洪积—冲积平原，盆地中心为广阔平坦的冲积平原和湖积平原，其上的疏松沉积物经风力蚀积成大片沙漠。

辽阔的地域，复杂的地形，形成了气候差异明显，水热分布悬殊，自然条件多种多样的不同地域。按地貌类型划分，新疆境内的山地、平原、戈壁和沙漠占地面积之比大致为2：1：1。受山地海拔高、气温低、坡变大，以及盆地中部极端干旱缺水的限制，形成新疆主要的经济活动区在洪积-冲积平原上分布的格局；在水资源空间分布的制约下，又呈现绿洲沿盆地边缘锒嵌分布的特征。

二、土地土壤

新疆地域辽阔，土地资源丰富，但利用率低。全区土地按地形分类，山地和平原面积各占51.4％和48.6％。山区中以海拔2500m等高线划分，高山面积占全区面积的29.6％，这一地区虽具水源近便的特点，但热量不足，土层薄、坡度大；主要分布在平原中的沙漠戈壁占全疆面积的32.9％，虽具地势平坦，热量丰富的特点，但地处降水稀少，极度干旱地带。

根据农业区划调查资料，平原区拥有宜用荒地 $21 \times 10^6 hm^2$，Ⅰ、Ⅱ等荒地面积 $6.93 \times 10^6 hm^2$，Ⅲ、Ⅳ等荒地面积 $14 \times 10^6 hm^2$。全区平原宜用荒地资源总面积北疆多于南疆；荒地质量北疆优于南疆，其中伊犁地区质量最佳，Ⅰ、Ⅱ等荒地占宜用荒地资源的96％。分布于山前细土平原和大河冲积平原两侧的宜用荒地，土层深厚、热量丰富，降水虽少而引水较易，但存在着2个共同性的问题：①土地盐渍化问题，在全区平原宜用荒地中盐渍化土地面积为 $8.67 \times 10^6 hm^2$；②土地肥力低，普遍缺乏有机质，全疆荒地土壤中，有机质含量一般为0.5％～1％。

新疆地处干旱环境，确定了土地资源优势的发挥取决于水资源的合理配置和开发利用。沙源丰富，盐碱土地广布，这是干旱区自然条件长期作用的结果。在多风、多大风、蒸发强烈的气候条件下，土地存在着严重的荒漠化隐患。

三、植物资源

新疆地处多个植物地理区的交汇处，植物区系成分多样，构成新疆植物群落较大的植物区系成分有欧洲—西伯利亚成分、古亚洲地中海成分和天山—帕米尔成分。

全疆植物种类约3569种（因迄今尚未进行过全面调查，总数估计约4000种）对干旱区来讲，植物种类比较丰富。从植物分类学科数、属数所占全国植物的科、属比例看，分别占32％和22％，而种数仅占10％，表明新疆植物有许多为单属科和单种或寡种属、一属少种或一属一种，这是全国各省区里少有的，表明了新疆植物区系成分复杂的特点。

四、气候特点

新疆属温带大陆性气候。天山山麓将新疆分隔成了南、北疆两大区域，分处暖温带和中温带。受海拔和地理位置的影响，新疆有全国最为炎热的"火洲"之称的吐鲁番盆地，有仅次于黑龙江省漠河县的中国第二寒极——富蕴县可可托海。气候特征是干旱少雨，多大风；冬季寒冷漫长，夏季炎热短促，春秋气温变化剧烈，日照丰富等。境内复杂的地势对气候的影响程度也很显著，山地和平原的高差造成明显的气候分化，山脉对盆地的环绕和阻隔又形成一系列地形上的气候分异与特殊的局地气候。

新疆各地气候季节差异大，尤以夏、冬季为甚。年平均气温南疆高于北疆，塔里木盆地为10℃，准噶尔盆地为5～7℃。新疆气温的日变化很大，全疆各地年平均日温差都高于11℃，其分布情况是南疆大于北疆，盆地大于山区，沙漠大于绿洲。因此有"早穿皮袄午穿纱"描述新疆日气温度变化之说。新疆降水量稀少，全区多年年均降水量为147mm，仅为全国平均年降水量的23％，其中北疆150～200mm，南疆不足100mm。伊犁河巩乃斯林场年降水量可超过840mm，而托克逊县降水量不足10mm。新疆属多风地区，且风力大。风速有北疆大于南疆，山区高于平原的分布规律。北疆西北部、东疆和南疆东部是大风高值区。起沙风日数，塔里木盆地一般在30天以上，北疆和东疆大部分地区一般在20天左右。全年以春季风速最大，夏季次之，冬季最小。南疆因沙源更为丰富，在风力吹蚀下，每年3～5月多出现浮尘和沙尘暴天气。自然灾害有干旱、寒潮、大风、暴风雪、低温霜冻、冰雹、干热风、暴雨山洪，风沙尘暴等。

第二节 环境保护的重要性

虽然新疆的自然环境和生态环境都比较脆弱，但它又是一个能源丰富且可在电力、能源开发方面可持续发展的地区。

由新疆环境质量报告可知，近年来全区城市环境空气污染受沙尘、扬尘影响较重，全区监测的 19 个城市中，阿勒泰、塔城、博乐、克拉玛依、伊宁、石河子、昌吉、乌苏、阜康和五家渠 10 个城市空气质量年均值达到国家二级标准；乌鲁木齐、奎屯、哈密 3 个城市空气质量年均值达到国家三级标准；吐鲁番、库尔勒、阿克苏、阿图什、喀什与和田 6 个城市空气质量年均值均超过国家三级标准。由此可见，新疆空气污染较为严重。再看生态环境质量，全区生态环境质量总体保持稳定，但仍呈现部分改善与局部恶化并存的态势，绿洲—荒漠过渡带以及农—牧交错带的部分区域生态环境质量持续恶化，草地仍成退化趋势。由上述情况反映出新疆整体环境保护应更加受到重视，环保刻不容缓。

众所周知，规划人员前期进行现场勘探的目的是争取使线路可以避开风景区、自然保护区、林区等地域。在勘探伊库线时，规划人员发现天山山脉附近有一片区域正在向联合国申请非物质文化遗产，并且该地区申遗成功的可能性很大。一项优质工程造福一方人民，一片文化遗产福荫百代后人。在国家和人民的利益面前无需多虑，规划人员集体决定勘探新的线路，使工程绕过该区域，纵然加大工作量，但他们累并快乐着。

第三节 环 保 措 施

一、工程建设期的环保设计方案

（一）针对空气影响的环保设计

为尽量减少施工期扬尘对大气环境的影响，新疆 750kV 输变电工程施工期采取如下扬尘污染防治措施：对易起尘的临时堆土、建筑材料在大风到来之前进行覆盖；合理组织施工，尽量避免扬尘二次污染；施工弃土弃渣集中、合理堆放，遇天气干燥时进行人工控制定期洒水；加强材料转运与使用的管理，在运输时用防水布覆盖，进出场地的车辆限制车速，合理装卸，规范操作；在施工现场周围建筑防护围墙，以防止扬尘对环境空气质量的影响；在施工中合理布局规划，及时绿化减少地表的裸露程度。

在一般气象条件下，平均风速为 2～3m/s 的情况下，建筑工地下风向 TSP 浓度为上风向对照点的 2.0～2.5 倍。如果基本不采取防护措施，300m 以内将会受到扬尘的严重影响，开挖的最大扬尘量约为装卸量的 1%；采用一般的防护措施时，150m 内将会受到扬尘的影响，扬尘量约为装卸量的 0.5%；做好施工期扬尘的防护措施下施工时，下风向 50m 处的 TSP 浓度会小于 0.3mg/m³，符合 GB 3095—1996《环境空气质量标准》二级标准的要求。

（二）针对水影响的环保设计

新疆750kV 变电站针对水污染的影响，将生活污水经处理后用于站区抑尘，不外排。变电站设置足够容量的事故油池，产生的废变压器油等危险废物交给有资质的单位妥善处置，防止产生二次污染。施工过程中产生的生产废水，在施工场地附近设置施工废水沉淀池，将施工过程中产生的废水经沉淀处理后回用或排放。

巴州750kV 变电站站址为戈壁荒滩，施工期废污水经沉淀池或化粪池初级处理后外排入附近公路边林带，生活污水经化粪池处理后用于站区绿化。吐鲁番750kV 变电站施工期机械清洗废水就地蒸发，生活污水经化粪池处理后用于站区绿化。由于工程所在区域属于干旱缺水地区，施工期污水量很小，大部分污水会被自然蒸发。因此施工期排水未对地表水、地下水造成不良影响。

阿克苏750kV 变电站施工期在不影响主设备施工进度的前提下，先行修筑生活污水处理设施，对施工生活污水进行处理，避免污染环境；库车750kV 变电站施工期充分利用前期的生活污水处理设施，对生活污水进行处理。

哈密750kV 变电站和吐鲁番750kV 变电站四周均为戈壁荒地。哈密750kV 变电站施工期机械清洗废水经沉淀池处理后排入附近公路边林带，生活污水经化粪池处理后用于站区绿化。

在新疆750kV 输电工程施工中，进行塔基基础开挖时，特别注意土石方的堆放，并对开挖的土石方采取护栏措施，对裸露部分及时处理，并且在施工中注意不让泥水外溢而影响周围环境。输电线路在跨越河流时，尽可能采用一档跨越方式，不在河中立塔，减少线路施工对水体的影响。

根据沿线地质和水文状况，按照安全可靠、技术先进、经济适用、因地制宜的原则选定常采用的基础型式为掏挖式基础、斜柱基础、灌注桩等。

工程沿线地区为干旱区，大部分地段地下水埋藏大于 10m，对于该地区冻土深地质地段，主要采用斜柱基础及直柱基础。掏挖式基础施工时以土代模，直接将基础的钢筋骨架和混凝土浇入掏挖成型的土胎内。灌注桩基础常用在受洪水冲刷、漫水深度较高的跨河塔基础及软弱土层较厚的地区。施工场地尽量远离河道范围，施工过程中的弃土弃渣及时处理，不乱堆乱放，并进行苫盖，施工结束后，及时平整，减少了对河流水质产生影响。

当水环境属于饮用水与农业用水区，塔基施工过程中对水环境的保护措施需要更加严格，必须合理安排工期，选择枯水季节施工；在塔基施工前，基础四周采用草袋围堰防护；开展施工环境监理，贯彻施工期的各项环保措施，施工营地及材料场设置远离河道，避免生活污水、垃圾污染水体；在跨越河流施工时，不在河流岸边附近设置弃渣场，塔基施工完成后，进行土地平整，上覆砾石，减少对周围水环境的影响；开展施工环境监理，贯彻施工期的各项环保措施。

（三）针对土地及土壤影响的环保设计

根据建设资源节约型、环境友好型社会的总体要求，高度重视节约土地资源和加强环境保护，新疆 750kV 变电站选址时，尽量减少农用地等的征用，大部分变电站站址都选在戈壁荒漠等未用地。同时，750kV 变电站工程积极采用大容量机组、大容量变压器、大截面导线和高效的输电技术、小型化设备，以及其他成熟适用技术，减少土地资源浪费，提高土地利用效率。

哈密 750kV 变电站一期占地 17.52hm²，土地全部为戈壁滩未利用地。吐鲁番 750kV 变电站一期占地 13.38hm²，土地全部为戈壁滩未利用地。乌北 750kV 变电站扩建只是在已有场地内扩建设备，不新增占地。

五彩湾—芨芨湖—三塘湖 750kV 输变电工程中，各变电站工程总占地面积 164.43hm²，其中永久占地 59.56hm²，临时占地 104.87hm²。占地类型为裸地、沙地、其他草地、林地及工业用地，其中占用裸地 70.15hm²、沙地 62.92hm²、其他草地 27.72hm²、其他林地 2.69hm²、工业用地 0.95hm²，占评价区各类型土地总面积的比例很小。永久占地中，各类型土地占评价区总面积比例更小，且主要为裸地和沙地。由此可见，该变电站工程永久占地对当地土地利用结构影响极其轻微。临时占地因在施工后期会迅速得到恢复，不会带来明显的土地利用结构与功能变化。

新疆 750kV 输电线路施工的临时占地选在靠近公路空旷地上，因此对土地利用结构不会产生明显的改变，不会造成土地生产力下降。只要不对灌溉区域的水利、道路等基础设施产生改变，线路施工不会对土地利用结构产生较大的影响。此外，线路所经农田，施工时可能会对局部表土造成影响，致使土地生产力降低。

线路在施工时，根据当地地形合理选择塔基位置。750kV 输电线路经过平原地区塔基占地为耕地时，在施工设计时，合理布设铁塔，尽可能布置在荒地或田埂上，以减少占用耕地及农田耕作；输电线路经过平原地区塔基占地为未利用土地时，充分利用现有道路，减少修建临时施工便道，将塔基设置在地表植被较少地区；输电线路经过丘陵地区塔基占地为牧草地时，减少修建临时施工便道，对临时施工便道加强管理，避免运输车辆在草原上随意占用临时便道。

线路塔基建设需临时征用土地，被占用的土地植被暂时被清除，根据塔基占用土地类型及周围生态环境、输电线路路径地区的具体情况，选取适当的恢复措施，对临时征用的土地进行恢复，以减少对土地占用的影响。

（四）针对植被影响的环保设计

新疆750kV输变电工程中，由于变电站选址一般都是在郊区、荒漠和戈壁，地质环境较为普遍，一般此类地质环境原有植被覆盖率就极低，在输变电工程建设期间，除了站址所占土地外，周围的地表可实施覆盖等保护措施，同时进行文明施工操作规程的普及和要求，可以做到对植被的影响降低到最小。

巴州750kV变电站施工对植被的影响较小，而且变电站建成后，加强做好绿化工作，提高植被覆盖率。哈密750kV变电站站址有荒漠植被且盖度在1%以下，吐鲁番750kV变电站和正扩建的乌北750kV变电站地表无植被。

对被征用土地上的树木，减少对树木的砍伐，对塔基周围的植被进行保护；少修建临时道路，施工结束后，立即恢复临时占道的植被，以避免被地表水冲蚀后形成冲沟。

750kV输电线路所经过的戈壁荒漠区大部分植被稀疏，施工临时占地利用植被少的空旷地，少占有植被的土地；经过平原农业区时，对农作物青苗会造成一定的毁坏，采取表土剥离、土地复耕等措施，并尽量选择在农作物收割之后施工，减少对农作物的毁坏。

同时，新疆750kV输电线路路径选择时充分听取了地方政府、环保、规划等相关单位意见，选择线路路径时避让农田及林带，线路定位及施工时采取有效措施尽可能减少对农田的破坏及林木砍伐，铁塔设计采用档距大、根开小的塔型，减少占用农田。

（五）针对固体废弃物的环保设计

变电站施工中临时堆土设临时堆土场，堆放在站区空地，对堆土表面拍光、压实、彩条布覆盖、四周用两层装土袋紧压；在临时专用堆土场周围设置围栏，避免临时堆土场中暂时堆放的土方向外流失；挖运土方的车辆用篷布严密遮盖；遇到干燥和炎热的天气时，对作业区及时喷水以防止"二次扬尘"的产生。对施工垃圾的及时清理、清运至当地有关部门指定的垃圾堆场堆放，使施工垃圾对环境的影响减至最低。

变电站施工时，由于施工区域比较集中，施工人员产生的生活垃圾集中收集后暂存于施工生活区，定期外运至环卫部门指定处置地点，不会对环境产生污染。施工过程中做到土石方平衡，减少弃土的产生，对于不能平衡的弃土集中运至当地政府指定的处置地点，只要管理得当，也不会产生环境污染。对施工临时堆土集中、合理堆放，予以苫盖，遇干燥天气时进行洒水。采取这些措施后，对当地环境影响很小。

新疆 750kV 输电线路位于平地或坡度很小地区的塔位，基础回填后的弃渣量很小，回填时先将施工产生的固体废物回填，然后将开挖土回填，覆盖塔基征地范围内，将少量弃土弃渣靠近塔基堆存，升高塔基周围标高，弃渣表面平整后用砾石覆盖。

在低山丘陵和土石山区地段，弃渣就地推平，抬高基础，上覆砾石，塔位下坡方用装土编织袋拦挡，塔位上坡方设挡水土埝，消除上坡方汇水对弃渣影响，陡坡地段的弃渣点，结合弃渣点地貌特点、堆渣量和堆渣高度、地质条件、水文条件等进行综合分析，其水土保持措施考虑削坡工程和挡渣墙。

在平原农业区地段，施工过程中的土方临时保护，表土分离单独存放，并进行苫盖。该防护措施有效防止了施工过程中因刮风而引起的扬尘，同时有效保护了剥离的表土。在戈壁荒漠区地段，施工过程中的土方临时防护，砾石分离单独存放，施工完成后再用砾石覆盖裸露地表。采取上述措施后，输电线路施工过程的固体废物对环境的影响较小。

（六）针对噪声污染影响的环保设计

从主要施工机具的噪声情况可以看出，对周围声环境影响最大的噪声主要为打桩机噪声。但据估算，打桩期间距离工作地点 200m 以外，其产生的噪声可衰减至 55dB（A）以下，就可以符合 GB 12523—2011《建筑施工场界环境噪声排放标准》相应噪声限值要求。

在新疆 750kV 变电站工程施工开始后，施工单位通过合理布置施工场地和安排施工工序，将打桩机、挖掘机、搅拌机等产生连续较大噪声的设备尽量布置在远离居民处，避免全天候作业，特别要避免夜间进行挖掘、搅拌等产生较大噪声的作业。因此，在合理布置施工场地、合理安排施工时序的前提下，变电站施工噪声对周围环境的影响较小。

根据输电线路塔基施工特点，各塔基施工点施工量小，土建施工时间短，单塔累计施工时间一般在 2 个月以内，施工结束，施工噪声影响亦会结束，产生的噪声影响很小。而且，在架线工程时，机械设备如各牵张场内的牵张机、绞磨机等产生的机械噪声，其声级值一般小于 70dB（A），这样程度的噪声对距离工程地点较远的居民不会产生很大的影响。

新疆750kV输电线路工程建设单位均限制夜间施工，如因工艺特殊要求，需在夜间施工而产生环境噪声污染时，应按《中华人民共和国环境噪声污染防治法》的规定，取得县级以上人民政府或者其有关主管部门的证明，并公告附近居民，同时在夜间施工时禁止使用产生较大噪声的机械设备，如推土机、挖土机等，禁止夜间打桩作业。在采取以上噪声污染防治措施后，施工噪声对外环境的影响将被减至最小程度。

二、工程运行期变电站环保措施

（一）环境的影响及相关环保措施

1. 对水的影响及环保措施

变电站投入运行后的污水主要包括站区生活污水和含油污水。

生活污水主要来自运行值班人员产生的粪便污水和洗涤污水，污染因子为COD、SS、总磷、总氮、大肠菌群等。由于智能变电站的推广和建设，750kV变电站值班人员一般较少，按常规设计方案6～15人考虑，日排生活污水量最大值约3～6m³/天。

油污水主要来自变压器检修和事故工况，污染因子为油类、SS等。这是由于变压器处于检修或故障情况下，期内的变压器油泄露或流出，混入水中，造成的含油污水。

新疆750kV变电站运行中，生活污水经下水管网排入化粪池，生活污水处理设施采用地埋式处理装置，处理能力为0.5t/h，经处理达到GB 8978—1996《污水综合排放标准》第二时段一级标准，经过接触氧化、沉淀后均用于站区绿化。生活污水处理流程为：生活污水→污水管道→污水调节池→潜池排污泵→生活污水处理装置→站区管道→集水池→用于站内绿化，不出现外排情况。

一般在检修时，变压器中的油被抽到贮油罐中回用，产生的油污水量较少。当出现突发事故时，变压器油排入事故油池，由有资质的单位运走处理。产生的事故废油收集及处置流程如下：事故状态下变压器油外泄→进入变压器下卵石层冷却→进入事故油坑→进入事故油池→真空净油机将油水净化处理→去除水分和其他杂质→油可全部回收利用→废油和杂质送有资质的危废部门处理，不外排。因此，新疆750kV变电站可以全年没有污水外排，不会对水环境造成影响。

2. 对植被的影响及环保措施

结束施工期后，变电站工程临时用地恢复，未在运行期内进行使用，随着施工的结束，临时占地时破坏的原地貌将逐步恢复。而变电站站址所占地，在运行期中，由于变电站的永久占用改变了土地的利用类型，使用地由荒地转为工业用地，在运行期间无法恢复原有植被状态。

国网新疆电力依据电力行业绿化标准，在站前区和进站道路两侧进行绿化措施布设，在750kV变电站站区施工结束后，采取了种植乔木、灌木等绿化措施，进站道路两侧设绿化带，尽量选择当地易于成活、生长旺盛的树种或乔灌木，为提高树木的成活率，树木定植后进行抚育，以改善生态环境。

3. 对自然景观的影响及环保措施

由于新疆变电站站址多选择荒漠戈壁等地区，从自然景观的角度来看，这些也是新疆旅游资源的一部分，是许多国内外游客进行游览参观的地方。变电站投入运行后，长期占用这部分土地，对自然景观的观赏产生了一定的不利影响。

国网新疆电力在严格执行国家电网公司相关环保规定的基础上，针对自身地大物博，自然景观多且稀有的特点，制定了适合于保护自身自然景观的环保方案。

（1）在新疆750kV变电站的选址中，一般考虑选择远离自然保护区等重要景观的位置，尽可能不影响自然景观与周围环境的一致性。

（2）根据国家电网公司规定，新疆750kV变电站必须使用统一布局和标识，保持运行中的站内整洁，工器具摆放要尽量做到整齐美观。

从实际情况来看，新疆750kV变电站所在地周围多已有电源项目、天然气项目等其他工业设施，所以其运行中对自然景观的影响不大，可以忽略。

（二）噪声污染的影响及相关环保措施

750kV变电站运行期间的可听噪声主要来自主变压器、电抗器和室外配电装置等电器设备所产生的噪声。

工作时，主变压器的本体噪声约为75～80dB（A），以中低频为主，特点是连续不断、穿透力强、传播距离远，是变电站内最主要的噪声源。同时，每台主变压器旁设有冷却风机，必要时启动用于变压器的冷却送风，其运行噪声一般为70～75dB（A）。

除了变压器及其冷却风机外，噪声源还包括高压电抗器、低压电抗器等。高压电抗器的运行噪声一般为65～75dB（A），低压电抗器的声级一般为60～65dB（A）。

根据噪声从声源传播到受声点，受传播距离、空气吸收、阻挡物的反射与屏蔽等因素的影响，声级产生衰减的原理，新疆750kV变电站为了降低噪声污染，采取了多种措施。

（1）严格按照站内平面布置设计，优化站区总平面布置，将运行噪声较大的设备，如主变压器和电抗器等布置在阀厅间，其作为天然噪声屏障，有效地阻止了变压器噪声向站前区及站外敏感点的传播，同时也阻止了场内噪声声级的相互叠加，加大噪声衰减，降低噪声对站区工作人员的影响。

（2）在设备的选择上优先采用低噪声设备，包括变压器、高压电抗器等设备，在选择时严格控制其运行噪声指标。在招投标采购时将运行噪声指标作为一个重点评判和选择的方面，噪声制造情况较大的设备均不予考虑，不对其进行进一步技术评判。

（3）采取具有通风散热消声器的隔音室把站内正常运行主要电气设备等本体封闭起来，将冷却风扇放在隔音室外面。将隔音室和钢柱、横梁之间用螺栓连接，吸声体通过膨胀螺栓固定在防火墙上，利用这一装置隔离噪声源，减少噪声产生和叠加。

（4）在局部厂界围墙加高设置声屏障，加高主变压器等设备场地附近围墙，再在其上设置声屏障。围墙采用钢筋混凝土框架结构，蒸压灰砂砖填充墙，具有一定的吸声功能。围墙上声屏障采用可拆卸式钢结构，声屏障板采用插入式安装方式，限制噪声的传播。

（三）电磁辐射的影响及相关环保措施

与电厂配套建设的高压变电站，在周围环境中可产生电磁场和无线电干扰，从而对环境可造成电磁辐射污染。对人体主要产生热效应和非热效应危害。频率不同的电磁辐射对动物的情绪和反应能力也能产生不同影响。

750kV变电站内的工频电场、工频磁场主要产生于配电装置的母线下及电气设备附近。在交流变电站内，各种带电电气设备与设备连接导线的周围空间形成了一个比较复杂的高电场，对周围环境产生一定的工频电场、工频磁场。变电站内各种电气设备、导线、金具、绝缘子串都是无线电干扰源，它们通过出线顺着导线方向以及通过空间垂直导线方向朝着变电站外传播干扰。站内各种电气设备亦可能产生局部电晕放电，产生无线电干扰。

依据HJ/T 10.2—1996《辐射环境保护管理导则　电磁辐射监测仪器和方法》等规定，国网新疆电力首先对各个变电站四周进行24h不间断的电磁辐射监测，然后根据检测情况制定相关措施。

新疆750kV变电站运行期间产生的电磁辐射很小，对周围居民生产生活没有太大的影响，为了进一步防护运行期的电磁辐射，可以为限制电晕产生无线电干扰，尽可能选择多分裂导线等，并在设备订货时要求导线、母线、均压环、管母线终端球和其他金具等提高加工工艺，防止尖端放电和起电晕。

　　同时，对站内配电装置进行合理布局，避免电气设备上方露出软导线；增加导线对地高度，减小导线极间距离。变电站站址选择时，避让电磁、无线电干扰及噪声敏感点。

　　而且，新疆750kV智能变电站均采用六氟化硫气体绝缘全封闭电器（GIS）设备，由于GIS在高压设备间采用了绝缘介质，同时由于其外部由金属密封，就像给高压设备罩上了一个防护罩，可以有效地控制高压设备产生的电磁场强度。在城市内部的变电站可建为室内式变电站，墙壁大大屏蔽了电磁场，室内式变电站外的工频电场、工频磁场等就会被大大减弱。

三、工程运行期输电线路环保措施

（一）环境的影响及相关环保措施

1. 对林木资源的影响及环保措施

　　由于750kV输电线路跨越距离长，线路走廊环境多变，期间不乏在林区等树木密度较大的地区穿越。为了保证线路运行的安全性，线路走廊必须具有一定范围的空阔环境。为此，输电线路运行时需砍伐一定数量的树木，这对林区的生态环境将造成某种程度的破坏，减少林区的生物多样性，同时也造成了林木资源的减少。

　　在新疆750kV输电线路工程中，线路设计走廊经过林区的情况很少，即便有线路沿线也基本无大的林区分布，林地呈小片或零星分布。在运行中，线路跨越林带时，需砍伐个别树木，一般对其树种进行检查和甄别，如有珍贵树种在需要砍伐的范围内，运行人员将联系林业部门进行协调，对其采取移植等方式进行挪动。在通常情况下，750kV输电线路走廊中的常见树种主要是白杨树，对其进行有限度的砍伐不会造成大幅度的林木面积、蓄积量和生物量的减少。

2. 对于农田资源的影响及环保措施

　　当输电线路投入运行和使用后，会产生一定的永久占地，不可避免要对农业生态环境带来一定影响。运行过程中需进行有规律的运检工作。对位于农田及其周边的线路而言，在巡线、检修等工作过程中，将造成对农田的破坏和损害，并造成农田所有者的一定损失。而且输电线路在跨越农田的情况下，当产生危险情况时，可能对农民的人身财产安全造成危险，带来巨大的损失。

新疆 750kV 输电线路平均每 600～700m 建一座基铁塔，每个塔基的永久占地为 160m² 左右。在农田中建立铁塔以后，给局部农业耕作带来不便，但对农业收入和整个农田环境影响很小。

750kV 输电导线跨越的农田部分，一般不会对环境造成不利影响。在夏天最热天气条件下，导线对地弧垂最大，满负荷运行时，导线产生的工频电场强度最大。最大电场强度都局限在很小的时空范围内，农民在夏天最热天气时，长时间停留在高压导线下劳动的几率是很小的，并且长时间停留在高场强区域内的几率更小。

为防止阴雨天线路的极端放电和雷击，750kV 输电线路运行管理单位加强宣传教育，增加农民的安全防范意识，在雷雨天气条件下尽量减少农业耕作，更不要停留在导线或杆塔下。

3. 对临时占地的影响及环保措施

由于线路工程施工量大，在输电线路施工过程中，不可避免地出现临时占地的情况，这些临时占地在施工中有一些生态环境的破坏。进入输电线路运行时期后，对于临时占地的环境破坏已经产生而且有一定的恢复难度，如果不能采取迅速有效的保护措施，会对这部分土地产生不可逆转的破坏。

新疆 750kV 输电线路在施工期间的临时占地较为分散，不存在集中大量占用土地的情况。进入线路运行期，临时占地施工结束后均给予恢复原地貌，对生态环境的影响是暂时的，并且影响较小。公司要求临时占地为耕地的优先进行土地复垦，复垦包括平整土地、施肥、翻地、碎土（耙磨）等过程，通过整地可以改善土壤理化性状，给植物生长尤其是根的发育创造了适宜的土壤条件，恢复占地之前的土壤、植被和水土环境。

4. 对景观资源的影响及环保措施

某些区域的输电线路与居民居住区、自然保护区以及旅游景区的位置比较接近。在相对居民较近和可见范围内的铁塔，由于其本身较为高大，易被察觉，对居民居住环境的景观有一定的影响。而且，对于自然保护区和景区等地点，铁塔和空中输电线路的出现，造成了与周围环境不和谐的情况，自然景观被其影响，有了一定程度的视觉损失。

新疆 750kV 输电线路所经的居民区主要为村庄、公路等人文景观，背景景观域值较高，因而不会产生明显影响。虽然悬挂在空中的输电线路与自然环境不是很协调，但工程沿线已有各种高低压线及通讯线等，并不十分突兀。

对于自然保护区等旅游景区的景观影响，国网新疆公司与当地旅游管理部门进行沟通，提前声明输电线路运行对旅游景观的影响，请求谅解与配合。因此，新疆 750kV 输变电工程输电线路和铁塔的架设不会对当地景观产生视觉冲击和视觉污染。

（二）噪声污染的影响及关环保措施

电晕放电是极不均匀电场所特有的一种自持放电形式，是极不均匀电场的特征之一。它与其他形式的放电有本质的区别，电晕放电时的电流强度并不取决于电路中的阻抗，而取决于电极外气体空间的电导，这就取决于外加电压、电极形状、极间距离、气体的性质和密度等。气体中的电晕放电通常伴随着游离、复合、激励和反激励等过程而有声、光、热等效应，表现为发出"嘶嘶"的声音，发出蓝色的晕光以及使周围空气温度升高等。

输电线路运行时，导线的电晕放电会产生一定量的噪声，输电线路的运行噪声一般伴随导线周围空气在电场作用下产生电离放电而产生。输电线路下的可听噪声除了与天气条件有关外，还与导线的几何结构有关，随着导线截面的增大，噪声值降低。当分裂导线的总截面为给定值时，所用的次导线根数越多，噪声值就越低。

通过美国BPA推荐的高压输电线路可听噪声的预测公式，国网新疆电力对每条输电线路进行24h不间断的噪声监测，从新疆750kV输电线路投运前噪声监测、投运噪声预测与监测的情况可以看出，750kV输电线路的噪声污染影响很小，除了距离居民住宅区较近的线路走廊的噪声为GB 3096—2008《声环境质量标准》中的2类标准，其余的750kV输电线路噪声均满足GB 3096—2008《声环境质量标准》中的1类标准。

（1）为了进一步减少750kV输电线路带来的噪声污染，避免有可能的噪声影响，在线路设计期间考虑不使线路跨越长期住人房屋，如跨越非长期住人的建筑物或邻近民房时，也尽量间隔一定距离。

（2）必须优化输电线路的导线特性，如提高光洁度，适当加大导线直径等，减小电晕强度，从而减弱噪声。新疆750kV输电线路均采取导线六分裂的排列方式，从技术角度增加了导线直径。同时，在满足工程对导线机械物理特性要求和系统输送容量要求的前提下，合理选择导线、子导线分裂间距及绝缘子串组装型式等，以减小线路的声环境影响。

（3）新疆750kV输电线路工程在个别地区采用增加杆塔线间距离，增大导线离地高度来降低电晕可听噪声。在新疆一些高海拔地区和城市周围，对噪声限制较严格的则采用改变导线结构的形式，采用扩径导线或异性导线来减少噪声影响。

（三）电磁污染的影响及相关环保措施

输电线路运行期主要污染因子有工频电场、工频磁场、无线电干扰等，电磁污染包括输电线路运行产生的工频电场及工频磁场对环境的影响、输电线路运行产生的无线电干扰对邻近有线和无线电装置的影响。750kV 输电线路运行产生的工频电场、工频磁场、无线电干扰主要取决于导线的线间距离、导线对地高度、导线型式和线路运行工况（电压、电流等）。

输电线路工频电场、工频磁场和无线电干扰等电磁环境的影响预测，参照 HJ/T 24—1998《500kV 超高压送变电工程电磁辐射环境影响评价技术规范》推荐的计算模式进行。在测量结果和相关计算公式的基础上，国网新疆电力对每条输电线路进行 24 小时不间断的电磁辐射监测，在安全运行的情况下，新疆 750kV 输电线路所产生的电磁辐射是在评价标准范围内的，是合理安全的，对周围居民的影响很小。为进一步控制 750kV 输电线路的电磁辐射影响，根据检测情况制定相关措施。

（1）新疆 750kV 输电线路工程建设公司在设备选型上，为限制跳线串风偏和减少电晕放电干扰，跳线绝缘子串加装重锤，避免松动噪声，选择大直径导线；在设备订货时要求导线、均压环、金具等提高加工工艺，防止尖端放电和起晕，降低无线电干扰水平。

（2）在新疆 750kV 输电线路的设计上，已经避开了居民区，在塔型、塔高的选择上也充分考虑了电磁辐射防护的需求，减少走廊宽度，以降低线路走廊运行中的电磁辐射影响。

（3）对当地群众进行有关高压输电线路和设备方面的环境宣传工作，帮助群众建立环境保护意识和自我安全防护意识。居民点电磁场强度有超标的给予拆迁并查明原因。根据新疆 750kV 输变电工程环境影响评价结果和《电力设施保护条例》，设置环保防护范围，该范围内不得新建民房等永久性建筑物。

建设篇

巍巍天山，见证了 750kV 电网建设者们的成就与辉煌；茫茫戈壁，记载着 750kV 电网建设者们的豪迈与奉献。2009 年 9 月 24 日，新疆 750kV 凤凰变电站—乌北—吐鲁番—哈密输变电工程开工建设。作为新疆首个 750kV 输变电工程，打通了哈密煤电基地与新疆主网之间的送电通道，为满足新疆电网内部各区域间功率交换奠定了基础。自此开始，为了提高新疆电网的安全稳定水平，促进新疆风电等可再生能源及大型火电机组的规模开发，实现新疆电网的科学发展，新疆 750kV 工程进入了大规模建设时代。

新疆自然环境恶劣早已名扬遐迩，古人曾留下"戍客望边色，思归多苦颜；山回路转不见君，雪上空留马行处"的凄凉诗句。雪山冻土，沙漠戈壁，"三山夹两盆"等极其恶劣的施工条件，对 750kV 电网工程建设提出了巨大挑战，但新疆 750kV 电网的建设者们从未产生过丝毫动摇，他们不畏艰辛、攻坚克难，用聪明智慧解决一个又一个大自然出的难题，用精诚团结谱写出一首 750kV 电网建设的华章，用满腔的忠诚铸就了"750kV 电网铁军"的坚毅与辉煌。

在酷暑难耐犹如火炉的夏季，施工现场室外温度平均要有 40℃，有时甚至高达 50～60℃。但为确保施工进度和质量，750kV 电网的建设者们即使在这样的恶劣条件下，每天工作十多个小时也无怨无悔。在这个与天斗的战场上，你只能体会到一个信念：我们是新疆电网的脊梁！ 我们要用"特别能吃苦，特别能战斗，特别能奉献"的钢铁意志来诠释我们这支优秀团队的深刻内涵。

在透骨奇寒滴水成冰的冬季，大多数人都躲在室内御寒，可在 750kV 输变电工程施工现场，却是热火朝天的冬季大会战场景。施工现场没有取暖设施，建设者们在天寒地冻的工作环境下忙碌着。放线、接线、安装……手冻僵了，他们呵几口气，搓一搓，继续干；脚站麻了，跺一跺，接着来，大家自始至终保持着高昂的工作热情。严寒中，建设者们全力确保施工质量，紧抓施工进度，力争 750kV 工程早日投运。

国网新疆电力在工程建设过程中，准确把握安全稳定、质量保障工作面临的新形势，把思想和行动统一到公司党组的决策部署上来，认真贯彻执行新《安全生产法》、国家电网公司通用的法规、制度，健全基建质量标准化管理体系，全面深化应用标准工艺，明确各级安全、质量管理职责，保证安全、质量管理体系有效运转。同时，通过健全造价过程内控管理机制，强化造价过程关键环节的管控，以"超前控制，过程控制，闭环控制"为原则，并逐步加以实施，有效地提高了工程建设投资效益。在工程建设过程中，物资管理必不可少，由于工程本身的特殊环境和条件，造成物资供应保障工作有较高的难度和风险，为此全面调动相关资源，在组织招标采购、大件设备运输、物资质量管控和物资实时供应等方面进行深入研究，制定行之有效的解决方案，保障物资供应的顺利进行。工程调试是工程投运送电前的重要环节，各参建单位高度重视，精心组织，认真做好工程调试工作。此外，工程管理组织架构是实现工程建设顺利完成的基础，做好工程管理队伍的配置和构建十分重要。业主项目部、监理项目部和施工项目部三方组成的项目部管理组织架构，共同实现了新疆 750kV 电网工程的顺利建设。

新疆电力人在每一个环节都精益求精，以钢铁般的毅力和坚实的举动，彰显了 750kV 电网建设者们"格外负责任、格外能吃苦、格外能战斗、格外能贡献"的英雄本色。

第十章　电网建设管理

为有效满足服务新疆地区经济发展需要，紧扣国家"一带一路"战略发展契机，国网新疆电力加快电网建设步伐，全面提速疆内电网建设项目进程。根据国家电网公司确立的"建设国内一流精品工程，实现工程零缺陷移交生产"的目标，750kV 建设单位派出了精干的管理队伍，从变电站到输电线路，每一个标段都有技术人员全程蹲点。他们抓质量、抓安全、抓工期，推行样板施工和标准作业，不断改进和创新现场工程管理工作，引导施工单位主动、严格、持之以恒地抓好安全文明施工，把创建优质精品工程的要求落实到了工程建设的各个环节上。工程建设的精益化来源于严格的监管，电网建设人员忠实地履行着岗位职责，不放过一个细节，容不得半点瑕疵，从而确保 750kV 各工程顺利完工。

第一节　工程建设体制

2006 年，西北电网有限公司在新疆设立西北电网乌鲁木齐建设公司，负责首条玛纳斯—乌北 220kV 输变电线路工程的建设管理工作，该工程线路部分按照 750kV 的标准建设。该公司在新疆负责建管的工程还有新疆与西北主网联网第一通道哈密—安西 750kV 输电线路工程（新疆段）。

2008 年，国网新疆电力为加快疆内 750kV 输变电工程自主建设步伐，从全疆抽调优秀的管理人员，组建了国网新疆电力 750kV 工程建设公司，从此，这支优秀的管理团队承担了新疆所有超高压、特高压项目的建设管理工作。

2012 年 3 月份，国家电网公司实行"三集五大"的体制改革，原西北电网乌鲁木齐建设公司主要人员划转国网新疆电力 750 工程建设公司，为新疆电网建设增添了一批优秀人才。

2012 年底，因机构变革，国网新疆电力 750 工程建设公司整建制划转至国网新疆经研院，受国网新疆电力委托，负责特高压工程、750kV 输变电工程和 750kV 变电站配套送出 220kV 输电线路工程项目建设管理工作，负责项目安全、质量、进度、技术、造价管理，对设计、监理、施工单位进行过程管理。

为了更好地开展协调工程建设的前期工作，国网新疆电力将土地征用、线路廊道清理、青苗赔偿等工作全部交给了工程沿线的属地供电企业。

为适应新疆750kV及特高压工程大规模电网建设的要求，国网新疆电力成立以总经理为负责人的750kV电网工程建设指挥部，下设建设协调组、工程前期组、工程技术组、安全质量组、生产准备组，全力加强工程建设管理。

第二节 工程建设特点及难点

一、工程建设特点

（一）新疆气候条件特殊

新疆地域辽阔，南、北疆区气候差异大。春秋季较短，且大风、沙尘暴天气频繁；冬夏季较长，且昼夜温差大。

乌鲁木齐北—吐鲁番—哈密750kV输电线路工程途经全国著名的"三十里"和"百里风区"，最大设计风速42m/s，在全国750kV输电线路设计史上尚属首次；吐鲁番750kV变电站位于闻名世界的吐鲁番火洲盆地，夏日高温少雨，气候干燥，地表温度可达70～80℃；三塘湖750kV变电站全年风季时间近8个月，站址极端最低气温−43.4℃，多年平均最低气温−34.6℃。

（二）线路工程途经地段地质情况复杂

线路工程途径戈壁滩、盐碱地、沙漠、高海拔山区、冻土区等，地质地形多样复杂。750kV新疆与西北主网联网第二通道工程新疆段处在茫茫戈壁之间，0.5～2m地下呈现盐碱混交粘合，俗称盐碱壳，坚硬度类似混凝土，极难开挖；伊犁—库车750kV输电线路工程翻越天山山脉4000m多铁力买提达坂，高山峻岭多，且基础位于冻土层以下。凤凰—乌苏750kV输电线路工程穿越蘑菇湖水周边，沼泽地多，施工时需要采取降水、围堰等措施。

（三）部分变电站位于地震带，设备等需特殊选型

位于新疆阿克苏、喀什地区建设的库车、阿克苏、巴楚、喀什750kV变电站均位于新疆地震带，抗震烈度为八级，主变压器等设备必须采用专门的减震支座，在国家电网公

司系统属于少数。

（四）新疆维稳安保形势复杂

受历史等诸多因素影响，新疆维稳安保形势虽趋于好转，但整体依然严峻，新疆维吾尔自治区政府提出"安全稳定是新疆的第一要务"，既要抓好电网建设，又要强化维稳安保工作，是参与新疆750kV输变电工程建设的监理、设计、施工单位必须要面临的实际问题。

（五）新疆电网差异化设计多

新疆受气候和地域影响，"四暴一震"事件（即暴风、暴雪、暴雨、暴恐及地震）较为突出，内地通用的设计方案及国家电网公司通用设计、通用设备等在新疆部分地区并不适宜，需要结合新疆气候等特点予以改进。

（六）新疆地处偏远，主设备等运输周期长

新疆位于祖国西北地区，750kV输变电工程建设所需的大部分主设备、材料等需要内地厂家供应，供应距离远，不可预见性因素多。如喀什750kV变电站主变压器属于超重、超大设备，其运距超过4000km，运输总周期长达3个多月。

二、工程建设难点

（一）工程前期协调难度日益增大

新疆大规模基础设施建设仍处于高峰期，造成线路通道、站址等资源日趋紧张，工程前期协调难度大；随着依法治国理念深化，土地、环保、林保等各方面检查执法力度日益严格，公众维权意识持续增强，使征地拆迁、通道清理等政策处理难度更大。

（二）工程安全质量管控难度大

当地政府对电力项目投产要求紧迫，新疆大部分工程项目均需冬季施工，且施工周期长（长达近半年时间），确保冬季施工期间工程的安全质量是建设者必须面临的难题。

（三）集中管控难度大

自2009年以来，新疆750kV电网投资持续加大，工程建设点多、面广、战线长的局

面始终存在，使得电网建设管理力量、技术支撑资源等较为分散，集中管控难度大。

（四）大规模建设给安全稳定带来巨大压力

750kV变电站扩建项目显著增多，如2015年，建设的13个750kV变电站中有8个为扩建站，临近带电，一、二次接火作业多；线路工程年均带电跨越110kV项目多达40余处；施工高峰期年均分包人员达到6000余人，分包安全管理难度大。

（五）工程施工难度大

伊犁—库车750kV输电线路工程翻阅天山山脉，施工5标段材料、设备等全部依靠索道进行运输，3～4标段近50基塔位常年风吹雪现象严重；吐鲁番地区高温酷热，参建人员作息时间必须有调整和适应期；达坂城750kV变电站工程位于大风区，风季长达8～9个月；部分线路工程穿越无人区，后勤保障及其困难，以上均给工程建设带来极大难度。

（六）厂家协调难度大

受地域偏远因素影响，尤其是国家电网公司加快推进超、特高压建设以来，750kV设备、材料延期供货不确定因素较多，协调难度大。

由于新疆地区地理条件特殊，导致750kV工程建设难度大，但是在如此艰难的条件下，新疆电力人不畏艰辛，工程建设管理单位在工程一线与建设员工一起，为750kV工程建设贡献自己的力量，取得了十分傲人的建设成就。

2015年8月13日，国网新疆电力副总经理沙拉木·买买提一行来到伊犁—库车750kV输电线路工程施工现场进行调研，慰问长期坚守在偏远一线的施工人员。沙拉木·买买提徒步5km山路，对工程所跨越的地理环境进行了调研。在听取汇报后，沙拉木·买买提对工程的进展情况及项目部工作取得的成绩给予了充分肯定，并且在会上就工程物资、设计、前期中存在的问题一一询问各负责单位，了解问题出现的原因，要求各单位在日常的工作中加强沟通联系，克服一切困难，保证工程顺利竣工投产。随后，沙拉木·买买提一行来到工程便道施工现场，询问了现场负责人修路进度、规划。

第三节 安保维稳防控体系

一、安保维稳防控体系提出的背景

受历史、现实与国际、国内多重复杂因素的影响，自中央新疆工作座谈会以来，党中央把新疆的稳定提到了新的战略高度，新疆维吾尔自治区要求各部门、各单位将维护社会稳定作为一切工作的着眼点和着力点，全面加强反恐维稳能力建设，夯实维稳安保的基础工作。近几年，国家电网公司持续加大对新疆的电网投资，尤其是 750kV 主电网向维稳重点、难点的南疆地区延伸，同时，大量疆外电网建设者陆续加入新疆电网建设任务中，存在对维稳安保工作认识不到位、配置不一致等现象，一旦发生突发事件，易出现应对不足等局面，造成维稳安保压力巨大。

二、安保维稳防控体系内涵

安保维稳防控体系的内涵是通过电网建设工程项目为核心，实现参建各方（包括项目业主方、项目施工建设方、项目监理方）与项目所在地关联方（各级党政部门、公安机关及维稳安保相关机构、地州市及县市区电力公司）联动，形成一个高效运行的组织体系。同时，围绕"嵌制入流、制流一体、规范标准、表单承载、量化评价、系统控制"的一体化管理思想，以系统融合管理和督查、考核、评价机制为手段，建立一套以项目为中心的组织管理体系、制度标准体系、标准流程体系、考核评价体系、风险控制体系，实现电网建设工程安保维稳从以职能为中心向以流程为中心的转变，有效提高安保维稳效率、防控能力。安保维稳防控体系主要创新点有以下几点：

1. 明确职责，构建一体化的维稳安保组织体系

成立以项目为中心的维稳安保领导小组，形成任务清晰、职责明确的 4 个机构。形成由地方各级党委、政府、当地公安机关为主的指导机构，充分利用政府的维稳安保资源，建立外部联动机制；形成以国网新疆电力职能部门为主的督导机构，在项目建设中开展不定期的检查督导；形成以各地州、县公司为主的协作机构，建立内部联动机制；形成以各参建单位为主体，以业主项目部为核心的实施机构，具体负责现场的维稳安保工作。

构建了职责分明、纵向贯通、横向联动、运转高效的工作机制，为确保专业管理与现场实施"无缝对接"。

2.建章立制，完善维稳安保制度体系

通过梳理新疆维吾尔自治区、国家电网公司、国网新疆电力关于维稳安保的各项文件，并结合电网工程建设项目实际进行汇总整理，从完善维稳安保责任制出发，在严格执行国家电网公司、国网新疆电力相关制度的基础上，结合项目建设实际建立了维稳安保检查制度、教育制度、事故报告制度、例会制度、投入保障制度、责任考核制度、奖惩制度等20余项制度，做到以制度管人、管事。

3.突出标准化，创建维稳安保标准管理体系

（1）创建安防维稳标准配置清单及图册。按照国家电网公司、国网新疆电力对电网建设工程项目现场维稳安保的相关标准、政策的要求，以《国网新疆电力公司维稳安保防范标准》等文件作为依据，结合750kV输变电工程项目的实际，形成新疆地区750kV变电站及线路工程两个安防维稳标准配置明细，分为生活区、办公区、材料站等7个标准化配置模块，形成变电站工程83个明晰清单项、输电线路工程76个明晰清单项，同时，形成变电站工程维稳安保标准化配置图册。

（2）构建电网建设维稳安保人员的配置标准测算模型。按照所编制的新疆地区750kV输变电工程安防维稳标准配置，采用德尔菲法（专家打分法），确定出各影响因素在项目中的权重，由此建立项目的特征关系矩阵。具体的计算公式如下：

$$A = T + （Q - T） \times \frac{R_1 \times i_1 + R_2 \times i_2 \cdots + R_N \times i_N}{N}$$

式中　A——电网建设工程项目实际需要配备的安保人数；

T——按现场施工人数要求配备安保人员区间的最低配备数；

Q——按现场施工人数要求配备安保人员区间的最高配备数；

$R_{1\sim N}$——项目的各个影响变量对安保人员人数要求的影响权重；

$i_{1\sim N}$——各影响因素的比值（和值为1）。

通过该数学模型的建立，可以有效确定750kV电网建设工程项目所需要配备的维稳安保人员数量，从而确定其相应的人力投入成本，预测速度快、简单方便、实用性强。

（3）细化工作流程，制定科学维稳安保流程体系。结合组织管理体系的优化，进行流程重组，强化内部管理，实现对人流、物流、信息流的集成控制。优化制定新疆电网建

设工程项目检查督导流程、新疆电网建设工程项目突发事件处理流程、新疆电网建设工程项目应急演练流程等 10 余项维稳安保管理流程。

（4）夯实"三基"，落实完备的维稳安保考核体系。一是严格执行维稳安保的"三查"机制。针对执行的层层削减，实行维稳安保工作的日常查、定期查、突击查的"三查"机制，其作用就在于监督项目建设执行维稳安保的情况，以提高维稳安保的执行力。同时，建立 QQ 群、微信等信息平台，及时有效掌握各项目的维稳安保情况，针对问题进行快速部署和安排。二是建立健全工作表单，做到考核评价有据可查。制定维稳安保工作督导检查记录表、教育培训登记表、应急演练工作记录表等 16 项表单。

（5）关口前移，夯实维稳安保风险控制体系。建立电网建设项目安保维稳预警机制、突发事件的应急机制、社会治安的防控机制，通过"事先控制—现场控制—反馈控制"来实现。事先控制就是编制、审批维稳安保作业规程和应急预案，从而在事先做好维稳安保目标和工作标准的控制工作。现场控制就是通过对项目所在地的作业现场进行评估管理、遵章违纪执行和培训、演练，反馈控制主要是检查和落实制度、流程、排查隐患。

三、安保维稳防控体系实施效果

作为责任央企，国网新疆电力秉承"三大责任"，在推进维稳安保常态化管控集成模式的应用和实践中，探索出符合新疆电网建设与发展的维稳安保管控体系，不仅适应于新疆电网发展的维稳安保管理，更在新疆、驻疆央企及全国范围内开展维稳安保工作具有广泛的推广价值、借鉴与示范作用。

（一）形成一套行之有效的维稳防恐安保常态化管理体系

建立系统与政府、公安机关、企业和群众多方协同负责的"五位一体"联防体系，并从事后打击向事前控制转变，创造出一个全面、切合实际的维稳安保常态化的模式化管事体系，实现管理有目标、预防有标准、防范有措施、执行有保障、人人有责任。

（二）维稳安保常态化工作运行内在质量明显提高

通过常态化管控体系的实施，为国网新疆电力的稳定发展和新疆电网建设目标的实现奠定了坚实的基础。具体表现为维稳安保制度、流程得到进一步优化；系统维稳安保防控能力得到了提高；跨部门的协作意识得到显著增强；管理层深入一线参与维稳、参与改善的责任显著增强。

（三）全员维稳安保的自觉性明显增强

促进全员安全意识与观念的转变，从"要我维稳"转向"我要维稳"，形成上下互动、左右联动、人人参与、齐抓共建、科学有序推进的氛围。变被动为主动，全员自觉参与维稳安保的主动性、积极性充分调动起来，塑造一支"忠诚电网、植根电力、高效执行、履职尽责"的维稳安保队伍。

（四）企业维稳安保文化建设得到加强

将维稳安保工作纳入到企业文化建设中，以与国际接轨的维稳安保理念为引领，以维稳安保文化建设为核心，统筹抓好维稳安保文化的传播和落地，把具有新疆电网特色的维稳安保文化融入公司改革、发展、转型跨越的全过程，渗透到安全生产和企业管理的各环节，努力营造"目标同向、上下同欲、行动同步、责任共担"的氛围，实现了维稳安保管控水平的不断提升，体现了以人为本和对生命的尊重。

（五）形成独具新疆特色的管理模式

做到"凡事有流程、有审批"，明确在流程各阶段做什么、怎么做、何时做、由谁做、谁参与、如何实施流程过程控制、形成何种成果的规定，一目了然，做到"有依据、有保证、可追溯"，维稳安保防控执行力有效提高。同时，形成"新疆地区750kV输变电工程维稳安保防控标准化配置""新疆地区750kV输变电工程维稳安保人员的配置测算模型"等管理成果，为电网建设工程项目提供维稳安保防控建设依据，为维稳安保防控工作局面长治久安奠定坚实的基础。

（六）提炼出10项具体落地措施

在认真组织安保、维稳应急处置演习的同时，制定"提前预警、快速避险、强力应对"12字工作方针，制定现场安全维稳10项措施。

创新开展安全维稳措施：与当地派出所、驻地军队建立警民、军民联动机制；建立维稳值班制度，对人员进行登记，现场配备应急指挥车，做到有备无患；在进入3个项目部的主道路入口处设置路障，设专人负责警戒；全天候安排专门的巡逻小分队，加强现场及夜间巡逻；项目部配置警铃和广播，一旦发生突发事件，全员动员；项目部对窗户加装铁丝网片；员工房间配置铁棍、木棒等实用器材；购置专用防暴器材，分区设置，邀请派出所民警进行现场示范；制定安保维稳应急预案，每月组织开展演练；劳务队驻地张贴加强安全稳定的通知，全员知晓；加强民族团结工作，尊重当地风俗习惯。

第十一章 项目管理

新疆 750kV 电网建设区域跨度大、点多线长面广，工程参建单位多，沿途高山大漠戈壁施工难度大，现场生产生活补给困难，民族与宗教协调复杂，影响项目建设进度的不确定因素多。因此，新疆 750kV 电网建设者们在建设过程中认清建设内、外部环境，因地制宜地应用电网建设的规律，以项目建设进度管理为主线，严格执行建设标准，通过计划、组织、控制和协调，有序推动全疆 750kV 输变电工程建设，安全、高效、优质地实现项目建设目标。750kV 电网建设项目管理遵照《国家电网公司基建项目管理规定》，主要从项目管理策划、进度计划管理、建设协调、参建队伍选择及合同履约管理、信息与档案管理、评价考核 6 个方面展开。

第一节 项 目 管 理 策 划

策划是一切工程建设的起点，一般来说，项目管理策划是在工程前期阶段，针对项目具体的特点，对项目的各项管理活动进行谋划。

国网新疆经研院按照年度电网建设进度计划，在项目开工前，组建业主项目部，合理调配人员。业主项目部依照项目可研报告、工程建设目标及现行规范标准，编制《工程建设管理纲要》，经分管领导批准后，及时将审批后的建设管理纲要上传至基建管理系统。待设计、监理、施工单位招标确定后，将建设管理纲要及时发放给设计单位和监理、施工项目部，并进行交底。

国网新疆经研院根据公司对 750kV 输变电工程的要求，对项目进度、安全、质量、技术、造价管理的主要目标进行明确，对工程概况、建设规模、建设特点、设计特点、自然环境以及施工条件进行分析，并根据实施条件的不同，建立健全工程建设管理网络、安全管理网络、质量管理网络，明确各参建单位职责，制定施工总平面布置、安全健康、环境保护、绿色施工、工程建设管理和达标创优管理等重点措施，在项目建设过程中，强化项目管理策划落实，确保各项工作有序推进。

初步设计开始前，审批设计单位编制的设计规划。组织各参建单位共同开展项目管理策划工作。管理策划文件实行动态管理，如有人员变动、上级新的文件下达执行，对策划文件进行调整、补充或变动，修改后的策划文件按规定程序报批。

工程开工前，向监理项目部提交业主项目部策划文件；管理文件及技术标准；初步设计图纸及初步设计审查意见；施工招投标文件及合同；施工图纸；工程节点进度计划；通信录；甲供物资清单。向施工项目部提交业主项目部策划文件；管理文件及技术标准；工程地质勘探资料；甲供物资清单；施工图纸；工程节点进度计划；通信录。

督促监理单位和施工单位在开工前完成编审工作，并在基建管理信息系统中审批监理单位编制的监理规划、施工单位编制的项目管理实施规划。工程施工阶段，监督检查策划文件的执行情况。

督促属地供电公司于工程开工前完成开工许可手续办理，建筑图纸审查、消防图纸审查等行政审批手续。组织办理电力建设工程质量监督申报手续。

750kV 输变电工程的前期准备工作做得充分与否，是决定工程过程管理能否实现各项管理目标的前提条件。工程开工前，通过各参建单位提前策划，把工程责任落实到人。同时，建设单位及时协调解决设计、施工、物资订货等各方面的问题，以保证工程能按计划顺利进行。

第二节　进度计划管理

进度计划是基建工程全过程管理的主线，贯彻执行《国家电网公司输变电工程进度计划管理办法》，以进度计划为管理主线，综合考虑进度风险，从抓进度计划的编制、执行、管控、纠偏、总结等环节，在图纸交付计划、物资供应计划等方面实施动态管理，循环渐进应强化进度计划管理，确保刚性执行，最终实现总工期目标。

一、进度计划管理职责

在国网新疆电力公司领导下，各业主项目部依据公司下达的年度工程建设进度计划，编制本项目进度实施计划，上报国网新疆电力公司批准，并录入基建管理信息系统中。项目进度实施计划编制时，统筹考虑综合项目可研和核准等项目前期条件、物资和服务类招标批次、主设备供货安排、调度停电安排、电网建设外部环境等多种因素，加强同发策、运检、调度、物资、财务以及属地公司的沟通，确保科学合理。

业主项目部编制项目进度实施计划，细化至可研批复的单体工程，并组织有关参建单位编制项目进度实施计划、招标需求计划、设计进度计划、物资供应计划、停电计划等，实现各项计划有效衔接，统筹推进工程建设。项目进度实施计划除以横道图（甘特图）表示外，必要时，应以网络图形式进行展现，突出项目关键节点和关键路径。项目进度实施计划应细化至可研批复的单体工程。

审批设计单位编制的项目设计计划，审批施工项目部编制的施工进度计划。物资中标结果下发后，物资协调联系人根据项目进度实施计划编制物资供应计划，经业主项目部确认后，落实到物资合同中，并监督执行。

项目实施过程中，业主项目部和国网新疆经研院加强精益化动态管控，业主项目部、国网新疆经研院每周、每月召开工程例会，定期总结分析，及时滚动纠偏。对于未按计划执行的节点，及时向责任单位发出预警，建立计划编制、执行、监督、反馈机制，重大制约性问题上报国网新疆电力协调解决。

工程开工后，按时在基建管理信息系统中填报工程实际进度，每周检查参建单位项目进度实施计划执行情况，及时采取有效措施纠正进度偏差。

督促施工项目部上报停电需求计划，组织对停电计划进行审查，监督施工单位落实停电施工的组织措施和技术措施，确保停电计划按期执行。

二、进度计划管理措施

建立"横向到边、纵向到底"的立体式进度控制体系，保障工程里程碑目标实现。750kV输变电工程建设任务重，不定因素多，各个环节都可能成为制约工期的主要因素。建设过程中，各参建单位通力合作、积极沟通、统筹计划、提前控制，在建设管理过程中，横向完善设计、招标、物资供货、施工进度计划安排，纵向细化每周工作计划，从而形成"横向到边、纵向到底"的立体式进度管理体系。抓好建设过程控制，落实措施，加大协调力度，全力以赴，确保电网工程建设任务。

加强计划实施的严肃性，始终把工程进度管理作为重中之重。工程开工准备阶段，根据工程里程碑计划，国网新疆经研院制定一级网络进度计划，下发给各施工单位，督促制定二级施工进度计划。在建设过程中，国网新疆经研院主动做好协调工作，定期召开工程现场协调会，设计、物资供应、监理、施工单位定期上报工程周报，汇报上周工作完成情况，实时对比工程实际进度与计划的偏差，安排下周工作计划，分析偏离原因，采取纠偏措施，及时协调解决出现的问题，确保逐层进度目标的实现。

强化进度计划执行关键和难点的重点管控。设备的订货进度决定着设计单位施工图纸的交付进度，设计单位施工图纸的交付进度又将影响到设备安装的进度。因此，进度计划安排中，关键技术规范书编写、厂家提资、设计交付施工图纸进度和设备订货进度的管控，需要工程参建单位团结协作，以保证输变电工程建设计划的顺利实施。

督促设计院保质保量按时交付施工图纸，努力减少设计图纸的修改，避免发生因图纸交付的滞后导致施工单位窝工、返工等情况。初设审查后，业主项目部按照工程项目建设节点计划加强与设计院沟通，排定施工图交付进度计划。设计院在出版图纸时，首先满足施工招标、材料招标、消防、建筑图纸政府主管部门审查的需求。

进度计划是计划、执行、检查、分析和调整的动态循环过程，不断滚动更新，保证预期目标的如期实现。业主项目部每月召开协调会，做好计划实施的检查纠偏，建立良好的计划编制、执行、监督、反馈机制，对一些非经验所能预计的因素做好充分估计，及时予以纠偏，使之消化在总工期之内。

针对乌北—吐鲁番—哈密、新疆与西北主网联网第二通道750kV输变电等重点工程，国网新疆经研院克服不利因素影响，集中资源优势，协调解决工程前期工作、设计、施工、监理、物资供应等方面遇到的诸多难题。建设期间，物资到货时间一直影响着工程建设进度，国网新疆经研院派员驻厂监造催货，与生产厂家沟通联系，优先安排新疆电网建设项目的生产计划。期间，国网新疆电力相关领导多次赴供货厂家了解生产情况，提出加快生产的工作要求。结合长距离运输的特点，提前策划，积极审核各大型设备运输方案，协助供货厂家与当地交通运输部门办理通行手续，节省在途运输时间，千方百计保证工程建设快速推进。

从750kV输变电工程进度管理中可以看出，进度管理是工程目标管理的主要内容之一，而工程建设内容的复杂性决定了工程进度管理的多样性。工程建设需要多个单位参与，而每个单位又涉及物资、资金等多部门的配合，任何一个部门或者环节的"短板"都会造成进度计划管理的偏差。因此，无论作为工程建设单位，还是工程的管理人员，都应该树立强烈的工程进度管理意识，通过不断总结，完善工程管理手段，提升工程进度管理水平。

第三节　建设协调管理

国网新疆经研院作为工程建设的组织者、管理者、协调者，承担工程建设协调工作的主体责任，建立 750kV 输变电工程建设协调会制度，定期邀请各工程参建单位和属地供电公司政策处理部门参加协调，及时解决工程建设过程出现的问题。

国网新疆电力高位推动，750kV 电网工程建设有序实施。在全疆 750kV 电网建设高峰期，国网新疆电力专门成立 750kV 电网建设指挥部，公司总经理刘劲松亲自挂帅，集全公司之力，统筹推进 750kV 电网建设。每月组织建设、运维、物资、安质、财务等职能部门以及国网新疆经研院、新疆送变电、属地供电公司召开协调会和安全质量专题会，确保在建 750kV 工程协同推进、建设管理各环节有序衔接。

积极协调沟通，构建和谐内外部环境。国网新疆电力加强与各级政府及其职能部门的沟通联系，努力争取各级建设主管部门、土地管理部门、林业部门、水利部门、环保部门、公安部门、消防部门等政府部门支持，共同创造良好的电网建设外部环境。充分发挥各职能部门作用，注重加强内部协调配合，按照"年安排、季分析、月监控、周协调"的过程管控模式，强化重点难点问题的协调解决，确保工程优质高效建设。

建立高效的运转机制。按照"靠前指挥、关口前移、强化协调、注重管控、权责明确、扁平高效"的原则，坚持"日控制、周协调、月攻坚"的工作思路，国网新疆电力超前指挥，统筹协调，及时解决存在问题，加快工程建设，保持了电网建设体系的高效运转。

（1）业主项目部坚持每天组织召开碰头会，各参建单位通报近期重点工作完成情况和工程进度情况，汇报当天工作计划和重点工作推进情况，协调解决工程建设存在的问题。

（2）围绕工程总体目标，超前策划，协调推进。业主项目部每月组织召开一次工程建设协调例会，所有施工、监理、设计单位以及通信、物资供应商等单位参加，总结工程建设前期成绩，统一目标，明确方向，安排部署下阶段重点工作和主要措施，确保工程建设按照进度节点推进。

（3）针对工程点多线长面广，通信不畅等实际情况，国网新疆经研院建立一整套电视电话会议系统，覆盖各业主项目部和全部施工项目部，有效加强与各项目部的工作联系。每月召开安全质量分析点评会，业主项目部及各标段施工项目部、监理项目部负责人参加，业主项目部汇报本周工程任务完成情况及下周工程任务计划，提出工程建设中需要协调的问题；安排近期重点工作，明确重大问题事项的责任部门或参建单位，并予以跟踪、督办。

工程开工前，国网新疆经研院主动作为，协同属地供电公司做好与相关政府部门的工作汇报和协调，组织召开工程前期协调会，协助完成开工手续办理，有效处理青苗补偿、附着物拆迁等问题。

核查、跟踪工程开工情况。审批开工报审手续，组织召开第一次工地例会，落实标准化开工条件；工程建设阶段，业主、监理和施工单位紧密配合，协同推进；设计、物质单位全程安排工地代表，提供技术支持，现场解决问题，保证了工程建设问题的及时解决。

施工、监理单位每天以短信、微信方式报送工程进度和存在问题，业主项目部及时采取措施，及时予以纠偏和问题协调，解决工程建设及合同执行过程中出现的问题，调解工程进度、安全、质量及造价方面的矛盾，确保工程顺利实施。

动态跟踪设备、材料的生产进度和供货情况，及时协调解决物资供应中出现的问题，并将物资供应质量及影响工程进度的问题及时报送物资部门，协同解决设备、材料供应进度和质量等方面的问题。

协调做好质量监督、工程预验收和启动验收，组织做好消缺整改，配合启委会办理输变电工程启动验收证书。

第四节　参建队伍选择及合同履约管理

国网新疆电力 750kV 电网建设的参建队伍选择及合同履约，严格按照国家电网公司的基建项目管理规定。

一、参建队伍选择

通过集中招标管理、合同管理、资信管理和资格管理等手段，择优选择参建队伍，促进参建队伍牢固树立优质服务意识，不断提高合同履约水平。

对输变电工程设计、施工、监理承包商的招标实行国家电网公司、国网新疆电力两级管理，按照电压等级和建设规模，分别应用国家电网公司、国网新疆电力两级招标平台。

国家电网公司、国网新疆电力根据电网项目招标范围，分级组织制定输变电工程项目设计、施工、监理招标资质条件。

参与招标部门组织的电网工程项目设计、施工、监理招标文件审查，严格执行国家电网公司招标文件范本，将基建标准化管理和激励约束的相关工作要求纳入招标文件相关条款。

各级基建管理部门按照中标结果，及时组织签订输变电工程项目设计、施工、监理合同，严格执行统一的合同文本，将基建标准化管理和激励约束的相关工作要求纳入合同有关条款，工程建设任务完成后，及时开展合同履约评价，并将评价结果与承包商资信挂钩。

按照电网项目电压等级和建设规模，对设计、施工、监理承包商资信实行两级管理。承包商资信评价内容包括综合指标评价和工程指标评价两部分。

通过开展设计、施工、监理承包商资信评价，发布并应用资信评价结果、建立资信档案等方式，为择优选择承包商提供依据。

对电网项目造价咨询企业资格实行备案制管理，定期组织资格申报、评估、推荐，依据监督、评价结果进行动态调整。

承接公司系统电网项目造价咨询业务的咨询企业须具备相应的资质、业绩和人力资源，未纳入公司备案名单范围的造价咨询企业，没有承担过公司系统电网项目造价咨询工作。

对系统内750kV智能变电站调试单位及调试人员实行资格管理。调试人员均具有国网基建部认定资格。智能变电站调试资格包括现场调试、二次系统集成测试、系统动模试验3类。

二、合同履约管理

依据国家电网公司设计、施工、监理合同范本，国网新疆经研院依据工程建设目标，积极参与服务类合同编制与签订，并填写好招标文件。

国网新疆经研院加强合同过程管控，定期组织开展合同专项检查，监督各参建单位落实合同约定的目标、措施、要求，及时协调合同执行过程中出现的各种问题。

国网新疆经研院组织各业主项目部，工程建设过程中，开展参建单位合同履约情况评价考核。

对物资供应合同的执行情况进行过程监督管理，及时协调合同执行过程中的各种问题，对出现的问题，物资协调联系人及时向物资部门进行反馈。

依据设计、监理、施工、物资合同履约情况，及时审核合同款支付手续。

工程竣工投运后一个月内，完成对设计、监理和施工单位合同执行以及履约情况的总体评价。

第五节 信息与档案管理

有效进行信息与档案管理，可以实现对安全、质量、造价和进度的全过程控制。建设单位通过对建设过程中信息的收集、整理、储存和传递工作，利用现代化管理手段辅助进行管理，及时、准确地获得信息，保证工程总目标的顺利实现。

一、工程信息管理

国网新疆经研院做好规程规范、上级文件、可研、核准、综合计划、审查批复、招投标文件、合同等文件收集整理工作，及时传递给业主项目部。

业主项目部指定专人负责传真件和文件的收发工作，建立信息管理制度，对各种资料按不同的类别进行详细的登录存放，对各种文件按规定建立收、发、传阅制度。

对来自上级的规程规范、文件、里程碑计划、招投标文件、合同、初步设计文件及批复和施工图文件、设计变更、物资中标、会议纪要、策划文件等，应及时传递至监理项目部、施工项目部。

工程前期资料应及时传递属地供电公司。对来自监理、设计、施工单位的各类文件、函件或通知，由专人进行登记，按照规定传递有关部门处理，同时做好归档存档工作。

业主项目部对安全风险管理、月报、进度实施、质量管理、图纸、物资等重要信息进行分析、汇总、统计，为提出应对措施提供依据。

在工程例会上督促、检查工程档案资料情况，确保档案资料与工程进度同步。

施工过程中，及时收集经验，组织编写工程建设管理总结，上报建设管理单位。

根据档案标准化管理要求，收集、整理工程资料及数码照片，督促有关单位及时完成档案文件的汇总、组卷、移交（含电子档案）。

定期对项目管理、安全、质量重大活动以及管理典型经验提交建设管理单位，在国网新疆电力或者国家电网公司网站宣传报道。

重点对工程形象进度、工程重要活动、质量事故等进行拍摄记录，设专门登记本说明，并对照片进行分类编排、文字说明，专门存档，底片妥为保存。

二、基建管控信息管理

应用基建管理信息系统，及时准确统计上报工程项目建设进展情况，定期上报工程建设信息，推动监理、施工项目部落实信息化应用工作要求，分析关键信息，确保系统数据录入及时、准确、完整，提升工程项目管理效率。

（一）领导重视，健全基建管控信息管理体系

国网新疆经研院高度重视基建信息化工作，由分管领导对信息化工作常抓不懈，将其列为年度重要的提升指标强化内部管理，并把信息化工作上升为项目日常管理的"三驾马车"之一（即项目日常管理、基建信息化、工程档案），也得到了业主项目经理的大力支持。同时建立了建设单位层面、部室层面及各参建单位的信息化体系，建立QQ群、微信群预警机制，做到人人有担子、工作有目标、结果有考核。

（二）建立基建信息管理例检、例会制度

国网新疆经研院认真总结工作经验，加大基建管控工作管理力度。每周一由分管领导召开基建信息化例会，对存在的问题及需要协调的事项逐项落实，安排部署下周重点工作。每月10日前汇总、检查基建管控细心填报情况，发现问题督促有关项目部整改，保证信息填报质量，每月15日前确保全部工作完成。

（三）组织开展内部的交叉互查，提升信息化总体水平

为提升所管辖项目的基建信息化水平，建设单位派各专业信息专责，现场开展基建管控交叉互查，确保工程线上与线下保持一致。尤其是对重点工程，对争创国家电网公司流动红旗的项目需要在系统上申报，组织各单位进行交叉互查，并对3个项目部信息填报工作开展学习交流，提高各参建单位规范化填报认识，产生了积极效果。

（四）采取集中办公等方式，确保信息录入无误

针对新开工及投产工程，继续采取集中办公的方式，集中审核、录入数据，成效显著。国网新疆电力对基建管控检查大纲进行梳理，并下发各参建单位，集中梳理新增考核文件，组织进行集中填报；尤其是针对分包管理、风险管理等集中填报，为后续的日常管

理打下坚实基础。

（五）加强信息化业务培训

750kV电网建设工程数量多、参建队伍多，且部分参建单位为南方电网等外系统单位，未曾应用过该系统。建设单位除积极组织人员参加专业培训外，还主动邀请国网新疆电力建设部及管控组等业务主管部门的专家对各参建单位人员进行"点对点"帮扶培训。针对基建管控系统中新增模块多等问题，国网新疆经研院以片区为单位，组织对各参建单位采取集中培训，取得良好的效果。

三、工程档案资料管理

（一）明确档案管理的目标

档案资料管理是工程项目管理的重要工作之一。建设过程中，参照国家、国家电网公司和国网新疆电力有关档案管理规定要求，建立、保存、移交有关档案资料和竣工资料。档案资料的管理遵循统一领导、统一管理的原则，确保档案资料的完整、准确、安全和有效利用。做到档案整理与工程建设同步，保证齐全、完整、规范、真实。资料归档率100%、资料准确率100%、案卷合格率100%。资料移交满足相关标准及"零缺陷"移交要求，通过国家级档案管理专项验收。

建立统一的信息化管理平台，强化工程现场全过程主要信息控制，保证信息的及时收集，准确汇总，快速传递，充分发挥信息的指导作用。

（二）档案管理主要措施

1. 加强档案培训，推进档案管理

加强工程档案人员培训。为提高工程档案管理水平，在工程开工前，就举办工程各参建单位主要负责人及档案人员参加的交底培训，系统学习工程建设档案管理及移交要求；对工程档案管理进行策划，明确档案归档原则、标准，立卷方法要求，文字与电子版档案要求，明确档案移交对象单位，明确专人进行档案管理。有针对性地印发750kV输变电工程档案培训教材，聘请有实际工作经验的技术、档案专家授课，为工程档案管理打下了良好基础。

2. 加强日常管理，推进工程档案建设

（1）策划引领工程档案管理。在工程开工之前，业主项目部对工程档案管理进行策划，按照《国家电网公司电网建设项目档案管理办法》（国家电网办〔2010〕250号）编制了工程档案管理制度和工程档案管理手册。

（2）及时推动工程档案管理。在工程建设过程中，及时对工程资料进行收集，并与施工进度同步，杜绝补资料的现象。督促各参建单位配备数码照相和存储器材，及时采集反映现场安全质量实际情况的数码照片，并按照要求分类整理。

（3）以巡查提高工程档案管理质量。业主项目部在项目管理过程中，严格按照《建设管理纲要》等项目策划文件要求进行管理，每月至少进行一次巡查活动，在巡查过程中，对各参建单位档案资料进行详细检查，并以整改通知单的形式进行整改闭环。同时在每月举行的工地例会中，对各标段的档案管理情况进行通报，形成检查—整改—提高的良好氛围。

（4）以专查、互查完善工程档案管理。在工程建设过程中，针对各工序和重要节点的档案管理要求，组织专家对各参建单位进行档案专项检查活动，其中包含业主项目部专项检查、质量监督检查站档案专项检查等；同时根据各标段档案管理参差不齐的现状，在各工序施工期间，组织档案交叉互查活动。通过以上专查、互查活动，进一步完善工程档案管理。

（5）档案资料管理工作要与项目建设进程同步，贯穿于工程建设的各个阶段。从项目立项、审批、勘测设计、施工、安装调试、生产准备到竣工投产全过程，形成应当归档保存的文字资料、图纸、图表、电子文件、声像材料等各种形式与载体的文件材料。在项目建设过程中，业主项目部将督促物资、监理、设计、施工、调试等参建各方做好各自职责范围内的建设项目文件材料的形成、积累、归档和保管工作，确保工程档案资料的齐全、准确、完整。按照国家电网公司有关工程档案归档规定，及时完成竣工资料的收集、整理和移交工作。

（三）档案管理的工作亮点

（1）按照归档要求，编制工程项目档案总目录，并根据工程实际动态调整，做到工程档案检索快捷方便、收集及时。

（2）统一安排购置工程档案盒，明确脊背的样式，合理分类，做到档案管理规范、标准。

（四）档案管理的工作成绩

自 2009 年 750kV 工程建设管理单位成立至今，已完成档案移交 12190 卷册，顺利通过了新疆维吾尔自治区档案局对乌北—吐鲁番—哈密 750kV 输变电工程、吐鲁番—巴音郭楞 750kV 输变电工程、二通道 750kV 输变电工程、五彩湾 750kV 变电站工程的档案专项验收。哈密—郑州 ±800kV 直流输电工程（新疆段）成为第一个通过国家电网公司档案验收区段，获得国网直流建设部好评。

第六节　评价考核绩效管理

在工程竣工后，国网新疆经研院应用评价机制，对设计单位、施工项目部、监理项目部工作开展情况以及取得的实际效果进行综合评价，并将评价结果报送建设部，按照工程合同相关条款，开展工程结算和参建单位资信评价。

国网新疆经研院配合公司物资部对物资供应商履约行为进行评价。

国网新疆经研院配合公司建设部完成业主项目部综合评价。在工程项目投运后一个月内，按照《国家电网公司输变电工程标准化管理手册》中的"综合评价表"，对业主项目部、设计单位、施工项目部、监理项目部工作开展情况及其取得的实际效果进行综合评价。

国网新疆经研院建立业主项目经理评价激励机制，分层级评选"优秀业主项目经理"，促进业主项目经理管理技能和业务水平提升。

第十二章　安全管理

国网新疆电力为贯彻"安全第一、预防为主、综合治理"的安全生产方针，落实《中华人民共和国安全生产法》《建设工程安全生产管理条例》等有关安全生产的法律、法规和标准，依据国家电网公司"大建设"体系建设和安全工作要求，贯彻"以人为本、生命至上"的理念，将750kV输变电工程建设全过程基建安全工作纳入公司整体的安全管理体系，建立健全基建安全保证体系和监督体系，实行基建安全目标管理，在计划、布置、检查、考核、总结基建工作的同时，计划、布置、检查、考核、总结基建安全工作。

第一节　健全体系明确责任

国网新疆电力成立750kV电网工程指挥部，规范成立750kV输变电工程安委会，定期召开项目安委会，督促各参建单位健全安全保证和监督体系，协调解决工程中存在的各类问题；成立两级巡查组，开展对重大风险及重要时段的管控，确保国家法律法规及国家电网公司各项规章制度执行落实到位。

针对国网新疆电力负责建设管理的首条乌北—吐鲁番—哈密750kV输变电工程，由公司安全质量监察部在全疆范围内抽调5名人员，组成安全督查组，每月对全线所有参建单位开展安全监督检查，及时消除各类隐患，确保工程安全投运发挥了巨大作用。

750kV新疆与西北主网联网第二通道工程建设前，国家电网公司成立了总指挥部，从国网新疆电力、国网甘肃电力、国网青海电力各抽调2人成立安全督查组，对全线开展不定期的检查、巡查，取得了很好的效果。

国网新疆电力建设部抽调建管、监理、施工单位人员成立安全质量巡查组，重点对750kV输变电工程重大风险及重要时段的现场安全管理情况采取"四不两直"的方式进行专项巡查，每月下发巡查月报。

国网新疆经研院作为建设管理单位，整合所管辖的安全质量人力资源，成立安全质量巡察组，每季度组织对项目开展一次专项检查，同时重点对重大风险作业、"四措一案"现场执行、专项活动开展情况等进行检查，对现场发现问题逐级考核，甚至实施停工整改。

3个项目部每月召开项目安全例会，及时传达落实国家电网公司、国网新疆电力的安全文件、会议精神、安全通报与事故快报等，开展月度检查，消除隐患，各项工作落实到位。

由总指挥部、新疆分指挥部、业主项目部、工程各标段项目部、各作业组组成安全组织机构。对施工全过程监管，保障工程顺利完工。

第二节　严格分包规范管理

国网新疆电力依据国家有关法律法规及《国家电网公司基建安全管理规定》《国家电网公司输变电工程施工分包管理办法》等制度，遵循"统一准入、全面管理、过程控制、严格考核、谁发包谁负责"的原则，在750kV输变电工程中，全面对施工分包进行动态管控，确保落实发包单位的分包责任。

一、分包计划管理的主要措施

国网新疆电力在施工招标文件和承包合同中，明确分包管理相关要求及不得专业分包的施工内容；施工承包商在投标文件中，对拟分包的专业工程规模和计划等分包事项予以响应。

工程项目开工前，施工项目部根据合同约定，向监理、业主项目部提出施工拟分包计划申请，明确分包范围、分包性质、拟分包工程总价；监理重点审查合法性和合规性，签署意见，业主项目部审批施工拟分包计划申请并备案。

施工承包商根据批准的分包计划，在合格分包商名录中择优选择分包商；在工程分包项目开工前，按照范本完成分包合同及安全协议签订。随着2016年基建管理系统的全面深化应用，750kV输变电工程分包合同、安全协议均采用管控系统自动生成，且有二维码的标识。

国网新疆电力要求所有参与750kV输变电工程建设的分包单位对授权人必须采用授权视频或公证书方式进行，降低分包风险。

业主项目部每月汇总本工程"分包计划一览表"报国网新疆经研院，由其汇总上报国网新疆电力建设部备案。

二、分包过程管控的主要措施

严把分包人员准入"4道关"，即培训关、考试关、体检关、保险关；建立分包人员"6合1"手册，内容涵盖姓名及年龄、身份证号、工种、证书编号、体检、保险相关信息。

线路工程建立"区长"负责制，施工项目部结合工作面及人员分布情况划分区段，指定正式员工担任"区长"，利用移动打卡设备，严格分包人员入场验证和纪律考勤，确保"同进同出"要求全程落实到位。

变电站工程设置一站式安全管理区，在大门入口处配置指纹或人脸识别系统、考勤牌、衣容镜及安全防护示范牌；线路工程全面应用微信群平台，组织分包人员落实站班会并拍照留存。

在项目部及施工现场设置分包单位资质信息公示牌，对资质、安全生产许可证及主要管理人员等信息动态公示。

建立三级及以上风险到岗到位监督周通报制度，对不能"同进同出"开展到岗到位监督的有关管理人员进行通报批评，将到岗到位要求落到实处。

劳务分包人员在参与三级及以上危险性大、专业性强的风险作业时，要求施工项目部指派本单位责任心强、经验丰富的人员担任现场施工班组负责人、技术员和安全员，对作业组织、工器具配置、现场布置和人员操作，进行统一组织指挥和有效监督。

组织分包商参加由业主、监理、施工项目部组织的施工图会检、设计交底、工地例会、工程质量竞赛、工程创优等活动。

国网新疆电力建设部每年对750kV输变电工程开展两次分包管理专项检查，国网新疆经研院结合季度安全检查开展分包管理专项检查。

三、健全考核评价机制

国网新疆电力建设部要求3个项目部在工程建设期间定期对分包商进行包括安全、质量、进度、费用、文明施工、标准工艺应用、施工机具、分包人员等考核评价，并纳入对施工承包商的资信评价。

分包工程结束后，业主项目部组织监理、施工项目部进行分包商评价，填写输变电工程分包队伍考核评价表，考核评级按"优良、一般、较差"3类等级评定。

国网新疆电力建设部对考核评价为"较差"的分包商在公司范围内通报，并将清退不合格分包商上报国网基建部。

新疆送变电对分包商所承担工程的合同履行情况、质量保证能力和已承揽工程的安全质量工作进行综合评价。强化核心分包队伍培养掌控，实施安全质量业绩与承包工程量优先挂钩、资源投入和工程进度与承包结算挂钩的合作机制，在分包实践中不断培养、优化分包队伍。

四、注重以人为本，实现和谐双赢

国网新疆电力要求所有施工单位按照"管理好、善待好、组织好、教育好"的"四好"要求，将分包商当作自己的队伍来看待，努力营造良好、舒心的生活工作条件，实行"无差别"管理，提高分包队伍的向心力和工作积极性。

国网新疆电力建设部每年定期与分包商负责人召开工作交流会，认真听取分包商负责人意见和需求，以公正、平等的心态解决问题。

新疆送变电设立信访接待室，开通专用电话，畅通信访通道。采取飞检、暗访和现场问卷调查等方式，开展农民工工资支付情况问卷调查。

在 750kV 输变电工程建设期间，国网新疆经研院组织各施工单位在分包队伍间组织开展"安全质量之星"、光荣榜等正向激励评比活动。

第三节　安全风险逐级管控

国网新疆电力坚持安全发展理念，贯彻落实"安全第一、预防为主、综合治理"的安全工作方针，加强 750kV 输变电工程施工安全风险过程管控，根据《国家电网公司安全风险管理工作基本规范》《国家电网公司输变电工程施工安全风险识别、评价及预控措施管理办法》等规章制度，采用半定量 LEC 安全风险评价法，全面执行安全风险管理流程，按照静态识别、动态评估、分级控制的原则，保证 750kV 输变电工程施工安全风险始终处于可控、在控的状态。

一、施工安全风险的识别、评价

项目开工前，业主项目部组织设计单位将项目环境、主要特点，如深基坑、重要跨越、临近带电情况等纳入设计文件，向监理、施工项目部交底。

施工项目部根据项目交底及风险初勘结果，依据国家电网公司输变电工程固有风险汇总清册，筛选、识别、评估与本工程相关的固有风险作业，报监理项目部审核。

施工项目部筛选本工程三级及以上固有风险工序，建立三级及以上施工安全固有风险识别、评估和预控措施清册，报监理项目部审查、业主项目部批准，并报施工单位备案。同时在基建管理系统中开展同时录入工作。

在符合施工作业必备条件的前提下，施工项目部在每项作业开始前，根据人、机、环境、管理4个维度影响因素，按照"LEC安全风险评价方法定义及计算方法"，通过基建管理信息系统组织开展作业风险动态评估，计算确定该项作业的动态风险等级。

针对已建立的三级及以上施工安全固有风险清册，施工项目部对固有三级及以上作业风险提前开展复测，重点关注地形、地貌、土质、交通、周边环境、临边、临近带电或跨越等情况，初步确定现场施工布置形式、可采用的施工方法和动态因子修正意见，明确现场主要安全风险及补充控制措施。复测结束，填写作业风险现场复测单，报监理项目审核。

现场实际作业时，当施工人员发现4个维度中因子与动态评估时选定内容发生明显变化时，停止作业，将变化情况报施工项目部。施工项目部根据4个维度影响因素的实际情况，重新计算动态风险值及作业存在的安全风险等级，报监理项目部重新审核。

国网新疆经研院作为750kV输变电工程的建设管理单位，每年1月份，在编制的年度基建安全管理策划方案中，利用专篇将所管辖工程的重大安全风险逐一列出，如750kV变电站工程构架吊装、深基坑、跨越施工、临近带电作业等报送公司建设部。

国网新疆电力建设部对750kV输变电工程重大风险在其编制的年度基建安全策划方案中重点明确，作为省公司层面的管控重点予以督查。

二、施工安全风险控制措施

国网新疆电力要求所有750kV输变电工程监理、施工项目部张挂施工现场风险管控公示牌，将三级及以上风险作业地点、作业内容、风险等级、工作负责人、现场监理人员、计划作业时间进行公示，并根据实际情况及时更新，确保各级人员对作业风险心中有数。为区别风险等级，三级、四级和动态评估曾达五级的作业风险应分别以黄、橙、红色和具体数字标注。

二级及以下固有风险工序作业前，施工项目部复核各工序动态因素风险值，仍属二级的风险办理"输变电工程安全施工作业票 A",明确风险预控措施,并由施工队长签发。

三级及以上固有风险工序作业前,施工项目部要组织实地复测,填写施工作业风险现场复测单,办理输变电工程安全施工作业 B 票,制定输变电工程施工作业风险控制卡,补充风险控制措施,并由施工项目经理签发。

四级及以下固有风险经过动态修正后出现五级风险的,业主项目部组织必须改进施工方法和改善人、机、环境、管理 4 个维度中某些指标的条件,把风险等级减低为四级及以下后,方可开展施工作业。找不出降低五级风险作业等级办法的,报请省公司建设部组织论证,研究改善措施,直至风险等级降为四级及以下,否则不得施工。

凤凰—西山—东郊 750kV 线路工程施工四标段冬季带电跨越 220kV 线路时,因该地区大风天气频繁,风险组织论证后仍为五级,国网新疆经研院向国网新疆电力建设部、调度汇报后,组织人员到现场实地勘察,召开专题会讨论,最终采取停电跨越降低风险等级。

三级及以上风险等级的施工作业,各单位人员要按照到岗到位要求进行作业监督检查,到岗履职。四级风险等级作业时,业主项目部人员必须监督现场作业过程,并对输变电工程安全施工作业票 B 及风险控制卡中预控制措施执行情况进行签字确认。

国网新疆电力要求三级及以上风险作业现场必备资料有安全施工作业 B 票、风险复测单、专项施工方案、特殊工种资质清单、机械设备报审资料等。

三级及以上风险作业实施期间,各项目部通过基建管理信息系统开展动态实时监控;四级和重要的三级风险作业实施期间,国网新疆经研院和国网新疆电力均通过基建管理信息系统开展动态实时监控。

三、施工风险管控的特有措施

国网新疆电力在 750kV 工程建设过程中,对重大风险实行挂牌督查责任制,针对类别不同的项目,预判其工程难点及主要存在的风险,将风险预计开始、结束时间等从细节入手,责任到人。根据风险的类型,制定工作计划及控制措施,并按规定重大风险作业挂牌督查清单,防患于未然,进行有效的管控。

加强 750kV 线路工程跨越期间风险管理,与地州运维单位协同管控,确保施工、建管和运维三方工作计划的一致性。每月 28 日前,编制、印发次月跨越施工专项监督工作计划,明确跨越计划时间、跨越作业点具体杆塔号,落实施工、监理、建管单位主要负责人和工作内容。重要跨越时段,国网新疆经研院每日将 4 级安全风险管控情况汇报国网新疆电力安质部。

国网新疆电力安质部统筹调配资源，组织国网新疆经研院、国网新疆检修公司和新疆送变电完成编制《750kV输变电工程典型案例"四措一案"库》，涉及跨越、接火等28项专项方案，并经其全面审核后发布，并在所管辖各地州公司全面推广。

对带电跨越、接火、临近带电作业等风险较大的"四措一案"，国网新疆电力推行五方审查制，即施工单位内审、监理项目部审查、业主项目部审查、建管单位评审、省公司会审，由国网新疆电力建设部出具会审纪要，同时对方案一次审查通过率纳入月度业绩考核，确保方案的针对性和可操作性。

国网新疆电力要求落实周风险预警制，施工项目部根据项目进度计划安排，形成《施工安全重大风险（三级及以上）作业项目"周预警"清单》，在每周四报监理及业主项目部，逐级汇总后报省公司建设部。对高风险作业实行手机短信报告提醒和现场督查机制，执行"日报告"制，实施掌控风险动态。

国网新疆经研院实行风险"周亮灯"制度，业主项目部每周对下周风险状况进行分析，按风险等级予以"亮黄灯"或"亮红灯"预警，并以《第×周作业危险点"亮灯"预警告知书》告知项目监理部和施工项目部。施工项目部据此编制"亮灯"预警风险预控措施，报监理部审核，业主项目部批准。

落实安全风险"先降后控"理念，对于跨越施工尽可能采取停电跨越，全面推广机械化施工，降低本质安全风险。诸如采取旋挖钻进行掏挖式基础施工；吊车组塔减少高空作业频率等。其中恒联—五彩湾750kV线路工程被列入国家电网公司机械化施工试点工程，综合成效显著。

在750kV输变电工程中，全面采用远程视频监控系统，加强对安全风险的实时监控，线路工程中采用车载视频系统，变电站工程使用固定式视频系统；全面推广重大风险作业全程摄像管控，督促各级人员规范作业行为，监督管理人员到岗履职。

第四节　文明施工"六化"管理

国网新疆电力在750kV输变电工程中，全面推行现场安全文明施工标准化建设，规范安全作业环境，倡导绿色施工，保障施工作业人员安全健康，严格落实输变电工程"六化"管理，鼓励技术创新和管理创新，倡导积极采用有利于保障施工安全的技术装备、施工工艺和管理方式。

一、加强安全文明施工策划

国网新疆电力对 750kV 变电站工程总平面布置进行统一要求，对办公区、生活区、材料加工区布置编制指导手册，规范建筑物、装置型设施、安全设施、标识牌等式样和标准，以期达到现场视觉形象统一、规范、整洁、朴素、美观的效果。

业主项目部编制的《安全文明施工总体策划》中，结合工程现场实际，明确现场安全文明施工要求及实施关键点，对视觉形象要求、整体模块化管理、施工区域化管理、实施设施标准化布置，落实安全文明施工基本要素等提出具体要求。

施工项目部在编制的安全文明施工及风险控制方案中，其总平面布置图对工程图牌、分区管理围护、环形主通道、巡视通道、消防设施布点、三级配电箱设置、休息（吸烟）室、临时用水等内容进行标注，并详细说明。

国网新疆经研院组织专家对 750kV 变电站工程总平面布置、临建策划方案开展专项审查，同时针对新疆维稳安保方面的特殊要求综合考虑。

二、安全文明施工关键控制措施

突出 750kV 输变电工程视觉形象：主要通过 3 个项目部标准化建设、材料站、施工队驻地、施工区等施工平面布置、安全设施等的式样、标准，形成良好的安全文明施工氛围。

结合新疆维稳安保的要求，业主、监理、施工项目部办公区虽分开设置，但在一个封闭区域内。工程参建人员集中住宿，线路工程驻地要尽可能选择人口密集、治安良好、交通便捷、通信畅通的社区；尽量靠近村委会、治安报警点，并在驻地醒目位置张贴就近派出所联系人和报警电话。

实行区域模块化管理。以变电站工程为例，将现场划分为生活办公、材料加工场、施工现场（站围墙内）三大模块，满足各区域的使用功能要求。再将三大模块分成生活、办公、机具材料、搅拌站、施工现场等区域。

国网新疆电力对 750kV 变电站工程明确要求，在工程开工前，完成临建、环形道路及现场安全文明各区域图牌布设，满足条件的项目 1 个月内完成围墙砌筑。

设备材料摆放定置化管理。施工现场到货设备必须摆放到施工总平面布置图预定的地方进行堆放；堆放场地必须进行围护，对设备应建立标识牌标明。施工现场材料库房应按照文明施工标准要求进行摆放，对材料应进行标识，同种材料应堆放整齐。

在750kV输变电工程建设全过程中，严格遵守国家工程建设节地、节能、节水、节材和保护环境法律法规，倡导绿色施工。业主项目部编制《绿色施工总体策划》，对"四节一环保"提出具体要求，如减少对耕地、林地的占用面积；采用节能灯具、设备；施工期间购置施工、生活废水处理设备；工具间、库房等应为轻钢龙骨活动房或集装箱式房屋；对办公、生活产生垃圾进行分类回收、存放。

对成品、半成品保护与防止"二次污染"编制专门章节予以明确，制订现场成品、半成品保护管理办法及具体保护方案和措施。

国网新疆电力在750kV输变电工程招标、合同签订时，单独计列安全文明施工费。严格安全文明施工费的计划、验收、支付程序，国网新疆经研院在拨付工程进度款的同时，按照计划分阶段拨付安全文明施工费。

国网新疆电力通过严格落实国家、行业、国家电网公司安全文明施工相关要求，乌北—吐鲁番—哈密750kV输变电工程及吐鲁番—巴州750kV输变电工程分别荣获西北电力工委颁发的2009～2010年及2010～2011年安全文明施工示范工地称号。

三、安全文明施工考核评价

国网新疆电力与施工、监理单位签订的安全协议中，对安全文明施工的考核标准予以明确；在组织开展的标准化开工检查中，对落实执行情况组织专家逐项进行核查。

国网新疆经研院对各监理、施工项目部实行安全文明施工目标考核、过程管理及以责论处的奖惩原则，做到有奖有罚、奖罚分明。

国网新疆经研院在工程建设高峰期分别组织变电、线路工程安全质量流动红旗评比，将安全文明施工落实情况作为重点检查项目。

参建监理项目部对重要设施、重大工序转接是否满足安全文明施工标准化要求进行专项检查，并签署意见。

国网新疆经研院对750kV新建变电工程在土建及构架安装初期、电气安装中期，分别组织开展安全管理评价工作；750kV变电站改扩建工程，在电气安装中期，组织开展安全管理评价工作；750kV线路工程在杆塔组立初期和架线施工初期，分别组织开展安全管理评价工作。

检查和评价工作结束后，公布检查评价结果，并将其纳入对监理、施工项目部综合评价内容，在工程结算时，依据合同给予一定的经济处罚。

第五节　应急管理全面提升

国网新疆电力加强对 750kV 输变电工程的应急管控，夯实应急管理基础，深入推进应急预案体系完善，组织开展应急培训、演练，应急管理水平和应急处置能力进一步提升。

一、编制应急处置预案

在 750kV 输变电工程开工前，国网新疆经研院成立工程项目现场应急领导小组，组长由业主项目部经理担任，副组长由总监理工程师、施工项目经理担任，工作组成员由工程项目业主、监理、施工项目部的安全、技术等人员组成；施工项目部负责组建现场应急救援队伍。

由项目应急组负责编制统一现场应急处置方案，除按照《国家电网公司基建安全管理规定》要求编制的 10 项预案外，结合新疆地区特殊的维稳安保形势，编制维稳安保专项处置预案。

预案除对现场处置提出明确要求外，还对国网新疆电力、属地单位应急办联系方式、当地政府应急救援部门联系方式、周应急值班表、应急车辆、应急物资清单、应急救援路线等进行明确。

由业主项目部对预案在工程第一次工地例会上进行宣贯，在工程项目开工前，各参建单位将其纳入安全交底内容。

二、应急演练开展情况

由业主项目部组织，按照编制的应急演练计划开展演练，其中人身伤亡事件、火灾事件、维稳安保突发事件为必须演练内容。

演练结束后，由业主项目部组织开展总结评估，对演练情况及存在的问题进行分析总结。

对因特殊原因无法开展实际演练的，需组织开展桌面演练工作。

三、应急响应情况

国网新疆电力在每周安全例会上，对涉及 750kV 输变电工程的重大风险发布预警，国网新疆经研院立即启动应急程序，编制专项措施并下发所属工程 3 个项目部逐项落实后，动态跟踪直至应急结束。

各参建单位同时建立与当地政府、气象等部门的联系，对季节性洪水、大风、暴雨、暴雪等及时获取信息，采取防范措施。

国网新疆电力建设部通过微信群等，及时发布全疆各地的天气信息，参与 750kV 工程建设的各参建单位及时响应。

在重大节假日等期间，建立应急值班制度。

750kV 输变电工程各参建单位与全疆各地州供电单位建立维稳安保应急联络方式，实时掌握当地维稳安保动态。

第十三章 质量管理

为全面落实国家质量强国战略，实现国家电网公司建设坚强智能电网的战略目标，实施质量强网，按照国家电网公司"大建设"体系、基建管理标准化体系建设的总体要求，国网新疆电力工程建设贯彻"百年大计，质量第一"的方针，严格遵守国家工程质量相关法律法规，实行工程质量责任终身制。在工程建设过程中，采用先进的管理方法，推广应用新技术、新工艺、新设备、新材料，增大节能环保和工业化建造比重，提高工程安全性、可靠性、耐久性。

第一节 策划统领全局

一、建立质量管理体系

国网新疆电力、国网新疆经研院以及设计单位、施工单位、监理单位建立健全工程质量保证和监督体系，管理机构完善，3个项目部质量管理规章制度齐全，强化过程动态管理；明确和强化工程质量管理工作要求，使质量管理有章可循、有序开展、责任分明。国网新疆电力编制完整的质量管理文件，明确质量控制目标；建立施工单位三级自检、监理初检、业主项目部中间验收和竣工预验收、运维单位交接验收、工程质量监督中心站质量监督检查五级质量验收体系，层层把关，为把工程建设成为精品工程提供有力的技术和监督保障。

二、质量管理策划

质量管理策划是质量管理的关键环节，按照"精品出于过程"的管理理念，国网新疆电力落实"进一步提高工程建设安全质量和工艺水平的决定"的要求。

国网新疆电力建设部编制《年度基建质量管理策划方案》，对750kV电网工程建设质量管理提出明确要求，并结合"二十四节气表"，细化工作目标。

国网新疆经研院作为新疆750kV输变电工程的建设管理单位，依据省公司年度质量策划方案，结合750kV工程特点，编制《年度质量管理策划方案》，确保省公司各项要求落实。

业主项目部编制《建设管理纲要》，明确工程质量目标、创优目标、责任主体、重点措施、"标准工艺"实施的目标和要求，突出工程质量控制的难点、重点，按照质量目标要求，明确工程建设各参建单位的质量管理责任；组织对施工单位编制的项目管理实施规划和监理单位编制的监理规划中的质量保证措施、创优措施及"标准工艺"施工策划章节内容的有效性和可行性进行审查，确保措施符合工程实际并具有可操作性。

业主项目部编制《创优规划》《标准工艺策划》《质量通病防治任务书》等质量策划文件；各参建单位依据业主策划文件，完成各实施细则编制，对各项目标细化分解，并制定相应措施；为确保策划可行，业主组织各参建单位集中对策划文件内容进行审查，统一各参建单位的质量目标，明确工程质量管理关键环节和重、难点。

落实差异化设计各项要求，严格乙供材料的管理。针对站址土质强腐蚀性的情况，对电气二次埋管采取"两油一布"的防腐措施。结合地域、气候特点，编制下发《电网工程标准工艺补充及乙供材料材质指导手册》，全面规范施工单位乙供材料，同时为监理、业主现场验收提供依据，为保证工程质量起到较好作用。

建立工程典型缺陷库，为工程建设提供指导。典型缺陷库的建立和应用，旨在总结、提炼工程建设过程中典型性缺陷的基础上，从设计、施工、设备制造等多维度的源头上，把控工程建设质量，从而避免缺陷重复出现，对750kV变电工程建设管理提供有价值的指导建议。

第二节 质量过程管控

新疆750kV输变电工程的过程质量管理紧密围绕"事先策划、样板引路、过程控制、一次成优"的建设理念，深化"标准工艺"应用，严抓强制性条文执行力度，开展质量通病动态防治，严把工程质量验收关，不断提升质量管理水平。

一、标准工艺管理

标准工艺是工程项目开展施工图工艺设计、施工方案制定、施工工艺选择等相关工作的重要依据。国网新疆电力从标准工艺策划、实施、总结 3 个方面规范标准工艺过程管理，确保标准工艺应用率和实施效果。

（一）策划阶段

（1）标准工艺策划。标准工艺策划文件是工程标准工艺实施的指导性文件。业主项目部在策划文件中明确标准工艺实施目标和要求，设计单位根据初步设计审查意见、业主项目部相关要求，全面开展标准工艺设计，确定工程采用标准工艺项目和数量，形成标准工艺清单；施工项目部落实标准工艺实施目标及要求，制定标准工艺实施的技术措施、控制要点，策划标准工艺的实施效果和成品保护措施；监理项目部在标准工艺实施控制专篇中，明确标准工艺实施的范围及关键环节，制定有针对性的控制措施。

（2）标准工艺宣贯。项目部运用标准工艺展板、宣传长廊、横幅标语等多种形式广泛宣传，营造"标准工艺"推广氛围，在施工现场各区域设立工艺指导牌、检查牌，指导施工班组工艺操作。

（二）实施阶段

（1）标准工艺培训。现场各项目部根据工程进度适时组织标准工艺培训，重点对工程应用的标准工艺施工控制要点和工艺标准进行学习。采取"走出去、引进来"的方式，组织人员学习交流。

（2）工艺技术交底。结合工程进展、专业特点，分批组织开展"标准工艺"相关知识、操作流程及工艺标准的技术交底，提高一线工程建设人员的质量意识和质量保证能力，形成人人"懂标准、守标准、用标准"的良好局面。

（3）首件样板施工与验收。作业前，由施工项目部总工、技术员对作业人员进行详细交底；作业过程中，监理和施工质量负责人全过程进行指导和监控。由业主项目部组织各项目部技术人员对首件样板检查验收，组织召开样板实施分析会，总结经验，查找不足，分析原因，提出改进建议。达不到示范工艺标准的坚决返工，直到检查验收符合要求为止。

（4）标准工艺实施。按照首件样板施工标准，要求作业人员掌握施工工艺、施工方法、质量控制要领后，方可全面铺开施工，确保整个项目的质量和工艺。业主项目部在质量检查、中间验收等环节，检查标准工艺实施情况，并组织各参建单位召开标准工艺实施分析会，及时解决标准工艺实施过程中的相关问题。施工项目部制定并落实改进工作措施，监理项目部对标准工艺的实施效果进行控制和验收，及时纠偏，跟踪整改。

（三）总结评价阶段

施工三级自检、监理初检中均将标准工艺的执行情况同步进行总结，切实将标准工艺执行做实、做细，贯穿工程建设全过程。工程标准工艺实施完成后，国网新疆经研院组织各参建单位对标准工艺的应用率及应用效果按照一定标准和要求进行评价。

二、强制性条文管理

为加强输变电工程建设过程控制，强化质量安全责任，规范质量安全行为，确保输变电工程建设严格执行强制性条文，保证工程质量及电网安全，国网新疆电力在750kV输变电工程中严格执行强制性条文。

（一）招标阶段

国网新疆电力在招标文件中，对强制性条文的实施提出具体要求，并作为设计单位和施工单位评标定标的依据之一。

（二）策划阶段

为保证工程项目执行强制性条文的完整性，工程项目施工图设计前，设计单位明确本工程项目所涉及的强制性条文，编制《输变电工程设计强制性条文执行计划》；工程项目开工前，施工单位按单位、分部、分项工程明确本工程项目所涉及的强制性条文，编制《输变电工程施工强制性条文执行计划》。

（三）实施阶段

设计单位严格按强制性条文进行设计，对强制性条文实施计划进行分解细化，并据实填写输变电工程设计强制性条文执行检查表。将强制性条文执行要求贯入施工图，在施工图设计进行交底。

工程施工过程中，施工单位相关责任人应及时将强制条文实施计划的落实情况，根据工程进展按分项工程据实记录、填写输变电工程施工强制性条文执行记录表，并在现场设立强条图牌，确保强制性条文得到有效落实。

（四）检查和核查

（1）强条执行情况的检查。强制性条文执行情况的检查主体责任单位为监理单位。在分部工程验收时，由总监组织对施工单位执行强制性条文情况进行阶段性检查，检查结果填入输变电工程施工强制性条文执行检查表，并由施工单位签证。

（2）强条执行情况的核查。工程竣工验收时，由建设管理单位审核确认输变电工程设计强制性条文执行检查表、输变电工程施工强制性条文执行记录表和输变电工程施工强制性条文执行检查表。监理单位及时复查汇总输变电工程设计强制性条文执行检查表和输变电工程施工强制性条文执行检查表，对照强制性条文执行计划，填写输变电工程强制性条文执行汇总表，报国网新疆经研院审核、确认。最终工程强条所有资料填写规范、数据真实，记录齐全，签证有效。

三、质量通病管理

为规范开展质量通病防治工作，落实质量通病防治技术措施，提高质量通病防治工作效果，进一步提高国家电网公司系统输变电工程质量，国家电网公司针对变电站土建工程和输电线路工程中存在的质量通病，提出了针对性的防治措施。

（一）策划阶段

初设开始前，国网新疆经研院给设计单位下达设计质量通病防治任务书，由设计单位编制《设计质量通病防治措施》，对设计质量通病提出防治措施；施工开始前，国网新疆经研院分别给施工单位和监理下达《质量通病防治任务书》，由施工单位编制《施工质量通病防治措施》，对施工质量通病提出防治措施；对监理单位编制《质量通病防治控制措施》，针对设计和施工的防治措施提出控制措施；国网新疆电力每年会根据质量检查情况，梳理下一年度质量通病重点防治内容，并下达年度重点防治清单，各参建单位收到清单后及时修订，补充重点防治措施。现场分区设立质量通病防治措施图牌，确保现场工作人员熟知通病防治措施，指导工作人员参照执行。

（二）实施阶段

施工图设计过程中，设计单位将质量通病内容纳入施工图，将通病防治措施落实到图纸，并在设计交底和图纸会审中强调；施工过程中，施工项目部将质量通病防治措施纳入日常交底，确保现场严格按照措施执行，并留存记录；监理项目部组织设计单位和施工项目部对图纸和施工工序的质量通病措施落实情况进行检查验收，形成记录。

（三）总结阶段

国网新疆经研院要求各参建单位将质量通病防治情况定期统计分析，将通病防治情况和效果在月度质量例会中进行说明；在施工单位三级自检、监理初检以及中间验收过程中，对通病防治情况进行总结，确保质量通病防治措施在工程全过程落实。

第三节 工程验收管理

输变电工程验收，是指在"四通一平"至工程移交期间，依据相关标准、按照一定程序，对工程项目的管理工作及实体质量进行审核、检验及确认的活动。输变电工程实行全过程验收管理。工程项目必须经验收合格，方可进行后续工作。未经启动验收或验收不合格的，禁止启动投产。

一、隐蔽工程、材料设备进场验收和设备交接试验

（一）隐蔽工程的验收

根据隐蔽工程主要项目清单，施工项目部在隐蔽前通知监理，监理项目部于隐蔽前组织相关人员对隐蔽工程进行验收；地基验槽等重要隐蔽工程的验收需要国网新疆经研院、设计单位、施工单位和监理单位全部参加。

（二）原材料和设备的进场验收

对于甲供材料，由监理项目部组织，业主、施工、物资供应、生产厂家等单位相关人员参加，按照国家规范标准、合同要求进行验收、检验。

对于乙供材料和设备，施工项目部在进行主要材料或构配件、设备采购前，将拟采购供货的生产厂家的资质证明文件报监理项目部审查，并按合同要求报业主项目部批准。施工项目部在主要材料或构配件、设备进场后，将有关质量证明文件报监理项目部审查，

由监理对实物质量进行验收。

运行单位需要参加隐蔽工程和重要设备材料进场验收的，在工程开工前，向国网新疆经研院提交拟参加验收项目的清单，业主项目部在验收前通知运行单位。

（三）设备交接试验

电气设备的交接试验由调试单位在施工过程中进行，生产运行单位参加，监理旁站或见证，试验合格后由生产运行单位签字确认结果。

二、三级自检、监理初检和中间验收

三级自检、监理初检和中间验收的开展时间为：变电站工程分为主要建（构）筑物基础基本完成、土建交付安装前、投运前（包括电气安装调试工程）3 个阶段；线路工程分为杆塔组立前、导地线架设前、投运前 3 个阶段，且原则上基础完成不少于 70%，方可组织杆塔组立前验收，原则上铁塔组立完成不少于 70%，方可组织导地线架设前验收。

（一）施工三级自检

施工三级自检包括班组自检、项目部复检和公司级专检。在检验批（单元工程）完成时，班组自检由施工班组完成；经班组自检合格后，由施工项目部完成项目部复检工作；公司级专检由施工单位工程质量管理部门根据工程进度开展，以过程随机检查和阶段性检查的方式进行，以确保覆盖面。阶段性公司级专检完成后，编制公司级专检报告。

（二）监理初检

施工项目部完成三级自检后，向监理项目部申请监理初检。监理项目部审查施工单位自检结果，编制监理初检方案，组织监理初检；监理初检主要核查工程资料是否齐全、真实、规范，符合工程实际，是否满足国家标准、有关规程规范、合同、设计文件等要求；对施工质量、工艺是否满足国家、行业标准及有关规程规范、合同、设计文件等要求进行现场检查。

监理初检以过程随机检查和阶段性检查的方式进行，以确保覆盖面；监理巡视、旁站、平行检验过程中积累的不可变记录（如基础坑深、基础断面尺寸等）可作为初检依据；监理项目部对初检发现问题提出整改通知单，督促施工项目部制定整改措施并实施，根据发现问题的性质，必要时进行全站（线）检查；施工项目部整改完毕后，监理须进行复查并签证，确认合格后，出具输变电工程监理初检报告，报送业主项目部。

（三）中间验收

监理初检完成后，国网新疆经研院组织或委托业主项目部组织工程中间验收，运行维护单位参与，出具工程中间验收报告，并监督问题整改闭环。线路工程最后一次中间验收，即线路工程投运前中间验收与竣工预验收合并进行。变电工程最后一次中间验收不得合并。

三、启动验收

（一）竣工预验收

国网新疆经研院在施工单位三级自检、监理初检、中间验收合格的基础上，编制竣工预验收方案，并完成审批程序。国网新疆经研院按照竣工预验收方案组织运行、设计、监理、施工、调试及物资供应等单位开展竣工预验收。竣工预验收完成所有的缺陷闭环整改后，出具竣工预验收报告，向启委会申请启动验收。

（二）工程启动验收组织

工程启动验收委员会由国网新疆电力公司成立。启委会下设工程验收组，负责工程启动验收期间的验收工作。工程验收组由项目法人、建设管理、运维检修、物资、财务、设计、施工、调试、监理、质量监督等单位（部门）的代表组成。工程验收组组长由国网新疆经研院和国网新疆检修公司共同担任。

（三）工程启动验收

1. 验收实施

启委会收到竣工预验收报告后，组织建设管理与运行管理部门共同编制工程启动验收方案，并组织验收组进行审查，审查通过后，报启委会主任批准。方案批准后，启动验收组按照分工、验收内容、验收时序开展验收。

验收中发现的问题和缺陷由工程验收组组织运行维护单位、建设责任单位、监理单位签字确认。责任单位负责整改消缺，整改消缺完毕后工程验收组组织复查，由运行维护单位、建设责任单位、监理单位签字确认。

2. 工程启动、调试、试运行

验收及消缺完成后，验收组向启动验收委员会提交工程启动验收报告。项目启动时，按照设计要求、检验评定规程和启动试运行方案进行系统调试，对设备、分系统、站系统与电力系统及其自动化设备的配合协调性能进行全面试验和调整，验收组进行确认。试运行期间，由运维单位、参建单位对设备进行巡视、检查、监测和记录（线路工程安排特巡）。试运行完成后，运维单位、参建单位对各项设备进行一次全面的检查，并对发现的缺陷和异常情况进行处理，并由验收组再行验收。

3. 工程投运

工程完成启动、调试、试运行后，验收组提出移交意见。由启委会决定办理工程向生产运行单位移交。启委会组织办理启动验收证书，启动资产验收交接工作。启委会按证书的内容，签订启委会鉴定书和移交生产交接书，明确验收意见、移交的工程范围、专用工器具、备品备件和工程资料清单。

四、达标投产考核和国家电网公司优质工程评定

国网新疆电力每年会对已投运的 750kV 输变电工程进行达标投产考核和优质工程评定，经过一定的运行考核期后，对输变电工程项目的管理规范性、技术先进性、质量和工艺优良性、运行可靠性、指标合理性等方面进行评定。

工程投产满 3 个月，第 4 个月内，国网新疆经研院组织各参建单位完成达标投产考核与优质工程自检，编制自检报告，上报优质工程自检结果，对存在问题组织整改闭环，向省公司建设部提出达标投产考核批复申请。省公司统一申报国家电网公司优质工程。

第四节 全过程创优夺旗

为保证新疆 750kV 输变电工程高水平实现创优夺旗目标，国网新疆电力进一步落实参建单位创优管理职责，强化过程创优意识，树立过程创优理念，真正实现"一次成优、自然成优、合理成优"，结合工程实际，坚持"以目标策划为切入点、以过程控制为着重点、以建设成果为落脚点，立足事前控制"的建设管理工作思路，开展全

过程创优夺旗工作。

一、落实创优夺旗组织机构，建立创优夺旗平台

（一）成立创优夺旗组织机构，落实创优夺旗责任

国网新疆电力发挥参建单位人才优势，成立创优夺旗组织机构，包括创优夺旗领导小组、专家小组和现场工作小组。领导小组全面负责指导、组织、协调创优夺旗总体工作，负责解决协调重大问题；专家小组负责组织开展科技攻关、策划工程创优亮点，为项目创优夺旗提供技术支撑和指导；现场工作小组负责组织工程全过程创优夺旗具体措施落实，组织创优夺旗工作的自查、自评。

（二）借助创优夺旗平台，落实全过程创优夺旗措施

国网新疆经研院依托创优夺旗组织机构，在工程现场建立创优夺旗平台，制定工程夺旗创优培训计划和工作计划，定期组织各参建单位小组成员开展夺旗创优活动，活动内容以《国家电网公司输变电工程流动红旗竞赛管理办法》和创国优必备条件为纲要，以国家电网公司27项通用制度为依据，以3个项目部标准化手册为标准，学习和贯彻标准工艺、数码照片管理要求、250号文等相关内容。现场工作小组每周按培训计划开展学习交流和互查工作；创优领导组和专家组每月至少在现场开展检查指导工作，加强工程实施过程中创优措施落实情况的检查，对当月创优工作进行总结，对出现的问题进行协调。各小组借助创优夺旗平台，开展全过程创优工作。

二、攻坚克难，誓夺红旗

流动红旗竞赛评比重点关注工程安全、质量、进度、造价、技术管理的规范性、相关制度标准和重点工作要求在现场的执行落实情况，以及在推进基建标准化方面的技术创新和管理创新情况。国网新疆电力注重流动红旗策划和过程夺旗措施落实，至今3次获得国家电网公司输变电工程流动红旗。

（一）策划阶段措施

（1）国网新疆电力高度重视工程争夺国家电网公司流动红旗工作，提早谋划，在合

同中明确争创国家电网公司流动红旗目标。

（2）建管中心及时梳理本工程标准规范，为各参建单位策划文件编制和现场工作提供必要的依据和支撑。

（3）建设管理中心及时编制流动红旗策划方案，各参建单位参照编制各实施细则；国网新疆经研院组织各参建单位专家召开专题会议策划工程亮点，并确定各亮点落实责任人和时间，在月度检查中，对亮点落实情况同步检查。

（4）国网新疆经研院组织夺旗创优专家组成员对流动红旗检查大纲细化分解，将每个检查项对应的各要素写明，并备注每个要素的具体工作内容和注意事项。一方面，方便现场工作小组在日常工作中逐条落实；另一方面，为各项目部人员学习和自查提供便利。

（5）数码照片作为流动红旗竞赛初评中的重点，各项目部提早编制数码照片拍摄计划，按照数码照片要求和拍摄计划完成拍摄和收集，每月定期检查数码照片质量，并在协调会中予以通报，确保工程数码照片及时性和完整性。

（二）过程夺旗措施

（1）国网新疆电力建设部及时召开流动红旗启动会和推进会，全面部署夺旗工作；各参建单位主动作为、积极响应，抓落实、抓执行。

（2）国网新疆经研院定期组织召开创优夺旗专题会，邀请省外专家对工程现场和工程档案进行模拟检查指导，工作"抓早抓小"。

（3）国网新疆电力强化基建管理系统应用，建立了三级管控体系，每月下发通报，开展集中数据核查；国网新疆经研院定期组织新增模块培训，在750kV电网工程范围内开展交叉互查，并编发信息化考核通报，督促各单位强化现场应用。

（4）国网新疆经研院组织开展档案交底，开展专项检查，按归档要求实现工程资料与工程进度同步。

（5）业主项目部按时组织开展设计交底和图纸会审，确保设计交底和图纸会审率100%；国网新疆电力定期开展专项施工图现场巡检，加强设计质量管理；国网新疆经研院每年组织主要设计单位召开设计联络会，对设计中典型问题进行梳理，达成共识，形成指导意见。

（6）国网新疆经研院工程款支付履行逐级审批流程；严格签证及设计变更管理，落实"先签后干"的流程；国网新疆经研院技经中心积极开展全过程造价控制工作，造价管理关口前移，引入第三方开展分阶段结算工作，为竣工结算奠定良好基础。

三、锐意进取，争创国优

国家优质工程奖弘扬"追求卓越，铸就经典"的国优精神，倡导和提升工程质量管理的系统性、科学性和经济性，宣传和表彰设计优、质量精、管理佳、效益好、技术先进、节能环保的工程项目。国网新疆电力在创国家优质工程过程中，提倡工程建设"科学、系统、经济、合规"，用工程实践践行"程序合规、管理有效、技术创新、工序量化、工艺精准、可靠耐用、节能减排、指标先进、档案规范、特色突出"的国优内涵。

（一）策划阶段措施

（1）设计、施工、监理单位依据业主下发的创优规划、新技术示范工程总体策划和绿色施工总体策划等创优策划文件，针对各自工作范围和相应责任要求，制定出各自范围内的创优措施和工作计划，体现工程的特点、难点、亮点和创新点；

（2）开工前，国网新疆电力组织设计、监理、施工单位召开工程创优策划专题会，对本工程的创优夺旗工作要求和实施策划进行宣贯，统一各参建单位思想，树立全过程创优意识。

（3）提前与中国电力建设企业协会签订全过程质量控制示范工程咨询服务合同，在工程建设过程中，邀请协会专家提供过程指导咨询和检查，为创中国电力行业优质工程奖提供必要保障。

（4）业主项目部编制绿色施工示范工程总体策划，在规划、设计阶段，应充分考虑绿色施工的总体要求；在主体工程开工前，各参建单位应编制针对本工程的绿色施工专项方案，全面落实"四节一环保"的各项措施。业主项目部组织各参建单位填写绿色施工示范工程立项申报书，递交中国电力建设企业协会。

（5）业主项目部编写新技术示范工程策划，各参建单位参照编写实施细则。其中，业主项目部组织各参建单位对节能低碳新技术、建筑业10项新技术、电力建设五新技术及自主研发新技术共同协商确定，并填写新技术示范工程立项申报书，递交中国电力建设企业协会。

（6）与中电建协签订质量评价合同，根据《输变电质量评价标准》，结合现场工程实际进度，注重过程中自查，将各阶段自查工作落实责任人和完成时间；按照质量验收阶段划分开展分阶段自验收工作，确保质量评价总得分达到92分及以上。

（二）过程创优措施

（1）国优工程合规性文件办理数量多、难度大、任务重，因此提早将创国优所需要的合规性文件梳理，编制对策表，确定责任单位和完成时间，定期对合规性文件办理情况进行检查。

（2）对工程设计单位提前沟通，加强设计质量管理，提高设计水平，挖掘设计特色和亮点，争取在国家电网公司和电力规划总院优秀设计奖评比中获得好成绩，为工程在国家优质工程评比中占据有利排序提供必要支撑。

（3）工程建设过程中，加强强制性条文计划的落实，定期检查设计单位和施工单位的执行情况，确保全过程没有违背强制性条文事实。

（4）提前对工程申报行优过程亮点照片的数码照片像素、尺寸、部位进行明确，提出具体要求，并安排专人定期督促落实。要求专业DVD制作公司提前介入工程影像资料收集，确保DVD制作所需素材质量和数量。

（5）各参建单位依据绿色施工总体策划和绿色施工专项方案，落实责任单位及责任人，在施工过程中履行监管、监察和实施的职责，并形成绿色施工的实施记录和检查记录。加强过程中绿色施工策划各项措施的落实，并留存影像资料，确保工程顺利通过绿色施工示范工程验收。

（6）各参建单位根据新技术示范工程总体策划和实施细则，对各项新技术落实责任单位及责任人，并确定完成时间，在过程中督促各责任单位按照计划落实。譬如设计将新技术内容纳入施工图设计；施工将内容纳入施工组织设计、施工方案等相关技术文件中，每项成果应用以后，留存每项新技术的数码照片；监理对应用情况进行跟踪，确保各项新技术应用落实到位。国网新疆经研院组织人员对科技项目、QC、工法编写要点进行专题培训，并定期组织集中评审，提出修改意见，为工程最终获得科技创新成果提供支撑，确保新技术示范工程顺利通过验收。

（7）针对工程防雷验收，提前与气象局沟通协调，签订合同，争取在规定时间完成防雷设计审核和防雷验收；针对沉降观测验收、职业卫生专项验收和安全设施专项验收等专项验收尽早采取公开招标，签订合同，提前介入工程，一方面对工程相关工作做好咨询指导工作，另一方面为工程通过专项验收在过程中打好基础。

（三）投运后创优措施

国网新疆经研院积极与建设部和生产运行部沟通，协调做好工程达标投产和创优工作。

（1）工程验收、达标投产、创优检查中提出的问题，必须填写"问题整改反馈单"，各参建单位要及时组织处理，确保不留缺陷。

（2）运行及后期施工要注意成品保护，如打开的防火封堵、二次线敷设等，施工单位应恢复原状。

（3）投运期间，各参建单位要做好生产运行及设备维护的配合工作。

（4）建设管理单位加强与属地供电公司的沟通配合。及时提供完整准确资料，配合并推动属地公司办理政府有关部门对环保、水保、消防、安全、劳动卫生、档案等专项验收证书（或文件）。派专人负责及时跟踪办理情况。

（5）工程投运后1个月内，要完成所有资料移交、竣工报告、设备移交清单等相关工作，要认真写好工程总结。

第十四章　工程造价管理

近年来，随着我国社会经济的发展，新疆地区电网建设投资规模逐年大幅增长。在全球能源互联网全局性、战略性的指引下，能源资源优化配置能力不断增强，电网建设工程管理水平不断提升，促使基建造价管理工作坚持以"依法合规、标准统一、科学合理、有效控制"的原则，通过加强工程全过程造价控制，强化工程造价关键环节集约化管理，实现工程造价可控、在控。一直以来，国网新疆电力通过健全造价过程内控管理机制，强化造价过程关键环节的管控，以"超前控制、过程控制、闭环控制"为原则，并逐步加以实施，有效地提高了工程建设投资效益。

第一节　可研估算及初设概算评审

一、可研估算评审

电网项目可行性研究阶段的造价控制重点是可研估算管理，可研阶段的投资估算应对项目进行较为详细的技术经济分析，决定项目是否可行，并比选出最佳投资方案。可行性研究估算管控要点分为估算编制、评审、批复3个关键节点。编制阶段由设计单位按照可研方案，编制的项目投资估算，论证项目投资效益；评审是对拟建项目的技术、经济、投资风险等方面进行论证；批复由国家行政主管部门对经评审后的可行性研究报告进行批复下达。

在可研估算评审过程中，以精准投资、精益管理为工作目标，认真审查设计文件和估算，严格规范费用计列，做好设计方案技术经济比选论证工作，确保估算精准度，实现对工程造价的主动控制。

重点论证项目可研经济性、财务合规性是判断项目是否能够纳入预算的重要前置性评价环节。在可研评审时，重点审查项目可研经济性、财务合规性，坚持从业务角度出发，将财务信息转化为业务语言表达，使财务制度和管理要求融入其中，促进项目投入资金依法合规使用，提升投入产出水平，降低项目竣工决算、审计等后期环节的经营风险。

在项目可研阶段技经评审时，引入"建设工程全面造价管理体系"的理念，即积极推行"全要素造价管理、全过程造价管理、全寿命期造价管理"，做好投资控制的事前分析工作，对可能影响项目投资的自然因素、政策因素进行研究，关注可能引起造价变化的因素，并进行造价影响分析。

二、初设概算评审

设计阶段的造价控制是整个工程造价控制的决定性环节，初步设计阶段的造价控制重点是初步设计概算管理。工程初步设计概算是指根据初步设计图纸、说明书、设备材料清单、专题报告、概算定额或制表、各种工程取费和费用标准等资料计算出的建设项目投资，是初步设计文件的重要组成部分。

初步设计概算管理一般运用系统工程的观点，统筹管理初步设计概算编制中的各项工作，组织协调设计单位与监管单位、评审单位之间的工作配合。选择技术经济合理的方案，能够提高整个阶段造价管理的控制地位，影响投资决策和设计工作，并为全面控制工程造价、提高投资效益奠定基础。

（一）实现概算控制造价

设计概算文件是确定建设工程造价的文件，是工程建设全过程造价控制、考核工程项目经济合理性的重要依据，因此，对概算文件的审查在工程造价管理中具有非常重要的作用和现实意义。在750kV工程概算审查时，重点审查以下3个方面：

（1）审查工程的建设规模、设计条件，概算的编制原则、依据、内容及编制过程中与建管单位协调落实的问题；审查工程地材价格的来源使用情况，重点审查新工艺、新材料、新设备的应用情况及费用；审查概算中工程量的来源、计算及概算内审问题落实情况；审查概算与通用造价的量差对比情况、差额原因分析。在审查过程中，应结合建管单位确认的施工进度计划。

（2）审查工程前期工作开展情况、有关合同（协议）办理情况、场征费办理情况，物资招标情况、施工招标计划；审查工程特殊的自然条件、地质条件以及施工现场四通一平情况、现场堆放条件、取（弃）土距离等事项；审查工程采用的特殊施工工艺、设备及费用，了解施工安排、建设时序等事项。

（3）设备材料费用占工程概算比重较大，是影响工程造价的主要因素。为确保工程概算审查更加精确，国网新疆电力建设定额站定期收集、分析、编制设备、材料信息价格，作为基建项目初设概算、编制投标报价、施工图预算、竣工图结算等的指导性文件。

（二）标准化评审提升质效

在国家电网公司通用制度框架下，国网新疆电力对现行管理职责、工作流程及计价依据、规范标准、技经管理规定进行系统梳理，结合评审中常见问题，编制《国网新疆电力公司基建项目初设概算管理标准手册》。手册不仅对定额使用、费用计取、工程量计算、评审要求、文件格式等进行明确和细化，而且最主要的是以管理流程为主线，按照流程顺序将各部门、各单位串接起来，并详细描述各个流程节点的工作内容和工作标准，使概算评审工作统一标准。

以"标准化"为引领，重点落实多个方案技术经济比选。持续推进"三通一标""造价控制线"的应用，概算编制运用通用造价对比、超造价控制线分析模板，对工程实际投资与通用造价进行量差分析。对于工程造价水平高于造价控制线的，初设文件要增加专题论证材料，超过造价控制线水平20%以上的工程，初设文件要增加方案技术经济必选专篇，说明选择该方案的充分必要性。

深化应用造价分析成果，结合工程具体条件，重点关注工程建设实施过程中各类变化因素对造价控制的影响，进行综合技术经济对比，对投资决策起参考作用，从源头上控制工程造价，降低工程建设成本，缩小项目投资结余率。

充分发挥内审作用。国网新疆电力组织工程项目所在地地方政府部门和公司运检、调度等职能部门的专家对工程进行初设内审，设计单位根据项目的特殊环境、特殊地形、地貌及项目实施特点进行专题说明，概算的审核充分体现项目实施的特点，合理控制工程造价。

丰富评审形式，引入专家会审，充分借助于国家电网公司专家的丰富经验，发挥智囊团作用，把技术与经济有机地结合起来，进行技术经济分析和效果评价，确保造价合理、准确。

（三）体现地域特点

新疆特殊的地理、气候、人文、社情决定了电网工程管理的特殊性，为此，国网新疆电力重点开展以下工作：

（1）结合新疆地区当前维稳形势，为确保电网安全运行，2015年积极与国家电网公司建设部沟通，出台《国网基建部关于支持新疆电力发展稳定基建工作协调会议纪要的通知》，并在概算阶段统筹考虑计列安防维稳费用，为工程顺利竣工投运依法合规保驾护航。

（2）针对新疆特殊风区自然环境气候、地理特点，通过样本造价数据统计、对比，完成"新疆特殊风区电网工程施工增加费"定额费用测算、发布，使得定额水平更加贴合工程实际；完善新疆地区造价体系的建设，填补行业计价依据空白，满足新疆特殊风区电网工程建设的实际需要，为工程概算编制提供理论依据，达到工程合理计价和有效管控的目的。

（3）对处于新疆各地州"四暴一震"多发地区的电力工程，在初设阶段做到技术与经济紧密相结合，充分现场调研、提前部署预防地质灾害相关措施，合理考虑相关费用，为降低地质灾害程度，更好服务工程建设管理，确保电网长期安全运行奠定基础。

（4）结合新疆特殊地域，积极开展工程造价差异化分析研究。重点针对已建、在建工程涉及覆冰、风速、特殊地形、多样地质结构等各种因素影响造价波动程度不同，进行敏感性分析。

第二节 施工图预算管理

施工图预算管理是国家电网公司规范电网建设，全面构建造价管控体系的有效措施和重要手段，是设计审批管理的重要组成部分，内容包括施工图设计及预算编制、施工图及预算的审查。按照上述要求，国网新疆电力重点开展了以下工作：

（1）在750kV工程中，完成施工图设计及预算编制，组织施工图预算审查工作，其目的是在巩固初设概算管理、竣工结算监督的基础上，通过施工图预算管理，及时发现设计中存在的质量问题，避免重大设计变更等，影响工程结算的现象。

（2）通过不断强化施工图预算管理，细化初步设计及概算，更加准确地实施施工招标，提前发现并整改设计缺陷，减少隐蔽的施工变更（签证），加强对设计质量的管控，维护工程建设各方的合法利益，促进了电力事业健康发展。

（3）为确保施工图预算管理工作的有效开展，全面落实《国家电网公司关于加强输变电工程施工图预算管理的通知》要求，统筹兼顾工程各项进度计划，做到有机统一，互不影响。

（4）成立以主管领导为组长的施工图预算管理工作小组，明确管理责任，分解工作任务，加大过程管控，定期沟通协调，狠抓落实。通过加强设计管理和流程优化，做到施工图满足招标深度，确保施工单位连续施工要求。

（5）在过程管控中，积极适应以施工图为依据，编制工程量清单及最高限价依据，完善基建项目管理工作流程，按照统筹推进的原则，处理好工程进度与施工图预算管理的关系。

（6）根据施工图预算编制工程执行预算，以达到投资预算管控的目的，财务资产部向工程实施单位下达造价内控目标并导入 ERP 系统，通过关键节点的有效管理，加强工程成本管控。

第三节　招投标及合同签订阶段造价管理

招投标及合同签订是电网建设工程实施阶段的重要组成部分。工程招投标管理是指通过公开招标方式，采购与工程建设有关的服务和物资，在招投标过程中，与造价管理相关的内容是以施工图预算为基础，编制工程量清单及招标控制价，在招标文件评审时对合同专用条款进行补充。

一、招投标阶段工程量清单造价控制

自国网新疆电力首条 750kV 输变电工程建设起，工程量清单计价模式在所有 750kV 工程项目建设过程中全面推行，随着电力工程建设任务的逐年扩大及建设管理工作要求的逐步提高，在后续其他各电压等级工程中也推行了工程量清单计价模式，并得到成熟应用。工程量清单的应用增加了工程招投标的透明度，使"公平、公正、公开"得到充分体现。

工程量清单计价是指在工程招投标时，造价编制人员按照工程量清单计价规范的统一要求，依据招标文件提供工程量清单，根据有关计价依据、结合具体工程实际、外部市场及风险情况进行组价和报价的一种计价模式。

（一）工程量清单编制管理

（1）要求清单编制单位严格按照施工图预算（概算）内容编制工程量清单及最高限价。

（2）加强建设管理单位对工程量清单的审核，对清单编制单位提出的工程量进行数据准确性和合理性的审查，对清单完整性及构成的合理性进行审查，并及时总结经验。

（二）工程量清单管理标准化

（1）招标阶段，重点加强对工程量清单及限价评审管理，公司建设部委托经研院按照国家电网公司企业标准《输变电工程工程量清单计价规范》《国网新疆电力公司基建项目工程量清单管理标准执行手册》和公司招投标管理的有关要求，对建设管理单位上报工程项目的工程量清单及限价进行评审并出具体评审意见，以确保工程量清单和限价的准确性和投标的合理性。

（2）应用《国网新疆电力公司基建项目工程量清单管理标准执行手册》对工程量清单及限价审查，作为工程量清单审查的统一参考标准，为新疆电网工程项目招标工程量清单评审提供可靠的方法与依据，并对深入开展工程清单量、价对比分析工作，提高工程量清单审查工作效率和质量，进而为工程造价管控决策，提供有效的理论支撑和实践依据。

（3）应用工程量清单评审程序提升质效。一是规范工程量清单计划管理。按照施工进度计划及施工招标批次制定并下发工程量清单评审工作计划，保证工程量清单评审计划时间与施工招标批次保持一致，将工程量清单报送时间、工程量清单评审时间、工程量清单完成时间均纳入计划管理，确保工程量清单按时完成；二是加强工程量清单内审，对工程量清单质量编制进行详细审核，并及时将问题进行通报，促进建设单位工程量清单管理工作，从源头提高工程量清单编制质量；三是开展相应工程量清单评审，对工程量清单编制的及时性、合理性、合规性，资料的完整性进行复核，补齐工程量清单编制要求的各种支持性附件资料，确保工程量清单编制的完整性；四是工程量清单评审采用专家评审机制，组织专家召开工程量清单评审会议，对工程量清单内容严格把关和详细评审，确保清单不漏项，量准价实。

（4）应用工程量清单评审措施规范清单管理。一是严格执行《国网新疆电力公司基建项目工程量清单管理标准执行手册》，细化提升工程量清单管理工作，促进公司工程量清单管理规范有序；二是提高工程量清单管理意识，通过宣贯、培训、座谈等方式全面提升公司所属工程量清单管理人员的法制观念和风险意识；三是细化工程量清单编制要点，提高工程量清单编制各级监管质量，制定可执行的审查方案，重点在工程量清单评审环节监督把关；四是加大工程量清单编制考核力度，及时通报各类清单评审问题，抓好问题整改，确保问题清零，以保障考核制度的强制性落实。

二、工程合同造价管理

工程合同管理是工程项目管理、全过程造价管理的工具和手段，是全过程造价管理目标实现的重要保证。国网新疆电力重点关注合同的策划与分解，招标文件的严谨性和合理性、工程量清单和招标控制价的准确性，提高合同的合规性和可操作性。国网新疆电力 750kV 工程完成招标并确定中标人后，根据招标文件及中标人投标文件的有关要求，招标人与中标人完成合同起草、审核、签订、发放工作。

（一）合同签订阶段注意事项

（1）实行招标的工程，合同约定不得违背招、投标文件中关于工期、造价、质量等方面的实质性内容。招标文件与中标人投标文件不一致的地方，以中标人的投标文件为准。

（2）以业主和承包商的合同为主，在施工承包合同中，厘清与总包范围直接相关的工作质量、工期和工程造价，做好与分包工程的界面划分，总包服务的内容，设备与材料的供应等内容。

（二）合同造价管控重点

合同在造价管控主要针对预付款及进度款支付要求，并贯穿整个施工造价管理过程，从合同履行时间上，国网新疆电力 750kV 工程合同管理包括施工准备阶段、施工阶段、竣工阶段。

（1）施工准备阶段，进行施工合同、物资采购合同及其他与工程相关合同的订立，按照合同约定的时间安排开工事宜，同时向施工单位支付工程预付款。

（2）施工阶段，按照合同要求对严格管理设计变更和经济签证，准确进行工程计量，及时支付工程款。

（3）竣工阶段，经初验合格并备齐竣工验收技术资料、档案后，组织、安排工程的竣工验收备案工作，按照合同约定督促施工单位进行工程保修，办理竣工结算并支付剩余工程款。

第四节 建设过程造价管控

高度重视 750kV 电网工程建设过程造价管理，在施工过程中合理确定、科学审核工程费用，通过合理使用人力、物力和财力，加强和改善建设过程薄弱环节的管理与控制，使投资控制目标得以实现，有效地提高了工程建设投资效益。国网新疆电力在施工过程造价管理方面重点开展以下工作：

一、全面推广开工前技经交底

国网新疆电力依据国家电网公司相关规定，不断规范管理流程，建立工程实施前工程造价交底机制，在第一次工地例会开完后，召开工程造价交底会，以此不断提升国网新疆电力750kV输变电工程建设过程技经管理水平，达到对工程造价的超前预控，提升技经工作标准化、规范化、精益化管理水平。

750kV工程技经交底主要内容包括工程技经管理制度和目标、合同、投标清单、预付款进度款支付管理流程、设计变更及现场签证管理流程。

技术经济交底使分部结算的阶段划分、内容和时间，措施费用、其他费用管理使用更加明确，各参建单位掌握工程各阶段造价管理重点和节点，便于业主项目部更好地开展过程造价管理工作，提高工作效率。

二、强化工程资金管理

工程资金管理是对工程建设实施过程中发生的资金进行管理，制定工程资金管理目标和资金管理计划，控制支出、降低成本、防范资金风险等一系列资金管理工作。在750kV工程资金管理方面，重点把控以下5点：

（1）工程款预付管理。工程预付款是建设施工准备和所需主要材料、结构等流动资金的来源。750kV工程在合同生效后，由业主按照合同约定，在正式开工前，支付给承包商的工程款。按合同执行，在支付工程进度款时，相应扣回预付款，直至抵扣完毕。

（2）工程进度款管理。在施工过程中，承包方按照实际完成工程量申请进度款，并向监理提交符合发包人要求的相关报表，经监理核实、签证并签署意见后，由承包方报发包人审核后支付进度款。通过加强对各参建单位预付款和进度款的分层审核和管控，以确保申报进度款的工作量和费用和工程现场实际保持一致，避免超付和少付现象的发生，保证工程项目管理顺利、有序地开展。

（3）工程保留金管理。工程保留金是为确保工程竣工后保修期内工程质量、安全、档案等工作满足合同要求标准，甲方按合同规定保留乙方一定合同价款比例的资金，待保留金期满后返还乙方。

（4）工程特殊施工费用管理。针对新疆地区安全维稳费用，对施工单位报送的安防维稳施工方案具体内容进行审核，根据方案发生的费用，经复核后实报实销。特殊地区冬季施工增加费、特殊风区等新疆特定环境发生的费用，根据现场监理和业主确认的人工、机械降效和消耗性材料的工程量据实结算。

（5）强化各阶段工作界面管理。一是确定设备、材料、专业工程暂估价，把握好招标暂估价的替换和单价的调整，防止大的突破；二是处理好工程变更、现场签证等事项，判断施工过程中发生变更、签证是否符合招投标阶段确定的原则，分析变更事项发生对项目投资产生的影响；三是合理确定工程预付款、工程进度款，并协助建设单位按合同要求及时支付；四是处理好工程索赔和工程经济纠纷；五是做好投资偏差控制和风险管理。

三、规范工程设计变更及现场签证管理

750kV 工程在设计变更管理上严格贯彻执行《国家电网公司输变电工程设计变更管理办法》，分级审批重大设计变更和一般设计变更，做到设计变更文件内容、审批权限、变更流程、现场执行、费用闭环"五明确"。主要的做法如下：

（1）审核变更的经济性、真实性、合理性及签证的及时性。

（2）审核工程变更是否按照通用制度规定的变更程序进行审批，工程变更处理办法是否符合施工合同规定，所有变更是否在实施前经有关各方审定。

（3）审核工程变更、经济签证费用计算是否正确，费用价款的确定是否依法合规。

（4）审核工程变更有无擅自扩大规模和提高标准等问题，设计变更应符合施工图总体要求。

四、积极推行分部结算

国网新疆电力 750kV 凤凰—乌苏—伊犁 750kV 输变电工程在国家电网公司系统率先采用分部结算方式，为国家电网公司全面推行分部结算积累了经验，分部结算可督促参建单位将结算关口前移，提早解决实施过程中的问题和争议，减轻竣工结算压力。应用提高形象进度和费用支出的匹配度的方式，保证工程投资均衡发生，提高工程投资的效率。

新疆 750kV 工程分部结算工作主要做法如下：组织制定《输变电工程全过程管控管理办法》，明确分部结算的阶段、结算内容和结算时间。

1. 明确工程阶段的划分

变电工程分两个阶段：土建工程的结算节点为建筑工程移交安装工程，建筑工程包括主控通信楼、继电器室和辅助建筑、主变压器系统、构架及基础、供水和消防系统、场地平整和道路；安装工程包括电气一次、电气二次、电缆及接地、调试工程。线路工程划分为3个阶段：基础施工阶段、杆塔施工阶段、架线及附件施工阶段。

分部结算工作流程主要按工程项目分部分项工程进行划分，利于工程量和物料统计，同时也结合了工程量清单模式的单项计价工程的项目划分。

2. 工作流程及要求

（1）基础施工、铁塔施工工程完工后15日，施工项目部向业主项目部上报"工程分阶段结算报表"。工程变更工程量按监理项目部、业主项目部核定的实际工程量进行单独记列，数据需准确、详实。监理项目部现场技经人员对分部分项工程量完成情况进行量价审核，并在报表上签署意见。

（2）造价咨询单位在收到报表后15日内，完成该阶段工程量的核对确认工作，双方认可的审定值计入最终工程结算。

（3）工程竣工结算在工程分阶段结算的基础上进行汇总，分阶段结算审定值原则上不做调整。

五、施工图巡检技术经济工作安排

国网新疆电力认真贯彻落实国家电网公司"集团化运作、集约化发展、精益化管理、标准化建设"的要求，加强智能输变电工程设计质量管理，提升工程设计质量，严格执行"三通一标""两型一化""两型三新"的规定，为跟踪和监督工程项目的造价管理情况，明确施工图巡检技术经济工作的检查重点：

（1）建设管理单位是否按照要求开展技术经济交底工作，检查工程技术经济交底时间和工程技术经济交底文件。

（2）工程预付款和进度款是否按要求支付，检查各单位办理预付款的履约保函和预付保函、工作量确认及资金需求表、工程进度款报审表、工程进度情况统计月报、进度款费用计算书等手续办理情况。

（3）设计变更和签证的及时性和合理性，检查设计变更联系单、设计变更审批单、工程重大设计变更单审批流程、签字等情况。

（4）分部结算开展情况，检查每月工程进度、设计变更、经济签证、工程量、投资、造价管控、结算的费用及依据、分部结算报告等情况。

（5）造价现场管控的执行情况，检查工程概算量差分析、工程机械化施工、工程商混情况。

第五节　工程竣工结算及财务决算阶段造价管理

一、工程结算

发承包双方根据工程实际发生的变更情况，依据施工合同约定，合理确定工程造价，将建筑安装工程的实际价格作为施工单位与建设单位办理工程价款结算的直接依据，也是开展竣工决算的可靠依据。由于竣工结算直接涉及甲、乙双方的经济利益，为了维护工程竣工结算价款的公正性，高度重视竣工结算审查。

（一）细化结算监督管理

结算集中监督工作采用闭环管理模式，严格把关工程结算完成的及时性与完整性，通过以下5个方面及时反馈意见并督促整改。

（1）督促项目参建单位在750kV工程竣工投运后15日内，依据合同约定编制承包范围内的工程结算，提交业主项目部预审，并上报建设管理单位。

（2）规范结算计划管理。每月制定并下发月度结算工作计划和结算批准计划，保证结算计划时间口径与基建管控系统时间口径、结算管理平台时间口径保持一致，将工程报送时间、结算评审时间、结算完成时间均纳入计划管理，确保工程结算按时完成。

（3）各建管单位加强结算内审，对结算质量较差的单位进行详细审核，并及时将问题进行通报，以细致的督促、管理来促进建管单位结算管理工作，从源头提高结算编制质量。

（4）结算监督审查工作，对工程结算的及时性、结算资料的完整性、工程量准确性进行复核、抽查，发现并督促建管单位补齐结算所缺各种支持性附件，确保工程结算报告的完整性。

（5）加大结算监督考核力度，及时通报工程结算进度严重滞后、质量不合规、管理不规范、弄虚作假、违纪违法等各类问题，抓好问题整改，确保问题清零，以考核保障制定的强制性落实。

（二）完善结算评审机制强化结算审核

工程结算审核是确定工程造价合理性的必要程序和重要手段，是建设单位控制工程建设投资的最终环节，为确保工程投资的安全、合理，国网新疆电力组织召开工程结算评审会议，逐个工程进行结算评审。

在竣工结算评审工作严格按照《国家电网公司输变电工程结算管理办法》执行，评审内容为"建安费、设备费、其他费用"全口径结算，重点审查工程结算有无虚假结算、结算审价原则是否与招标文件及合同条款保持一致、招标文件中合同专用条款结算相关内容、竣工结算费用中是否合规，尤其对合同价款变更（设计变更、工程签证）是否按合同原则执行的情况严格把关，提高工程结算质量。

结算评审采用专家评审机制，由专家对工程结算内容进行详细评审，审查结算的原则性、准确性、特殊性等情况，进一步提高工程结算的公平、公正性，合理控制工程造价。

二、决算管理

坚持"务实、传导、协同、融合"八字方针，以管理关口前移为主要思路，坚持抓源头、控关键、促成效的方式，注重各项基础工作的开展，通过制定标准、完善制度、规范业务、合力系统等多效并举的措施和管控手段，以终为始，多措并举，逐步构建工程决算全过程管控体系。

（一）抓源头，规范工程可研立项

（1）牢固树立投资与回报匹配意识，制定下发《国网新疆电力公司项目可研经济性与财务合规性评价工作实施细则》。

（2）基于国家电网公司项目前期费用管理标准，细化并下发《国网新疆电力公司财务资产部关于加强项目前期费用管理的通知》，有效提升前期费用管控效率。

（二）控关键，强化工程过程管理

（1）实现基建投资预算控制到单项工程明细费用层级，引导前端业务部门按照工程概算、决算维度归集项目成本，建立基于全面预算与内部控制双重管控的电网工程其他费用管理模式。

（2）梳理并制定现场验收盘点规范，明确现场验收盘点要求，细化现场验收盘点步骤，统一现场验收盘点标准，有效保障账卡物的一致性，提升投运转资和结决算工作效率。

（三）促成效，提升决算编审水平

（1）建立常态协调机制，制定《国网新疆电力公司竣工决算工作指南》《国网新疆电力公司竣工决算工作流程》，确保工程决算审核工作高效开展。

（2）通过"月通报，年考核"，对750kV工程的投运、结算、决算、投资完成进度进行通报，对未按计划投运、结算、决算的单位进行督办和考核，保障工程决算编制进度。

（3）明确计划决算和转资时间，限期完成合同清理工作和剩余发票入账工作，规范决算调账流程，加强决算过程审核，提高决算工作质量。

（四）依法治企对技术经济工作的要求

750kV电网建设需要更加依法建设，要求更加规范技经管理，严格工程费用计列，严控不合理费用，做到依法规范的目标要求，定期开展基建工程规范管理监督检查工作和依法治企"回头看"技术经济专业检查。

（1）积极配合基建工程规范管理监督检查工作，首先进行自查检查的工作，主要从相关国家法规政策、公司制度标准的执行情况着手，重点检查工程建设基本程序、招投标管理、合同管理、项目建设场地征用及清理管理、项目法人管理费管理和工程造价过程管理等方面，认真整改管理工作中存在的问题。

（2）树立规范管理理念。把依法治企、规范管理工作作为当前一项最重要的工作来抓，强化规范管理，把规范管理纳入工程管理日常工作。领导带头重视、齐抓共管。

（3）加强全员依法治企、规范管理培训教育。加强案例教育，形成知法、学法、守法的氛围，从源头杜绝违法违规。

（4）加大依法治企、规范管理检查力度，定期在在建工程中开展规范管理专项检查，坚决杜绝工程建设重大违法事件发生。

第六节　大数据分析对造价管理的提升

造价管理工作积极顺应"互联网＋"和大数据的发展要求，将工程造价管理与信息技术的融合，进一步促进工程造价有效管理和项目价值的提升，与时俱进，努力向智能化的现场管理与大数据技术结合方向发展，开展信息交换、共享和服务。

一、不断完善数据集成系统

依托现有数据积累，通过有效技术手段，实现对工程造价数据的及时、准确采集和整理，并科学提取有价值的造价信息，认真开展工程造价数据的归集和分析，发现造价变化规律，开展造价分析、判断、监控等工作，及时、准确地掌握工程造价数据信息作为其管理决策的依据。

从基础数据及信息收集等角度出发，覆盖估算数据、概算数据、施工图预算数据、招投标数据、结算数据以及造价分析数据入库提供系统性支撑；依据科学的数理统计和分析方法，借助计算机应用等手段，对其进行科学、规范、动态的管理，实现数据与信息的准确统计、全面整理、科学分析、及时发布，提供技术经济工作效率，为电网工程的投资决策和造价管理提供有力支撑。从提升年度造价分析报告质量、建立预测模型、效能监察体系研究、后评价指标体系研究和建立工程造价管理成熟度分析模型5个方面进行深度研究，及时发布技术经济指标研究成果，结合新疆地方特色，为建立新疆电网工程"大数据"体系和"大技经"体系奠定坚实的基础。

二、深入开展造价分析及典型报告研究

扎实开展不同地区标准工程造价比较分析，不断丰富造价分析内容，应用大数据指导造价管控。总结造价分析工作经验，结合标准化建设要求，重点抓好成果应用，动态调整造价控制线，指导技术方案比选，提升工程建设投资效益。结合工程造价分析与研究工作，及时跟进国家及地方政策对公司技术经济管理、工程造价的影响，提前研究，掌握市场变化的主动权，更加有效地控制工程造价。以往开展年度造价分析工作，是在电子表格中设计工程项目的各项技术经济指标，功能简单，运用繁琐费时，准确性差。造价分析报告以选取单项工程技术经济指标为标尺，衡量各输变电工程造价分析的合理性，结合新疆地区环境特点，通过对工程实际深入思考，积极开展《电网工程建设特殊冬季施工措施费和输变电工程安防维稳配置及费用的研究》，拓展了造价分析报告分析维度，受到国网建设部的亮点通报好评。

三、 积极推进技术经济实验室建设

集中专业力量，多措并举，推进技术经济实验室建设：依托技术经济专业数据库多维度开展造价分析和数据研究工作，充分发挥数据集成优势；依托年度输变电工程造价分析工作，运用数据智能优化分析和数据挖掘技术，开展电力工程造价预测模型研究，更好地指导项目投资预审和估测；开展750kV工程后评价指标体系研究，总结适用新疆工程建设特点和750kV网架建设结构的项目后评价分析体系，形成使用性较强的资料收集模板，规范项目后评价工作，提高电网建设项目投资管理水平。

第十五章 物资供应管理

电网物资供应管理指由物资计划管理、采购管理、合同管理、资金管理、仓储管理、配送管理、应急管理、质量监督管理等环节组成的一个完整管理体系。

国家电网公司物资管理工作遵循"一级平台管控、两级集中采购、三级物资供应"的运作模式，深化"集中采购、供应保障、质量管控、风险防控"4项机制，提升"体系协同运作、业务集中管控、资源优化配置、需求快速响应、队伍专业管理"5项能力，落实"统一标准、统一平台、统一采购、统一监督、统一调配、统一结算"6项原则，实现"集中、统一、精益、高效"的管理目标。国网新疆电力在750kV电网建设工程中，严格执行国家电网公司物资管理工作相关规定和制度，全力以赴，做好750kV电网物资供应管理工作。

在新疆750kV电网建设工程中，由于工程本身的特殊环境和条件，造成物资供应管理工作有较高的难度和风险，为此，国网新疆电力全面调动相关资源，积极应对物资供应中的问题，在组织招标采购、大件设备运输、物资质量管控和物资实时供应等方面着力进行深入研究，制定行之有效的解决方案，保证物资供应的顺利进行。

第一节 工程物资供应概况

自2009年国网新疆电力建设全疆首个750kV工程，并于2010年10月25日新疆乌北—吐鲁番—哈密750kV输变电工程正式与西北联网，开辟了国网新疆电力750kV工程的崭新道路。2011～2015年，相继建设17个750kV变电站，16条750kV线路贯穿南北疆。84台750kV变压器、91台750kV高压电抗器、100台750kV罐式断路器、58.93万t塔材投入生产。通过物资供应坚实的保障，取得了卓越的成绩。

一、规范开展物资采购工作

国网新疆电力750kV工程所涉及的设备及材料采购模式均为招标采购，主要分为

"总部直接组织实施"招标采购批次和"总部统一组织监控，省公司具体实施"招标采购批次。

由"总部直接组织实施"招标采购批次进行采购的设备和材料主要有变压器、电抗器、断路器、隔离开关、电压互感器、铁塔、导线、地线、光缆、绝缘子等；由"总部统一组织监控，省公司具体实施"招标采购批次进行采购的设备主要有金具、防鸟刺、中继站设备、变电站开关柜、配电箱、端子箱、保护、电缆等。

新疆750kV电网工程物资统一在国家电网公司电子商务平台进行招标采购，有效加强物力集约化管理及规范化运作，强化采购供应的监督保障。

二、认真编制物资供应计划

紧紧围绕750kV电网工程建设总体目标和要求，按照"积极主动、超前谋划、节点预控、过程管控"的总体思路，加强物资供应管理，提高服务水平，增强服务意识。根据750kV工程建设里程碑计划中的各节点时间，结合国网新疆电力物资年度需求计划分析物资生产供应周期，以及现场施工进度排列出设备材料要求的到货时间表。对于主设备、变电站构、支架、铁塔等重点物资在合同签订后，按时完成同中标单位的技术协议签订及图纸资料的确认，督促供应商编制排产计划，组织召开供货计划审查会。在供应执行过程中，根据个别设备供应不及时、临时追加采购及施工计划的调整，综合分析，动态调整到货时间表，保证物资到货的及时性。

三、有效保障物资供应

（一）全力以赴保障物资供应

750kV工程时间紧、任务重、战线长、分布广、环境差，供应时间集中、运输环境复杂，物资供应管理工作面临着前所未有的挑战。经过提前谋划、研究制定供应策略及专业化管理办法，深化物资供应保障体系建设，加强供应计划管理和运输过程管控。全面完成新疆与西北联网第一通道、第二通道、凤凰—西山—东郊750kV输变电工程、库车—阿克苏—巴楚—喀什750kV输变电工程、五彩湾—芨芨湖—三塘湖750kV输变电工程等重点工程建设物资供应保障任务，各类工程里程碑计划顺利实施。

（二）深化物资调配中心应用，为物资供应保障工作"保驾护航"

深化物资调配体系建设，逐步完善公司物资部、省物资公司、地州物资供应中心三级履约协调机制，强化物资调配常态化工作机制，物资供应业务高效协同运作，物资供应完成率不断提升，及时响应协调，解决物资供应过程中出现的各类问题，物资供应计划完成率达99%。

（三）加强质量监督管理，提高入网产品质量

采用定期巡检手段严把物资出厂质量关，抽检范围向农配网、二次、通信等物资延伸。2015年度，派驻8个监理公司对20家生产单位361台（间隔）设备开展监造工作，其中500kV及以上电压等级设备60台（间隔）；组织开展省级协议库存共25批次（30类物资、186家供应商）的抽检工作，累计抽检送样280件，完成检测1324项任务；同时联合运维检修部、电科院、检修公司等专业机构力量，开展五彩湾—哈密、库车—阿克苏等750kV工程主设备关键点见证和质量分析工作。

第二节 工程物资供应难点

一、物资需求计划与供应计划不匹配

在新疆750kV电网建设工程中，物资供应工作只是其中一个环节，各参建单位无法对其投入大量管理精力。同时由于工程实际建设的多变性，往往物资需求随之发生变化，而按原计划被动开展的物资供应工作已无法保障工程建设的现实需求。新疆地处祖国的最西端，物资运输路途遥远，经常在物资生产、运输过程中供应计划已发生变化，而各参建单位之间存在沟通延迟，导致出现物资供应计划与实际物资需求的偏差。

针对这一点，国网新疆电力着力于参建单位之间保持紧密的互动联系，及时沟通各自工作中出现的变化，及时调整物资需求计划与供应计划，更好地满足工程建设总体计划要求。同时，要求工程建设中的各参建单位积极参加与工程有关的各项会议，对物资生产、运输、交付情况定期向各单位通报，以保证物资供应的准确性。

二、物资种类繁多

由于新疆地域辽阔，境内（包括平原、高山、丘陵、戈壁等）气候条件恶劣，季节温差

及昼夜温差极大，地貌与气候复杂多变，且冬季周期长，部分地区4～6个月无法开展正常施工工作。在750kV电网建设工程中，需选用满足以上各环境的设备和材料，涉及的型号、规格种类繁杂，因此，给全面细致跟踪各类设备材料的交付进度带来了极大的难度。

为此，对以上问题从两个方面进行管理：第一，在图纸确认阶段，加强型号数量的统计与梳理，按施工标段进行统计所需的种类、型号及数量，以便到货验收阶段进行核对，同时通过与设计单位横向沟通，详细掌握项目需求及变更；第二，加强现场物资管理意识，在到货验收过程中，根据合同仔细核对到货型号及数量，若出现差异，详细记录差异型号或数量，与设计单位进行核实，协调供应商及时补货。

三、监造任务重

新疆750kV电网建设工程涉及众多主设备，主设备正常供应是工程如期建成投运的关键因素。主设备所应用的技术工艺复杂，需要较高素养的专业人才进行监造与验收，而实际中，符合要求的专业人员往往是非物资管理人员，很少参与工程物资供应管理工作。

因此，在750kV工程物资的监造与验收工作中，一方面派驻物资专业人员入厂严密跟踪设备生产及安装调试每个环节，严把"设备原材料关"和"生产进度关"，并且在关键技术环节还特别派驻电科院的技术团队和优秀运行人员进行旁站监造；另一方面，为把好电网工程物资进场的最后一道关，每次采购设备材料进场的验收工程，都由电网工程项目现场物资验收人员和施工单位验收人员共同验收，认真核对随车料单，从数量、外观及合格证等方面进行验收，加强工程物资验收力度，保障工程物资的质量。

第三节 职 责 分 工

公司建立以750kV电网建设指挥部统一领导、物资部统筹协调，物资公司具体负责、物资供应项目部现场实施，各参建单位、供应商严格履责的750kV电网工程物资供应保障体系，构建与建设管理相适应的三级物资供应组织体系，即公司物资部、物资公司、物资供应项目部。

（1）公司物资部。负责与建设相关管理部门进行重大问题的协调工作，对物资公司进行业务指导、管理、监督、检查工作。

（2）物资公司。负责750kV电网工程物资采购合同签订，督促和协调供货商按照采购合同约定时间交货。重点开展物资图纸确认、排产计划制定、大件运输方案审查、在途运输跟踪工作；超前谋划，建设全过程管控，对可能影响工程进度的供应商，组织专项约谈进行协调；在工程消缺验收阶段，组织供应商售后人员现场服务，制定售后人员现场服务管理制度，进行统一管理；负责开展750kV电网工程物资质量监督及对驻场监造单位的管理工作，加大供应商生产制造过程监督力度，结合以往主设备调试和运行出现的问题，对监造机构提出工作要求，制定监督及考核办法；根据物资到货情况，对现场到货材料进行抽检，实现必抽材料全覆盖。

（3）物资供应项目部。物资供应项目部代表物资管理单位负责工程施工现场所需甲供物资的供应管理工作，执行《项目部工作手册》的日常及现场信息报送工作；督促项目管理单位制定详细的物资需求计划，并根据物资需求计划编制物资供应计划；参加项目管理单位、监理单位及施工单位组织的相关会议，协调解决现场物资问题；保持与监造单位工作联系，及时掌握监造设备的制造进度，并将出现的问题及时反馈到物资公司进行组织专项约谈；对施工单位所报的设备缺陷进行现场核对，并经项目管理单位、监理单位确认后，及时联系供应商及相关单位解决处理；调试验收阶段接到供应商服务需求通知后，负责联系供应商售后服务工作，并对现场售后人员进行管理；参加工程验收和启动试运行工作。

第四节　工程物资招标

按照国家电网公司"集团化运作、集约化发展、精益化管理、标准化建设"的要求，在物资招标采购"公平、公正、公开"的原则下，国网新疆电力对750kV电网工程物资采取公开招标方式进行采购，严谨执行招标工作流程，完善合同签订履约管理，做好物资招标工作。

一、招标工作概述

（一）招标工作基本情况

国网新疆电力750kV工程所涉及的设备及材料采购模式均为招标采购，主要分为"总部直接组织实施"招标采购批次和"总部统一组织监控，省公司具体实施"招标采购批次。

"总部直接组织实施"采购的设备材料主要有变压器、并联电抗器、罐式断路器、隔离开关、电压互感器，铁塔、导线、地线、光缆、绝缘子等。"总部统一组织监控，省公司具体实施"采购的设备主要有金具、防鸟刺、中继站设备、变电站开关柜、配电箱、端子箱、保护、电缆等。

（二）招标工作基本思路

新疆 750kV 电网建设工程对国民经济发展和居民生产生活影响重大，要求技术先进、质量过硬、运行安全可靠，因此，在招标中，选择好的制造企业和高质量产品非常重要。按照国家电网公司"集团化运作、集约化发展、精益化管理、标准化建设"的要求，在物资招标采购"公平、公正、公开"的原则下，严格执行集约化物资管理策略，按规定对电网物资中的 750kV 变压主设备、铁塔、导线、绝缘子等的采购进行集中公开招标和评标。

在这一基本策略下，对于 750kV 电网主设备和材料的供应商选择方面，从电力相关单位抽调专业技术人员与建设方一起到制造企业进行全面的实地考察，根据专业技术人员的考察意见，综合考虑技术先进性、可靠性、投标报价、制造条件、人员配备等因素后，最终选择制造企业。对于分包采购有集中优势，不同的标段有多个供货商供货，这样对交货进度及质量控制能够得以保障。实际工作的成果也证明了集约化物资管理和集中公开采购模式的正确性，物资招标工作始终能够按标准选择出合格的供应商，设备材料质量保障有力，物资供应也都能够符合工程进度要求，使招标工作成为新疆 750kV 电网工程的坚强基石。

此外，新疆 750kV 电网建设工程物资的招标采购，积极采用国家电网公司 2011 年建成投运的电子商务平台（ECP），实现和 750kV 工程建设公司的纵向贯通，进一步对招投标程序规则做出了刚性约束。同时，也实现与 ERP 系统的连通，做到物资目录和物资特性描述的统一添加，有效地加强物资集约化管理及规范运作，强化采购供应的监督保障，及时圆满地完成新疆 750kV 工程材料、设备的招标采购任务。

二、招标工作的组织与开展

（一）细化招标准备工作

根据《国家电网公司招标采购管理细则》规定，物资需求单位依据招标批次计划时间安排，通过 ERP 系统编报招标采购申请，同时在电子商务平台编报技术规范书。新疆 750kV 电网各项目建设单位根据建设需求，制定物资计划，上报国网新疆电力物资公司，由其编入统一物资需求计划并上报审批，审批合格后进行公开招标采购。

招投标管理部门根据招标项目的专业类型、规模标准，选择具有相应资格的招标代理机构，委托其开展招标代理业务。同时，根据招标计划，组织各部门及招标代理机构编制招标方案，招标方案包括采购需求、供应商资质业绩条件、分标分包原则、招标进度安排、评标办法、授标原则等，招标方案由招投标领导小组批准后执行。

（二）严谨编制招标文件

根据规定，招标文件包括招标公告或投标邀请书、投标人须知、评标办法、合同条款及格式、采购清单、技术规范书、投标文件格式等。

在新疆 750kV 电网物资的招标过程中，其招标文件编制完成后，由招投标管理部门组织，招标代理机构实施，项目管理部门、专业技术部门、项目单位、法律部门的代表和相应专业专家参加，按照标的物品类依托电子商务平台和 ERP 系统对招标文件进行审查。

招标文件审查设立审查委员会，人员包括招投标管理部门、项目管理部门、专业技术部门、项目单位和法律部门的代表，听取审查情况汇报，指导监督招标文件审查工作的开展情况，协调解决审查过程中出现的问题。审查通过的招标公告、招标文件及相关重大招标原则在经过招投标管理部门、项目管理部门、法律部门审核会签后，由招投标管理部门报请招投标领导小组批准后发布，之后进行公开投标。

（三）公开透明开标、评标与定标环节

招标文件规定的开标现场为国网新疆电力内部会议场所，开标现场设置监督人员、法律顾问，聘请第三方公证人员。所有开标、投标文件由招标代理机构负责保存，并在开标后转移至评标现场。

评标工作一般在国网新疆电力内部评标基地开展，评标现场满足评标封闭隔离要求。新疆 750kV 电网物资招投标过程中，一般由评标委员会主任主持召开评标准备会议，主要是宣读评标委员会组建文件，宣布评标工作纪律，提出评标流程各项工作环节及相应的进度要求、工作质量要求，明确委员会各组职责分工。

技术、商务评标小组按照分工审阅投标文件，核实投标人的合格性和投标文件的完整性后，对招标文件等开始初评、详评，并通过电子商务平台，自动计算得出各标价格分值。招标代理机构按照招标文件规定的技术、商务、价格权重比例等方面汇总计算，对进入详评的投标人进行综合评分，形成技术经济指标综合评分及排序表，相关数据结果履行严格审查和复核程序。

根据综合评分及排序表情况，一般确定综合排名第一的投标人为中标候选人。招投标管理部门提请国网新疆电力物资管理部门召开招投标领导小组会议，审议评标报告并确定中标候选人，并在公司电子商务平台等媒介上发布公示文件。公示期结束，无异议或者异议未成立，招标代理机构在公司电子商务平台等媒介上发布中标公告，同时向中标人发出中标通知书。自此，最终确定新疆750kV电网物资采购的中标供应商。

第五节　物资合同的签订与履约

一、物资采购合同的签订

国网新疆电力物资公司下设合同管理部，负责物资采购合同的签订工作。当750kV电网物资采购进入合同签订阶段时，合同管理部根据中标结果在ECP进行合同起草，并在一周内完成ERP系统采购订单的创建及纸制合同的签订，对签订完的合同登入合同台账后转交物资供应部，未签订的合同负责跟踪协调。合同签订人员按期将台账新增合同条目按照格式要求移交至履约人员和合同结算人员及质量监督人员。合同生效后，合同结算人员根据750kV工程实施进度及合同约定进行货款结算，并协助工程资产管理单位进行竣工决算。

二、合同履约工作的开展

为保证新疆750kV电网建设工程中物资供应顺利进行，开展细致及时的合同履约工作是十分有必要的。对此，国网新疆电力在国家电网公司"统一管理、统一文本、统一流程、统一平台"的原则指导下，充分利用物力集约化信息系统，实现物资采购合同履约过程全流程管控，应用ERP系统和电子商务平台，规范履约工作。国网新疆电力具体采取了以下措施：

（1）根据报价单与技术协议，核对物资采购合同电子台账。物资采购合同电子台账中包括项目名称、建设单位、合同厂商名称、设备材料名称、合同金额、合同签订时间、交货时间等信息，所有数据记录以单项合同为单位进行，便于分类汇总或数据筛选。

（2）按交货期要求，开展设备材料催交工作。根据已签订合同要求，联系各供货厂家，对设备、材料进行跟踪催交，确认供货范围。要求重点物资供应商每周发送排产计划。物资公司根据排产计划更新催交台账，同时核对排产计划；对存在生产计划变更的供应商，及时了解详细情况，组织约谈、生产巡视、驻厂催交等工作。

（3）及时处理现场设备质量缺陷。材料、设备在安装及调试过程中如发现质量问题，根据质量问题的严重性，确认解决方案，及时组织现场整改或更换设备。同时物资供应与质量监督加强联动，双重出击，明确质量问题，上报国家电网公司不良供应商履约行为。

（4）督促供货商及时进行售后服务。在750kV工程安装工作的开展中，要求各供应商对现场服务配合工作进行书面承诺，确保安装调试配合工作有序开展。根据建设单位的调试计划的安排，现场人员认真排查落实，结合厂家售后服务能力，按照调试时间的先后次序，充分考虑路途的远近，制定详细的安装调试配合计划，编制供应商售后服务通信录，发放现场各单位，加强通信联络。在计划的执行过程中，提前通知厂家，每日落实售后人员的到位情况，并对已到的服务人员进行集中签到管理，提升现场服务，满足工程需要。

根据750kV工程集中验收的特点，为加强供应商现场技术服务管理，提高现场安装调试工作的服务水平，满足工程需要，保证工程顺利投运，结合物资合同的商务条款，特制定《供应商现场技术服务管理规定》，旨在提高安装调试工作的效率；编制《现场服务指南》，给予供应商现场服务人员住宿、就餐、车辆搭乘等生活上的便利，提升自身的服务水平。通过以上措施，各供应商都能积极投入到安装调试工作中，认真解决问题，保证安装调试工作顺利完成。

第六节　工程大件设备运输

750kV工程大件设备运输时间集中在5～10月份运输；大件运输车辆紧张，全国仅有12辆运输"超限、超长、超宽、超重"车辆；运输路径贯穿大半个中国，最后阶段基本集中在内蒙及河西走廊，通道紧张；运输期间，全国各地水患灾害不断发生，沿途地形复杂、环境恶劣、气候多变。

针对以上情况，国网新疆电力着力审核大件设备运输方案，重视监运与协调工作，对大件设备运输中出现的问题予以及时处理，保障主设备顺利供应。

一、大件设备运输要求

货物规格符合长大于 13m、宽大于 3.4m、高大于 3m、重量大于 40t、中心高度大于 2m 中的任一条即属于大件货物。

大件设备运输与普通运输的过程基本类似，由 4 个部分组成：①准备工作：向起运地点提供运输工具（车辆、货轮或火车）；②装载工作：在起运地点进行货物装车；③运送工作：在路线上由运输工具运送货物；④卸载工作：在到达地点卸货或下车。

除了与普通运输的共性外，由于大件设备运输的高风险性和高难度性的特点，在办理托运手续时，除按一般规定外，供货厂家必须提交货物说明书以及装卸、加固等具体要求，在特殊情况下，还须向有关部门办理准运证。大件运输公司应根据供货厂家提供的有关资料进行审核，掌握货物的具体特征，选择适合的车辆，在具备安全运输条件和能力的情况下，再办理承运手续。

750kV 工程在大件设备运输时注意以下要点：

（1）大件运输公司在起运前，会同供货厂家勘察作业现场和运行路线，了解沿途道路线形和桥涵通过能力，并制定运输组织方案。

（2）制定货物装卸、加固等技术方案和操作规程，并严格执行，确保合理装载、加固牢靠、安全装卸。

（3）运输大件货物，属于超限运输的，按规定向公路管理机构申请办理超限运输车辆通行证，按照核定的路线行车。在市区运送大件货物时，要经公安机关和市政工程部门审查并发给准运证，方可运送。

（4）按指定的线路和时间运行，并在货物最长、最宽、最高部位悬挂明显的安全标志，白天行车时，悬挂标志旗；夜间行车和停车休息时装设标志灯，以警示来往车辆。特殊的货物要有专门车辆引路，及时排除障碍。

在新疆哈密 750kV 变电站工程中，其主要电气设备变压器总重 280t，运距达 5000 余 km。为确保拉运变压器的任务圆满完成，国网新疆电力要求大件运输公司召开专题会，从人员、车辆、设备、措施等方面提前进行具体安排。针对沿途可能出现的恶劣天气和道路、车辆设备等突发情况，制订严谨周密的安全措施，提前向驾驶员讲解安全预案，确保做到路线风险识别明确、安全措施细致到位。安排专人进行路线前期踏勘工作，对道路状况、行程食宿、车辆加油、各省路政、交警、收费站沟通协调以及办理各省道路通行证等相关事宜进行提前着手，为正式的拉运工作奠定了坚实基础。

二、大件设备运输方案制定

对于新疆 750kV 电网建设工程的大件设备运输，首先由设备供应商根据设备特性、运输起止点位置等情况，向国网新疆电力报送大件运输方案，国网新疆电力相关部门进行审核，审核内容包括对运输方式、运输路径、运输安保、技术保障等运输关键环节，协商后确定运输方案。总体而言，大件设备运输方案以河运—海运—公路运输方案和铁路—公路运输方案为主。

（一）水陆结合：河运/海运—公路运输方案

在新疆 750kV 电网建设工程，以吐鲁番主变压器设备运输为代表，诸多项目根据自身特点，采用河运/海运—公路运输方案。

吐鲁番 750kV 变电站的主要设备由特变电工衡阳变压器有限公司提供，根据供应商与吐鲁番 750kV 变电站之间的交通条件，结合吐鲁番 750kV 变电站主变压器运输参数，吐鲁番主变压器设备采用河运—海运—公路联用的方式进行运输，从衡阳千吨级码头水运至上海港，然后再从上海港海运至辽宁营口港，再通过公路运输到工地现场。具体的运输路线如下：

（1）河运：从特变电工衡阳变压器有限公司至衡阳市千吨级码头约 4km，途径长沙—岳阳—武汉—黄石—九江—安庆—铜陵—南京—镇江—上海，全程约 1500km。

（2）海运：主变压器设备运输到上海港后，采用海运，从上海港经过东海海域—黄海海域—渤海湾—辽宁营口。

（3）公路运输：营口—沈阳—通辽—赤峰—乌兰察布—包头—呼和浩特—乌海—银川—中卫—甘塘—武威—嘉峪关—哈密—吐鲁番，全程共约 4600km。

（二）经济便捷：铁路—公路运输方案

除了上述河运—海运—公路结合的运输方式外，还有铁路—公路运输方案，这种大件运输方式可以哈密主变压器设备运输为例。

哈密 750kV 变电站的主变压器设备由重庆 ABB 变压器有限公司提供，根据重庆 ABB 变压器有限公司与哈密 750kV 变电站之间的交通条件，结合哈密变电站主变压器运输参数，哈密变电站主变压器运输采用铁路—公路联合运输方式运输。具体的运输路线如下：

（1）铁路运输：经过重庆东—团结村—怀化—娄底—株洲北—捞刀河—石门县北—襄樊—南阳—零口—虢镇—柳家庄—干塘—武威南—哈密，全程约 4341km。

（2）公路运输：由哈密货场—出货场道路—哈密市区道路（主要经过前进西路—天山北路—建设东路—融合路—前进东路—迎宾大道）—省道 303—进站道路—哈密 750kV 变电站，全程 22km。

（三）公路运输方案

除了上述铁路—公路结合的运输方式外，还有公路运输方案，这种大件运输方式可以东郊变主变压器设备运输为例。

东郊 750kV 变电站的主变压器设备由保定天威保变电气股份有限公司提供，根据保定天威保变电气股份有限公司与东郊 750kV 变电站之间的交通条件，结合东郊变电站主变压器运输参数，东郊变电站主变压器运输采用公路运输方式运输。具体的运输路线如下：

保定（京石高速）—北京（京藏高速）—乌兰察布（京藏高速）—呼和浩特（京藏高速）——包头（京藏高速）—巴彦淖尔（京藏高速）—乌斯太—阿拉善左旗（S218 省道）—额济纳旗（S214）—航天城—嘉峪关（连霍高速）—哈密（S312 省道）—吐鲁番（吐库高速）—乌鲁木齐—达坂城区盐湖北侧东郊 750kV 变电站施工现场，全程约 3800km。

三、大件设备运输监运与协调

（一）监运确保安全，协调保障顺利

对于新疆 750kV 电网建设工程，涉及大件设备运输工作时，国网新疆电力均派人员跟车押运，对整个运输过程进行监督，保障大件设备运输的顺利进行。

吐鲁番 750kV 变电站主变压器在中途倒运时，押运人对装卸倒运过程进行了全过程跟踪并拍照留底，对于运输过程中监看氮气的压力及行驶速度，以保证设备安全运输。

哈密 750kV 变电站的主变压器是由国网新疆电力提前上报运输计划，国家电网公司给予协调，申请车皮，按要求的时间计划装车。在设备到临近目的地的火车站时，国网新

疆电力再与政府相关部门进行协调，以保证设备顺利通行。

（二）科学合理搬运，提高装卸水平

在新疆750kV电网建设工程中，大件设备的装卸搬运组织工作由项目建设单位和物资项目部监督展开，由设备供应商具体实施以保证货物装卸质量、装卸效率以及减少装卸成本。做好装卸现场的组织工作，使装卸现场的作业场地、进出口通道、作业线长度、人机配置等布局设计合理，能使现有的和潜在的装卸能力充分发挥出来。避免由于组织管理工作不当造成装卸现场拥挤、阻塞、紊乱等现象，确保装卸工作能够安全顺利地进行。装卸搬运的组织工作主要从以下4点着手：

（1）制定科学合理的装卸工艺方案。装卸工艺方案应该从物流系统角度分析制定，按组织装卸工作的要求分析工艺方案的优缺点，并加以完善。

（2）加强现代通信系统应用水平。根据有关技术条件的应用情况，建立车辆到达预报系统，根据车辆到达时间、车号、货物名称、收发单位等的报告，事先安排装卸机具，做好装卸前的准备工作。

（3）加强装卸作业调度指挥工作。装卸调度员根据货物信息、装卸设备的性质和数量、车辆到达时间、装卸点的装卸能力、装卸工人的技术专长和体力情况等合理调配组织。在装卸量大、装卸劳动力充沛或条件许可的情况下，采用集中出车的方法；在作业点分散的地区划分装卸作业区，通过加强装卸调度工作减少装卸工人的运送调遣。

（4）提高装卸机械化水平。从物流系统的组织设计做起，使得车辆、装卸机具、仓库等移动设备、固定设备的合理设计，从而提高装卸质量和装卸效率。

四、公路运输中的问题及解决措施

公路运输是大件设备常见的运输方式，公路运输中意外事故主要有一般交通事故、车货移位振动超标事故、车辆设备倾覆事故等。

（一）一般交通事故及其应急措施

一般交通事故是指大件运输车辆前方路段发生交通事故或出现路阻，造成大件运输车辆暂时不能按原定计划执行；运输车队中有大件设备运输车辆以外的车辆发生交通事故或出现其他故障；承载大件设备车辆与其他车辆发生交通事故等。在这种情况下，采取

以下应急措施:

（1）运输车辆临时停车，并及时做好各项安全保卫工作。由交警或路政部门工作人员及时到达现场，对事故进行勘察处理，待通行问题解决后，继续运输。

（2）如运输车队中非关键车辆出现事故或故障时，事故或故障车辆让出大件运输通道，由项目经理指定其他车辆或及时补充车辆暂时代理事故车辆实施相应职能。

（3）承载大件设备的平板车组出现事故或故障时，在确保安全的前提下，由维修工作人员及时对车辆进行检修。维修人员能够在短时间内修好车辆，运输按计划继续前行；维修人员不能在短时间内修好车辆，车队原地待命，做好车组与设备的安全保卫工作，并视情况调整运输计划，待项目经理调配其他相应运输车辆到位后，再进行运输。

（二）车货移位振动超标及其应急措施

设备受到外力强烈冲击时，货物与平板车间的绑扎索具断裂或被拉长，从而使设备在平板车货台上发生一定位移，此时可能对设备或平板车造成一定损伤。为了设备及承运车辆的安全，在发生车货移位及设备振动超标时，采取以下应急措施:

（1）由平板操作组成员用随车的交通警示带圈出事故现场，运输车辆开启故障灯，并在车辆后方100m处放置故障警示牌，避免再次受到其他车辆撞击。

（2）掌握现场情况，现场技术、安全人员负责做出具体施救的方案。事故现场人员及时联系外界援助，保证施救现场畅通、安全，并及时和项目部、业主沟通。起重装卸人员按施救方案将大件设备移回原有的位置，并重新捆扎。

（3）质量、安全专责对事故的发生和处置进行详细记录，并上交项目经理，由项目经理呈报业主和相关方。

（三）车辆设备倾覆及其应急措施

在大件设备运输时，可能由于道路路肩塌方、驾驶员操作不当、车速过快等原因，造成车辆设备倾覆事故的发生，此时采取以下应急措施:

（1）现场人员及时查看有无人员在事故中受伤，并立即实施伤员救护，同时通知120救护部门到现场进行救助。由车组人员用随车携带的交通警示带对事故现场进行圈围，防止任何闲杂人员、车辆进入事故现场，影响施救工作开展。

（2）现场人员及时联系外界交通事故援助，保证施救现场畅通、安全，同时及时向上级部门、业主及设备厂家汇报事故现场及施救开展具体情况。

（3）对平板车组和大件设备进行细致、全面检查，共同商讨确定下一步的施救工作，根据实际情况，制定施救计划。尽可能将尚不稳定的设备或车辆进行固定处理，确保车辆、设备不会再次滚动或滑位，避免增加事故损失。将设备与车组分离，设法将平板、设备通过吊装或牵引方式移回路面。

（4）施救完成后，及时通知保险公司，配合保险人员进行验损、勘察。与业主及大件设备生产厂家商定下一步的事故补救措施。详细记录事故发生的原因，施救过程以及对施救后车组与设备的处理方式等。

第七节　工程物资的质量控制

物资质量控制管理是指国网新疆电力物资管理部门与750kV电网建设管理部门，根据国家有关法律法规及国家电网公司有关规定、标准、制度等，对电网建设物资制造质量进行监督，服务于新疆750kV电网建设及安全稳定运行的管理工作。

一、入厂监造，控制物资出厂质量

新疆750kV电网建设项目相关的物资监造工作，通常选择资质优良的监造单位，令其按监造服务合同约定，派驻专业人员到供应商现场，对设备材料的制造质量及进度进行全过程的监督见证，保障设备材料的质量。

（一）选择优良的监造公司

按照国家电网公司服务采购招标管理规定，新疆750kV电网设备材料监造单位的选择，通常采取公开招标、邀请招标或竞争性谈判等方式进行。

（1）采取公开招标方式。建设单位严格按照程序，发起公开招标选择监造单位。对投标的监造单位进行资质、业绩评审，择优选择监造单位，并与其签订监造服务合同，保证监造工作规范化、标准化。

（2）采取邀请招标方式。建设单位根据需要监造的设备其专业性、制造厂特点等，对潜在的监造单位进行资格条件的筛选，按照邀请招标流程选择3家及以上监造单位，向其发出投标邀请书，邀请参加招标竞争。在邀请招标的几家单位中，再进行公平、公正、公开的择优选用，选定中标的监造单位，并签订监造服务合同。

（3）采取竞争性谈判方式。建设单位根据设备的专业性等特点需要，先行筛查选取潜在监造单位，根据其资质、监造水平、监造能力等情况邀请 3 家及以上监造单位，针对该项设备材料监造工作的具体事宜进行谈判，商讨监造工作进行的具体细节，根据谈判进行的情况和谈判成果判断，谈判成功后，同选定的监造单位签订监造服务合同。

（二）制定科学的监造计划

根据国家电网公司总部规定的监造范围，制定重点关注的建设项目、设备、供应商和制造环节。在此基础上，物资部制定出物资质量管理工作阶段性工作重点。

新疆 750kV 电网建设单位在上述规定下，根据监造大纲和物资质量管理技术指导文件，确定各类物资的监造内容，结合监造单位设备监造合同的签订情况、供应商生产计划和生产进度情况，合理制定出监造工作计划。

建设单位主要监造设备包括变压器（换流变压器）、电抗器、断路器、隔离（接地）开关、组合电器、串联补偿装置、换流阀、阀组避雷器。

《国家电网公司物资质量管理办法》规定：监造工作的起点为监造服务合同约定的监造工作开始之日，终点为设备发运日或产品包装完成之日起 30 日内，二者以先到日期为准。依次规定，公司监造工作计划分为年度计划和月度计划。

年度监造计划通常在结合上一年度设备监造工作开展情况的基础上，分析本年度 750kV 电网工程项目情况和电网建设物资采购需求，制定本年度监造计划。在年度监造计划中，一般对本年度监造工作的重点内容、环节等方面进行规划，为一年的监造工作提供指导和方向。

月度监造计划则是根据年度监造计划和物资合同签订情况，确定本月 750kV 电网建设工程中需要监造的设备和供应商。明确供应商、实施时间、项目信息、物资名称、监造方式、具体监造要求等任务信息。

（三）实施有效的监造措施

1. 对设备制造过程质量的监造工作

新疆 750kV 电网设备材料监造单位首先审查供应商的质量管理体系及运行情况，保证其制造过程的科学有效。其次，监造单位还需要监督查验外购主要原材料、组部件的质量证明文件、试验、检验报告和外协加工件、委托加工材料的质量证明以及供应商提交的进厂检验资料，并与实物相核对。

在设备制造过程中，监造单位监督见证主要生产工序的生产工艺设备、操作规程、检测手段、测量试验设备和有关人员的上岗资格、设备制造和装配场所的环境。在制造现场对主要及关键组部件的制造工序、工艺和制造质量进行监督和见证，并且对供应商各制造阶段的检验或测试进行现场监造。在技术协议中约定的产品制造过程中拟采用的新技术、新材料、新工艺的鉴定资料和试验报告也是监造工作的内容。

在产品出厂前，监造组还会审核设备出厂试验方案，并提前报送公司相关单位，组织设备出厂试验见证，检查设备包装质量、存放管理和装车发运准备情况。

2. 对设备制造进度的监造工作

新疆750kV电网设备材料监造单位根据采购合同中设备交货期的要求，及时审核供应商的生产计划，明确其制造时间和交货时间，保证设备材料的供应与新疆750kV电网建设相匹配。监造单位驻厂监造组掌握设备安排生产、加工、装配和试验的实际进展情况，督促供应商按合同要求如期履约。同时，当制造商在制造进度上出现偏差或预见可能出现的延误时，监造单位会及时上报物资公司，与其沟通协调进一步解决方案。

3. 对设备制造关键点的监造工作

关键点见证是监造工作的重要补充，由建设单位与物资管理部门组织专业人员，对产品制造过程中的关键环节进行见证。

关键点见证的主要内容是审查供应商的质量管理体系及运行情况，查验主要生产工序的生产工装设备、操作规程、检测手段、测量试验设备和有关人员的上岗资格、设备制造和装配场所环境，查验外购主要原材料、组部件，在制造现场对主要及关键组部件的制造工序、工艺和制造质量进行监督和见证，掌握设备安排生产、加工、装配和试验的实际进展情况，督促供应商按合同要求如期履约。

（四）设备材料监造发现的问题

在新疆750kV电网工程建设过程中，设备材料监造工作发现并解决了许多设备材料生产中的问题，为工程建设的顺利进行提供了保障，具体如下：

（1）制造商对于原材料的管理不严。在监造过程中，监造人员发现制造厂家的原材料常有发生规格不符的情况，如质量、型号和尺寸等方面，这对于产品的制造有着极大的影响。此外，对于原材料的保管也存在一些漏洞，对一些需要避光、防潮等有特殊要求的材料没有进行特别存放。监造人员发现问题后，及时与制造商进行沟通，制造企业对这些问题进行针对性的改进，如对进厂的原材料加强检测和监督，对有特殊存放要求的材料进行标注并特别关注。

（2）制造商对国际标准的执行力度不够。虽然生产企业均已获得了 ISO 9000 系列的质量认证，但在实际生产操作中，对于标准的执行并没有达到要求，有很多未按标准手册执行的情况发生。在与制造商沟通后，制造企业加强操作人员标准执行监督力度，组织操作人员统一学习操作标准手册，建立考核机制，对标准执行情况进行考核。

（3）生产厂商的生产环境没有满足 750kV 设备材料制造要求。对于 750kV 产品的制造，要求生产车间实现全密封、全空调，车间的防尘措施要求较高。有些制造商虽然具备防尘隔离设施，却形同虚设，有些制造商甚至忽略对生产环境控制设施的安装。对此，监造人员督促制造企业加强防尘净化设施安装，并建议在关键制造环节采取二次防尘措施，在加工时间长要求高的制造工序中，单独加装附加的防尘设备。

二、抽检试验，把握物资技术性能

抽检是指项目单位或检测机构依据公司相关标准、供货合同以及国家有关标准，利用检测设备、仪器，对所采购物资随机抽取，进行有关项目检测，检验物资质量的活动。依据检测地点的不同，抽检分为厂外抽检和厂内抽检。

（一）厂外抽检

国网新疆电力组织抽检小组由相关抽检人员及监察（或监督）人员组成，抽检人员熟悉抽检工作的相关规定、标准和供应商产品的结构、性能，并具备一定的组织、管理和协调能力。

1. 加强抽检取样、送样及检测工作管理

新疆 750kV 电网建设工程中，设备材料抽选样品时，根据样品的类型及实际情况，在监察人员的监督下，由抽检小组取样人员从材料仓库或施工现场随机取样、封样，确保抽检工作的客观公正。

送样由抽检小组送样人员将样品送往有关质量检测单位或第三方检测机构进行检测，在送样过程中，做好样品的包装和防护措施。

2. 样品检测保证严谨公正

要求 750kV 电网设备材料样品检测由质量检测单位或第三方检测机构依据检测方案进行检测，尽量采取盲检，样品随机抽样，且检测单位不清楚样品厂家。现场检测必须由有关质量检测单位或第三方检测机构携带检测设备进入施工、仓储现场，按抽检方案进行检测。对于非盲检的物资，通知供应商代表现场见证，并做好相关记录及签字确认。

3. 做好检测记录与报告

750kV 电网设备材料检测单位实施检测工作，及时做好相关记录，并出具检测报告，在检测工作结束的 3 个工作日内，完成检测报告和抽检发现问题报告的编制、送达工作。对检测发现质量问题有异议的，经物资管理部门与供应商协商进行复检、再次取样检测或由权威检测部门定性，并做好更换后的抽检工作。当对检测过程中发现有重大物资质量问题的或重要性能指标不满足要求的，及时报项目单位及物资管理部门予以处理。

（二）厂内抽检

厂内抽检是指在供应商生产制造现场实施的抽检工作。当需要对半成品及重要原材料组部件或者重要工序进行检测时，采取厂内抽检。

在实施厂内抽检时，成立由物资人员、专业人员、监察人员等组成的抽检小组。抽检人员熟悉抽检工作的相关规定、标准和供应商产品的结构、性能。抽检人员在现场工作时，严格遵守现场相关安全管理规定，做好各项防护措施，确保人身、设备安全。

抽检小组做好相关记录，及时编写抽检纪要，由供应商确认，抽检报告由抽检小组全体成员签名。对检测过程中发现有重大物资质量问题的、重要性能指标不满足要求的，及时报送项目单位及物资部门，协调进一步处理方案。

三、全寿命周期管理，全面掌握物资质量

由于新疆 750kV 电网工程的困难性和技术复杂性前所未有，国家电网公司予以高度重视，国网新疆电力要求参与建设的各单位要紧密配合，物资管理部门通过新疆 750kV 电网工程中服务于产品全寿命周期的物资质量管理协调机制，统筹考虑各项工作，高度重视设备供应、质量问题，加快生产准备工作，切实做到无缝衔接，确保完成工程建设任务。

服务于产品全寿命周期活动，主要指物资部门配合相关专业部门或单位，处理与供应商有关的事项，如故障处理、质量索赔与招标采购联动等。

督促供应商加强运输管理，加强设备材料到货验收、安装、调试及运行维护阶段的技术服务，提高售后服务质量。

（1）设备运输阶段。大件设备、易损设备、重要设备出厂前，对供应商运输方案进行审查，确保设备包装完好，运输安全保障措施落实到位；到货后，检查设备运输过程记录，查看包装、运输安全措施是否完好。

（2）现场验收阶段。项目单位要认真组织物资到货交接，严格按照合同约定、技术标准等对到货物资予以验收，现场验收阶段要通知物资部门。

（3）安装调试阶段。施工前，督促供应商提供产品安装说明书等有关资料，说明安装注意事项，做好技术交底；施工中，督促供应商派遣技术熟练、责任心强、协调能力强的现场服务人员，加强技术指导和过程监控；完工后，对供应商进行绩效评价。

（4）运行阶段。项目单位及时将运行阶段设备材料质量信息反馈给物资部门，物资部门督促供应商及时处理，加强跟踪。

第八节　工程物资实时供应

为保证物资供应的精益和高效，在新疆 750kV 电网工程建设中，国网新疆电力动态管理物资供应，及时进行催交催运，严格把握物资到场验收与交接，并细致保管现场工程物资。

一、动态管理物资供应与衔接

根据 750kV 工程建设里程碑计划中的各节点时间，结合物资年度需求计划分析物资生产供应周期以及现场施工进度，排列出设备材料要求的到货时间表。在供应执行过程中，根据个别设备供应不及时、临时追加采购及施工计划的调整，综合分析，动态调整到货时间表，保证物资到货的及时性。

750kV 工程中，由于主变压器生产计划的不断变动，对满足现场需求造成很大的影响。为此，深入"两个现场"，一方面派员驻厂对生产进度及质量进行监督；一方面深入施工现场，协调施工单位动态调整安装计划，保证现场需求和生产供给的对接，对电网建设的有序进行发挥了重要作用。

物资供应计划是现场物资供应服务工作的又一基础。根据 750kV 工程项目物资采购合同，编制出各供应商的交货时间表。在物资供应过程中，根据后续合同的签订、生产进度的变化及现场需求计划的调整，进行协调，不断更新供应商的交货时间表，以适应工程建设的进度要求。

物资供应计划的执行需要面对需求计划的波动。由于需求计划的波动，不得不动态调整物资供应计划，在解决紧急物资供应的同时，加大力度督促未供应物资的生产发运，确保物资供应计划执行的准确性。

二、及时催交催运供应物资

（一）物资催交催运工作内容

由于750kV工程的重要性和复杂性，铁路车皮运输非常紧缺，决定物资供应是一场"硬仗"，现场需求与供应商生产供应矛盾突出，使得催交催运成为物资供应工作的一个重要环节。根据物资供应的先后顺序、轻重缓急、难易程度，进行分类催交管理。对主变压器、铁塔等比较重要，供需矛盾相对突出的设备材料采取驻厂催交，严密监督各道生产工序，每日反馈生产信息，召开专题协调会，督促厂家生产供应；对开关、导线、金具等供需矛盾相对缓和的设备材料，采取电话、传真的形式，要求厂家发送详细的排产计划，对生产计划的完成进行落实，在制造的关键点及关键时段组织现场建设、施工、监理单位入厂催交巡检。在入厂催交中，制定详细的催交标准及催交措施，保证催交催运工作的有效性。

（二）物资催交催运实施措施

物资公司充分认识到750kV工程物资供应的重要性和艰巨性，超前介入，审时度势，未雨绸缪，成立物资公司750kV工程物资供应保障领导小组，同时制定750kV工程物资预测分析报告、物资供应保障方案、物资项目部工作标准、物资催交催运的计划、标准及措施等。

（1）强化过程控制。完善物资供应过程控制的具体实施办法，建立电话催交、入厂催交的工作标准，排出重点设备的催交催运计划，落实各节点的完成情况。按正常、异常、报警3个等级要求，催交人员每日发回催交日报，正确处理进度和质量的关系，做到既把握进度又控制质量。同时采用短信、微信、QQ等信息化手段，及时发布重点物资到货、安装进度、现场消缺服务等物资供应全流程信息。

（2）抓好进度控制。要求现场服务人员和入厂催交人员，加强信息的沟通交流。对于制造周期长、生产难度大、运输路线复杂，实施重点片区催交管理。如库车—阿克苏

750kV输电工程铁塔，合同交货时间为3月31日前，需求计划要求时间为2月30日，为了不影响春节后的施工安装计划，物资公司抽调专人分别驻厂催交催运，最终铁塔在2月底完成供货100%，保障了春节后的大面积安装，确保了工期的顺利推进。

（3）加强人员保障，加大催交催运工作力度。抽调责任心强的同志充实现场物资管理岗位。催交人员到达生产制造厂家后，深入到设计、原材料采购、车间生产、运输等各环节中。采取"盯现场、盯工序、盯交货期"的方式，催促厂家加快生产进度，优先排产。

（4）做好催交催运工作的前提下，加强物流控制。确保物资运输及时、安全，特别是要做好大件设备的运输进场工作。加强与建设单位、运输部门的紧密配合，完善大件设备的运输进场方案，确保大件设备安全正点运进施工现场。

三、严格把握物资现场验收交接

（一）物资验收的标准及组织形式

交接验收是整个物资供应的重要环节，在现场采取两次验收：一是初验（货物交接），主要确认到货物资的外观质量、到货数量等信息；二是根据《国家电网公司物资采购合同承办管理实施细则》，依据相关的国家标准、行业标准、750kV验收规范及合同技术协议，协助业主组织施工、监理、供应商等单位，共同对到货材料进行开箱验收，主要对物资的外观质量、数量、内在特性、加工工艺、规格型号等项进行验收。验收合格后，由5家单位共同签署《到货验收单》，施工单位负责交接物资的日常保管。

（二）物资验收结果处理及交接

在750kV工程物资开箱验收中，物资现场人员尽职尽责，严格按照合同及验收管理办法的要求实施到货物资的验收，针对发货清单与实际到货单不符、规格型号与技术协议不符、外观磨损、包装不牢固、加工错误、配电箱内接线混乱、资质文件短缺等问题，加大协调力度，分别采取以下处理措施：

（1）对于发货清单与实际到货不符、规格型号与技术协议不符的情况，根据验收结果向供货商出缺件清单、更换要求，并要求在10日之内，进行补供、补发、更换事宜。

（2）对于设备材料的加工错误，由现场建设单位组织工程监理和项目有关技术人员、供货商代表共同进行鉴定，并提出处理方案，以缺陷处理单的形式提交各鉴定单位审定后实施。要求供应商在不影响质量和满足施工进度需要的前提下，加快生产速度，采取快捷的运输方式，在限定的时间内运抵现场。

（3）对于外观磨损、包装不牢固的问题，根据合同的相关规定，向厂家发送专题报告，并附设备外观质量缺陷的照片加以说明，要求厂家及时补供一些备品，改进包装质量，减少运输环节引起的物资质量问题。对于存在问题的供应商，要求现场人员暂停办理到货验收单，直至供应商整改完成。

"不管天气是艳阳高照、黄沙漫天、大雪纷飞，还是到达工程现场的路程远近，我们始终按照现场验收的时间节点按期到达750kV工程项目现场进行物资验收、交接和盘查。针对每一次的物资盘查情况，我们都高效处理大小事宜，确保物资按时如数到货。"国网新疆电力物资项目部一位物资工作人员说。国网新疆电力要求对工程现场物资盘查工作流程，始终以物资采购合同为依准，以物资实际到货情况为依据，以物资跟踪催交售后开箱验货为结点。同时，每次验收物资到货情况一次，就对现场存在隐患进行消除，同时做好现场物资到货情况的存档工作。西山750kV变电站GIS断路器到货验收现场如图15-1所示。

图 15-1　西山 750kV 变电站 GIS 断路器到货验收现场

四、合理细致保管现场物资

（一）现场物资保管的方式

国网新疆电力现场物资的保管方式，主要根据物资合同要求，采取供应商统一配送，物资公司进行过程控制，分散到各施工单位进行集中保管。各施工单位选择事宜的保管场地（变电工程主要在变电站内），符合库存管理的先进先出、分类存放、码垛牢固整齐、库区各种标识标牌清楚、出入库账目清楚、防火防盗措施到位等要求。

二次设备须进库房存放，严禁露天存放，并做好防潮、通风、防高温措施。一次设备要求按标识存放，未有标识的，按二次设备保管条件进行保管。备品备件保管安装空调，温度、湿度应严格控制在规定范围内。露天存放设备要高出地面，下面垫枕木，上面盖雨布，货场四周要有排水设施，确保物资安全。对有特殊保管要求的设备，应根据供应商要求保管。

（二）现场物资保管的措施

物资经验收入库后，进入保管阶段，在库物资的保管保养关系到物资质量的完好和数量的准确。750kV工程物资种类繁多，进出频繁，物资的保管与保养显得尤为重要，物资公司在物资的进场验收中，采取有力措施，在物资储存保管阶段加大巡检力度，并定期对施工单位材料站进行检查，要求施工单位采取各种手段，杜绝因保管保养不善而导致物资短少、变质、污染、损坏的发生，使工程安装所需要的物资能够及时得到保障。

五、编制物资缺陷库、建立反馈机制

通过组织建管单位、设计单位、运检单位对工程建设过程中设备缺陷进行梳理，编制物资验收缺陷库，并在每项工程进行技术协议、资料交换过程中，将历年物资缺陷库、"十八"项反措等生产验收标准下发供应商，同时在合同签订过程中，将物资缺陷库作为合同附件附于合同后，加强供应商对质量安全的重视程度。

第十六章 工程调试

　　新疆 750kV 电网工程调试涉及工程的设计、设备制造、建设安装、调度、运行、试验和监理等各单位和部门，整个调试工作任务繁重、时间紧，必须在建设单位验收委员会之下设立坚强有力的组织机构，统一调度指挥和安排各项工作。

　　工程调试是工程投运送电前的重要环节，将全面检验工程建设的功能和性能，各参建单位高度重视，精心组织，认真做好工程调试工作。工程调试最终的目的就是能让电网系统、电气设备和二次保护系统更高效地完成工作，将设备性能提升至最高，满足设备工作需求，输变电工程达到理想的工作效果，为工程投运打下良好基础，保证电网运行的稳定安全。

第一节 调 试 组 织 与 准 备

　　调试工作具有复杂性和危险性的特点，需要完善的组织与充分的准备。新疆 750kV 工程调试中，细化调试组织与分工，明确调试目标，认真进行调试研究和方案选择，为工程调试的顺利实施奠定了基础。

一、细化工程调试的组织及分工

　　为确保新疆 750kV 电网工程优质、按期完成，调试单位均选派技术骨干组成调试项目组进驻现场，按照各自职责对工程的试验调试工作给予支持配合。试验调试项目组包括调试负责人、安全员、工作班成员等人员组成，其工作职责与分工具体如下：

（一）调试负责人的工作职责

　　调试负责人是调试工作的主要负责人和组织者，需要负责工作票、安全措施票、危险点控制单的审核；审核以上三票的安全措施是否正确完备；安排工作负责人和工作班成员；确认所派工作负责人和工作班成员是否适当和足够；确认所派的工作负责人和工作班成员当天精神状态是否良好；负责正确、安全地组织现场施工，敦促和监督全体工作班人员遵守施工方案和有关规程、规范等的有关规定和要求，对工程负直接责任。

（二）安全员的工作职责

安全员主要负责试验调试工作中的安全目标管理，负责贯彻执行国家有关安全生产政策、法规和有关规定，协助领导组织和推动施工中的安全管理和监督工作。

（三）工作班成员的工作职责

工作班成员是试验调试工作的主要执行人和实施者，主要负责监督并具体执行试验调试工作施工方案和现场安全措施，配合调试负责人进行工程的安装和调试。

二、工程调试的准备

试验调试工作主要针对资料、设备和人力的准备，在对图纸及技术文件进行详细审核和编制的基础上，根据文件要求，配备相应的仪器仪表，按照试验调试工作的专业分类，配置相应的调试人员，以保障调试工作顺利进行。

对于750kV工程试验调试工作，在调试工作组得到工程建设图纸后，按照ISO 9001认证的程序文件进行图纸会审，编制调试施工方案，对调试方案进行详细安排，对于部分特殊试验，及时编制试验方案及安全、质量措施。

各种技术文件严格按照施工技术管理规定及上级颁发的有关规程、规范进行编制。调试现场配备计算机，实现工程技术微机化管理。坚持按图纸、按工艺要求、按标准施工。

根据调试方案所需，配置相应的试验设备，仪器、仪表要经过定期检验，检定合格后，才允许出库在试验中使用，以保障试验的准确性和安全性。

在新疆750kV电网工程试验调试工作中，调试工作管理人员和技术人员配备选择多次参与电网调试工作的从业人员，他们对多个电网项目都进行过调试，具有较为丰富的经验，对试验调试的把握更好，能够保证新疆750kV电网工程试验调试工作的顺利进行。

试验调试工作根据试验专业分工，平衡各调试人员的技术亮点，针对不同的专业，配备相应的施工技术人员。如在巴楚750kV变电站试验调试工作组中，配置电气试验及保护调试技术人员8人，二次保护调试技术人员4人，高压试验技术人员4人。这一配置在

750kV电网工程试验调试工作中普遍应用。

三、工程调试工作目标及其管理措施

(一)质量管理目标

在新疆750kV电网建设工程中,工程项目试验调试工作设定的质量目标为分项、分部工程合格率100%,单位工程优良品率100%,工程100%达标投产,不发生一般及以上质量事故。为了完成以上目标,在试验调试工作中的质量目标实现措施具体如下:

(1)做好试验阶段过程控制。按施工组织设计,作业指导书等文件安排适宜的工作环境,使用合适的试验设备组织试验,工地质检员、技术员对试验过程进行监控。当产品质量出现异常或由于人员设备及其他因素发生质量问题时,通过质量技术分析方法找出其主要原因,采取相应措施,及时进行调整和纠正。严格执行三级检验制度,根据《检验和试验控制程序》及有关标准的要求,各级技术员和施工人员做好各自的检验、试验工作。

(2)做好竣工投产阶段的质量控制。加强对成品的防护工作,工程调试进行到一定进度,要制定工程防护措施,并确保措施实施。组织做好竣工前达标投产的预验收工作,将检查中发现的问题定人定时专门整改。会同监理工程师及有关部门严格进行竣工投产验收工作。

(二)安全保障目标

由于试验调试工作是电网建设完成投运之前的最后一关,需要进行诸多带有一定危险性的设备材料及系统试验,因此在试验调试工作中,安全保障是极其重要的工作目标。在新疆750kV电网试验调试工作中,依据《电力建设安全健康与环境管理工作规定》及国家有关政策、法规和公司制定的安全管理制度。认真落实安全组织管理制度,严格执行安全工作"三项机制",将安全工作责任落实到人头,工作压力传递到位。

对于高压试验而言,在试验调试工作中要求试验人员持证上岗,并充分了解被试设备与实验仪器的性能及要求。高压试验的外壳必须良好可靠接地。高压设备的金属物应接地良好,高压引线接线牢固,并用绝缘物支撑固定。现场高压试验设备区应设临时遮栏,并向外悬挂"止步!高压危险"标示牌,并设专人监护。合闸前,应将调压器置于零位,并通知现场人员有所准备。高压试验须有专人监护,特别是一些高电压试验操作人员应穿绝缘靴,站在绝缘台上,并戴绝缘手套。电气设备在进行耐压试验前,应先测定绝缘电阻,试验中防止带电部分与人体接触，试验后被试部分必须充分放电。遇有雷、雨、雾和六级以上的大风，应停止高压试验。试验中如遇到异常情况，要立即断开电源，并经充分放电后方可检查。

对于继电保护部分的调试工作，也需要有责任心强、技术高的调试人员进入施工现场。当进行单元件校验时，要严格按照《电力安全工作规程（变电所部分）》的有关规定执行。当作整体传动试验时，要严格按照《继电保护和安全自动装置技术规程》和《电力系统继电保护及安全自动装置反事故措施要点》的要求执行。做开关远方传动试验时，开关应设专人监护，并有通信联络和紧急操作措施。

分系统调试包括单元内变电一次设备、二次设备（继电保护、自动化、通信）的整体联合调试验收以及单元之间成套装置配合的整组试验，是整个预验收的关键环节，分为线路单元分系统调试、主变压器单元分系统调试、母线单元分系统调试。分系统调试验收工作严格细致，不留死角，成套装置整组试验应组织所涉及装置的全接线、整组功能验收，项目应齐全、不得缺项漏项。

工程单体调试项目验收合格后，由运行单位与建设单位共同组织完成分系统调试工作。施工单位是分系统调试的主要承担单位，负责临时试验接线的安装、拆除，工作范围内设备的巡视监护以及试验中的有关操作，调试前应制定完整的调试方案。设备接入运行系统的调试方案需结合现场实际，编制《二次系统接入安全措施票》，经运行单位批准后执行。

在施工单位开展分系统调试工作时，运行单位同步开展各专业验收工作，组织保护、通信、自动化、调度等相关专业及变电站运行人员参加分系统调试工作。验收前，由二次专业人员与变电运行专业共同编制分系统调试验收作业指导书，结合输变电工程具体的继电保护、监控系统、调度自动化、通信系统、计量装置及所用直流系统进行编制。变电站分系统调试验收合格后，运行人员正式接管设备，并锁闭各控制柜门，之后施工单位再工作时，必须按照生产运行管理规定执行，并办理必要的工作票。

分系统调试应具备的条件：与分系统调试相关的一次设备必须通过验收，各项指标合格；与分系统调试所有相关的二次设备必须通过设备单体调试验收，各项指标合格。变电站自动化监控系统数据库已按最终规模建立，信息点表核对无误，事故画面、主接线及"四遥"等必备功能验收合格。变电站至国网西北分调和国网新疆省调的光纤数据通信设备已通过验收调试，满足信息传输要求。线路保护光纤通道测试结果满足保护的要求。变电站控制室、保护小室及通信机房间的相关通信网络系统可靠畅通，光纤通道测试结果满足要求。故障信息管理系统、故障录波器中的信息量核对无误，参数设置正确。GPS

对时系统调试正确，验收合格。

分系统调试应校验同一单元的各保护装置模拟故障及重合闸过程的动作正确和保护设备设计正确、调试质量满足规范要求。应检查保护启动故障录波信号、故障信息系统的信息正确无误。应检查调度自动化系统信号、监控信息等正确无误；应检查各保护小室至主控楼、变电站至国网西北分调、国网新疆省调及本侧至线路对侧的通信通道可靠正确。应检查同一单元的断路器在模拟故障情况下，动作顺序符合定值要求，开关的分闸时间、合闸时间、三相不同期时间符合技术协议要求。应检验断路器的各有关跳、合闸回路，防止断路器跳跃回路，重合闸停用回路及气（液）压闭锁等相关回路动作正确。检查每一相的电流、电压及断路器跳合闸回路的相别一致。应检验电能计量装置二次接线回路正确无误，并符合国家电网公司通用设计要求。

分系统调试实施过程中，施工单位应根据作业文件开展危险点分析，制定安全防范措施和控制措施，必要时应编制《分系统调试期事故预案》《分系统调试过程设备巡视方案》，工作前进行认真的安全技术交底，在调试过程中，严格执行安全措施。运行单位做好安全措施执行的监督工作。必须遵守电业安全工作规定，做好防止二次反送电和开关传动误伤人员措施，开关传动时，必须派专人到开关场监护。一、二次设备应做好与运行设备的隔离措施，设遮拦或悬挂标示牌，在运行设备和待投运设备之间设置明显的断开点，隔离措施应可靠。分系统调试工作涉及扩建设备二次系统接入运行系统的，还应制定完备的安全措施方案和预案，防止出现装置"误动"，影响电网安全稳定。对不满足电网安全生产条件的工作，运行单位应及时提出整改意见，必要时可终止现场工作。

第二节 750kV 主设备调试

750kV 主设备是新疆 750kV 电网工程中的核心，主设备调试是调试工作的重点。国网新疆电力对主设备调试工作予以高度重视，在充分准备的基础上，认真执行调试方案，严格把控设备调试参数，保证 750kV 主设备的安全运行。

一、电气主设备现场调试

在新疆 750kV 电网工程中，一次电气设备绝缘试验时，户外试验在良好天气下进行，且空气相对湿度不高于 80%。在进行与温度和湿度有关的各种试验时，同时测量被试品的温度和环境空气的湿度与温度。由于施工环境温度昼夜温差大，对于绝缘性试验，由于中午时温度在一天时间中最高，则在中午时进行；有强风时，停止试验，防止设备及人员的伤害；在现场条件达不到规范要求时，则停止试验。

（一）主变压器相关试验项目

（1）测量绕组连同套管的绝缘电阻、吸收比和极化指数。使用 5000V 电动绝缘电阻表；测量前，被试绕组充分放电；绝缘电阻值不低于出厂试验值的 70%；吸收比不低于 1.3 或极化指数不低于 1.5；测量温度以顶层油温为准，在油温低于 50℃时测量；当绝缘电阻值大于 10000MΩ 而吸收比和极化指数达不到要求时，结合 $\tan\delta$ 测量结果判断；吸收比和极化指数不进行温度换算。

（2）测量绕组连同套管的直流电阻。在变压器绕组的各分接位置进行测量；各相绕组直流电阻相互间的差值小于三相平均值的 2%；与出厂试验数值比较，各相同部位直流电阻值换算到相同温度下的差值也小于 2%；测量温度以顶层油温为准。

（3）测量绕组所有分接电压比、连同套管的介质损耗和直流泄漏电流。电压比顺序符合电压比的规律；与铭牌数据相比无明显差别；额定分接电压比的允许偏差 ±5%，其他分接电压比的允许偏差不超过 ±1%。测量时，非被试绕组短路接地，被试绕组短路接测试仪器，试验电压为 10kV 交流电压；绕组连同套管的 $\tan\delta$ 值不大于出厂试验值的 130%；换算到 20℃的 $\tan\delta$ 值不大于 0.5%，且各绕组的 $\tan\delta$ 标准相同；测量温度以顶层油温为准，在油温低于 50℃时测量。测量时，非被试绕组短路接地，被试绕组短路接直流电压发生器；试验时，从高压侧读取 1min 泄漏电流值。

除此之外，还进行测量铁心和紧固件的绝缘电阻、套管试验、绝缘油试验、气体继电器、测温装置、压力释放器等附件试验等相关试验项目。

（二）电流互感器、电容式电压互感器试验项目

电流互感器试验项目及其试验目标有：①测量绕组的变比与铭牌及端子的标志相符；②测量绕组的直流电阻与出厂试验结果比较无明显差别；③检查绕组的极性与铭牌及端子的标志相符；④测量一次绕组对二次绕组及屏蔽的绝缘电阻值大于 1000MΩ，一次绕组段间的绝缘电阻大于 10MΩ，二次绕组对地及绕组间的绝缘电阻大于 1MΩ；⑤测量电流互感器的励磁特性与出厂试验结果比较无明显差别；⑥对于测量准确级的二次绕组，在二次负荷的 25%～100% 的任一值时，其额定频率下的电流误差和相位差，也不超过其相应等级的精度要求；⑦对于保护准确级的二次绕组，在二次负荷的50％～100％之间的任一值时，其额定频率下的电流误差和相位差，也不超过其相应等级的精度要求。

电容式电压互感器试验项目及其试验目标有：①测量绕组的直流电阻与产品出厂试验值相比无明显差别；②测量绕组的变比与铭牌标志相符；③检查绕组的极性与铭牌及端子的标志相符；④测量分压电容器的介质损耗和电容量，每节电容器的电容值偏差不大于额定值的±0.5％，一相中任意两节电容器的实测电容值相差不大于5％。

（三）断路器试验项目

断路器试验项目及其试验目标有：①主回路绝缘试验在断路器合闸状态下，且 SF_6 气体压力为额定值时，并完成其他各项交接试验项目后进行；②辅助回路的绝缘试验，辅助和控制回路在1min内的耐受工频电压达到2000V，耐压前后的绝缘电阻值不降低；③主回路电阻测量采用直流压降法，输出电流不小于100A，测试结果不大于出厂试验时的最大允许值；④并联电容器的绝缘电阻、电容量和介损测量，测得的介质损耗角正切符合产品技术条件的规定，测得的电容值的偏差在额定电容值的±5％范围内；⑤合闸电阻的测量阻值及误差满足产品技术条件要求；⑥测量断路器的分、合闸线圈直流电阻所测值与产品出厂试验值相比无明显差别；⑦断路器的分、合闸时间及不同期测量速度特性实测数据值符合产品技术条件的规定。

除了上述试验项目外，还包括隔离开关的试验项目、避雷器试验项目、高抗的试验项目等电气主设备试验。

二、电气主设备现场调试结果分析

根据《750kV系统用主变压器技术规范》《750kV电力设备交接试验规程》等规定和要求，新疆750kV电网工程调试工作进行上述相关调试试验项目，用以检测电气设备的各项性能指标是否符合工程建设要求，以保证750kV电网工程的质量。根据新疆750kV电网工程调试工作的实际情况，其电气主设备现场试验结果分析如下：

（1）绕组连同导管直流电阻各相间差值不超过1％，各相同部位直流电阻换算到相同温度下的差值也不大于2％。绕组所有分接电压比符合电压比规律，与铭牌数据无明显差别。绕组的绝缘电阻不低于出厂试验值的70％，绕组吸收比不低于1.3，极化指数不低于 1.5。绕组连同套管的直流泄漏电流试验时，分 4 次逐级升压，泄漏电流缓慢增大。

（2）套管电流互感器二次端子的极性和接线与铭牌标志一致，各绕组的比值差和角差与出厂试验结果相符，励磁特性与制造商提供的无明显差别，能够满足继电保护要求，无漏油且有防潮措施。

（3）绕组连同套管的感应耐压和局部放电试验，其试验结果满足《750kV 系统用主变压器技术规范》标准和要求，施压顺序和放电方式、放电量均满足规定要求。

（4）额定电压下的冲击合闸试验，无异常声响，保护装置无动作，冲击合闸前后油色谱分析结果无明显差别。变压器噪声在满载运行并开启冷却装置情况下，距其 2m 处噪声值不超过 75dB。

第三节　二次系统调试

二次系统指对 750kV 主设备进行运行监视、测量、保护等的系统。新疆 750kV 工程中，对二次系统进行了全面调试，保障了二次系统的运行安全。

一、二次系统及设备调试

新疆 750kV 智能化变电站的二次系统采用微机监控系统，具有与远方调度、通信的功能，所有合并单元及智能终端位于室外端子箱，测控屏和保护屏安装于继电保护室，集中组屏布置。所有二次信号、控制回路装设智能终端，电流、电压回路为模拟量。

（一）站内网络调试、监控系统调试

站内网络调试试验项目包括设备外部检查、工程配置、通信光缆检查、通信网络检查。监控系统调试试验项目包括绝缘检查和上电检查、通信检查、遥信检查、遥测检查、遥调控制功能检查、同期功能检查、全站防误闭锁功能检查、顺序控制功能检查、自动电压无功控制功能检查、定值管理功能检查、主备切换功能检查等试验项目。

站控层包括自动化站级监视控制系统、站域控制、通信系统、对时系统等，实现面向全站设备的监视、控制、告警及信息交互功能，完成数据采集和监视控制（SCADA）、操作闭锁以及同步相量采集、电能量采集、保护信息管理等相关功能，应满足无人值班及区域监控中心管理模式的要求，进行现场验收测试，包括资料（设备检验报告、出厂测试

报告、现场调试记录与结论）审查、传输规约测试、高级应用功能和性能测试。

厂站后台监控系统验收应包括监控画面验收，告警信息分类验收，告警合并量信息验收，数据库设置，各类人员权限测试，根据二次安防要求，做好站控层二次安防工作。

核对变电站内所有设备、装置的"四遥"信号，保证变电站后台与调度端的信号传输与变位正确。变电站监控系统遥控、遥测、遥信、遥调等功能完善，设备运行可靠，能够方便地进行运行维护。变电站测控装置进行通流试验，装置显示及精度满足要求。对变电站逆变电源进行交直流切换试验应正常，确保在全站交流失电后逆变电源运行的可靠性。

变电站计算机监控系统厂家应提供接入站控层所有智能设备的模型文件与设备联调试验报告。

顺序控制验收指的是一个任务要对多个设备进行操作（如倒母线等），计算机监控终端可按规定的程序进行顺序控制操作，监控系统提供一个顺序操作的命令编制接口即顺序控制操作组态软件，使运行单位能按电网运行管理要求编制顺序操作指令，以满足顺序控制的功能要求。顺序控制不仅可以完成对开关、刀闸等一次设备可控，而且在执行步骤中，还能加入对保护软压板的控制操作。验收确认编制的顺序指令能完成对开关设备、二次设备、继电保护设备以及变电站其他设备的控制要求，同时还能在顺序操作指令中，编入各步操作的检查条件、校核条件和操作完成的返回信息，以满足安全操作要求。检查条件、校验条件能采用监控系统已采集的状态量信息、测量信息和其他输入信息进行数学和逻辑运算的结果，操作完成信息可以采用遥信信号形式。顺序控制应以操作过程清单等方式记录操作过程，生产厂家应提供顺序控制组态软件，以方便验收单位检查所编制的顺序控制操作指令是否满足变电站的实际运行要求。

智能告警与分析决策功能验收：监控系统改造应根据变电站逻辑和推理模型，实现对告警信息进行分类分层与筛选，对变电站的运行状态进行在线实时分析和推理，自动报告设备异常，并提出故障处理指导简报。验收时，应针对变电站的主要故障类型，如线路故障、母线故障、主变压器故障、开关拒动等，利用网络拓扑技术，根据每种故障类型发生的关键条件，结合接线方式、运行方式、逻辑、时序等综合判断，给出故障报告，提供故障类型、相关信息、故障结论及处理方式给运行人员参考，辅助故障判断及处理。应能实现通过拓扑技术获得设备间的带电状态和运行方式，然后结合相关的开关状态和变位信息、保护动作信息、测量值等综合推理，满足故障条件，则通知告警窗，并生成故障报告供运行人员调阅。

测控装置验收包括外观的检查，安装的规范性要求，装置接线和接地的检查。功能验收包括装置的精度校验，"四遥"信息正确性验证，包括遥控功能闭锁的验证。同期合闸功能测试，间隔"五防"逻辑的测试以及死去门槛值的设置。

（二）继电保护系统调试

继电保护系统调试试验包括设备外部检查、绝缘试验和上电检查、工程配置、通信检查、继电保护装单体与整组调试、故障录波功能检查、继电保护信息管理系统调试等试验项目。验收调试过程中，认真总结提炼，开展标准化验收调试工作。

（1）规范出厂联合调试。针对智能变电站智能设备网络化连接特点，重视出厂联合调试，组织二次专业骨干和运行人员全程参与调试。为提高验收质、效，编制"出厂调试验收具备条件检查表"，与新疆电网集中监控提出的"信息采集规范"一并分发到相关参建单位，明确设计、供应商、集成商、施工调试单位前期自检事项及标准，为联合调试精细化验收打下坚实基础。

（2）统一配置文件管理。针对因集成商配置习惯不同、配置软件不同，造成的每座变电站系统配置文件不规范问题，统一了二次装置 IED 名称、网络标识、通信参数等内容。

（3）模块化开展现场验收。竣工预验收阶段，二次专业依据智能站结构特点采用模块化验收形式，将二次验收小组分为保自装置、网络结构、二次回路、综合自动化系统 4 个模块。模块化验收按照可独立验收部分同时开展，有效防止重复性工作。每个模块分别执行各自标准化验收作业指导书，人员更换不影响验收进度和质量，验收内容更加精细，验收效率极大提高。

（4）标准化开展送电管控。总结送电中容易发生的问题进行汇总分析，针对性编制送电前检查卡、送电中测试卡、送电后安全隔离措施卡等典型文本。通过标准化管理手段，堵住工程投运前的最后漏洞，将上述文本作为工程资料一并留存，做到出现问题有迹可循，也为设备健康投运把好最后一道关。

（5）创新开展配置文件管理。针对智能变电站配置文件管理难题，积极配合省调保护处开展应用智能变电站配置文件管理平台，并参与编制《国网新疆电力公司智能变电站配置文件管理办法（试行）》，对智能变电站配置文件内容、管理流程等进行明确规定，严格要求新建智能变电站必须将全站配置文件（SCD）、CID 文件、过程层配置文件、交换机配置文件等重要资料上传至管理平台，并履行基建单位、验收单位签字确认手续。配置文件的规范管理弥补人工管理的不可控因素，为后期改扩建、技改换型提供有效技术保障。

（6）典型"四措一案"控风险。智能变电站改扩建实施难度大，安全风险高。面对新疆750kV电网改、扩建工程日益频繁的形式，组织专业骨干对工作任务量大，安全风险高代表性工程（主要包括线路扩建、双母双分段改造、主变压器增容等），编写典型工程接火"四措一案"模板，制定行之有效的防范措施，为现场管理提供依据，有效控制现场作业安全风险。

（7）旁站监护保安全。针对改扩建工程对运行设备带来的安全风险，为严格约束基建施工行为，针对施工特点编制了旁站监护卡。监护卡对新装置入旧屏安装、电缆、光缆至运行屏接入工艺严格要求，明确在运行屏柜中施工防误碰措施，同时核对电缆、光缆规格、型号及用途，提前验收设计院电缆、光缆清册的正确性。这一措施有效杜绝了线缆错误敷设、运行屏柜粗放施工等危险因素。

（8）标准接火卡提效率。智能变电站接火较常规变电站接火不同，不仅是将扩建设备二次线接入母线、稳控装置、直流配电屏等运行设备，还包括配置文件的更改、交换机Vlan划分等新内容。标准接火卡将光纤接火位置明确到装置端口，电缆二次线明确到端子，网线明确到网口，提前完成配置文件、Vlan划分比对。严格推行现场持卡作业，不仅提高了接火的可靠性，也极大缩短了运行设备停电接火时间。

（三）远动通信系统调试

远动通信系统调试试验包括设备外部检查、绝缘试验和上电检查、工程配置、通信检查、远动遥信功能检查、远动遥测功能检查、远动遥控功能检查、远调控制功能检查、主备切换功能检查等试验项目。

（四）交直流一体化系统和电能量信息管理系统调试

交直流一体化系统调试和电能量信息管理系统调试试验均包括设备外部检查、绝缘试验和上电检查、工程配置、通信检查和功能检查等试验项目。

（五）同步对时系统调试

同步对时系统调试试验包括设备外部检查、绝缘试验和上电检查、对时系统精度调试、对时源自守时、自恢复功能调试、时钟源主备切换功能调试、需对时设备对时功能调试、需对时设备自恢复功能调试等试验项目。

（六）网络状态检测系统调试

网络状态检测系统调试试验包括设备外部检查、绝缘试验和上电检查、工程配置、通

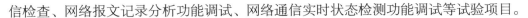

信检查、网络报文记录分析功能调试、网络通信实时状态检测功能调试等试验项目。

进行变电站各类网络报文的验收时，应通过网络记录分析系统，全过程进行完整的报文记录（带绝对时标的完整网络通信报文），验收检查包括 MMS 通信网络、GOOSE 通信网络和 SV 采样值通信网络的报文记录。

（七）采样值系统调试

采样值系统调试试验包括设备外部检查、绝缘试验和上电检查、工程配置、通信检查、变比检查和角差比差检查等试验项目。

二、二次系统及设备调试结果分析

合并单元整体装置完好，带电启动后无异常，设备运行正常，利用数字信号分析仪检测其 SV 输出，SV 有效值、相位与加入量一致。模拟装置 GOOSE 开出正确，合并单元对应指示灯正确，提供本间隔相应刀闸位置后合并单元切换和并列逻辑正确，同时合并单元经检测具有自采样同步功能。

智能终端装置完整无损，运行正常，通过硬节点开入后面板指示灯和相关 GOOSE 报文输出正确，操作箱调位、合位、遥控、手跳、手合、防跳等回路正确，装置对时准确，输入检修信号后检修状态良好。

数字保护装置通过液晶面板操作，人机界面模块工作正确，SV 采样通道配置与 SCD 文件配置一致，GOOSE 报文输出正确，模拟装置 GOOSE 开出正确，装置基本功能、对时功能和检修功能工作状态迅速良好。

测控装置整体完好，SV 采样有效值、相位显示和加入量一致，通过传统测试仪加模拟量到 AC 模件，装置采样正确，通过硬节点开入，装置 DO、DI 模件功能正确。

第四节　系　统　调　试

系统调试是 750kV 工程投运前的最后一环，只有顺利完成系统调试，才能真正投入运行生产。系统调试涉及面广，规模巨大，需要 750kV 工程的所有参建单位共同参与。

750kV 设备启动调试的组织管理工作统一由西北调控分中心统一负责，业主单位、建设单位、生产单位、监理单位、调试单位等配合，成立启动调试组织机构，开展相关工

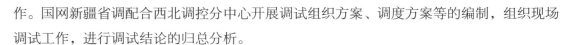

作。国网新疆省调配合西北调控分中心开展调试组织方案、调度方案等的编制，组织现场调试工作，进行调试结论的归总分析。

负责投资建设的 750kV 输变电工程调试计划及工程资料，由国网新疆电力基建部提前 3 个月提交资料。联系具备相关资质的科研单位开展系统调试计算工作，国网新疆省调组织国网新疆电科院、中国电科院提交系统计算报告（含潮流计算，稳定计算及电磁暂态计算结论等），并组织专家对计算报告进行评审，西北分调负责于系统调试前 20 日下发《系统调试实施方案》。

系统调试具体调试项目根据设备实际情况，系统计算分析结论等由启动调试组织机构决定，一般包括中压侧投切空载主变压器试验、投切低压电容电抗器试验、单相重合闸试验、投切 750kV 空载线路试验、750kV 侧投切空载主变压器试验、750kV 线路解合环试验、二次系统抗干扰试验、750kV 同杆双回线路应考虑线路接地开关的拉合试验、人工接地短路试验、其他需要增加的调试项目。

变电站和线路环评测试方面的专项测试。变电站无线电干扰测试包括变电站噪声测试、线路无线电干扰测试、线路噪声测试、输电线路工频电磁场测试、变电站电抗器振动及声级测试、变电站变压器振动及声级测试、变电站主变压器空载谐波测试、绝缘架空地线感应电压测试、变电站工频电磁场测试。

各专业工作：新疆省调配合网调总体负责 750kV 输变电工程的调试工作，具体职责分工如下：系统处配合网调主要负责调试实施方案的编制及各专业之间的协调工作，牵头进行技术交底、方案宣贯，现场技术支持工作，在调试进度有变化的情况下，对操作方案进行优化修正，保证调试顺利进行；调度处配合网调负责调试期反事故预案的编写、操作方案的执行及调度命令的下达，对于重点调试项目，安排人员赴现场调度；保护处配合网调负责编制调试期保护整定方案，对调试期保护运行情况进行分析；自动化处配合网调负责远动信息的采集、上传，在调试期间，负责组织网络系统调试画面信息的运行维护工作；通信处配合网调负责组织通信通道的开通与维护工作，组织调试期间会议电话、视频会议系统的运行维护工作。

由于系统调试的复杂性，需对调试期间电力电量平衡、机组开机方式、稳定极限控制进行详细的分析计算，制定了特殊时期运行控制方案。进行 750kV 稳控系统装置、策略工厂验收，共同验证、确定最后的控制策略及实施、联合调试方案。完成《750kV 联网工程系统调试电网调度运行方案》（包括系统调试计划、负荷预测及电力电量平衡、发输变电设备检修安排、电网运行方式及控制措施、继电保护整定方案及相关安全措施、调度操作方案及反事故预案、自动化及通信系统保障方案等）。对系统调试的每一步骤提出电网安全稳定运行的频率、电压、联络线功率控制目标及相应安全措施、事故预想。完成电网继电保护整定计算方案和相关设备的保护装置轮退更改保护定值工作。本节内容仅以新疆与西北 750kV 联网工程为例进行阐释。

一、系统调试特点

作为我国首个 750kV 远距离联网工程，新疆与西北 750kV 联网工程的系统调试规模是空前的，其系统调试特点包括以下 9 个方面：

（1）该工程为我国首个 750kV 远距离联网工程，涉及 7 站 12 线，输电距离约 1770km（同塔双回约 722km），调试范围广，调试设备多，工作量大，工期紧。

（2）系统运行方式复杂，不确定性因素多，对设备可靠性要求高，并且调试方案和实施计划需要具有较高的灵活性。

（3）750kV 线路距离长、充电功率大，而联网工程近区电网相对较弱，短路容量较小，电压控制问题突出，部分 750kV 变电站近区系统电压受无功变化影响产生的波动较为明显，需综合利用电网的调压手段实现电压控制要求。

（4）结合投切空载线路、解合环及并解列等系统调试项目，对西北电网提出的 750kV 系统运行电压按照 750kV 变电站内电压不超过 800kV 进行控制的稳态电压控制策略进行考核。

（5）通过开展不同电网条件下合闸空载变压器试验研究，掌握了不同系统网架条件下合空载变压器励磁涌流引起的系统电压降落特性，并结合试验结果提出相关应对措施建议。

（6）涉及多段 750kV 同塔双回线路，回路间存在较强的感应电压和感应电流，需注意同塔双回一回停运线路状态对试验的影响，并需在试验中对线路接地开关开合能力进行考核，同时需对线路高抗的中性点小电抗短时耐受电流能力予以重点关注。

（7）对我国首个的 750/220kV 电网的系统运行特性进行试验考核，结合仿真分析结果，明确系统运行控制要求，针对调试中存在的问题，提出确保后续安全可靠运行的对策建议。

（8）通过开展联网系统并解列、人工单相短路、动态扰动及大负荷试验，对我国首个 750kV 远距离联网系统的稳态和动态运行特性进行考核，校验联网系统运行控制策略的正确性，为今后运行维护提供依据。

（9）对系统的区域稳控系统进行单体、出厂联合调试、现场联合调试工作，校验联网系统运行控制策略的正确性，为今后运行维护提供依据。

以上特点也是新疆与西北联网750kV工程系统调试的难点所在，国内外没有先例可循，需要在深入研究新疆与西北750kV联网工程特点的基础上，确定系统调试项目，并根据调试系统的运行特性和工程所使用设备的实际水平，制订出合理、可行的系统调试方案，为联网工程的投运验收提供技术依据，并为今后的运行维护积累详实可靠的技术资料。

二、系统调试实施计划

由于系统调试的复杂性，牵涉众多参建单位、多项变电站工程和多个标段的线路工程，对于系统调试的实施，分为两个阶段：

（1）分网调试阶段。对于新疆与西北750kV联网工程而言，分网调试时划分为两个部分：甘肃电网武胜—河西—酒泉—敦煌750kV工程和新疆电网乌北—吐鲁番—哈密750kV工程两个阶段的系统调试工作。甘肃电网武胜—敦煌工程的系统调试试验项目共计27项，分为武胜—河西工程与酒泉—敦煌工程同步进行试验，然后再进行河西—酒泉工程系统调试；新疆电网乌北—哈密工程的系统调试试验项目共计18项，从乌北侧启动调试。

（2）联网调试阶段。分网调试完成后，对分网调试成果进行总结整合，对整个750kV输变电工程进行联网调试，整体进行调试试验。甘肃和新疆电网系统调试完成后，进行哈密—敦煌750kV联网系统调试工作，共计11项系统调试试验项目。进行试验期间，穿插进行各相关变电站的安全稳定控制系统联调试验。

三、系统调试结果分析

整个新疆与西北750kV联网工程系统调试完成全部完成试验项目共计18天。具体调试结果如下：

（1）新疆与西北750kV联网工程系统调试前期准备工作充分，系统潮流、稳定和电磁暂态计算分析准确，系统调试和测试方案编制合理，应急预案全面，保证了系统调试工作的顺利进行和圆满完成。

（2）调试期间，投切750kV空载线路、66kV低抗电抗器、低压电容器及解合环、并解列等试验中，系统母线及沿线稳态运行电压在正常范围内变化，系统运行正常，电压变化特性与仿真预测结论基本一致，按照仿真预测建议的母线电压控制策略开展各项试验，可以满足 750kV 系统电压运行控制要求。

（3）联网工程各 750kV 线路及其断路器、线路高压电抗器及其中性点小电抗等设备多次经受了操作冲击考验，设备安全，现场实测过电压、过电流水平均在标准允许范围内，与仿真预测结论一致。

（4）新疆与西北 750kV 联网工程各 750kV 变压器、主变压器 750kV 侧、330kV 侧及 220kV 侧断路器等设备多次经受了操作冲击考验，设备安全，在所有合闸空载主变压器操作中均未出现谐振现象，现场实测过电压、过电流水平均在标准允许范围内，与仿真预测结论一致；合闸涌流引起的系统电压降落特性也与仿真结论基本一致。

（5）各 750kV 同塔双回线路接地开关多次经受了开合同塔双回线路感应电压和感应电流的考验，设备安全，各段 750kV 同塔双回线路的感应电压和感应电流水平均低于其接地开关技术协议中规定的可靠开断能力，仿真预测结果与现场实测结果基本一致。

（6）各 750kV 变电站 66kV 侧低压电抗器、电容器多次经受了操作冲击考验，设备安全，与仿真预测结论一致。

（7）新疆与西北 750kV 联网工程系统经受了系统动态扰动、单相瞬时短路、联络线功率调整的考核。

（8）在系统调试中，对二次系统进行了全面的校验和抗干扰试验；在系统调试过程中，对发现的二次系统和辅助设备的个别接线、操作、显示缺陷，已由有关部门和厂家现场查清原因并处理，确保电压、电流的极性、相位、幅值均核对正确，保护装置动作均为按照设计逻辑和给定定值正确动作。结果证明，二次系统和辅助设备总体上满足技术规范要求。

（9）新疆与西北 750kV 联网工程系统调试期间，对各相关变电站安全稳定控制系统联合调试，顺利完成全部试验项目，各站稳控装置运行正常；逻辑判断、执行措施正确可靠；跳闸出口回路正确无误，满足系统设计要求。

（10）调试期间，对工程各 750kV 变电站的保护与控制系统测试、主设备（包括变压器、高压电抗器等）的振动、噪声、红外、紫外、油样检测以及避雷器泄漏电流开展了 B 类专项测试，测试结果表明，保护与控制系统电流、电压极性均正确，动作特性正常；主设备振动指标满足要求；主变压器的噪声水平满足国家标准及技术协议要求，高压电抗器的噪声水平均满足国家标准要求；各站主设备红外测试均未发现异常发热点；750kV

主变压器油样色谱分析结果均未出现异常现象。

综上所述，新疆与西北750kV联网工程总体性能良好，满足技术规范的要求，变电站安全稳定控制系统性能满足设计要求。新疆与西北750kV联网工程系统电压和功率控制正常，经受了系统动态扰动、交流联络线单相瞬时短路、联络线功率调整等试验的考验。

第五节　调试工作经验与建议

一、调试工作经验与亮点

（1）充分准备调试工作。在新疆750kV电网建设调试工作中，调试单位严格确切地根据实验室认证的管理机制对现场施工情况进行把控和掌握，做到每天人员布置和原始资料提前准备，并准确记录，控制了原始资料的准确性和及时性。

（2）统一制表规范调试数据记录。调试工程中，在加流和加压试验项目中，采用相应的表格填写整个回路实际加流值和实际电压值，避免了遗漏设备的支路。填写相应的传动表格，根据表格进行传动试验，避免遗漏传动步骤，使得调试施工进行有序，有据可循。

（3）加强新进人员专业知识学习。新疆750kV电网建设工程中，多个项目的调试班组有不少新进专业人员，由于他们缺乏现场经验，专业实践功底较薄弱，他们白天进行调试工作，晚上则对当天的工作和所学知识进行总结，做到高压试验理解试验原理，二次部分能自己单独画出二次回路图，并理解各回路的工作原理。主动学习使得他们迅速成长，增强了调试工作的人才力量。

（4）积极与调试工作所涉及厂家密切沟通。新疆750kV智能变电站二次系统调试时间长，调试工作繁杂，涉及多个相关厂家，极易发生差错和重复，比如厂家如果不能全部到齐，加压、加流等工作就会重复进行。而在新疆750kV电网调试工作中，相关各厂家之间配合十分密切，相互间协调沟通良好，从而调试单位能够合理安排时间和工作内容，提高工作效率。

（5）落实各级职责，切实做好竣工预验收及分系统调试工作。按照《西北750kV输变电工程竣工预验收及分系统调试指导意见》，认真组织进行竣工预验收工作。充分发挥工程质量验收协调组的职责和作用，全面协调工程竣工预验收、竣工验收等有关事宜，建立工程主设备出厂试验、重大设备技术分析、设备验收重大质量问题及时通报制度，及时解决影响投产的有关问题。

运行维护单位保障安全生产各项标准、规程和制度执行到位。以高度的主人翁精神，全过程参与工程建设，早介入，加强全过程技术监督，严把设备质量关，选派生产骨干进驻工程现场，跟踪了解设备安装质量情况；及时参与隐蔽工程施工过程及重要工序质量跟踪，选派具有较高专业技术水平的人员参加主要设备的关键试验和出厂验收，做好主设备制造环节的技术监督工作；提前编制验收方案和验收作业指导书。

运行维护单位建立"工作业务联系单"制度，加大与建设单位和监理单位的联系力度，及时发现设备缺陷、施工安全等方面的问题，实时跟踪处理情况，形成闭环管理。运行验收工作严格按照"逐个设备、逐级铁塔"的验收原则，认真做好在建工程过程验收，对可能影响工程质量的问题，及时督促解决，做到"不留下一处未发现的缺陷"和"不留下一处未处理的缺陷"，为设备安全顺利投运夯实基础。

（6）针对工程特点，有效组织开展运行验收工作。针对工程跨度大、分布广、设备数量多以及工程进度不一致的特点，按照"集约化"的原则，运行验收有效使用人力资源，改变常规"整站整线"验收的原则，调整为变电设备按间隔进行验收，线路设备按标段进行验收，在具备验收条件后即开展设备验收和单体调试验收工作。严格竣工预验收的组织程序，保证运行单位验收的实效性。早介入，组织生产运行人员提前进驻建设场地，熟悉设备特性，编写运行现场规程和验收作业指导书，开展运行验收工作人员培训，完成运行验收工器具准备工作。

（7）坚持专业验收与运行人员验收相结合、坚持竣工预验收与竣工验收相结合。在验收工作中组织变压器、开关、高电压、继电保护、通信自动化及电测、土建等专业组开展专业验收工作。对于设备单台、单装置、单功能接线、交接试验（常规与特殊交接试验）由专业组进行验收，成套装置整组试验、分系统调试由专业人员与运行值班人员共同验收，确保验收工作技术保证到位。开展全面的竣工预验收工作，对预验收发现的设备缺陷和问题督促消缺，消缺之后要重新检查。工程启委会组织的验收专业委员会（组）进行工程竣工验收，全面的检查和核查，并对运行验收的消缺结果进行复查。全部设备和设施必须满足电网安全运行条件，对暂不具备处理条件而又不影响安全运行的缺陷，由启动验收委员会明确完成单位和完成日期。运行单位应对预验收阶段发现的全部设备缺陷和处理结果完整记录，并登记造册，在工程"后评估"工作中逐一对照检查是否全部消除，以真正实现"零缺陷"移交生产的目标。经运行验收检查合格、消缺工作已经完成并复检合格后的设备，暂移交生产运行单位管理，移交后，相应的运行管理和安全保卫工作即由生产运行单位负责。

运维单位从机构人员、方案编制、工器具准备等各方面精心组织，认真做好生产管理与运行维护人员的岗前培训工作，组织做好生产用工器具购置，确保工程运行验收和系统调试的需求。选派具有丰富工作经验和较高专业技术水平的人员参加工程前期可研、初步设计审查、设备选型、主要技术参数确定，主要设备和材料招评标等工作。通过深入参与工程，做好运行验收准备工作。

二、调试工作不足与建议

（1）图纸错误率较高。当750kV电网调试工作开始后，总会出现施工过程中一段时间没有正式图纸的情况，而在这段时间里，设计部门则正在进行错误图纸的重新出图和修改工作，例如哈密南750kV变电站工程就出现了这种情况。

750kV变电站设计变更频繁，往往不论有无规范的要求，只要验收方提出要求，设计单位就会做出更改，相应地，调试工程也被迫做出变更，导致调试工作做了大量无用功。建议在设计、监理等相关单位进行图纸会审时，就错误率较高的图纸能够立刻重新出图，减少工作重复性，同时监理单位及时通知变电安装单位暂停敷设电缆，调试单位在对调试设计图审查无误后，交予变电安装单位，减轻变电安装工作量。

（2）事故的分析能力和判别能力不足。从新疆750kV电网工程送电工作进行的实际情况来看，调试人员对现场事故的分析能力较弱，应着重进行加强和提高。对事故的分析能力包括对录波图的认识、对保护装报文的分析、对保护逻辑的加强等方面，需要调试人员全面提升专业水平，在实践中积累总结，结合相关理论知识，补充自己专业技术的不足。

（3）设备材料出厂检验环节薄弱。在新疆750kV电网工程调试工程施工过程中，有大量的模板改动情况以及大量的光缆、尾缆和虚端子改动情况，给现场施工造成很大的影响。而这些光缆等设备材料改动的大多问题，都是由于设备材料本身不符合调试工程的要求和标准，这些完全可在出厂验收的过程中予以处理解决，因此建议今后电网调试工程中的重要设备材料，不仅应重视出厂检验环节，还可派遣专业调试人员参加见证设备材料的出厂检验环节。

运维篇

作为光明的使者、作为新疆电力人，历经风雨砥砺的 750kV 电网建成投运只是事业的开始，在国家电网公司党组的领导下，按照"国内一流、国际领先"的 750kV 电网运行管理目标，国网新疆电力各运行人员承担线路安全、经济、可靠、可持续的电力供应基本使命。在工作过程中，勇敢地克服强风、沙尘、降温降雪等恶劣天气条件，不负众望，一次又一次地完成了电网安全运行任务，使新疆 750kV 输变电工程实现长周期安全稳定运行。

国网新疆电力在生产运行过程中，不断充实和完善工程技术标准体系和生产管理规章制度体系，深化安全与运行管理的基础性工作，加强运行人员岗位、岗前和生产准备培训，完成《750kV 变电站与输电线路管理规范》《750kV 输变电设备状态检修试验规程实施细则》《750kV 变电站安全设施标准》以及《750kV 输变电工程生产运行人员岗前培训教材》等的编制工作。实现 750kV 工程专业技术管理的制度化、规范化、科学化，夯实生产管理基础。同时建立运行分析常态机制，完善运行分析制度，及时分析 750kV 输变电设备生产管理中存在的各种问题、风险和危机，查找运行中暴露的普遍问题和重大隐患，制订切实可行的预防事故措施和整改措施。

系统地总结新疆 750kV 电网生产运行工作中的经验与体会是一件具有重要意义的工作。总结归纳新疆750kV电网运行特点以及工作过程中所遇到的难点，在克服困难中，

使生产运行指标更全面；为预防季节性事故发生，精心运行维护，开展安全风险管理，强化风险意识；圆满完成工程年度检修、标准化建设工作、技术监督工作，统一管理模式、统一设备技术规范、统一生产信息平台、统一生产运行标准、统一现场工作标准，并具体落实到生产准备、运行管理、技术监督、电网检修等方面的工作中去。

  750kV输变电工程投运以来，新疆电网结合当地运行管理的特点，创新管理机制，工程应用的新技术、新工艺和国产化新设备经受住了重大考验。国网新疆电力在生产运行管理中取得一定成果，但在750kV电网输变电设备的生产运行规律和专业管理模式仍在继续探索之中，难免有不够成熟、总结不够到位之处，有待于我们在今后的生产运行管理实践中继续有所发现，有所突破，有所创新。

第十七章 电网运行概况

新疆750kV电网已形成"三环网、两延伸、双通道"的网架结构。由于新疆主网电压等级由原来的220kV逐步过渡到750kV和220kV并存的局面，750kV与220kV电压等级级差大，网架相对薄弱；新疆地理、气候条件特殊，有知名的百里风区、三十里风区，有常年积雪不化的高山大岭，有百里无人烟的茫茫大漠；750kV电网输电线路跨度大、线路长，再加上新疆电网的很多设备都是首台首套，运维经验不足，给电网运行带来诸多困难，在电网、线路、变电专业方面均有体现。为保证电网安全稳定运行，公司相关部门还需要解决诸多难题。在国家政策的大力扶持、新疆电网相关单位的大力支持下，在运行人员的努力下，新疆750kV电网已经满足疆内用电，同时实现疆外送电。

第一节 750kV电网运行特点

自新疆750kV输变电工程投运以来，750kV电网运行呈现诸多特点，750kV网架还处于建设投运初期，电网结构相对薄弱，呈现跨大区环状链式网架结构，包括750kV单线、单变较多，初期呈现一字型串供接力送电，后期形成局部环网供电模式，750kV站内配串不完整，750kV覆盖区域的各级电磁环网增多，220kV电网不能完全承载750kV电网。存在高低电压波动幅度大、电压控制难度大等问题，不能满足《电力系统安全稳定导则》规定的三级标准。国网新疆电力运行人员根据电网专业方面的特点，采取相应的措施保证电网安全稳定运行。

一、电磁环网增多，运行方式复杂多变

新疆电网仍处于750kV网架建设过渡期，750kV坚强骨干电网还未形成，各级电网协调发展中，还存在与750kV电网建设协同问题。此外，由于新疆境内电源及负荷分布不均衡、大功率远距离接力送电、750kV与220kV电压等级级差大的特点，运行受制因

素多且相互交织。为保证电网供电可靠性，减少电网解列风险，兼顾提高输电能力和频率电压的运行控制，新疆电网不得不采取 750kV/220kV 电磁环网方式运行。

750kV/220kV 电磁环网解环对电网调度运行造成的影响较大，造成调度运行风险增大，运行压力增多。为最大限度地发挥 750kV 系统的作用，国网新疆电力根据冬季、夏季不同运行方式，结合 750kV 电网主变压器及相关重要设备正常运行、检修期间的不同情况，灵活调整电磁环网运行方式。2014 年公司在伊犁水电小发期间，调整凤凰—乌苏—伊犁 750/220kV 电磁环网合环运行；在 750kV 乌北、达坂城、吐鲁番、哈密、烟墩主变电站及相关重要设备检修期间，调整电磁环网运行方式。通过灵活调整 750kV 电网电磁环网运行方式，电网供电负荷及风电送出可靠性得到了保障。

截至 2015 年底，新疆 750kV 电网共有 17 个电磁环网运行，电磁环网数量增多，并且 220kV 网架对 750kV 网架承载能力有限，造成 750kV 设备检修或故障跳闸，对 220kV 电网产生较大影响，易造成设备过载、暂态失稳、电压稳定等问题，运行风险较大。此外，750kV 设备检修方式下的电磁环网方式调整复杂、多变，系统运行控制难度加大，存在较大的安全隐患。电网安全稳定运行需过渡依赖于区域稳控系统保证电网安全稳定运行，构建了覆盖全疆的 6 大区域稳控系统，750kV 场站区域稳控覆盖率达到 100%，220kV 场站区域稳控覆盖率达到 90%。

二、直流故障对电网影响大

随着直流外送功率的不断增加及直流配套火电机组的陆续投运，直流故障后稳控需要切除疆内机组的容量不断增大，对新疆电网影响增大。

一方面，吐鲁番及哈密地区大量风机集中投运，直流故障造成的暂、稳态过电压易造成吐鲁番及哈密地区风机脱网，造成连锁事故，进一步扩大事故波及范围。另一方面，冬季期间直流故障后稳控切除大量供热机组，对冬季供热造成较大影响。

针对直流故障对电网运行安全造成的影响，国网新疆电力高度重视该问题的解决。对于风机脱网问题，积极和风机制造厂家和运营单位开展研究，深入分析风电机组电压高、低穿运行特性，提高风机机端耐受电压水平，并和中国电科院、风机制造厂家单位深入研究风电机组的高电压耐受能力，提高风机高电压脱网定值，降低因直流故障发生大规模新能源脱网的风险。深入分析直流运行机理，优化直流故障后疆内稳控切机策略，将南疆部分机组及全网自备电厂机组纳入直流稳控可切机范围内，避免冬季切除供热机组。

三、750kV 电网运行控制复杂

新疆 750kV 电网安全稳定运行过于依赖稳控系统的正确动作，而电网正常运行及关键设备检修控制受限制因素增多且相互交织，造成电网运行稳定控制措施复杂。

电网检修改造、建设任务重，过渡运行方式时间长，高危客户增多、750kV 系统、天中直流影响面增大，再加上 750kV 系统之间的 220kV 系统薄弱，承载力不足，电磁环网解合环受制因素增多，进一步增加电网运行控制复杂程度。

由于疆内电源和负荷分布不均匀，加上需要消纳新能源，新疆电网运行过程只好降低火力出力，大功率远距离传输电力作为替代能源，这种做法增大了潮流迂回供电，同时加大了分区供电方案实施的难度。

此外，新疆电网由于负荷季节性强、峰谷差大，系统调峰能力较差，调峰问题较为突出。再加上近几年新疆新能源规模的超速发展，自备电厂规模的不断扩大，网内可调峰容量进一步压缩，电网调峰压力进一步增大。同时新能源出力波动较大，达到 10 万～35 万 kW/min，而火电机组 AGC 调节能力最大仅为 10 万～15 万 kW/min，冬季供热期，调节能力进一步下降至 3 万～6 万 kW/min，现有火电调峰调节容量已不能满足新能源出力波动带来的调节速度要求。

四、电网短路电流呈现较大幅度的增长

随着 750kV 网架结构的延伸，为电源的接入创造了条件，新疆网内电源尤其是自备电源集中密集性投运，部分地区电网短路电流呈现较大幅度的增长，破坏设备健康运行，进而影响整个电力系统的稳定性。此外，由于 750kV 与 220kV 的大级差电压等级，新疆电网出现了局部地区短路电流超标问题。

短路电流较大，主要集中在乌鲁木齐、昌吉、哈密等地区。其中 750kV 哈密变电站 220kV 母线短路电流水平达到 53～55kA。超标范围从乌鲁木齐地区进一步蔓延扩散至五彩湾变电站、凤凰变电站地区，全接线下短路电流超标达到 56～58kA。限制短路电流措施的制约因素增多，运行控制手段受限。电网安全运行的裕度降低，承载故障能力减弱，电网运行控制复杂程度进一步加大。

根据短路电流水平，国网新疆电力多措并举，采取多种控制措施降低短路电流水平，

一是精心安排系统运行方式，合理安排昌东地区机组检修方式，严格监视和控制主网向昌东地区供电断面潮流，细化检修方式下的短路电流水平校核，灵活调整系统运行方式，避免造成进一步削弱主供网架；二是加快昌吉东部网架建设，积极创造条件，为分区供电做准备；三是积极开展加装串联电抗器、母线分列、陪停线路等措施降低短路电流水平。

第二节 750kV 线路运行特点

一、点多线长面广，廊道管理难度大

截至 2016 年底，新疆境内所辖 750kV 线路共计 35 条，总长 5700 余千米；以乌鲁木齐为中心呈放射状分布，向东至哈密，新疆与甘肃交界约 700km，向西至伊犁约 700km，向南深入南疆喀什地区约 1500km，线路途经 20 多个市县，形成三个环网，两个外送通道；750kV 输电走廊内平行（同塔）双回线路约占 58%，单回线路约占 42%，总体呈现点多、线长、面广的地域特点。近年来，受全球气候变化、厄尔尼诺现象、西伯利亚气候变化等多重因素影响，新疆极端天气出现频次增多、周期缩短，电网呈现出预警时间短、灾害影响面广、恢复整治难度大等特点。

二、电网受自然环境影响明显

（一）强风影响面广

新疆著名的九大风区多为风口、峡谷、河谷，且呈孤岛分布，最大风速超过 12 级。风区年大风日数（8 级及以上大风）大多在 100 天以上，其中达坂城、阿拉山口风区甚至超过了 200 天。风区影响新疆 750kV 输电线路安全稳定运行主要表现为瞬时强风导致线路风偏跳闸，长期大风导致线路金具磨损、复合绝缘子伞裙撕裂、导线疲劳断股等方面。

（1）线路金具问题显现。在长期大风影响下，线路本体连接金具、间隔棒、引流线等出现不同程度的损伤，并随着运行年限的增长，问题呈现大范围多类型暴露。主要表现为：导线间隔棒损伤导线间隔棒支撑线夹夹头与框体出现不同程度磨损，截至 2015 年底，已发现 3000 多支导线间隔棒出现不同程度损伤；地线挂点连接金具（U 型环）出现不同程度的磨损，磨损截面最高达到 40%；耐张塔引流线出现不同程度的损伤，在压接管出口、调距线夹处表象断股较严重。

（2）复合绝缘子受损严重。地处强风区的输电线路复合绝缘子伞裙从根部发生不同程度的破损，单支绝缘子伞裙破损1~29片不等（整支绝缘子大伞49片）。经分析，受风速、频率影响，伞裙出现迎风偏折变形、周期摆动现象，根部与芯棒护套交接处产生周期性的应力集中，导致绝缘子局部硅橡胶材料应力疲劳，出现初步裂纹，并最终发展成伞裙撕裂破损。而常年的横线路大风是造成绝缘子伞裙疲劳破损的主要外界原因。

（3）风偏问题突显。近年来，受全球气候变化影响，新疆电网受极端天气影响严重，且周期缩短，"五十年一遇""百年一遇"强风天气频次增多，通过对气象站及线路在线监测装置气象数据统计、风偏校核计算，发现线路实际运行环境风速超过设计风速现象较为严重。750kV电网开始出现风偏跳闸故障，造成极大的经济损失和社会影响。

（4）导线"V"挂掉串。球碗连接结构（带R或W销）是最为灵活的绞接结构之一，V形串绝缘子和金具的连接也广泛应用于架空输电线路。在新疆大风区，R（W）销变形和球头受损问题凸显，并因此发生掉串事故。其主要原因为中相V串复合绝缘子在强风的作用下，风摆受压绝缘子两侧连接部位的球头与碗头内R销发生反复的摩擦和挤压，使R销脱离有效工作位置，保护失效，导致脱出掉串。

（二）覆冰故障把控困难

新疆地域广阔，地理上从南至北2200km，由西向东2400km，海拔高度最低处吐鲁番盆地艾丁湖海拔-154m，最高处帕米尔高原喀喇昆仑山乔戈里峰海拔8611m，各种自然气候几乎囊括，各地区发生覆冰的规律也不相一致，导致覆冰出现点多难控局面。自2009年2月以来，灾害性天气频发，部分输电线路覆冰故障大幅上升，成为影响电网安全运行的重要因素。

（三）污闪预控难度大

新疆的冬春季节，大风引起的沙尘成为电网的主要污染源；盐碱地污染主要分布在南疆焉耆及博湖和喀什—阿克苏—库尔勒直到罗布泊1500多公里的广大地区；阿拉山口的大风和艾比湖的盐土所造成的污染具有明显的地域性，西起博乐地区，东到呼图壁地区，南起天山脚下，北到车排子、下野地以北的一个狭长条形地带内，南北宽约60km，东西绵延500多千米。在此种环境下，输电线路常发生风偏事故、覆冰故障、污秽闪络问题、鸟害问题等，给运维人员带来了极大的挑战。

第三节 750kV 变电运行特点

新疆 750kV 变电站由 2008 年的两座发展到 2015 年底的 16 座，750kV 电网的快速建设发展，越来越多的设备制造质量问题、设计裕度不足，差异化问题开始凸显；大风、沙尘暴、严寒、高温等极端恶劣天气威胁着设备及电网的安全；变电站广泛的地域分布需要长距离运输物资，大型应急抢修装备无法全面到位，导致应急响应难度高；大量新设备投运，改、扩建工作频繁，运行区域安全风险管控难度异常增大。

一、750kV 变电站分布广，运维半径大

近年来，新疆 750kV 电网实现了跨越式的发展，至 2015 年底，新疆检修公司负责运维覆盖全疆 9 个地州的 16 座 750kV 变电站，以公司总部所在地乌鲁木齐为中心，向东延伸至 800km 的哈密，向南伸长至 1500km 的喀什，西进至 900km 的伊犁，北扩至 200km 的五彩湾，变电容量 36504MVA，新建变电站如雨后春笋般建成投运，运维的设备数量呈现几何数的增长，运维半径突破 1500km，新疆检修公司作为全疆 750kV 变电站的运维管理单位，其运检工作任务压力也与日俱增。

（一）人员软、硬缺员明显

截至 2015 年 12 月，新疆检修公司拥有职工 465 人，负责全疆 16 座 750kV 变电站的运维检修工作，面临着变电运维值班人员配置不足等难题，变电站经常仅有 4 名员工运维，检修人员全年外出工作时间平均超过 250 天，专业技术骨干要超过 300 天，一线员工长期处于满负荷运转的常态，人员硬缺员明显。此外，新疆检修公司 2014 年与 2015 年新入职员工 198 名，占员工总数的 42.58%，新入职员工大多数还处在"学校人"向"企业人"转变的过渡期，暂时满足不了生产作业实际需要，现场工作"干的人少、看的人多"的供求矛盾突出，人员软缺员问题突出。

（二）工作路途耗时长

750kV 变电站广阔的分布给运维检修工作路途耗时带来了较大影响，目前，新疆检修公司变电运维工作由于人员短缺问题实行两班倒的交接班制，一般周期为 7 天，与其他

兄弟单位三班倒的交接班方式还有很大差距，再加上变电站的选址基本为离市区较远的荒无人烟区，对于离公司本部较远的变电站，运维人员交接班过程中，仅路途上耗费的时间就长达 2 天，进一步压缩了员工的休息时间。远距离变电站有检修工作时，检修人员在往返途中耗时竟长达 4 天，致使员工经常处于刚结束一个现场工作又马上投入下一个工作现场，基本没有休息时间。

（三）应急抢修工作面临极大考验

新疆检修公司总部位于乌鲁木齐，未设立其他分部管理机构，后勤保障员工宿舍也位于乌鲁木齐，公司所辖变电站有突发应急抢修任务时，抢修人员需从乌鲁木齐赶赴各站，抢修工作时效性大打折扣，一些专用抢修工器具更是受限于交通运输方式，往往要滞后于人员运抵工作现场，给抢修工作带来了较大的影响，威胁着电网的安全稳定运行。

二、750kV 变电设备需抵御全疆各种极端恶劣天气

新疆地域辽阔，地域性气候差异明显，变电设备抗狂风、抵高温、御严寒、防风沙难度大，其中 750kV 达坂城、烟墩、哈密变电站处于大风区，达坂城站的年大风日（风力达 8 级及以上）超过 200 天，750kV 乌北、五彩湾等变电站则处于冬季气温低至 -40℃ 的严寒地区，750kV 巴楚、喀什、阿克苏等变电站则经常遭受沙尘暴的侵袭，如图 17-1 所示，750kV 吐鲁番变电站夏季则饱受高温的考验。16 座变电站所在地几乎涵盖全疆各种极端恶劣天气。

图 17-1　750kV 巴楚变电站受沙尘暴天气突袭情况

三、设备制造质量问题凸显

由于新疆 750kV 工程建设工期紧，很多国内首套首台设备运用在新疆地区，设备制造厂设计、工艺、材料方面引进吸收不充分，运用不成熟，工程设计过程中过分强调典型设计，存在局部气象信息搜资不全、设计标准偏低、差异化深度不足等问题，造成

750kV 设备缺陷故障较多。

（一）某型号 220kV 断路器储能行程接点设计存隐患

2015 年 6 月 9 日，某 220kV 线路故障跳闸，保护正确动作跳开三相断路器，变电站 A、B 相断路器重合闸成功，C 相断路器重合闸不成功，非全相保护动作跳开 A、B 相断路器。经过仔细检查分析后，检修技术人员判断此次 C 相断路器拒合原因是断路器弹簧拐臂凸轮上面螺杆与两对行程开关硬接点接触面过小，在断路器已储能位置时，两对行程开关中，A 行程开关（串接在合闸回路中）未受到有效压力，合闸回路节点未接通，造成合闸失败。经讨论，确定对事故型号断路器行程开关滚轮及弹簧拐臂凸轮进行改造，将其控制回路由原来单个行程开关改为两个行程开关控制，并将弹簧拐臂凸轮上用于压迫双行程开关来触发节点动作的螺杆改为曲面结构，保证控制回路及行程开关的动作可靠性。随后，新疆检修公司根据消缺计划，陆续完成了此型号 9 组 27 相断路器的改造。

（二）金具引线受长期大风环境影响

2014 年 4 月 17 日，750kV 哈密变电站监控后台报出 750kV 哈天二线 TV 回路断线异常信号，进行巡检后，发现 750kV 哈天二线线路侧 C 相电压互感器引线上部设备线夹断裂，引线脱落。根据现场对断裂的线夹外观检查情况，断裂部位为新茬口，初步分析为：采用的 TYS 型双分裂 T 型线夹与其他间隔同部位单联式线夹对比，该型式线夹结构设计不合理，线夹 T 接受力部位存在倒角，结构厚度减小，且靠近夹具螺栓孔部位，螺栓孔处也有倒角，造成金具受力集中部位恰好是结构强度最薄弱的部位，在常年大风环境下，出现不同程度的裂纹，新疆检修公司随后结合停电，对该型号金具进行改造更换。

（三）智能终端存在通信模块异常隐患

2015 年 3 月 31 日，750kV 伊犁变电站某 20kV 线路智能终端告警，经排查发现，引起该故障原因为 GOOSE 插件通信模块存在缺陷，导致 GOOSE 插件与 CPU 插件的通信中断，失去故障切除功能。此缺陷已被列为国家电网公司家族性缺陷。随后新疆检修公司将此型号插件共计 18 套陆续进行升级更换。

（四）SF$_6$ 充气设备低温液化问题

2012 年冬季，750kV 乌北变电站 220kV 乌彩线、220kV 乌化一线 2 组 220kV 瓷柱式断路器出现 SF$_6$ 气体液化现象，导致保护装置频发"低气压闭锁重合闸"报警信号，二次回路闭锁使断路器丧失部分正常功能，威胁设备安全稳定运行。经过分析，新疆检修公司联系设备厂家，更换密度继电器，并将断路器气室内单一的 SF$_6$ 气体改为 SF$_6$ 和 CF$_4$ 的混合气体，改善气体液化曲线，满足设备在 $-40℃$ 的情况下安全运行的需要。该混合气体方案也推广使用至其他低温地区，气体液化问题得到有效解决。

四、改、扩建工程点多面广，现场风险管控难度大

2010 年底，新疆电网最高电压等级升级为 750kV，但目前仍处于 750kV 主干电网建设及与西北电网联网建设的过渡时期，电网长链型网架结构未发生根本改变，还不能完全满足安全稳定导则规定的三级标准。随着新疆电网快速发展，改、扩建工程成倍增加，各类作业现场呈现参建队伍多、交叉作业多、作业工期长、安全管控难等诸多问题，现场安全风险管控面临新的挑战。改、扩建工程对运行设备可靠性的影响问题尤为突出，主要表现在以下 5 个方面：

（1）改、扩建过程中停用一次设备，对系统运行影响较大。一次设备接入系统需停运站内部分或全部在运一次设备，受电网电源建设、负荷分布不均制约，电力大功率的转供、750/220kV 大跨度电网运行成为影响新疆电网安全稳定运行的最主要因素。受两级电网跨度大、网架不坚强等因素制约，设备过载、暂态失稳、输送极限降低、控制措施复杂、安全隐患大。

（2）参建队伍多，施工人员、车辆多，且施工人员素质参差不齐，易发生因人员、车辆失控造成的人身伤害或误碰带电设备、高空坠落等事故。

（3）工作点多面广，交叉作业不可避免，易发生因作业点冲突造成的人身、设备事故。主要体现在土建与电气施工交叉作业，施工与验收同步进行交叉作业，验收组内检修、试验、继电保护等专业交叉作业。各间隔、各专业工作相互交织，现场协调沟通工作量大，极易造成不同工作面、工作点间由于缺乏沟通引起的工作冲突，甚至造成人身伤害或设备损坏。

（4）二次回路变动多、配置变更多、接火多，易发生误碰、误接线、误下装配置文件事故。一次设备对系统运行的影响可预见，但二次回路改造多，尤其是智能变电站改、扩建工作会将原来的运行二次设备配置文件全部改变，智能设备成为"黑匣子"，二次回路盲点多、验证难度大、安全风险增大。

（5）临近带电设备吊装多，易发生误碰带电设备、高空坠落事故。以 2014 年 750kV 哈密变电站双母双分段改造工程为例，累计进行各类设备吊装 24 次，完成管型母线拆除、设备支架及电气主设备吊装等高风险工作。临近带电设备吊装，易发生因指挥监护不到位、安全距离控制不当引起的带电体对吊装设备放电，引发电网事故。同时吊装过程中，存在高空坠物的风险，危及地面设备及人员的安全，造成人身及设备事故。多种风险并存，安全风险管控难度大。

第十八章 生产准备

为达到 750kV 电网生产运行目标，国网新疆电力在各项 750kV 输变电工程投运前，都会开展工程的生产准备和运行维护工作。在工程生产准备阶段，国网新疆电力各级人员不辞辛苦，加班加点，高标准、严要求，充分发扬"努力超越、追求卓越"的企业精神，确保完成生产准备工作，为新疆 750kV 电网顺利投产奠定坚实的基础。这些准备工作包括制定各项生产准备组织措施，确定工程运行的管理模式，设定工程运行机构，选拔优秀的生产运行相关人员等。

第一节 管 理 模 式

按照国家电网公司统一要求，国网新疆电力在 750kV 电网投产前，明确了 750kV 输变电工程运行管理模式。即公司对 750kV 集中经营，并委托新疆检修公司、新疆送变电对 750kV 电网共同运维。新疆检修公司主要负责 750kV 变电站等相关设备的日常运维检修工作；新疆送变电主要负责电网线路及相关设备的日常运行管理和运检工作，确保电网安全稳定运行。从新疆检修公司、新疆送变电这几年的工作绩效来看，公司确定的 750kV 工程运行管理模式是适合新疆电网发展需求的，是科学的、合理的。

一、落实片区责任

新疆电网的特点是点散、线长、面广，同时有严寒酷暑和大风雨雪，有高山大岭和戈壁沙漠，地理环境复杂，气候条件恶劣，电网安全稳定运行将面临严峻考验，电网运行维护难度空前，责任重大。特别是大范围的人员、物资、工具运送，应急抢修力量组织以及备品备件储备等方面，都会给生产安全、交通安全、人员稳定带来一系列的挑战和风险。因此，充分考虑新疆电网的实际特点，统筹兼顾安全与经济、时间与空间的因素，结合新疆电网发展规划及建设进度，加快完善各运维管理体系建设，合理配置人力、物力资源，

最大限度满足电网快速发展、运行维护以及事故响应需要是非常必要的。

（一）新疆送变电成立对口片区分部

为了确保电网安全运行，经周密考虑、充分论证，新疆送变电于2013年向公司运维检修部报备了运维管理模式调整方案，将原专业管理与片区管理相结合的运维管理模式调整为落实片区责任，强化现场管理的管理模式。即运维业务按区域分为北疆（兼乌吐昌）、东疆、南疆3大片区，由分公司3位生产副经理分别担任各片区负责人，每个片区设置专工2名，负责所辖区域线路的日常运维管理工作，成立了专业带电作业班1个，负责所辖750kV、220kV输电线路带电检测、带电作业工作及部分线路的运维工作，并实行"三班两值"制，每月以10天为一个倒班周期，一班人员轮休、两班人员在运维站值守。各班组按照所处区域分别归属相应片区进行管理，分公司技术组向上对口分公司主管领导和公司运维部，向下对口各片区。

（二）新疆检修公司执行片区值守制度

为提高新疆检修公司所辖变电站应急抢修响应能力，该公司在哈密、喀什、库尔勒、伊犁、阿克苏等地区派专业检修人员驻站值守，分配值班车辆，储备应急物资及工器具，及时处理站内的突发状况。遇重大节日，新疆检修公司提前排节日保电值班表，检修人员成立节日保电工作小组，启动领导带班制度及抢修人员24小时备岗待命制度，明确各项保电任务，补齐备品备件，编制完善节日保供电方案、反事故应急预案，如遇突发问题及时汇报，并按照应急预案妥善处理。

二、集约化生产与标准化管理

新疆检修公司按照关于《国家电网公司"三集五大"体系建设实施方案》的指导思想，统筹考虑电网规模、人员情况、交通状况、作业半径、设备健康状况等因素设置组织机构，进行生产集约化、标准化管理。

总的来说，新疆检修公司与新疆送变电通过调整其内部运维管理模式，电网运行质量、管理质量得到了明显提高。新疆750kV电网运维模式的确定，为新疆电网安全运行管理和检修工作的顺利开展奠定了基础。

三、健全管理组织机构

新疆 750kV 电网由国网新疆电力总体负责运检管理，公司运维检修部具体组织落实计划、技术、变电运检、输电运检、配电运检等管理工作。其中，新疆 750kV 变电站由新疆检修公司负责具体运行维护，主要负责全疆 750kV 变电站的日常巡视、维护、异常及事故处理、运维一体化工作及 A、B、C 及部分 D 类检修工作。750kV 输电线路则划归至新疆送变电运维，主要负责全疆 750kV 输电线路的运维检修和技术改造工作及生产调度、应急指挥、运行监控、计划管控、数据分析等工作。按照统一调度、分级管理的原则，750kV 系统均由西北分调调管，750kV 电网覆盖下的 220kV 电磁环网线路由国网新疆省调调管，西北分调许可。750kV 变电站的监控业务由新疆检修公司监控，国网新疆省调与西北分调均能实时监视。自上而下，逐层管理，使得管理更加专业化、扁平化，职责也更加明晰。

第二节 人员岗前培训

在 750kV 电网投入运维准备阶段，国网新疆电力把人才选拔、培训和考核作为工作重点之一。为了选出一批政治素质高、业务能力强的技术骨干人员，国网新疆电力人力资源部及其他相关部门通过前期严格把关，后期认真培训和定期考核，遴选出一批又一批优秀人才落实到各个生产运行管理岗位上。

一、人才选拔

（一）人才现状

在技能人才配置方面，输电专业人员获得工程师以上职称、技师及以上等级技术资格的只占全体人员的 25.19%；另外变电检修生产人员获得工程师以上职称、技师及以上等级技术资格的只占全体人员的 22.49%。可以看出，公司输电专业、变电专业存在结构性缺员。输电专业、变电专业工程师及以上人员比例偏少，专家人员比例明显偏低，整体专业理论水平和分析能力相对薄弱，不利于输电专业的更深层次发展。

（二）多方式人才选拔

为了缓解以上运维人员配置不足的情况，国网新疆电力大量引进人才，补充新鲜血液，主要采取的方法如下：

（1）采用集中培养的方式，从各地州单位组织生产技能人员到750kV变电站参加工作，真正学技术、学生产。

（2）从内地调派相关技术骨干人员挂职参与750kV电网管理。

（3）通过组织调配方式，从各级检修公司招聘并择优选拔生产运行和专业技术人员参与750kV电网运行检修工作，解决软缺员问题。

（4）每年稳步从高校招聘大学生，部分偏远变电站适度较低标准定向招聘，确保人员相对稳定。

二、人员培训

（一）注重理念引领，统一思想认识

充分发扬"四特"精神，树立典型、加强模范引导，建构检修人的共同愿景，电力铁军艰苦奋斗、不怕困难的优良作风。

（二）盘活存量，发挥内部人力资源市场作用

国网新疆电力以人力资源需求为导向，强化诊断分析，梳理缺员情况，通过优化岗位竞聘、人才帮扶、临时借用、挂职锻炼、组织调配等方式，多措并举，提升人员素质。采取集中培养方式，驻点运维。从各地州单位抽调生产一线人员到750kV运检一线集中培养，提升应急响应能力。

（三）用好增量，强化培训

形成"提思想、提技能、提质效、拓渠道"（"三提一拓"）为主要内容，确定以"技能提升"作为培训导向，以"三基"内容为培训主线，"缺啥补啥、急用先补"为培训原则的培训目标，并以此制定新员工培训的月度计划和周进度安排，着重培养新员工解决实际问题的能力。

（四）创新培训模式

为了提高培训质量和效果，国网新疆电力不断对培训模式进行创新。在对750kV电网运行人员的培训过程中，培训中心建立了培训缺陷管理体系并编制了培训缺陷管理办法及消除缺陷流程；建立了"专家＋学员"的双评模式；开展生产案例分析研讨会，实现技术技能交流平台。技术技能交流方面，检修公司派出继电保护、高压试验、一次检修和运维四大专家以讲课交流和实地演练等方式对遴选人员进行技术培训交流。

国网新疆电力修编了绩效管理办法，将培训工作融入到绩效管理，明确了培训工作激励机制，制定了《员工岗位技能培训实施细则》，规范了员工岗位技能培训管理工作。

三、人员考核

电网的安全运行涉及千千万万个家庭的光明幸福，而电网的安全运行取决于人员的业务水平。人员是否具备资质上岗需要明确的考核目标及严格的考核标准。而考核目标和考核标准的制定也是为了检验培训效果的一种方式。国网新疆电力综合考虑750kV电网运行学员和培训师特点，最终采取集中考试的考核方式并将结果与岗位变动直接挂钩，确保用到实处。经实践验证，该种方式不仅能够发挥我们内部培训师的博学专业优势，还能提高学员的专业水平。

（一）考核目标

考核目标是使学员全面深入掌握运行专业相关及专业理论技能能力规范，了解培训考核内容要点及流程，进一步提高运行专业人员的业务素质，充分将理论知识与实践技能相结合。

（二）考核标准

建立联动考评机制。把培训与绩效考核结合起来，发挥激励导向作用。将积分制引入员工培训工作，以积分的形式衡量员工学习培训情况，坚持正向激励与负向惩罚相结合的方式，营造一种绩效导向的文化氛围，激励先进、鞭策后进，进一步增强员工学习积极性，同时使得培训落到实处，促进培训工作向制度化、常态化发展。

第三节 生 产 准 备 工 作

新疆检修公司与新疆送变电为750kV输变电工程的顺利投运,在生产准备组织阶段各项工作有序开展。工程生产准备组织措施包括生产准备工作的人员配置与培训、规程制定编写、仪器仪表及工器具购置、办公及生产生活家具、家电购置、备品备件购置、设备标识准备及安装、视频电话电视会议系统安装、设备台账搜集录入及工程投产送电等准备工作。各项生产准备组织措施经过周密部署,力保执行到位,确保工程顺利投运。

一、人员配置与针对性培训

各公司在工程投产前都十分重视人员的配置与培训工作,并组织相应部门做好这方面的工作,确定该项工作的具体职责。以新疆检修公司为例,为确保750kV变电工程顺利投产,由人力资源部牵头,变电运维一二中心、检修中心配合完成人员配置与培训工作,在规定期间内协调好系统内人员配置,完成变电站值班人员调度取证和仿真培训取证工作。

经过多年新建变电站生产准备经验,新疆检修公司总结出新站生产准备人员的培训经验:

(一)结合厂验开展培训

以设备厂家为平台,以能力提升为基础,以岗位技能为要点,设备出厂前,实现设备制造到出厂的全程学习,利用厂家技术人员丰富的实际生产经验及较深理论知识,开展设备生产过程、结构性能、原理等内容培训,有效提升员工的业务技能。

(二)提前入场做好准备

为了给新站奠定坚实基础,在开工阶段,就要选拔变电站主要运维人员,安排关键人员进驻变电站施工现场旁站、监督,为新站投运打好坚实基础。在竣工前3个月,要求所有人员必须到位,并且所有值班人员必须到相关运行变电站跟班实习。验收期间,公司每天安排验收任务和学习任务,并开展横向交流。

(三)演练结合实操练兵

设备安装调试中,就设备日常运行维护方面,运维人员、检修人员、厂家技术人员之间开展交流，围绕重点设备进行讲授，要求运维人员懂结构、懂原理、会操作，防止在日常工作中出现不会用的现象。同时根据后期送电要求，发挥基建设备风险小的特点，开展标准化操作演练，操作演练严格按照倒闸操作规范，规范自身操作规范，熟悉设备性能，切实提高运维人员标准化操作水平。

（四）技术讲课传帮带

根据作业现场到岗到位人员，合理安排领导及专责参与验收、参与培训，并利用验收空闲经常开展针对性技术讲课。组织系统内部专家和技师参与新站投运准备工作，在技术和经验上进行传帮带。

二、资料及设备台账准备

（一）资料准备及收集

资料准备工作是 750kV 电网工程生产准备工作的重要组成部分，对即将投产输变电工程相关资料准备工作具体内容包括：指定部门要在公司规定日期内与新疆经研院联系协调，完成工程资料收集与下发工作，并对搜集到资料的完整性和正确性进行核对，向相应部门进行反馈资料相关问题；并在规定日期内按照各中心验收、生产准备技术规程的需要完成补充需求清单及配置。

（二）台账录入及校核

设备台账是变电站投运的基础，台账的正确性可确保后期工作票办理、备品储备、缺陷录入、状态评估工作顺利开展。为确保台账录入的正确性，在入场前一星期，依托前期搜集的设计图纸、技术协议、说明书，参考已投运变电站的台账模板，组织人员进行交底和培训，熟悉各类设备台账的参数及录入要求；入场验收后一周，统一专人管理电子版台账，并将变电站内设备按电压等级和设备类型分工到人，要求每一个设备参数必须实际抄录，每一个设备铭牌必须附加照片，实行抄录人、台账负责人及站长三级审核后方可将电子版台账录入生产管理系统，确保台账正确性。

三、标识图表准备

按照国家电网公司变电站标准化管理规范要求，一座 750kV 变电站投运前，需要完成十五类图表、十三类标志标识的绘制、编制、安装工作，工作量巨大。新疆检修公司在参照《国家电网公司变电站安全生产标识规范》《国网新疆电力公司标准化变电站示范图册》的基础上，总结经验，编制了《750kV 变电站生产准备标识、图表规范》，对每一类标识、图表的用途、材质、安装地点、规格尺寸、命名规范进行了统一。根据标识规范，制定了《标示、图表制作安装时序表》，结合工程验收时序，将 750kV 变电工程标示、图表制作及安装工作分为 3 个阶段，以提高标识制作及安装效率。对标识及图表规范化，减轻了一线人员生产准备过程中的重复劳动量和审核的工作量，提高了工作效率，现场标志标识的正确率也提升了 8%，达到了 99.8%，制作安装的时间从半个月缩短到 7 天。

四、验收方案编制

电网安全稳定运行离不开工程投产前的验收，同时验收工作的完成是电网安全运行的基础条件。750kV 变电站工程验收方面的工作主要包括验收细则、验收标准化作业指导书的编写、验收方案的制定及工程验收安全保障方案的编制。

如新疆检修公司为了保证高质量地完成验收工作，对其每个部门的验收工作进行了详细的规定。

（一）验收细则编写

新疆检修公司要求 750kV 变电站工程验收细则、验收标准化作业指导书的编写由运维检修部牵头，变电运维一中心与二中心、变电检修中心配合。

（二）750kV 变电站工程验收方案的制定

新疆检修公司要求 750kV 变电站工程验收方案的制定由运维检修部牵头，办公室、党群部、安质部及三个中心配合。

750kV 变电站验收方案主要包括工程验收总体策划、变电站设备概况、验收人员组织机构、工程具备验收的条件、工程验收的安全措施、验收工作组织方式、验收总体要求、验收计划、后勤保障方案、工器具准备等内容。

运维检修部需要在规定日期前完成即将投产 750kV 变电站工程整体验收方案的编制及审核工作；办公室需要在规定日期内完成即将投产 750kV 变电站验收方案的印刷工作。

（三）750kV 变电站工程验收安全保障方案的编制

新疆检修公司要求 750kV 变电站工程验收安全保障方案的编制主要由安质部负责，包括验收期间、设备调试过程中及设备投运过程中的安全保障方案。要求安质部需要在规定日期前完成即将投产 750kV 变电站工程验收安全保障方案的编制工作。安质部通过认真执行公司工作要求，顺利地完成了工程验收安全保障方案的编制工作，为后续电网安全运行贡献一份力量。

五、现场运行规程的编制

变电站现场运行规程是 750kV 变电工程投运前必须要编制的规程，规程编制的好坏关系到变电站投运后运维的质量和水平。

（一）专业牵头组织开展

新疆检修公司按照"运检部牵头、按专业管理、分层负责"的原则，开展变电站现场运行规程编制、修订、审核与审批等工作。

（二）精兵强将编制模板

为了保证规程票编制的准确性，新疆检修公司组织精兵强将，编制了《750kV 变电站现场通用规程（常规站、智能设备部分）》（简称《通用规程》）以及《750kV 变电站现场专用规程（模板）》（简称《专用规程》）。《通用规程》主要对变电站运行提出通用和共性的管理和技术要求，适用于本单位管辖范围内各相应电压等级变电站；《专用规程》主要结合变电站现场实际情况提出具体的、差异化的、针对性的管理和技术规定，仅适用于该变电站。

（三）实际运用提高效率

变电站现场运行规程涵盖变电站一次、二次设备及辅助设施的运行、操作注意事项、故障及异常处理等内容。任何新站投运前，运行规程的通用部分参照模板即可，专用规程部分则只需根据本站设备相关实际情况编制，大大减轻了编制规程的工作量，同时专用规程部分的内容也进行了规范和明确，现场运维人员只需像做填空题一样将所需的内容进行补充即可，避免了个人理解不同，随意增加、删除规程内容的情况，提高了运行规程的实用性、准确性。

六、制定"五防"系统细则

"五防"系统是变电站防止误操作的主要设备，是确保变电站安全运行，防止人为误操作的重要设备，任何正常倒闸操作都必须经过"五防"系统的模拟预演和逻辑判断，所以确保五防系统的完好和完善，能大大防止和减少电网事故的发生。因此生产准备阶段制定变电站的"五防"系统对电网的安全运行具有重要意义。

新疆检修公司针对每一类"五防"都制定了详细的验收细则，电气"五防"、机械"五防"通过图纸、现场电气回路、操作进行验收。由于微机"五防"、间隔"五防"涉及逻辑代码的转换，因此在工程验收初期，检修公司要求变电运维中心和检修中心分别编制微机"五防"和间隔"五防"逻辑，并经过安质部审核批准下发后，方可在现场作为验收标准使用。

七、生产验收准备

为了确保生产准备和验收的顺利开展，各公司积极协调，提前介入，统筹规划，抽调公司精干力量并组织专业队伍，落实相关职责，严格执行相关标准，以全捡、抽检和旁站相结合方式进行，所有验收试验项目均且严格按照标准执行，各专业提出的缺陷必须有相关规程规范支撑，以提高验收作业的专业性和规范性。

在工程正式竣工验收阶段，为提高验收质量，主要做到以下两点：

（1）全面梳理验收范围与内容，将标准化验收作业指导书上升到公司技术标准规范高度。各验收人员必须强制性执行，采取了"自下而上"的方针，发现缺陷做好记录，及时汇报专业小组负责人，核实并录入缺陷，统一在每日验收收工会上提出。

（2）根据各专业验收工作流程，执行标准化验收细则。牢固树立"750无小事"的安全观念，高标准、严要求，全力以赴严把工程验收安全质量关。按照规定持卡验收，结合精益化要求，完成一项画一个对勾，不放过每一个回路、每一个螺栓，保证验收质量的稳定性和统一性。

八、生产物资准备

为了解决 750kV 变电工程生产准备物资种类多、筹备时间短、新进人员多对物资不熟悉等困难，新疆检修公司在总结 750kV 变电站生产准备经验的基础上，编制了《750kV 变电站生产准备物资典型需求计划方案》，将生产准备物资划分为常用工器具、安全工器具、标示牌、家器具及生活用品、家电、办公用品、生产性耗材等七大类，大到电瓶车辆，小到一支笔，涵盖了 1125 项变电站投运后的生产所需物资。有了典型需求方案，新站投运前的生产准备物资方案，只需对相关的物资型号进行更新即可，提高了工作效率；规范了物资采购的流程，从计划编制、审核、招标、采购、配送等环节都有人把关、有人负责，所有物资都通过招投标和超市化采购，规避了物资风险，工作效率得到了提高。2015 年新疆检修公司创纪录地完成了 5 座 750kV 变电工程所需生产物资准备，保障了正常生产运行维护的需要。

九、视频会议及 PMS 系统的建设

新疆地域广阔，考虑到 750kV 电网各变电站之间、国网新疆电力与各变电站之间相距较远，无法满足国家电网公司要求的 90km 或者 90min 内实施运维保障的要求。并且运行人员到变电站对设备进行检查往返车程就需要好几个小时，大大降低了工作效率。因此为保障工程投运后实现对各设备运行情况实施监督，各公司在工程投运前往往就完成了 750kV 变电站 PMS 及视频电视电话会议系统的建设工作，主要包括变电站内网安装调试及两站新设备 PMS 系统数据录入工作和电视电话会议系统接入工作。通过 PMS 系统就可以在短短几分钟内了解到变电站设备的运行情况，工作人员能够有效节省工作时间，也大大提高了工作效率。

十、生产调试准备

国网新疆省调超前研究新疆 750kV 超高压运行电网安全稳定问题，积极探索电网运行方式、存在问题，提前制定措施消除电网安全稳定运行隐患，为实现与西北电网可靠联网，为系统安全稳定运行打下坚实的技术基础。加大科技研究，积极与科研院所合作，先

后完成了规划电网稳定运行水平评估和新疆电网与西北主网联网主要技术问题研究，为电网升级750kV做好准备。完成了新疆境内750kV电网的启动调试并网条件，潮流稳定分析，过电压与潜供电流水平、继电保护配置与定值整定、智能调控自动化系统配置与监控，系统联网系统分析、运行控制策略研究及部署等工作、为750kV电网调度运行做好各项准备。提前做好投运的各项运行准备工作，确保了750kV各项重点工程的顺利投产。

组织新疆电科院积极与国调、西北网调对接，协调电网运行控制各项工作，与中国电科院、国网电科院等开展联合计算分析上千次次，确定送电能力以及电网运行控制方案。开展电磁暂态计算分析及一、二、三道防线的优化分析；积极开展750kV电网建设后新疆电网220kV系统稳控系统策略优化以及失步解列装置配置部署工作，积极开展750kV联网工程二次系统检查整改工作，切实履行二次系统管理职能，认真组织开展工程调度专项现场安全监督检查工作情况，对750kV变电站二次部分现场运规进行了审查，并指导修编，特别是针对相对薄弱的稳控装置的运行、现场运规，举办了专项培训班并指导编制完成了相应现场运规。将二次系统职能管理工作落到实处。同时会同新疆检修公司研究制定了整改措施和工作计划，抓紧落实。

第十九章 电网运行管理

电网的生产运行过程实际上是电力投入产出的过程，也是确保电网频率、电压稳定和可靠供电的过程。为达生产运行目标，国网新疆电力主要从电网调度与控制管理、设备运行状态管理、电网运行缺陷管理、电网运行应急管理、电网运行安全管理方面展开工作。

电网生产运行过程中，不断学习研究超高压与特高压直流新技术、新设备运维知识。在新疆电网运行人员的努力下，电网安全分析和运行风险管控得到进一步强化，大运行体系全面建设也得到稳步推进。

第一节 安 全 管 理

在 750kV 电网安全运行管理方面，国网新疆电力始终把 750kV 电网工程的安全作为重点任务，并纳入重要日程，定期开展 750kV 电网安全分析工作。针对不同时期的750kV 电网运行特点和安全生产方面存在的问题，对各部门、各单位提出具有针对性的工作要求。公司领导经常深入到基层检查、调研，指导基层解决安全生产存在的问题，促进各级人员对安全工作的重视。以《国家电网公司安全生产工作规定》和《国家电网公司十八项电网重大反事故措施》为基础，要求各部门、各单位认真贯彻落实公司安全工作部署，以"安全管理提升"活动为载体，做到各司其职，并树立"750 无小事"的理念。

一、强化安全生产责任制落实

在 750kV 电网投入运行阶段，国网新疆电力坚持不懈地推进安全生产责任落实制度化建设，按照"谁主管、谁负责""管业务必须管安全"的原则，全面落实企业负责人为安全第一责任人、分管负责人为分管业务安全责任人。严格责任落实和规章制度执行，从规范流程管理、强化过程管控、突出现场执行等方面入手，开展安全生产规章制度梳理和执行管理，规范制定各级人员安全生产职责，建立安全生产制度备案工作机制，落实各级领导责任。根据国网新疆电力安全生产现状，以杜绝人员责任事故为重点，编制适用于各岗位的安全责任书，分析安全薄弱环节和危险点，确定安全目标、奖惩办法，有针对性地制定防范措施，强化各层级组织管理，并逐级全员签订，确保各级人员各负其责、安全责任承上启下、奖惩有根有据。

国网新疆电力始终坚持"党政同责、一岗双责、齐抓共管"的理念，印发《安全职责规范》，明确各单位、各部门及各级人员的岗位安全职责，增强企业各单位、各部门及岗位生产人员的安全意识，明确在安全生产中应履行的职责和应承担的责任，充分调动各级人员在安全生产方面的积极性和主观能动性。将安全管理工作全面纳入绩效管理，健全安全奖惩机制，坚持月度、年度长效考评，对涉及安全的问题不分大小、不讲情面，造成事故（事件）的按照"四不放过"原则"一票否决"，并落实责任全过程追究、考核、"说清楚"。落实各级管理人员和关键岗位职责，发挥班组长、工作票签发人、工作负责人、工作许可人、专责监护人的把关作用，将安全责任细化落实到每个岗位和每名一线员工，使安全保证体系和安全监督体系相互协同、各司其职、各负其责，认真做好安全组织管理，确保人员和资金投入，做到保障有力。

二、积极开展安全质量管理活动

为认真贯彻落实国家电网公司"安全年"活动的总体部署，每年国网新疆电力都会结合新疆实际，开展安全质量管理活动。根据750kV电网工程投入运行安全管理需要，拓展活动内容，并制定安全质量管理活动方案。在活动过程中，国网新疆电力围绕安全生产和质量管理重点工作，各部门、各单位细化各项措施和要求，将"安全质量年"活动工作内容分解，落实到具体责任部门、责任人，做到年有安排、月有计划。

为了使活动有效进行，国网新疆电力建立活动定期检查、总结及信息通报工作机制，坚持做好活动过程管控和阶段总结，及时通报活动进展和工作成效，推动风险管控、隐患排查治理、安全质量监督、应急管理工作机制建设。各级安监部门带头落实安全质量管理活动，发挥综合协调和牵头归口的作用，从计划制定、责任落实、工作进展、效果评价等方面，开展监督检查考核，加大统筹协调，推进工作力度。

自活动开展以来，国网新疆电力上下齐心协力，安全工作领域得到扩展，安全工作手段实现互补，"大安全"理念深入人心，安全生产、建设质量、队伍稳定、优质服务等方面取得优异成绩。

三、加强队伍安全培训

国网新疆电力高度重视运行队伍的安全培训工作。750kV电网工程投入运行以来，国网新疆电力不断推进安全文化建设，作为企业文化建设的重要内容，加强相关安全政策法规、规章制度的学习宣贯，使安全文化渗透到每个员工的思想深处。

（1）系统开展安全教育。各层级领导深入基层和班组参加安全活动，从岗位经历、广博见识出发，采取"身边人说身边事"的方式开展"安全大讲堂"活动，着力提升员工安全意识和岗位技能。坚守《电力安全工作规程》红线，长效开展"三个一"教育活动，即每周一普学、每月一抽考、每年一统考，重奖重罚，营造一种绩效导向的文化氛围。针对公司工作任务繁重等特点，不拘泥于固有形式，利用工作间隙学习事故通报，利用微信开展"微课堂""网络大学"资源学制度，为工作加一份"安全餐"。

（2）大力开展岗位练兵活动。充分利用现场资源，抓住变电站设备验收、投运、定检、消缺等机会进行现场实操培训，提高员工的动手能力和解决实际问题的能力。深入西开、南瑞等设备厂家进行厂验，让员工零距离接触一、二次设备，开拓眼界，提高运检能力。开展岗位对口竞赛、技术比武和导师带徒等多种形式的岗位练兵活动，如"安康杯"知识竞赛、《国家电网公司安全工作规程》抽调考及检修、运维、二次、试验专业竞赛等，把安全文化元素融入其中。

（3）不断加大全员安全培训力度。重点分层分级安全培训，组织开展企业负责人、安全监督管理人员的安全管理专项培训和新进大学生集中入职教育培训等系列培训活动，新入职人员严格按照公司、工区（分场）、班组"三级教育"要求，进行培训与考核，考试合格方能上岗，对临时工和外来务工人员，按照相关培训管理办法，经培训、考试、批准后，才能进入现场开展有监护的工作。

通过全方位有效的安全培训，极大降低了发生各类安全事故的风险。在2015年，国网新疆电力管辖750kV电网设备范围内未发生人身死亡事故，未发生重大及以上电网、设备和火灾事故，未发生4级及以上电网设备事故。在年度考核中，国网新疆电力安全生产工作得到了自治区安监局的高度评价。

四、隐患排查治理常态化

国网新疆电力以深入开展隐患排查治理"树典型、传经验"工作为契机，按照"谁主

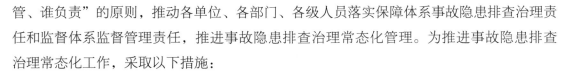

管、谁负责"的原则，推动各单位、各部门、各级人员落实保障体系事故隐患排查治理责任和监督体系监督管理责任，推进事故隐患排查治理常态化管理。为推进事故隐患排查治理常态化工作，采取以下措施：

（1）建立隐患排查治理定期分析通报督办工作机制。按照隐患排查治理"树典型、传经验"的工作方案，强化对隐患排查治理工作的组织领导，定期对各类设备隐患进行地毯式排查。

（2）深入推进安全隐患专项治理。以电网事故隐患、输变电设备隐患、高危和重要客户供电隐患等排查治理为重点，组织开展排查治理专项行动。多次组织开展新疆750kV主电网输变电安全性评价工作及"回头看"，抓好问题整改落实。

（3）加强隐患全过程闭环管控。将各单位事故隐患排查治理工作纳入年度安全生产业绩考核，同时强化隐患排查治理质量和效果的监督检查，将隐患治理与检修计划挂钩，挂牌督办重大、长期未消的隐患，提高工作质量，按计划完成公司事故隐患排查治理管理目标。

五、推动安全风险管控工作机制建设

为保证750kV电网安全运行，国网新疆电力严格管控检修方式下的电网运行风险和现场作业安全风险，继续强化安全保证体系和监督体系，落实到岗到位人员安全风险管控责任。自750kV电网工程投入运行以来，为推动安全风险管控工作机制建设，国网新疆电力采取以下措施：

（1）多次开展电网周运行安全风险分析管控工作。不断修订完善国网新疆电力《电网运行方式风险预警管理规定》，贯彻"风险管控先降再控"的思路，构建"横向监督、纵向落实、月计划、周安排、日管控"的安全风险防控立体堡垒，规范各级电网运行方式分析和电网运行风险防范管理，严格工作批复程序，针对实际情况，及时制订和落实相应的风险防范措施及事故应急预案。

（2）深化周生产工作计划安全风险管控工作。严格落实周生产计划安全风险管控措施，强化安全监督体系对国网新疆电力《周生产工作计划安全风险管控规定》执行的监督检查，全面推进各单位安全监督人员对到位人员的点检管控，督促到岗到位人员依照到位工作标准持卡履职。

（3）开展作业全过程的风险辨识、分析和控制工作。对750kV电网工程重要基建和技改工程进行全过程现场监督，确保电网工程安全顺利投入运行，并总结一些典型的

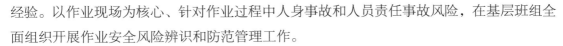

经验。以作业现场为核心、针对作业过程中人身事故和人员责任事故风险，在基层班组全面组织开展作业安全风险辨识和防范管理工作。

（4）印发典型作业风险辨识与预控口袋书，并分发至每一位作业人员。针对具体工作，具体分析危险点，并制定具有现场特点、专业特点的有针对性的防范措施，形成现场作业风险管控卡，将风险管控深入到管理各层面、作业各阶段、现场各专业，以层层"防火墙"隔绝一切"病毒"侵害，把安全风险控制在最小范围。

六、加强安全工作基础管理

随着750kV电网工程的投入运行，国网新疆电力不断加强安全工器具、防误操作、特种设备、特种作业人员规范化管理和专业化建设，并加大对《安规》的执行力建设，深化班组安全管理。国网新疆电力为了能够使安全工作基础管理得到进一步加强，采取大量的措施。经过实例验证，在加强安全工作基础管理方面得出的经验有：

（1）推进安全管理规范化建设。根据750kV电网运行特点，重新修订公司安全工器具、防止电气误操作安全管理规定，规范运行维护使用管理强制性要求。结合750kV设备的特殊性，制定公司特种设备、特种作业人员安全管理规定，纳入公司监管，依法强制管理。

（2）加强"两票"执行管理。开展"两票"专项监督，全面梳理解决"两票三制"执行难点问题，并重新修订公司"两票"管理办法，细化管理要求，严格"两票"管理与考核。

（3）加强班组安全管理。围绕"现场工作班前班后会、作业现场危险点分析、现场工作安全交底"等，强化对"六不"（不办理工作票、作业前不交底、现场不监护、作业不停电、不验电、不挂接地线）的管控。

（4）全面开展安全警示日活动。制订出开展"安全警示日"活动的具体方案，利用多种媒体进行安全宣传和报道，使"三不伤害"的安全防范意识人人皆知，相关部门、单位负责人深入到生产现场与班组检查、指导活动开展情况，不走过场、不流于形式，达到检查一次、整改一次、落实一次、提高一次的目的。

七、加强安全生产监督管理

在加大750kV电网安全生产监督管理方面，国网新疆电力使安全监督行为规范化，强化对安全管理规定的执行，并以检查为手段，以持续改进为目的，组织开展现场安全监督、专题检查、分析交流等工作，督促各项措施落实到位。采取的具体措施包括：

（1）全面推行持卡安全检查。坚持简便易行、实用实效和"为做而写、写了就要做"的原则，制定国网新疆电力《持卡安全检查管理规定》，并使安全管理及监督检查行为得到规范。

（2）加强安全监督工作。国网新疆电力认真组织开展现场安全风险管控和安全管理反事故措施落实监督检查，针对防误操作、防外力破坏、带电作业和春（秋）季检修预试、迎峰度夏（冬）、农网改造升级工程施工等阶段性工作，督促各项管控措施落实到位，保证现场作业安全。针对安全管理反事故措施落实，开展安全管理专项监督，推进安全管理闭环工作机制建设。

（3）建立安全监督管理信息交流平台。通过建立安全监督管理信息交流平台及安全网微信群，加强安全生产交流分析，并通过按月发布安全监察信息，增强安全监督管理的活力和创新动力。

（4）深化反违章工作。严格各单位现场到岗到位人员对违章的主动管理，落实现场反违章工作主体责任，推动保障体系以自查自纠为主、安全监督监察为辅的反违章长效工作机制建设。组建安全监察队，监察安全生产现场的全过程，纠正现场工作人员的行为，监督落实施工以及设备运行维护过程中的设备质量安全隐患，检查各项安全生产规章制度的执行和落实情况，对监察中发现的问题及时下发安全监察通知书，限期整改。

（5）依托技术保障开展安全监督管理。充分利用GPS车辆管理系统，加大对超速行车的管控，加大对机动车辆安全管理制度执行监督，确保人身和车辆安全。完成工作现场视频监控平台建设，全面推进系统在工作现场安全监督管理中的应用，强化对工作现场的安全管控监督。

八、加强可靠性管理

为加强可靠性管理，国网新疆电力强化监督体系对可靠性指标的统计分析，通过及时查找生产过程各环节及设备运行状况等方面存在的问题，制定完善的管控措施。规范行为、理顺工作流程，促进用可靠性指标加强750kV输变电工程设施的全过程管理。采取的具体措施包括：

（1）规范数据填报流程。通过强化数据录入和各级审核要求，建立数据层层核查机制和部门沟通机制，切实维护电力可靠性数据管理的严肃性。

（2）建立可靠性指标目标管理与层层预测分解指标工作机制。将可靠性指标落实到年、月和具体项目，并纳入绩效考评体系中，建立指标实际完成与预测存在较大偏差时的"说清楚"制度，加强指标预测的严肃性和指标的可控性管理。

（3）加强数据分析预测。建立可靠性逐月分析、预测常态工作机制，及时通报管理问题并提出改进意见和措施，严肃可靠性管理工作的评价与考核。

（4）建立可靠性管理的各项制度。国网新疆电力可靠性归口管理部门应设置可靠性管理专责岗位，具体负责本单位可靠性日常管理工作。每月开展可靠性指标数据分析，查找各环节工作存在的问题，及时与相关专业进行会商、协调，研究制定改进措施，指导相关工作的开展。在对可靠性数据进行审核、分析的基础上，在国网新疆电力内部每月发布可靠性指标数据，促进可靠性管理及其他相关专业管理水平的提高。

第二节 电网调度与控制

随着新疆750kV电网输变电工程投入运行，新疆电网主架网升压为750kV主网架，实现了历史性的飞跃，同时也使得新疆电网调度工作面临多方面的挑战和机遇。

在国调中心、西北分调的指导下，新疆电力调度机构和发电企业发挥团结治网的优良传统，始终坚持"安全第一、预防为主"的方针，以"确保电网安全稳定运行"为目标，加强电网及输变电设备安全管理，稳步推进大运行体系全面建设，电网的驾驭和运营能力得到了提升，电网主要运营指标实现了在控。

国网新疆省调认真贯彻落实公司工作部署，针对新疆电网运行方式复杂、过度方式较多的特点，制定详细的调度操作方案和反事故预案，合理安排电网运行方式，精心调度，圆满完成各项生产任务，确保新疆电网安全、稳定、优质、经济运行。

一、调度专业管理

国网新疆电力每年都会根据国调中心下发年度调度重点工作计划文件精神，结合新疆电网特点，按照"工作计划"的任务、要求、时间节点进行细化分解，落实到位，提出这一年的重点工作任务，并在年尾对任务完成情况做出总结，同时提出下一年的重点工作任务。通过这种工作制度，不断提高调度管理和电网运行控制能力。新疆电网调度始终坚持"统一调度、分级管理"和"公开、公平、公正"的调度原则，认真履行新疆电网内电力调度、水库调度、电力市场、运行方式、继电保护、电力通信、调度自动化的专业管理职能；组织新疆电网内有关电网调度管理方面的专业培训和经验交流，确保750kV输变电工程顺利投产和新疆电网安全稳定运行。

（一）750kV电网调度主要职责

为了加强新疆电网的调控工作，维护正常的生产调控秩序，考虑到新疆电网实际情况，国网新疆电力明确国网新疆省调针对750kV电网调度的职责，具体职责如下：

（1）负责承担省域内国家电网公司系统所属750kV全部变电站设备运行集中监控、输变电设备状态在线监测与分析业务。

（2）组织编制和执行新疆电网的年、月（季）、日运行方式，核准750kV主网架与地区电网相连部分的运行方式。

（3）指挥调管范围内设备的运行操作和事故处理；指挥、协调新疆电网的调峰、调频和电压调整；平衡调管范围内发、输、变电设备的月、季度检修计划，负责受理并批准调管设备的检修申请。

（4）参与编制电网的年度计划和技术经济指标；依据有关规定和协议，负责编制全网的月（季）、日发、供电调度计划，并下达执行；监督发、供电计划执行情况，并进行督促、调整、检查和考核。

（5）负责调管范围内的水电站水库发电调度工作，编制水库调度方案，及时提出调整发电计划的建议，满足流域防洪、防凌、灌溉、供水、排沙等方面的要求。

（6）负责调管电网的安全稳定运行管理，提出并组织实施完善安全稳定运行的措施；编制全网低频率、低电压自动减负荷方案。

（7）负责调管范围内的无功电压调整和网损管理；参与电网事故的调查分析，并提出相应的分析结果；负责调管范围内的继电保护及安全自动装置定值整定和管理，负责电力通信和调度自动化设备的管理。要求参与电网发展规划、系统设计和有关工程项目的设计审查。

（8）根据调管范围划分原则，负责确定调管范围；负责签订调管范围内的并网调度协议。

（二）调度管辖范围

新疆750kV电网输变电工程投入运行后，新疆电网的调度范围发生了变化。750kV主网架的建成增大了电网调度的规模，同时也增多了调度主设备。根据国家电网公司规定，750kV线路、750kV变电设备、无功补偿设备归属西北分调负责，其余的归属国网

新疆省调。国网新疆省调接受西北分调调控业务管理。

为了能够更好地配合国网新疆省调和西北分调的工作，同时也使新疆电网调度管理更加专业化，国网新疆电力及时修订《新疆电网调度规程》，对新疆 750kV 电网工程调度管理范围的划分进行明确的规定，使与新疆电网运行有关的调度运行管理人员能够有章可依，各尽其职。

（三）调度方式

截至 2015 年底，随着 750kV 电网相关线路的相继投产，750kV 网架进一步向南部延伸，初步形成"三环网、两延伸、双通道"的主网架结构。随着 750kV 电网的投入运行，新疆电网的运行方式也随之发生变化。

1. 正常运行方式安排

根据 750kV 变电站 2/3 接线形式的特殊性，超前组织开展运行方式优化安排，从规划到运行阶段，认真研究 750kV 不完整串、750kV 不完整接线对电网运行和保护的影响，进行统筹，最大限度地防范局部电网与系统解列、发生故障的站点与多条重要联络线同时停运、严重削弱电网网架、其他联络线严重过载等后果的发生。

双母线接线方式的厂站（包括双母线分段的厂站），原则上编号为单号的断路器采用 I（或Ⅲ）母运行、编号为双号的断路器采用 Ⅱ（或Ⅳ）母运行，特殊情况特殊考虑。连接同一厂站的双回或多回线路，需平均分布在不同母线运行。潮流流入线路和潮流流出线路尽量均衡分布在每一条母线上，这样可以避免断路器穿越功率过大导致设备过载。为了防止穿越功率过大，满足母线动稳定要求，需要在倒母线或者相关线路检修方式下及时调整接线。

2. 检修故障状态下运行方式安排

为了尽可能地保证电网安全稳定运行，对处于检修、异常或事故情况下的厂站运行方式安排原则做了详细规定。即旁路断路器代元件断路器运行时，应在被代路断路器运行母线上代路。受固有接线方式限制，无法满足以上要求的除外。线路、主变压器、机组等元件停运（含检修、异常、事故等）时，应按照以上原则，合理调整其他运行元件的运行方式，检修结束后恢复正常接线方式。

3. 750kV 系统重要运行指标

自 2010 年新疆 750kV 输变电工程投运以来，国网新疆电力通过灵活调整 750kV 电网运行方式，实现了电网安全稳定运行。通过对历年来 750kV 电网运行状况的分析，得知 750kV 电网在总体上没有发生过影响电网安全稳定的故障，实现了新疆 750kV 输变电工程长周期安全稳定运行的目标，750kV 投运期间，各项重要运行指标完成率见表 19-1。

表 19-1 新疆 750kV 输变电工程投运后各项重要运行指标数据统计

年份	频率合格率	电压合格率	主网网损率	严重缺陷消除率	主设备完好率
2010	99.999356%	99.749%	2.19%	100%	100%
2011	100%	99.99175%	2.55%	100%	100%
2012	100%	100%	3.14%	100%	100%
2013	100%	100%	2.39%	100%	100%
2014	100%	100%	2.39%	100%	100%

从表 19-1 可以看出，自新疆 750kV 电网投入运行以来，新疆电网严重缺陷消除率、主设备完好率累计年年达到 100%，电网频率合格率几乎年年达到 100%，电压合格率逐年升高，最终达到 100%。总的来说，新疆电网基本实现了安全稳定运行。

新疆电网能够取得安全稳定运行的好成绩，归功于以下 5 个方面：一是国家电网公司各级领导的高度重视；二是国网新疆电力工作人员不畏艰辛、吃苦耐劳的精神品质；三是国网新疆电力坚持执行国家电网公司相关工作要求；四是重视先进技术的广泛运用；五是大力引进人才，培养高素质的员工队伍。

二、安全稳定控制系统

随着 750kV 电网的建设以及与西北电网的联网，新疆电网进入快速升级时期，国内联网工程的经验表明，联网初期电网联系薄弱可能带来新的技术问题，而安全稳定控制系统（简称稳控系统）是保障电网稳定性、安全性的第二道防线，对于保障电网的安全稳定运行具有重要意义。

新疆电网与西北主网联网后，网架结构发生较大变化，电网运行特性也随之改变，新增了许多稳定问题。因此，为保证电网安全稳定运行和最大限度地提高电网的输电能力，整个新疆电网布置了相对复杂的稳控系统。主要根据电网结构、潮流分布情况以及稳定分析情况，制定装置配置方案。为了保证联网后电网的供电安全，国网新疆电力统筹考虑了新疆电网、联网工程以及延伸断面稳控系统的配置，提出合理的总体架构设计以及改造配置方案。

新疆区域稳控系统包括 6 个大型系统——天中直流区域稳控系统，西北新疆联网一、二通道区域稳控系统，南疆区域稳控系统，东疆区域稳控系统，北疆区域稳控系统，乌昌区域稳控系统。区域稳控系统中切机执行站共 144 个，切负荷执行站共 211 个，电网区域稳控装置共 805 套。而整个西北电网稳控装置 1000 多套，对比新疆与西北电网稳控装置数量可知，新疆电网的运行过度依赖稳控装置。其中公司在电网主要变电站、重要电厂以及负荷变电站都装置了区域稳控系统，当电网发生故障时，由主站进行判断，并根据故障前或故障后的功率、电流、电压等数据选择控制策略，执行解列局部电网或切机切负荷措施。在电网发生故障时，相互配合执行控制措施，保障电网安全稳定运行。

在新疆电网配置区域稳控系统的基础上，南部四地州地区和北疆西北部地区面临的暂态稳定问题、电压稳定问题、热稳定问题、频率稳定问题得到了解决。但是在电网运行过程中，还是会出现很多新问题，如电网过载问题等出现的新问题对电网系统的稳定性带来了巨大的影响。针对新疆电网出现的问题，国网新疆省调认真分析问题出现的根源，并采取相应的措施保证系统稳定运行。特别是自新疆 750kV 电网建设以来，电网结构在不断变化，国网新疆省调每年都会根据电网运行特点提出不同的稳控策略。

国网新疆省调积极落实稳控措施，在加强安全自动装置管理的同时，开展区域稳控系统标准化规范建设工作，梳理和优化区域稳控配置及控制策略，国网新疆省调多次开展联合调试工作，对保证新疆电网安全、稳定、经济运行起到了较大的促进作用，特别是针对 750kV 巴库、五彩湾输变电工程投产过渡时间长，基建施工过程中由于陪停线路造成的网架削弱问题，国网新疆省调积极制定过渡过程稳控策略，有效保障基建过渡过程中的供电可靠性和送、受电能力；针对冬季期间天中特高压直流故障后需要大量切除疆内供热机组的问题，优化调整天中直流策略。

针对全网哈密 750kV 变电站主变压器及龙湾 220kV 主变压器过载问题，制定相应稳控策略，有效提高吐鲁番、哈密以及阿勒泰等地区的风电送出能力。通过优化南部电网 220kV 兹苏＋海尔断面、库兹断面相应稳控策略，有效提升南部电网整体光伏的送出能力，缓解南部地区光伏就地消纳的压力。在保证电网安全稳定系统配置、电网稳定运行方面，国网新疆省调做出了不少贡献。

三、继电保护专业管理

随着新疆电力系统的不断扩大和发展，大容量、高参数的机组在电网中不断投运，电力系统的稳定和发电设备的安全运行对继电保护及自动装置的要求越来越高，它不但要求继电保护装置具有良好的可靠性，同时也要求继电保护装置具有较好的稳定性。为满足电网安全运行需要，国网新疆电力结合《220kV～750kV 电网继电保护装置运行整定规程》和《关于印发西北 220kV～750kV 电网继电保护配置及整定技术规范（试行）的通知》（西电调字〔2010〕73号文）技术文件，在坚持可靠性、选择性、灵敏性、安全性原则的前提下，对新疆电网继电保护定值进行更改，并优化继电保护整定原则，总结软硬压板的管理经验、强化继电保护现场管理。

（一）继电保护整定计算原则的优化与定值的更改

在线路方面，国网新疆电力对零序保护整定计算、距离保护整定计算以及距离保护特殊保护计算原则进行优化，并且根据新疆电网实际情况，对定值进行更改。

国网新疆电力一方面对线路零序保护整定原则进行简化，只设置零序Ⅲ段保护，依据规程定值统一为300A，动作时间与接地距离Ⅲ段时间配合；另一方面，依据西电调字〔2010〕73号文对线路距离保护采用相间距离与接地距离相同原则取值，并结合新疆电网实际情况，分别设置接地距离Ⅰ、Ⅱ、Ⅲ段保护。Ⅰ段按照线路0.7倍正序阻抗整定，动作时间0s。Ⅱ段按与相邻线路纵联或距离Ⅱ段配合整定，并躲相邻主变压器中低压侧，动作时间按照逐级配合原则整定。Ⅲ段按与相邻线路距离Ⅱ段或Ⅲ段配合整定，保本线有1.25～1.45的灵敏度整定，并保证大于50Ω最小阻抗整定，动作时间按照逐级配合原则整定。而对于电铁牵引线路电源侧，国网新疆电力根据保护配置不同采用两种方式：一是距离Ⅰ段、Ⅱ段保护按线路变压器组整定，距离Ⅲ段保护尽量按保证线变组有灵敏度整定；二是距离Ⅰ段按躲线路末端故障整定，距离Ⅱ段、Ⅲ段保护定值与上一原则取值相同，Ⅱ段加延时。

在变电方面，国网新疆电力主要对变压器保护整定计算原则以及变压器保护特殊整定计算原则进行优化，同时更改相应的定值。针对变压器保护整定计算原则，依据《220kV～750kV电网继电保护装置运行整定规程》，对变压器保护动作时间按逐级配合的原则进行整定计算，主变压器中低压侧保护跳母联（分段）时间与中低压侧线路保护配合，并保证为中低压配网线路整定配合留有一定的时间裕度。

在相间后备保护整定中，国网新疆电力分别设置高压侧后备Ⅰ段定值1段时限（3.7s）跳各侧；中压侧后备Ⅰ段定值1段时限（1.6～1.9s）跳中压侧母联，2段时限（3.4s）跳中（1.0～1.6s）跳低压侧开关，3段时限（1.3～1.9s）跳各侧开关。在零序后备保护整定中，分别设置了高压侧后备Ⅰ段定值1段时限（3.7s）跳各侧；中压侧后备Ⅰ段定值1段时限（1.6～1.9s）跳中压侧母联，2段时限（3.4s）跳中压侧开关。在主变压器间隙保护整定中，依据规程，间隙过电定值为180V（二次值），智能站自产零序电压120V（二次值），间隙过流定值为100A（一次值），动作时间均为0.5s，跳主变压器各侧。

针对变压器保护特殊整定计算原则，为防止低压侧故障短路电流水平较高且主变压器耐受短路电流水平能力较低的变压器设备损坏，深入分析需求，有选择性地设置主变压器低压侧加限时速断过流保护，并且定值按低压侧母线故障有灵敏度整定，时间与变压器的高低压侧短路耐受时间配合，并跳本侧。

（二）软硬压板的管理

软硬压板是保护装置联系外部接线的桥梁和纽带，关系到保护的功能和动作出口能否正常发挥作用。变电站运行人员应了解各类保护压板的功能和投、退原则，特别是当现场运行方式发生变化时，有些保护的压板也要作相应的切换，避免由于误投或漏投压板，造成保护误动或拒动等人为误操作事故的发生。软硬压板的投、退状态是根据当时设备的运行方式决定的，国网新疆电力采取的原则是：在接到当值调度或主管部门的命令并确认无误后进行，之所以如此，是因为压板投、退的结果是相关保护的投入与退出，直接关系到设备的安全运行状态。由于近几年大量的750kV变电站投入使用，设备的运行方式发生较大变化，国网新疆电力深入研究软硬压板的投、退操作，制定符合新疆电网实际情况的软硬压板投、退原则，同时这也是国网新疆电力在继电保护专业管理方面的经验。国网新疆电力在软硬压板投退原则方面得到的经验有以下7个方面：

（1）当二次装置正常运行时，二次装置的"SV接收"压板或"间隔投入"压板严禁退出。当母线保护及稳定控制装置在间隔退出时，"SV接收"或"间隔投入"压板应该退出，并且其他保护装置不可操作此压板。

（2）采用双通道的线路保护，当某一通道异常需要退出光纤差动进行检查时，在可保证另一通道差动保护正常运行条件下，可只退出异常通道差动保护压板，确保电网安全运行。

（3）设备在运行中，保护装置两套差动保护功能禁止同时退出，重瓦斯保护和差动保护功能压板也禁止同时退出。而当保护装置退出运行有检修工作时，必须将此装置与运行装置有关联的压板退出，运行装置有接收压板的也应退出。在合并单元检修前，必须退出运行的保护装置对应检修断路器的"SV接收"软压板或"间隔投入"压板。

（4）新设备投运时，运行人员和检修人员需要共同检查新投运设备相关软硬压板，确保其投入正确无误。二次装置检修压板投入前，要先确认未退出运行的保护装置（母差、稳控等）与检修间隔相关的SV、GOOSE出口、GOOSE接收软压板确已退出。

（5）当双重化配置的任意一套保护单独退出时，操作人员只需操作此保护装置及与其有联系的其他保护装置或稳控装置压板，严禁将保护对应的智能终端出口压板退出。

（6）针对3/2接线方式变电站，提出应特别注意在单断路器检修可能误加电流至合并单元或合并单元投检修压板前，必须在断路器停运后，先将与该合并单元有联系的运行的保护及安稳装置相关电流接收压板退出。

（7）检修人员和运行人员应一起布置二次安全措施，压板投、退错误时，运行人员及时修改。当将运行中的保护装置退出运行，只需退出保护装置内GOOSE出口软压板、功能软压板；进行远方投、退软压板后，需在保护装置内进行确认；如果远方投、退软压板失败，需就地进行操作时，应严格按照操作票进行，并与后台软压板状态进行核对。

（三）继电保护的现场管理

近年来，国网新疆电力为了使继电保护专业管理工作走向正规化、标准化，进一步加强了继电保护的管理，保证电网安全运行和供电可靠性，要求各级电力调度机构及各发电厂、变电站必须严格执行《继电保护及安全自动装置运行管理规程》《继电保护及安全自动装置技术规程》等有关规定，并通过在作业前做好危险因素分析与控制，在作业过程中实行标准化作业管理，在作业后对工作进行总结。

在新疆750kV输变电工程不断投入运行的基础上，新疆电网的安全稳定运行对继电保护提出了更新、更多的要求。再加上继电保护工作自身的技术复杂性，国网新疆电力对易出错的关键设备和重要回路采取针对性措施，同时针对在工序以及步骤上需要多专业、多工种协调配合的工作提出可行措施。国网新疆电力为了提高继电保护专业人员的专业水平、技术水平，举办继电保护专业技能竞赛，在全公司形成一个立足本职、专研业务、岗位成才的良好氛围。国网新疆电力强调在接到工作任务后，工作负责人以及工作小组负责人要按照所分配任务的特点，依据工作流程顺序，进行危险点及危险源的辨识和分析，确定具体的预防控制措施及责任人员，并将控制措施告知每一位员工。

在现场工作中，国网新疆电力注重培养继电保护人员严谨细致的工作作风，要求继电保护专业人员在工作时要认真、仔细。严格按工作票和安全措施票的要求去做，不要嫌麻烦、图省事，做好调试记录的同时，要注意现场的危险点和需要采取的安全措施。对继电保护班组新进人员，国网新疆电力选择以老带新的方式培养新员工。继电保护现场作业具有点多面广的特点，一个作业任务往往牵涉到很多的运行设备，且作业人员较为分散，单个作业点上往往是很少人作业，甚至单人作业，这和一次设备检修作业有着明显的区别。因此，合理调配人员、加强作业监护是确保现场作业以人为本安全管理的基础，加强工作过程中的监护环节，严防工作疏失带来的安全隐患。在继电保护现场作业过程中，要严格防止擅自扩大工作范围、无票工作等各种形式的冒险作业，这些违章行为比发生在一次设备检修时更难以察觉和控制。因此，提高现场人员本身的自保与互保意识、相互提醒工作过程中的安全及其他注意事项，也是有效防止各类事故发生的必要措施之一。

在工作完成后，国网新疆电力继电保护专业人员要仔细检查一遍所接触的设备，看看连接件是否紧固、焊接点是否虚焊、螺丝是否松动，并将装置所有的插件拔下来检查一遍，把所有的芯片、螺丝拧紧，并检查虚焊点。继电保护人员在实际工作中积极摸索经验，建立继电保护事故分析记录和缺陷处理记录，继电保护人员将每次校验、缺陷处理和发生事故障碍的经过、原因、处理过程、注意事项、经验教训详细记录在班组的继电保护事故分析记录和缺陷处理记录中，在每天班前会中，对前一天的处理缺陷进行讨论，提高继电保护人员的专业技术水平，保障新疆电网安全稳定运行。

（四）智能变电站配置文件管理

为规范国网新疆电力智能变电站 SCD 文件管理的职责分工、管理流程及管理内容，实现 SCD 文件的统一管理、合法性检查、版本和虚端子 CRC 确认及文件更新批准等工作，国网新疆电力结合电网智能变电站建设、运维的实际情况，保证公司智能变电站配置文件管控系统的有效运行和业务流转，实现国网新疆电力智能变电站配置文件的全过程闭环管理，结合新疆智能变电站管控系统（以下简称管控系统）应用，制定《新疆电力公司智能变电站配置文件标准及管理办法（试行）》，加强智能变电站配置文件管理。新疆电网智能变电站配置文件管控系统如图 19-1 所示。

图 19-1　新疆电网智能变电站配置文件管控系统

（五）智能变电站技术培训

随着新疆电网快速发展、智能二次设备的广泛应用，为了做好精心运维工作，充分发挥疆内外培训资源优势，对检修、运维人员开展多方面的拍讯工作，以提高运维技能。国网新疆省调每年组织人员赴南瑞继保等厂家开展专项培训，新疆省检积极参加国家电网公司西北分部举办的智能变电站继电保护技术轮训班。由于智能站回路虚端子化，为了便于二次回路的检查和维护，积极开展 SCD 文件可视化项目研究，如图 19-2 所示。

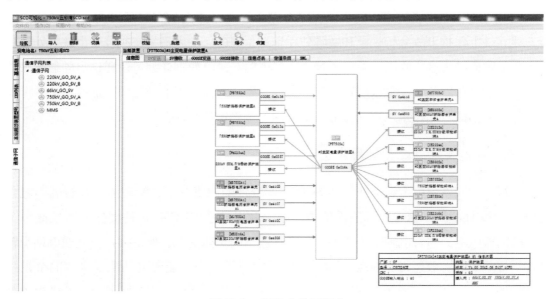

图 19-2　SCD 文件可视化

新疆检修公司梁思聪常年扎根在 750kV 电网运维一线，自从事继电保护工作起，他就深知自己肩头的责任，经常是遇到一个问题没查清楚，就昼夜不休，直到"真相大白"，他才能安心地睡觉。有时为了尽快恢复送电，他会一整天不吃不喝，坚持工作，同事们经常说他有一个"铁胃"。在工作过程中，他积极钻研业务知识，为新疆检修公司创新高效运维 750kV 电网付出了辛勤的汗水。有耕耘就有收获，研究生毕业参加工作的小梁凭借良好的理论基础和孜孜不倦的实践努力，工作不到两年，就完成了从学员到工作负责人，直至成为保护班班长的角色转换。他积极探索，善于总结前辈们的经验，参与编制《国网新疆电力公司 750kV 电网二次现场工作作业行为规范》《国网新疆电力公司 750kV 电网二次工作典型安全措施票》和《国网新疆电力公司 750kV 电网二次工作典型作业指导书》，为新疆 750kV 主网二次专业基础管理工作做出了重要贡献。

四、通信自动化管理

经过近几年的发展，新疆电力通信网已形成以光纤通信为主要传输方式、数字微波和电力线载波为辅助通信方式的通信网络，截至 2015 年底，全疆光纤覆盖率为 100%，电力通信网运行稳定，各项运行指标情况良好，通信设备总的平均运行率为 99.99367%，各项业务通道保障率均在 99.99% 以上。国网新疆电力在通信自动化管理方面的工作亮点如下：

（一）编制 750kV 通信站通信工程验收规范

随着新疆电网 750kV 变电站的大规模建设，新疆电力通信网架结构不断变化，配套通信工程的标准化和精细化验收工作逐步提上日程，由于通信工程验收专业性强、技术更新快、行业标准繁多，通信工程综合性验收无专项验收规范和制度，已不能跟上建设发展的步伐。因此，国网新疆电力组织专业人员结合现有国家电网公司及行业标准，并参考兄弟单位的经验，编制《750kV 通信站通信工程验收规范》。规范对整体验收工作的组织和流程进行了详细规定，明确了工程参建各方的职能，结合现场情况对各类通信设备的投运编制实验和测试方法，同时结合国家电网公司的各类反措和强制性条文要求，增加验收细则和关键点。

所编制的规范作为 750kV 变电站配套通信工程综合验收使用，可较好地指导验收人员开展 750kV 变电站通信工程验收工作，对进一步加强 750kV 变电站通信工程验收管理工作、提升通信建设专业化管理水平、确保通信工程安全优质投产具有重要意义。

（二）满足电网"N-2"方式要求

随着新疆电网飞速发展，对通信保障能力提出的要求日益提高。750kV 通信系统的设计、运行方式等环节按照电网"N-1"方式的安排，已不能满足电网安全运行的要求。对此类情况，国网新疆电力提出可靠解决方案，即发布通信网络运行风险预警，分析网络运行风险点，要求相关运行维护单位对在运的设备、光缆、业务等环节进行重点巡视、保障。但是在实际操作过程中存在一定困难，光缆长度过长，无法实时保障正常运行，通信设备存在小概率故障可能性，不可控因素过多。针对此类情况，本着"750 无小事"的原则，从资源、运行方式两方面开展 750kV 通信系统"N-2"方式安全提升工作，完成18条750kV线路保护、32条区域稳控业务通道运行方式的优化，并提出光缆架设、补全建议，力求750kV电网生产业务满足"N-2"要求。

（三）建设通信网络风险预警体系

随着信息通信网与电网的深度融合，信息通信网络故障可能给电网安全生产带来巨大影响，传统的事后弥补方式已经不能适应新时期的需求。风险预警是电网安全生产的重要举措，随着网络规模和复杂度的不断增长，各类电网业务对通信网络的依赖性越来越强。

新疆750kV输变电工程建设初期，通信风险预警面临诸多问题，如何整合现有资源，提高通信网风险预警能力，成为一个重要的研究课题。为更好地保障电网的稳定运行，提出全面的风险体系化建设，通过SG-TMS系统，对通信网络各层次全生命周期进行风险预警，把风险预警提前到方式设计、检修甚至网络建设中，以达到整个网络的低风险、高可靠性。

通过通信网络风险预警工作的开展，国网新疆电力建立风险分析和事故预想常态机制，通信系统运行管理水平得到很大提升，提高通信网异常状况发生时的业务生存能力。通信网络风险预警实施细则的发布和实行，为提升通信系统运行的安全性，在检修、故障等特殊时期为通信网运行提供可靠的保障手段。促进通信管理部门与电网调度生产部门的沟通联系，提升通信运行人员对电网及各类调度生产业务的熟悉程度和优质服务意识，增强跨专业技术管理经验交流，工作协同机制进一步完善。通过通信网络风险预警工作，及时发现通信专业管理和通信网络存在的问题，提高通信专业应急处置能力和专业技术水平，通信专业队伍得到充分的锻炼。

总的来说，通信网络风险预警工作的开展，提升电网安全运行水平和通信网络保障水平。

五、设备检修管理

随着新疆电网750kV主网架的逐步建成，系统设备检修管理步入一个新的阶段。

750kV主网架建设任务重，工程建设周期长，存在间隔倒换、线路交叉跨越，运行设备停电频繁等复杂局面，电网网架结构需重新梳理调整。受各种不确定因素影响，工程建设时间节点变化较多，导致配合停电设备计划多次反复，尤其是电网750kV输变电工程建设伴随着 220kV 电网结构梳理调整，施工方案复杂、持续时间长、涉及范围广，过渡过程中，电网检修计划安排及运行风险管控难度大。此外，在运设备出现故障及设备家族性缺陷更换，智能变电站合并单元改造升级等工作，造成电网重复停电，检修计划安排困难。

针对以上情况，国网新疆电力严肃检修计划编制、审核、执行、统计、考核，将一、二次系统检修工作相结合，对检修计划实行全过程规范管理，对非计划检修工作实行相关部门联合审批制度，严格管控非计划检修工作。通过对检修计划中执行率、工作延期、非计划停运等关键指标的考核，检修计划刚性管理进一步提升。对于重大基建、技改工程，严把"四措一案"审查关，基建、运检、营销、安监相关部门联合审查施工方案、停电工期，有效降低检修期间电网运行的风险。

六、设备监控管理

为适应"大运行"体系建设要求，220kV 及以上变电站监控由国网新疆省调负责。国网新疆省调制定《220kV 及以上变电站监控业务交接实施及安全保障方案》，并根据方案分别对新疆检修公司 750kV 变电站进行监控业务交接准备。按照国调中心关于《调控机构变电站集中监控管理规定（试行）》，国网新疆省调根据新疆检修公司移交的资料已整理和完善《750kV 变电站一次设备现场运行规程》《750kV 变电站二次设备现场运行规程》等资料，编制《220kV 及以上变电站监控业务交接实施及安全保障方案》《新疆电网调控统及变电站图形交互规范》和《新疆电网变电站监控系统采集规范》等规范制度。规范变电站图形交互规范和监控系统采集规范，开展监控运行人员相关培训，组织新疆检修公司运行人员进行调控一体化系统培训，结合《变电站信息采集规范》和《变电站监控信息处置手册》，不定期对监控运行人员进行培训，提升监控人员的业务技术水平和事故处理能力，培养一批监控业务技能水平过硬的监控队伍。根据新疆电网电压等级制定相应的电流、电压和温度等遥测量告警限制，下发新疆检修公司。要求结合变电站监控系统采集规范，在申请变电站集中监控业务交接前一并完成整改。

第三节 设 备 运 行 管 理

随着 750kV 电网迅速发展，新疆检修公司责任更加重大、任务更加艰巨。作为电网运检的排头兵，新疆检修公司在国网新疆电力的正确领导下，始终以"确保电网安全稳定运行"为目标，做好设备运维管理标准化建设工作，同时不断总结经验，结合新疆本地气候特征做实季节性运维工作，把握新疆750kV电网网架结构形式做精隔直装置的特护工作，此外，新疆检修公司不断探索创新，利用巡视机器人等高科技，助力变电站的精细化运维管理。

一、设备运维管理标准化建设工作

坚持标准化理念，不断夯实设备运行管理基础。将标准化渗透、融入到设备管理的各个方面和层次，大力倡导推行标准化作业、标准化巡视、标准化操作、标准化验收、标准化生产准备、标准化培训、班站标准化建设等工作。将标准化作为促进管理规范化、科学化、精益化的基本途径和手段。在各项工作中，推行标准模板、典型流程，将工作要求规范、固化，减少工作的随意性，从管理层到执行层都有章可循、有据可依，不断提高管理的科学性，动态化、常态化开展标准化建设工作。

（一）设备巡视标准化

根据国家电网公司无人值守变电站运维管理规定，设备巡视分为例行巡视、全面巡视、专业巡视、熄灯巡视和特殊巡视。750kV变电站每日开展一次例行巡视，每月分别开展一次全面巡视、专业巡视、熄灯巡视，特殊巡视因设备运行环境、方式变化而开展，各类巡视都指定了标准化的巡视卡（作业指导书），持卡标准化巡视（如图19-3所示）。

图19-3 运维值班员标准化巡视二次设备

（二）资料台账标准化

（1）自查评价做好精益化。新疆检修公司十分重视设备专业精益化管理，严格按照《国家电网公司关于印发输变电专业精益化管理评价规范的通知》，组织对750kV变电站变电专业精益化管理进行自查评价，评价内容涵盖变压器、油浸式高压电抗器、断路器、隔离开关和接地开关、直流电源系统、电压互感器、电流互感器、高压电缆、地网、无功补偿系统、避雷器、母线及绝缘子、站用电系统、端子箱、架构及基础、避雷针 19 类设备管理工作。

（2）基础资料管理规范化。从 2013～2015 年新疆检修公司对 15 座变电站进行的设备专业精益化管理现场评价结果可知，设备资料台账管理方面的评价结果有了很大改进。新疆检修公司资料和设备台账管理水平的提高，得益于国网新疆电力对这方面工作十分重视，并提出了针对性的整改措施。由于新疆检修公司深谙工程基础资料内容，对以后电网安全运行具有很大的指导意义，为做好这份工作，专门建立电子化资料库——PMS 生产管理系统，对基础资料、设备台账以及缺陷梳理信息进行管理，以实现基础资料管理规范化，提高设备管理水平。

（3）技术资料建档标准化。在新疆 750kV 电网每条线路投入初期，相关运行人员提前加入到施工资料整理的队伍，一起整理资料和组卷建档工作。工程投入运行后，由于新疆 750kV 工程的运行涉及很多新技术，为了让这些新技术很好地服务于设备，公司进一步建立技术资料管理制度。该技术资料制度要求运行人员需要把 750kV 电网工程涉及的技术资料进行分类分柜保管，并建立相应的技术档案，同时档案管理人员需要定期地对这些资料进行检查盘点，以免资料损失或丢失。同时，要及时对有些设备经技术改造或技术更新的资料进行收集和存档。当新疆检修公司相关人员需要借阅技术资料时，需要在档案管理处进行登记，并须按时归还。

（4）应用系统培训专业化。为实现设备台账集约化、规范化管理，新疆检修公司专门建立电子化资料库——PMS 生产管理系统，组织开展多次培训，开展 PMS 生产管理系统深化应用工作。同时为了确保设备基础台账的准确性，对缺陷、计划、实验报告、任务单、工作票等模块关键字段的填写也做了严格要求，还安排专门人员进行检查，对 PMS 台账中的错误进行集中整改，不断完善新投设备的基础数据，加强基础数据的核查整改。

（三）生产现场标准化

生产现场作业是日常维护工作的重要组成部分。国网新疆电力为了努力推进生产现场的标准化管理，组织工作人员在前期准备阶段制定标准，以安全生产管理为核心，以技术资料管理、安全工器具管理、作业指导书管理、风险分析预控管理、两票管理、缺陷管理六大模块为支撑，逐步实现生产现场标准化。在设备投入运行后，运维人员的年、月、周、日计划，并把责任落实到每个员工身上，实现了生产现场的全过程覆盖。

二、做实设备季节性维护工作

新疆地区地理环境复杂，气候变化反复，大风区瞬时风力最高达 12 级，局部地区冬季最低气温达－40℃，最热的吐鲁番地区，夏季地表温度达 70℃，空气温度最高达 50℃，高温、高寒、大风等恶劣天气一应俱全，这样不利的环境对设备运维质量提出了更高的要求。为了及时掌握恶劣天气对设备的影响，分析应对恶劣气候条件下电网的风险，新疆检修公司根据季节特点对设备重点巡视检查（如图 19-4 所示），预防设备故障。春秋季大风、沙尘天气较多，变电站日常巡视时，重点对站内外垃圾、漂浮物进行巡视清理，提高三箱检查和清扫的频次；夏季高温时，对温度调节装置、充油充气、大负荷发热设备进行重点巡视（如图 19-5 所示），检查设备通风情况，防止设备温度过高，造成一次设备强迫停运事件，并随时做好融雪性山洪暴发的防护准备工作；冬季低温期间，检查设备油位、充气情况，同时针对大风区变电站，每季度开展一次高空设备的专项巡视，对高空的金具、引线、开口销、套管、螺栓等逐一开展巡视。此外，新疆检修公司根据 750kV 变电站设备运行特点、环境特点，有针对性地开展一些差异化的巡视，以提升巡视发现设备缺陷的能力。

图 19-4　风沙天气特巡

图 19-5　42.4℃高温天气设备巡视

2014～2015 年，新疆检修公司特殊气候条件下的专业特巡工作成果显著，先后发现吐鲁番变电站 750kV 隔离开关传动机构两颗螺栓松动、烟墩变电站 750kV 备用隔离开关连板螺栓脱落、五彩湾变电站高抗油位高、巴州变电站主变压器中压侧电流互感器漏气、达坂城变电站 GIS 门型架构架避雷针 18 颗螺栓 12 颗松动、乌北变电站避雷线挂接连板开口销脱落等严重设备问题，针对以上问题，新疆检修公司组织专业人员分析原因，对可以带电处理的问题，编制详细的处理方案，层层把关、逐级审批，严格控制风险，最终均得到妥善处理，保证设备的安全稳定运行；对不能带电处理的问题，制定临时处理措施和停电处理方案，确保问题不扩大、不扩散、不加剧，有效控制风险，编制应急预案，加强问题巡视力度，掌握问题发展趋势，停电后及时处理，为设备安全做足功课。

三、做精重点设备巡诊问脉工作

2014 年 1 月，国家实施"疆电外送"的首个特高压输电工程——±800kV 天中（哈密天山换流站—河南中州换流站）直流工程建成投运，成为"疆电外送"的主力军。由于哈密地区的天山换流站 ±800kV 环流变压器低端投运后，整个哈密地区电网系统的直流偏磁会比较大，特别是与天山换流站直接相连的 750kV 哈密、烟墩变电站，强大的偏磁影响可能会损伤主变压器。为了应对变压器偏磁现象，经新疆检修公司技术专家论证后，要求在 750kV 哈密、烟墩变电站主变压器区增加变压器中性点直流抑制装置，当变压器中性点直流大于设定门槛值时，隔直装置自动投入电容器，防止直流分量危害主变压器，当电容电压小于低门槛定值时，自动返回至中性点直接接地的方式。

隔直装置投运后，也暴露出一些问题，严重威胁着主变压器的安全运行。主要出现了以下两种隔直装置未正确动作的情况：

（1）2014 年 12 月 2 日，哈郑直流线路单极大地试验运行，哈密 750kV 变电站主变压器出现直流偏磁现象，下午 3 时 55 分，偏磁电流大于设定门槛值（10A），隔直装置未正确动作，隔直装置电容器未正确投入运行。

（2）2015 年 2 月 10 日上午 8 时 34 分主变压器中性点直流电流达到中性点直流高门槛定值（定值 10A，实测 10.75A），延时到达后装置正确动作，由直接接地转为电容接地运行方式。9 时 57 分，直流电流消失后，电容两端电压达到低门槛定值 2V 以下，延时达到后，装置已满足返回直接接地条件，但现场隔直装置发出预警指示，且未能自动转入直接接地运行方式。现场人员立即进行问题排查，发现隔直装置运行在"远方手动模式"，人工切换为"远方自动模式"后，装置按定值判断逻辑正确动作，转为直接接地运行方式。

经专业人员现场分析查证后，750kV 哈密、烟墩变电站隔直装置数据主控板及后台监控软件版本存在严重隐患，将 750kV 哈密、烟墩变电站隔直装置后台软件及测控单元程序升级后，成功排除了设备隐患，在 2015 年 8 月天中直流大负荷运行时期，隔直装置运行一切正常，为"疆电外送"提供了坚实保障。

四、利用现代化科技助力变电站安全运维

（一）辅助系统显身手

随着无人值守、少人值班变电站的广泛推广，新疆检修公司在新站投运之前与设计单位及时沟通，在传统变电站"四遥"（遥测、遥信、遥控、遥调）功能基础上，为750kV 变电站增加了"第五遥"（遥视）功能，即在站内安装摄像机及各类探头，用以提高对事故处理的快速反应能力，特别是在"遥视"出现死角或在恶劣气象条件下，变电站巡检机器人（如图 19-6、图 19-7 所示）进行流动观测，一旦出现发热、异物悬挂等异常情况，"遥视"系统及机器人会自动报警或按预先设置好的方案进行故障预处理，并将"看到"的信息及时回传，以便监盘人员快速做出正确的决策。目前，乌北、吐鲁番、哈密变电站已全面推进智能机器人巡检技术，可实现远程对全站一次设备的外观、一次设备的本体和接头的温度、断路器及隔离开关的分合状态、变压器及 TV 等充油设备的油位计指示、SF_6 气体压力等表计指示、避雷器泄漏电流指示、变压器及电抗器的噪声等进行全方位的监测，并能够自动生成历史曲线及报表，这样既减轻了巡检人员劳动强度，提高了巡检工作效率，变电站安全运行可靠性得到进一步提升，还在一定程度上缓解了变电站运维值班人员不足的现状。

图 19-6　第一代有轨巡检机器人

图 19-7　第二代无轨巡检机器人

（二）科技创新为安全生产注入新活力

"十二五"期间，新疆检修公司共发表科技论文41篇，专利申请9项（发明专利4项，实用新型专利5项），专利授权4项，QC成果11项，其中《750kV吐鲁番变电站GW-800/5000DW隔离开关接地刀闸改造》科技成果获得国家电网公司职工技术创新二等奖。这些科技成果为750kV电网的安全运维带来了强大的技术支持。

第四节　运维一体化工作

2013年，新疆检修公司启动运维一体化工作，根据《国网运检部关于印发变电运维一体化工作指导意见的通知》，坚持循序渐进，按照"培训一项、合格一项、开展一项"的原则，运维人员陆续完成4批次92项运维一体化业务移交，圆满完成既定目标，建成运维一体化与检修专业化界面清晰、有机结合的高效变电运检工作体系，持续提升变电运维人员技能水平，提高变电运维效率和效益，打造一支一岗多能、技能水平过硬的变电运维队伍，极大弥补了检修公司点多面广、应急响应不足的问题。

针对750kV变电站分布广泛的现状，新疆检修公司率先在全国启动运维值班人员的油化实验专业培训，目前750kV站内运维值班员已实现全员会使用便携式油色谱分析仪。实施一般油化试验运维一体化后，运维人员能够自主检测充油设备健康状况，实时监测设备运行状态，紧急处理充油设备异常情况，有效避免应急抢修受地域限制而不能及时到达的弊端，同时实现异常设备的实时跟踪监测，使设备处在能控、可控、在控的状态。

第五节　线路运行管理

一、运维特色

自新疆开始建设750kV超高压线路以来，关于750kV输电线路的运维管理，始终是摆在国网新疆电力面前一个课题。从最初的运维方案到运维方式，再到适应新疆实际情况的运维方式，以及在国家电网公司"三集五大"体系建设的变革下，如何与时俱进、创新完善新疆750kV输电网的运维管理模式，一路的探索、实践、总结、完善……时至今日，新疆电网基本建立了适应新疆750kV输电线路特点的运维管理模式。

（一）直接管理与委托运维相结合

2007年11月，国网新疆电力超高压公司成立，负责新疆境内750kV输变电设备的运行维护管理工作。2008年6月20日，新疆首条750kV输电线路建成投运，资产属于国家电网公司西北分部，由新疆超高压公司独立运维。2010年2月，乌北—吐鲁番—哈密750kV输变电工程投运，由于新疆超高压公司运维力量不足，国网新疆电力决定由新疆超高压公司委托新疆送变电运维。2010年10月，哈密—敦煌750kV输变电工程投运，其资产属于国家电网公司西北分部，新疆段线路由国家电网公司西北分部直接委托新疆送变电公司运维。

（二）"三集五大"运维业务整合

2012年7月，按照国家电网公司"三集五大"体系建设总体部署，国网新疆电力决定将新疆境内所有750kV输电线路直接交由新疆送变电公司负责运维，原超高压公司输电专业人员连同业务一并划转。整合后，新疆送变电成立电网运检分公司，具有专业输电运维人员200余人，具体开展全疆750kV输电线路的运维工作。

（三）新疆特色"大检修"体系运维管理模式

2014年，随着新疆750kV输电线路规模的迅猛增长，为进一步提高管理效率和应急水平，新疆送变电公司提出"一中心、三分部"的运维管理模式概念并组织实施，以运检部为中心，垂直管理乌鲁木齐及北疆、南疆、东疆3个分部运维业务。2015年，经国网新疆电力批准，新疆送变电公司组织实施了"检修公司"运维管理体系变革，设置两个业务职能部门垂直管理5个区域专业分公司，运维半径基本控制在200km以内，提高应急反应速度和应急处置能力。

（四）成立生产指挥中心

为充分满足大电网发展形势下对设备集中运维管控提出的更高要求，2014年6月在国网新疆电力的指导下，成立新疆送变电生产指挥中心，2015年2月筹建完成监控大厅并正式投入运行，在岗人员以24h为一周期进行倒班，实行生产不间断值守制度。生产指挥中心集故障应急指挥、检修二级许可、生产计划管控、设备运行监控、生产数据统计五大支柱性功能于一体，同时兼做新疆送变电应急指挥中心，自成立以来，逐渐发挥其生产指挥核心功能，并逐步开拓输电三维数据采集、在线监测应用等智能化运检业务，不断提高自动化、智能化数据采集手段，推进生产指挥、决策、分析能力的持续提升。

二、基础扎实

随着新疆 750kV 电网"跨越式"发展步伐的不断加快，基建与生产压力剧增，为确保在运电网的安全稳定运行，同时保证新建工程的投运质量，国网新疆电力提出"生产与基建伴行"的管理理念，通过不断总结 750kV 输电线路运维及施工经验，在工程可研初设、生产准备、过程管控、交接验收等方面，形成一整套安全、优质、高效的管理办法。

（一）深度介入可研初设

从运维角度出发，提出工程设计、建设阶段需要注意的问题，对提高工程建设质量和运行质量有着重要作用和意义。国网新疆电力要求运维单位参与线路可研路径踏勘、比选，尤其是对于一些重点、难点工程，通过不断总结积累运维经验，运维单位结合运行经验及常年工程验收发现的问题，由表及里，对比国标、行标，横向协同系统内的设计和技术支撑单位，找出差异、不足和规律。针对 750kV 输电线路防风、防振、防舞动、防掉串、铁塔螺栓防松脱等问题，对于线路廊道内不同树种高跨距离的科学确定，对于微气象地区的设计风速、绝缘配置、杆塔选型，对于适用于新疆特殊运行环境的金具、绝缘子选型等方面，提出具有新疆运维特点的合理化、差异化建议，并形成新疆超、特高压输电线路设计、基建施工的典型指导原则。

（二）全过程精益化验收

为确保新建 750kV 输电线路工程健康优质投运，提高线路运行的可靠性，国网新疆电力在 750kV 输电线路工程验收中主要总结了 3 个方面的经验成果。

（1）"字典式"验收细则。自 2009 年第 1 条 750kV 输变电工程验收起，国网新疆电力总结以往工程验收经验，积极学习借鉴国内兄弟单位的先进做法，创造性地编制输电线路"字典式"工程验收细则，进一步规范人员培训、验收组织、过程管控、验收标准和内容等全过程验收环节，并作为典型经验在国家电网公司范围内广泛推广。近年来，随着新疆超、特高压电网建设的高速发展，新建工程验收任务量大幅增加，该细则经过反复的应用和提炼，进一步得到了完善，在工程验收效率和质量方面发挥了积极的作用。

（2）严密验收过程管控。建立完善国网新疆电力、新疆送变电（运维）、班组三级验收质量监督网络，验收期间，严格履行到岗到位和重大问题上报制度。要求验收班组每日召开小结会，分析验收工作中存在的质量和安全问题，当日缺陷必须当日反馈上报；运维单位安排专人全过程监督、跟踪班组验收质量，验收期间发现的重要问题及时上报相关部门。同时，建立阶段性总结会制度，对于工程验收中存在的主要问题，组织建设、施工、设计、物资、运维等相关单位协调解决，避免因运行与设计、施工之间的差异化导致设备带病投运。

（3）提高验收数据处理效率。利用 Excel 电子表格的分类统计、函数计算等功能，大大简化输电线路验收中缺陷汇总、铁塔倾斜、弧垂、接地电阻测量等方面的数据处理，实现数据统计、分类、查询准确快捷。同时，根据弧垂计算公式，设计开发弧垂计算器，大大提高弧垂计算的效率。

（三）全方位生产准备

全方位的生产准备工作从工程可研设计开始，一直伴随至工程投运。一是在工程可研设计阶段，根据线路路径情况，提前确定运维站点的设置，运维站点建设要充分考虑线路运维半径、特殊地理环境、特殊气象条件等运行维护敏感点，同时兼顾交通、后勤保障、维稳安保等因素；二是做好运维班组的准备，选拔关键岗位和技术骨干，提前做好人员储备，确保新组建的运维班组结构合理，运维力量满足现场运维管理要求；三是做好线路现场运行规程、生产管理信息系统台账等一系列运维管理标准、制度、图纸、档案等基础资料的搜集、整理、编制工作；四是做好运维车辆、工器具、仪器仪表以及线路附属设施等配置工作。

三、创新理念

基于新疆 750kV 电网自身特殊的运行环境特点，国网新疆电力不断总结经验、不断探索、勇于创新，提出适于 750kV 输电线路运维管理的管理理念和具体措施，为确保新疆 750kV 电网安全稳定运行起到了重要作用。

（一）"750 无小事"

新疆 750kV 输电线路从区域联络到形成骨干网架，到构成全疆主网架，再到"疆电外送"重要通道，其重要性日益提高。牢固树立"750 无小事"的理念，是新疆 750kV 电网运维人员的基本责任意识，是一切 750kV 电网运维工作的基本出发点。围绕"750 无小事"开展状态巡视、隐患排查治理、三级危险点管控、技术监督、典型缺陷事故"回头看"以及 750kV 事故应急管理等一系列工作。自 2008 年首条 750kV 线路投运至今，未发生负运维责任的跳闸事件。

（二）"N—1"保电常态化

目前，新疆 750kV 电网结构薄弱的问题仍然较为突出，尤其是涉及天山—中州 ±800kV 直流输电线路外送相关的输送通道线路，在"N—1"运行方式下，如发生一条 750kV 线路跳闸，将导致多条 750kV 线路停电，以致外送通道中断。因此，直流外送通道大负荷保电以及 750kV 电网"N—1"运行方式保电已成为 750kV 输电线路运维的常态工作。

四、技术革新

（一）防风治理多措并施

1. 强化基础管理

针对新疆大风区线路运行特点，国网新疆电力开展输电风区防风措施差异化治理，综合考虑安全性、可操作性、经济性等方面的因素，修订完善风区分布图和使用导则，自主建立气象站，并加强与气象部门的合作，加强风力监测和数据积累分析，动态更新《电网风区分布图》《电网风区分布图使用导则》，为在运 750kV 输电线路防风改造和新建线路差异化防风设计提供技术基础数据支撑。

2. 改变金具结构

一是改变金具连接，对地线及光缆挂点金具"环—环"连接方式改为直角挂板连接方式，并使用高强度耐磨金具；二是注重金具选型，将磨损的间隔棒更换为阻尼式加厚型间隔棒；三是对磨损的耐张塔引流线进行更换，并加装小引流处理，安装导线耐磨护套（内层为绝缘材质，外层包裹碳纤维外壳的导线耐磨护套），如图19-8所示。

图19-8 导线耐磨护套

3. 注重设备选型

针对750kV线路大风区段出现的复合绝缘子伞裙撕裂问题，与清华大学合作，对新疆强风区750kV复合绝缘子伞裙撕裂机理进行深入研究，通过仿真和试验研究，提出强风区复合绝缘子抗风性能的评价方法，编制《强风地区复合绝缘子使用技术导则》，建立强风区的复合绝缘子设计和选型原则。目前，抗强风型绝缘子已在大风区线路挂网运行，绝缘子伞裙撕裂问题得以解决，对国内外类似气象环境具有指导性。该项目获得2014年度国家电网公司科学技术进步三等奖，并获得国家专利。

4. 敢于创新

国网新疆电力从750kV线路风偏故障跳闸实际问题出发，全国首次对运行的750kV线路采取对地防风拉线（如图19-9所示）。在线路迎风侧采取导线下挂复合绝缘子，由双分裂拉线连接拉线基础的型式。为防止大风情况下拉线对铁塔横担产生过大的下拉分力，引起横担变形，将线路复合绝缘子最大摇摆角控制在30°～50°。拉线基础采用安装滑道的方式控制拉线活动方向，下拉线下部末端下挂60kg重锤片控制拉线张弛度。同时，在建设阶段，对风区线路采取永久防风偏措施，对强风区输电线路采用复合横担。新疆与西北主网联网750kV第二通道输变电工程（新疆段）试点应用了复合横担，2013年7月投运至今，防风偏效果良好。

5. 勇于探索

为应对750kV线路中相掉串及金具损伤问题，国网新疆电力积极探索，现场采用在V型复合绝缘子串的碗头外侧加装特殊抱箍，阻断球头脱出的通路和加固R形销，经过近5年的运行，没有发现加装碗头抱箍的V型复合绝缘子串有脱落掉串现象。在后续新

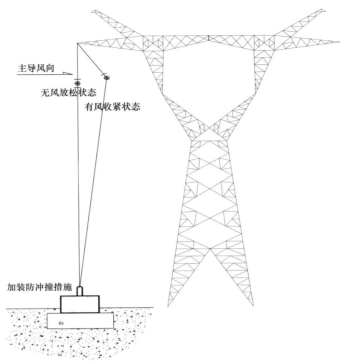

主导风向

无风放松状态

有风收紧状态

加装防冲撞措施

图 19-9　750kV 防风拉线示意图

建 750kV 线路工程中，国网新疆电力提出在复合绝缘子连接金具串型中采用"环—环"连接方式，增加分解风力的受力点，减小球头与 R 销的挤压频次和受力作用，该建议已被纳入了 750kV 输电线路通用设计。

(二) 覆冰治理重在预控

1. 完善管理体系

国网新疆电力根据新疆电网覆冰灾害区地域分布特点，积极开展前端治理。建立防护管理体系，构建以各级运检部门、运维单位、电科院为主，地方政府指导的线路防冰管理体系；加强应急抢修队伍体系建设，构建省、市、县三级应急防冰抢修队伍体系；开展培训，预测预警中心每年集中开展覆冰气象、冰情监测、直流融冰、交流融冰等知识培训；提前编制方案，省、市公司运维检修部编制防冰工作方案，运维单位编制防冰工作实施方案；做好前期检查，省公司、市公司、运维单位开展方案预案、人员队伍、观冰站哨、预测预警系统、在线检测系统、交直流融冰装备、融冰电源与隔离开关、各类工具物品等防冻融冰准备工作全面检查。

2. 巩固技术防范措施

国网新疆电力要求各级运检部门和运维单位参与新建线路的可研评审与路径选择。设计单位尊重现场，落实防冰、防舞动技术规范规程；严格落实防冰、防舞动技术规范规程和反事故措施，提高线路抗灾能力；根据冰区分布图、故障情况、运行经验及评估结果，对经校核抗冰能力达不到要求的线路进行抗冰技术改造；制定融冰方案，并及时更新，覆冰期间，根据方案及融冰策略开展融冰；采用新型导地线，提高防覆冰参数。

（三）污秽治理成效明显

1. 统一标准，全程管控

在规划可研、工程设计、采购制造等阶段实行全过程技术监督，采用有效的检测、试验和抽查等手段，确保电力设备安全可靠经济运行；根据现场污秽度监测布点要求，结合环境变化，优化监测点布置，并持续开展现场污秽度测试工作；坚持"配置到位，留有裕度"的原则，掌握输电设备邻近区域污染源分布、周边工业污染源变化、常年气候变化与潮湿天气分布规律和异常气候环境的影响，定期更新绘制、修订污区分布图。对不满足要求的设备，按轻重缓急纳入技改大修计划，逐年进行整改。

2. 污秽治理注重实效

根据污秽分布情况，对耐张瓷质绝缘子、玻璃绝缘子喷涂防污闪涂料，包括常温硫化硅橡胶及硅氟橡胶，主要应用于喷涂瓷质或玻璃绝缘子，既能提高线路绝缘水平，又能长期少维护和免维护。截至2015年底，新疆750kV电网基本实现防污治理全覆盖，未再发生污闪跳闸事件。

（四）廊道管理重在创新

1. 多点布控，集中管理

国网新疆电力根据新疆电网结构及地域分布特点，形成"n+1"基地布控模式。以乌鲁木齐为中心，辐射全疆15个运维基地、运维站，运维人员2h内可到所辖任一线路。建立生产监控指挥中心，实施生产24h不间断值守制，发挥生产调度、应急指挥、运行监控、计划管控、数据分析核心业务功能作用，确保对现场的实施监控。逐步推进廊道可视化，在外破隐患点和微气象区安装在线监测设备，通过内网网络信号实时传输至各个管理后台，实现多点实时监控，大大提升运检效率，提高应急响应水平。

2. 推行人机立体化巡检模式

国网新疆电力积极推广直升机、无人机等巡检装备的应用，逐步实现常态化。截至2015年底，直升机巡检累计超过 5000km，基本覆盖所辖 750kV 线路。成立专业巡航班组，配置固定翼无人机 1 架，四旋翼无人机 3 架，自主开展无人机巡检线路工作。通过人机立体巡检配合，解决了巡视人员常规巡视的视角受限、远距离观察不清楚、高海拔山区巡检难度大等问题，尤其是增强了对高海拔山区、无人区等特殊季节环境下的巡检可靠性，较大程度提高了巡视质量和效率。

（五）积极总结，形成技术成果

国网新疆电力输电运检专业形成国家电网公司企业标准 1 个（Q/GDW 11124.5—2014《750kV 架空输电线路杆塔复合横担技术规定 第 5 部分：运维导则》），QC 成果 39 项，科技进步成果 9 项，国家实用新型专利 3 项。2015 年，"超特高压电位转移工具" QC 成果先后荣获中国电力建设企业协会年度成果一等奖、中国施工企业管理协会年度 QC 成果二等奖及最佳发布奖；"补装和紧固螺栓的带电工器具" QC 成果先后荣获新疆维吾尔自治区质量协会年度成果二等奖、国家电网公司职工创新成果二等奖。

第六节 缺 陷 管 理

缺陷管理是日常运行维护工作的重要环节，同时也是提高 750kV 电网设备运行可靠性，确保电网安全运行的重要手段之一。新疆检修公司与新疆送变电作为新疆 750kV 电网运维单位，始终把设备缺陷作为设备管理超前控制和关口前移的基准点，在实际工作中，牢牢把住设备缺陷这个关口，依靠技术支持和指导，做好 750kV 输变电设备缺陷管理工作。

750kV 电网涉及很多新设备、新技术的应用，再加上新疆特殊的地域环境，输变电设备不得不横跨大风区、无人区、冰雪覆盖区等，设备缺陷处理需要不断积累经验，勇于挑战困难。

一、缺陷处理创新

(一) 线路专业

输电线路设备是传送电能的重要通道。运行单位对输电线路及设备进行定期和不定期的巡视和监护，及时发现线路缺陷，并组织人员及时消除，确保输电线路的安全运行。为了能够有效地消除线路缺陷，线路运维人员结合新疆特殊的环境，对输电线路出现的缺陷不断摸索处理方法，逐步积累工作经验。

1. 复合绝缘子磨损缺陷

750kV乌吐一、二线处于有名的吐鲁番三十里风区，此地段经常刮7级以上大风，甚至12级大风。运维人员根据2011年5月、6月和9月的运行统计结果，累计发现乌吐一、二线处于风区的直线塔有35基中49支复合绝缘子大伞裙从根部破损，这一缺陷引起了相关单位的重视。

新疆送变电连同各下属单位共同对750kV乌吐一、二线绝缘子破损处进行全面的原因排查。结果发现，乌吐一、二线所处的地理位置在当年经常刮7级以上大风，超过设计风速42m/s，造成大伞裙迎风面根部断裂，背风面与小伞裙挤压。结合新疆电力科学研究院乌吐二线破损复合绝缘子检测报告得知，目前所采取的"大—小—中—小—大"5伞型组合复合绝缘子大伞裙表面积过大，在大风环境下，容易过度兜风，造成磨损。

新疆送变电通过综合考虑各影响因素，决定采用新厂家设计生产的伞型结构"一大两小"的复合绝缘子，并组织更换磨损的49支复合绝缘子。通过此事件，其他大风区750kV投运工程需要格外注意增加巡视检查次数，及时更换出现此问题的复合绝缘子，从源头上处理缺陷。

2. 地线保护间隙感应电放电缺陷

2010年，运检人员在750kV巴吐二线进行正常巡视时，发现179号塔有异常声音，按照上级指示，运检人员再次对该区段进行特殊巡视时，发现179号塔又有同样的现象。经过仔细检查后，发现该塔架空地线保护间隙有明显的感应电放电现象，且放电产生的电弧已经将保护间隙金具严重烧伤。

这一事件引起相关工作人员的高度关注，该输电工区及时安排运检人员带电作业对750kV巴吐二线179号塔架空地线保护间隙进行消缺工作，通过更换被感应电电弧烧伤的保护间隙,在 170 号耐张塔大号侧地线加装临时接地线,使地线与铁塔直接接地,消除 170~180 号地线保护间隙感应电压放电的缺陷。为防止出现类似缺陷,运检人员对其他区段的地线接地方式逐个塔基进行核查,并提出按设计要求整改为永久性直接接地。

通过该事件的发现与处理可知,国网新疆电力提出对 750kV 输电线路验收细则及其附录进行修订和完善,加强员工培训工作,注重理论培训和现场实践相结合,快速提高线路验收、运行等方面的技能水平。

3. 导线下方葡萄架铁丝感应电缺陷

2011 年,经吐鲁番电业局反映,在 750kV 巴吐二线 666 号塔导线下方,一名葡萄种植户在碰触葡萄架铁丝时遭到电击。听到此消息后,运检人员感到很震惊,750kV 输电线路下方导体出现感应电是疆内首例。

这一事件引起了新疆送变电的高度重视,通过新疆电科院现场调查分析,新疆送变电制定预防感应电和消除感应电的方法,对 750kV 线路下方葡萄架上悬浮的铁丝以行为单位,每行葡萄架上的铁丝短接并接至葡萄架两端斜拉线处,由斜拉线接地的方式消除感应电。

针对此事件,新疆送变电对所管辖 750kV 输电线路下方可能存在感应电的区域进行统计,制定可行的方案消除感应电。对葡萄园、蔬菜大棚等种植户进行培训和宣传,使其掌握感应电的危害知识和消除感应电的基本方法。做好沿线居民的安全告知宣传工作,沿线设置宣传牌告示。经此事件后,新疆送变电提出后续建设的超高压、特高压输电线路,从设计、施工、运行等方面,要充分考虑线路下方感应电压的影响,提前预防,以促进线路优化投产和顺利运行。

(二)变电专业

750kV 电压等级对新疆来说是一个全新的高度,掌握其检修技术是一个全新的挑战。新疆检修队伍从 750kV 电网投运开始,积极学习运用新设备、新技术,勇于探索,解决了很多从未接触过的难点。随着电压等级的不断提高,对电网的安全稳定运行要求更高,及时掌握 750kV 设备的缺陷、异常的表现以及异常事故的处理,为今后验收、运维工作打下基础。

缺陷处理实施全过程的闭环管控机制和动态跟踪机制。新疆检修公司根据以往经验,结合现有运维设备特点,事先制定预防控制措施,编制缺陷紧急处理方案,做好事前准备。落实设备巡检制度,加强带电检测、在线监测、实时监控手段实施力度,确保快速高效发现、处理缺陷。发现缺陷后，根据缺陷的性质及影响程度，进行缺陷的分类、分等级处理，合理制定消缺计划，结合计划停电、定检工作开展消缺工作，并提出相应的反事故措施。同时，专人专责动态跟踪缺陷处理流程，组织人员对缺陷进行分析、总结，做好缺陷录入生产管理系统工作。总结提升缺陷处理流程方法，对典型缺陷列入案例汇编，复核抽查消缺质量，加强设备的状态评价，全面做好缺陷的闭环管控。

1. 高抗乙炔超标缺陷处理案例

随着新疆750kV电网升压联网运行，750kV高压并联电抗器在网设备数量逐渐增加，750kV乌、吐、哈三站使用特变电工衡变公司生产的750kV高压电抗器，共计9组27台投运后，先后在本体油中发现乙炔成分，其中5台增速明显，同时进行在线超声波局部放电测试，结果与色谱数据吻合，判断其本体内部存在缺陷，属设计制造水平不足造成的家族性缺陷。

（1）细化带缺陷运行期间采取的措施。鉴于当时西北电网严峻的供电形势和现场气候条件的限制，经与厂方共同分析判断，设备缺陷情况尚未涉及主绝缘，在征得国网新疆电力同意后，新疆检修公司决定在满足控制指标的情况下继续运行。为此，新疆检修公司与厂方技术人员共同研究制定新的油色谱控制指标，主要为：①C_2H_2累积量不大于$10\mu L/L$，且平均日增量不大于$0.2\mu L/L$；②CO、CO_2不出现突变，其比值不超出$0.1\sim1$范围；③H_2、CH_4日增量不大于30%。该指标报国网新疆电力批准后执行。同时，新疆检修公司充分发挥技术监督体系作用，制定统一的油色谱取样及测试工作标准，将电抗器油色谱在线监测频次调整为每4h一次，发现异常或数据突变，立即进行现场取样检测；油色谱取样离线测试按照3天（数据偏大的）和7天进行；对该批电抗器定期开展局部放电检测，每周对该批电抗器铁芯接地电流开展一次测试；要求确保监测数据准确及时，一旦确认突破控制指标，立即安排紧急停运。要求各相关部门和单位全力做好应急预案准备、备用设备储备和故障抢修准备工作。

（2）沉着冷静处置两次危急缺陷。通过采取严格的运行监控措施，缺陷电抗器的运行一直处于可控、在控状态。2011年7月24日，哈密站哈吐一线C相电抗器油色谱在线数据出现突增；2012年5月31日，吐鲁番站吐哈一线B相电抗器油色谱在线数据出现突增。上述突发情况发生后，新疆检修公司立即安排现场取样测试，证实电抗器本体油中特征气体严重超标，出现内部放电的危急缺陷，随即安排紧急停运，连续两次成功避免了重要设备损坏事故的发生，同时启动应急预案，调整运行方式，紧急安排更换备用设备，在20天内恢复设备投运，保障了电网稳定运行。由于停电及时，放电造成的设备损坏情况轻微，对解体查找故障原因起到了至关重要的作用。

（3）全面彻查电抗器缺陷原因。针对该批次电抗器缺陷问题，新疆检修公司与国网新疆电力多次组织相关专家召开专题会议，与厂方共同分析原因，围绕产品电场、磁场两方面，从设计、结构、工艺等环节多次进行排查，厂方进行了多达十几次的产品试验，产品反复多次整改，情况虽有好转，但油中乙炔问题始终存在。后来，在对缺陷电抗器解体检查时，除确定地屏接地引出线设计不合理外，还发现芯柱上部大饼部位的绝缘垫块出现了电腐蚀现象，虽然该现象发生机理未确定，但与本体油中产生乙炔的情况十分吻合，因此，再次对产品设计结构、工艺控制和出厂试验指标进行了改动和完善，新生产的电抗器通过了出厂试验，并最终确定了电抗器返厂整改方案。

（4）统筹安排缺陷电抗器的整体处理。经与设备厂家协商，新疆检修公司于2012年5～9月分3批组织实施了吐巴二线吐侧3台、吐哈一线两侧6台、吐哈二线两侧6台共计15台电抗器的整体更换工作。为此，新疆检修公司有关领导亲自进行工作部署和现场检查，严格审核施工"四措一案"，落实安全措施，严格进行现场管控，顺利完成相关工作。其中，更换的新电抗器有10台为全新产品，5台为返厂整改产品，投运至今运行状况稳定。新疆检修公司于2013年底完成了乌吐一、二线两侧共计12台电抗器的整体更换工作，全面保证750kV电网设备的安全可靠运行。

经过此次缺陷的处理，新疆检修公司采取相关预防措施，即在以后的设备招标中，对此类在设计及生产工艺上存在家族性缺陷的设备禁止入围，从源头上保证设备的质量。对运行中的异常设备，充分发挥技术监督体系的作用，制定具体的油色谱取样测试计划，并严格按制定的计划开展离线色谱跟踪工作，确保随时掌握异常设备的运行状态。对存在缺陷的在线色谱仪及时进行消缺，保证其功能正常完备；通过实时监测设备内部故障气体的变化，及时发现设备内突发性潜伏故障，防止设备烧毁或爆炸。

2. 保护装置通道告警机制家族性型缺陷处理案例

2015年3月1日，吐鲁番变电站220kV吐鲁牵线光纤保护A屏B通道2M复用接口装置AIS告警灯红灯亮，但保护装置液晶界面及面板告警灯无任何告警信息，只有装置背板上的B通道光纤接口指示灯红灯亮。现场检修人员对站内保护装置、2M复接装置及其光信号通道逐一进行检查，未发现异常；会同信通人员对站内信通维护的配线架及通道、电信号通道也逐一进行检查后，也未发现异常。经确认，该厂家保护装置当对侧接收本侧数据异常，本侧装置液晶界面及面板告警灯无任何告警，不发通道告警信号。现场检修人员联系对侧人员后，发现对侧站内2M复接装置背后2M线收侧接头虚接，现场处理后恢复正常。

事后，该厂家此系列保护装置通道告警机制被认定为家族性缺陷，并列入典型案例汇编。新疆检修公司督促该厂家将此系列保护装置通道判别原理全部整改为通道异常两侧装置均报警机制，以确保运维人员能够在第一时间发现通道异常的情况，并要求在未完成整改期间，运行人员加强对通信机房及保护装置的巡视，确保快速发现异常情况，及时做好记录，保障电网的安全稳定运行。

二、缺陷管理经验

国网新疆电力能够针对电网运行过程中出现的缺陷做出快速反应，并能够在第一时间诊断缺陷的类型，安排相关工作人员处理缺陷，进而确保电网供电可靠性，在很大程度上得益于公司总结提炼的设备缺陷"五到位"管理办法。"五到位"缺陷管理办法分别是管理到位、责任到位、巡视到位、处理到位、总结到位。通过切实落实"五到位"缺陷管理办法，750kV电网设备缺陷管理水平得到了提高。

（一）管理到位

根据国家电网公司相关规定，电网在运行过程中，输变电设备及相应的辅助设备出现异常情况或者威胁安全运行的均视为缺陷。设备缺陷按照对电网运行的影响程度，分为危急、严重和一般3类。

（1）危急缺陷是指电网设备在运行中发生了偏离且超过运行标准允许范围的误差，直接威胁安全运行并需立即处理的缺陷，否则，随时可能造成设备损坏、人身伤亡、火灾等事故。发现危急缺陷后，应按流程立即通知所辖当值调度采取应急处理措施，相关部门和单位应在24h内完成消缺或采取限制其继续发展的临时措施。

（2）严重缺陷是指电网设备在运行中发生了偏离且超过运行标准允许范围的误差，对人身或设备有重要威胁，暂时尚能坚持运行，不及时处理有可能造成事故的缺陷。该类缺陷在原则上不超过一周（最多一个月）进行处理。

（3）一般缺陷是指电网设备在运行中发生了偏离运行标准的误差，尚未超过允许范围，在一定期限内对安全运行影响不大的缺陷。该类缺陷在原则上不超过一个季度（最迟不应超过一个检修周期）进行处理。

（二）责任到位

根据国家电网公司规定，国网新疆电力各个部门协同管理缺陷。各部门在缺陷管理方面的具体职责如下：

（1）国网新疆电力运检部主要负责贯彻落实国家电网公司设备缺陷管理的制度标准及其他规范性文件；组织研究制订本单位电网设备重大缺陷处理方案，协调解决电网设备缺陷处理过程中的相关问题；汇总、分析本单位电网设备缺陷信息，组织编制本单位缺陷分析报告，针对性地提出反事故措施；完善技术支持手段和装备配置，推进和落实先进实用的带电检测和状态监测技术，提升缺陷发现处理技术能力；负责本单位设备家族缺陷的审核、发布及上报，组织对国网运检部及本单位发布的家族缺陷开展排查治理工作；制定排查治理计划，评价整改效果；负责所属单位输变配电设备缺陷管理工作的指导、监督、检查和考核；开展岗位技能培训，提高下属单位技术人员缺陷诊断分析和处理技能水平。

（2）国网新疆省调主要负责所属单位继电保护装置、自动化装置缺陷管理工作的指导、监督、检查和考核；汇总、分析本单位继电保护装置、自动化装置缺陷信息，组织编制本单位缺陷分析报告，针对性地提出反事故措施；合理安排系统运行方式，在保障系统安全、可靠供电和清洁能源消纳的前提下，为缺陷处理创造条件；负责设备及在线监测装置运行信息集中监控，实时监控所辖设备运行状态，并通报设备异常信息，跟踪异常及缺陷发展变化情况。

（3）国网新疆电力其他部门的具体职责有：国网新疆电力建设部负责协调处理基建工程的设备质量缺陷、安装工艺缺陷、质保期内的设备运行缺陷以及相关辅助设施缺陷等；国网新疆电力科信部负责所属单位通信设备缺陷管理工作的指导、监督、检查和考核，汇总分析通信设备缺陷信息，有针对性地提出反事故措施；国网新疆电力物资部负责协调缺陷处理中涉及物资的相关问题，负责督促制造厂对家族缺陷进行整改。

（4）新疆设备状态评价中心主要负责开展带电检测、在线监测、诊断性试验等工作，对检测数据进行全面分析，及时发现设备缺陷；协助国网新疆电力运检部开展电网设备缺陷管理，定期开展所辖区域设备缺陷分析，对重大缺陷分析和处理方案的制订提供技术支持；负责本区域设备家族缺陷认定，提交国网新疆电力运检部发布；负责分析、监督和检查国网新疆电力所属各单位缺陷填报完整性、准确性、规范性和及时性等工作，提出整改建议。

（5）运检班组主要负责执行上级部门颁布的设备缺陷管理相关制度标准及其他规范性文件；认真开展设备巡检、例行试验和诊断性试验，准确掌握设备的运行状况和健康水平，及时发现设备缺陷；及时、准确、完整地将设备缺陷信息录入生产管理信息系统，按规定时间完成流程的闭环管理；根据制订的消缺计划及时开展设备检修，消除设备缺陷；对临时性缺陷，具备处理条件的应及时进行消缺处理，不具备处理条件的应按照缺陷流程进行管理；对于消除的缺陷进行验收；进行缺陷的分析、收集、整理并上报；疑似家族缺陷信息收集、初步分析及上报，落实家族缺陷排查治理工作。

国网新疆电力严格按照国家电网公司的要求，做到专职专责，不留死角，严格保证电网运行安全。

（三）巡视到位

为了及时发现缺陷，处理缺陷，动态掌握设备的运行状况，保证电网安全稳定运行，国网新疆电力委托新疆送变电对输电线路进行巡视检查，委托新疆检修公司对变电设备进行巡视检查，新疆检修公司、新疆送变电多措并举履行这一职责。

新疆检修公司对于缺陷检出率的做法是健全巡检机制，提高设备缺陷检出率。一是抓运维人员日常巡视，落实设备日常巡视工作职责，修编巡视标准化作业指导书（卡）135份，提升运维人员巡视能力和巡视质量，做好特殊运行方式及恶劣天气情况下的设备特巡、特护工作；二是抓带电检测管理，加强带电检测工作的"计划编制—现场实施—抽查复核—总结提升"的全过程闭环管控，重点加强各层级督导管控工作，确保计划执行率100%，检测方法正确，检测数据准确，对异常设备加大带电检测频次；三是抓在线监测管理，为提早发现设备异常情况，下发《关于优化调整750kV变电站在线监测系统报警阀值》的通知，加强设备在线监测数据跟踪比对分析，建立设备风险预警机制，及时发布预警通知单并持续跟踪监控；四是针对新疆检修公司运检人员年轻化、经验不足等特点，加强运检管理和班组层级的"双基培训"，精心编制教案，组织多轮专项培训和现场实操，编制设备典型缺陷案例汇编，提升运检人员发现缺陷的能力；五是抓激励机制建设，每季度对重大缺陷发现人员进行奖励，激励全体员工，有效提升缺陷检出率，以总经理嘉奖令的形式，表彰奖励发现设备重大缺陷的人员。

新疆送变电从有经验的检修人员中选拔巡视人员，建立具体的线路巡视岗位责任制，使每个巡视人员都具有明确的巡视责任。要求工作人员在线路巡视过程中，做好安全工作，制定确保巡线人员安全的巡视工作规定；规定巡线人员在开展工作时，应带齐检查线路所必需的工器具、通信工具和劳动防护用品等，确保工作安全。新疆送变电开展的巡视方式有定期巡视、特殊巡视、故障巡视、夜间巡视、登杆塔巡视、交叉和诊断巡视、监察性巡视。线路巡视的内容严格按照 DL/T 741—2001《架空送电线路运行规程》中的有关要求执行。为了使工作更有效率，新疆送变电要求每个工区制定线路巡视质量考核办法，对巡视到位率、发现缺陷准确率进行严格考核。要求巡视人员定期对工作进行总结，通过不断总结经验，探求采用新技术、新方法来提高巡视质量和效率。

（四）处理到位

为了确保缺陷按期处理，国网新疆电力根据国家电网公司电网设备缺陷管理规定实施电网日常缺陷管理工作，充分利用现有网络资源，实现管理信息化、规范化。发现缺陷后，运检班组负责及时参照缺陷定性标准进行定性和状态评价，及时将缺陷信息按要求录入生产管理信息系统，启动缺陷管理流程。监控班组发现的缺陷应告知运检班组，按缺陷处理流程执行。

缺陷未消除前，根据缺陷情况，相关部门和单位组织进行综合分析判断后，制订必要的预控措施和应急预案。新建投产一年内发生的缺陷处理，由运检部门会同建设单位（或部门）进行消缺。若建设单位（或部门）难以组织在规定时限内完成缺陷处理，也应确定消缺方案，明确消缺时限，报本单位主管领导审核批准；若在本单位内部不能解决时，应报上一级主管部门审核批准。缺陷处理后，启动验收流程，验收合格后，运检班组将处理情况和验收意见录入到生产管理信息系统，并开展设备状态评价，修订设备检修决策，完成缺陷处理流程的闭环管理。

（五）总结到位

国网新疆电力每年对所属各单位的缺陷管理进行检查考核，每季度对所属各单位的缺陷管理情况进行统计分析，最终检查结果将纳入到年度生产绩效考核中。新疆检修公司和地市公司每月对所属各单位的缺陷管理情况进行检查、统计和考核。

缺陷管理检查考核内容包括缺陷发现率、缺陷发现指数、消缺率、消缺及时率、缺陷定性的准确性、缺陷记录的规范性、缺陷流程的执行情况等内容。

第七节 应 急 管 理

为了响应"三集五大"建设需要，正确、高效、快速地处理和预防各种突发事件，最大限度地降低突发事件的影响，国网新疆电力按照国家电网公司规定的应急预案大纲，结合新疆电网实际情况，根据相关法律法规、标准制度及相关预案，制定《国网新疆电力公司大风沙尘暴灾害处置应急预案》《网络信息系统突发事件处置应急预案》《国网新疆电力公司设备事故处置应急预案》《国网新疆电力公司人身伤亡事件处置应急预案》《国网新疆电力公司电力短缺事件处置应急预案》《国网新疆电力公司重要保电事件处置应急预案》《国网新疆电力公司环境污染事件处置应急预案》等，并且坚持每两年对这些应急预案进行修订。国网新疆电力要求所属各单位每半年至少组织一次应急预案与现场处置方案的演练，不断增强公司相关人员应急处置的实战能力。

国网新疆电力对突发事件应急处置的基本原则是以人为本，减少危害；居安思危，预防为主；统一领导，分级负责；考虑全局，突出重点；快速反应，协同应对；依靠科技，提高素质。依照国家有关规定和应急预案等，国网新疆电力把突发事件分为四级——特别重大事件、重大事件、较大事件和一般事件，并设立专门的应急机构，对各部门职责进行严格的划分。

一、应急组织机构

为积极应对突发事件，国网新疆电力积极响应国家电网公司要求，常设应急领导小组全面领导公司应急工作。由于新疆独特的自然条件，应急事件与内地有所区别。根据突发事件严重程度及突发事件的类型，国网新疆电力成立相应突发事件类型的处置领导小组及其办公室，从而构成公司应急组织机构。

（一）针对大风沙尘暴灾害的应急组织机构

新疆地理位置特殊，北倚阿尔泰山脉，南临昆仑山脉，中部横隔天山山脉。塔里木盆地和准噶尔盆地分别位于天山南北，而三大山脉和两大盆地是形成风区的主要因素。此外，新疆处于中纬度地区，冷锋和低压槽过境较多，加大了南北向或东西向的气压差，因而在一些气流畅通的峡谷、山谷和山口等地使得气流线加密，风速增强。在冷空气入侵，尤其秋冬、冬春交际或气温突变时，容易出现较大风速，容易产生灾害性大风、沙尘暴天气。

在新疆境内，著名的风区有吐鲁番西北部的"三十里风区"（小草湖—大河沿）、吐鲁番与哈密交界处的十三间房"百里风区"（兰新线红旗坎—沙尔站）、哈密三塘湖—淖毛湖风区（二百四十里戈壁风区）和东南部风区、巴州罗布泊风区、博尔塔拉阿拉山口风区、乌鲁木齐达坂城风区（红雁池—后沟）、塔城铁厂沟—老风口风区、阿勒泰额尔齐斯河谷风区等九大风区。这些风区年大风日数（8级及以上大风）大多在100天以上，其中达坂城、阿拉山口风区甚至超过了200天，其中，哈密十三间房"百里风区"不仅大风出现频率高，且风速极值出现最多，同时疆南、和田等南疆地区紧邻沙漠，其大风、沙尘暴灾害出现频率较高。

考虑到新疆电网所处区域为大风、沙尘暴灾害易发地区，严重的大风、沙尘暴灾害除造成电网设施、设备较大范围损坏事件外，甚至会造成员工人身伤害，还可能引发电网大面积停电等次生灾害，对关系国计民生的重要基础设施造成巨大影响。国网新疆电力高度重视此类突发事件应急工作，按照国家电网公司要求，根据大风、沙尘暴灾害的严重程度，国网新疆电力成立气象灾害处置领导小组及其办公室，组长由总经理担任，副组长由分管生产的副总经理担任，成员由公司相关部门的主要负责人组成。

（二）针对雨雪冰冻灾害的应急机构

由于新疆地域辽阔、气候多样，在不同季节，存在着众多气象灾害危险源。在冷空气入侵，尤其秋冬、冬春交际或气温突变时，容易产生雨雪、冰冻灾害，影响电网正常运行。严重雨雪、冰冻灾害除造成电网设施、设备较大范围损坏事件外，甚至会造成国网新疆电力员工人身伤害，还可能引发电网大面积停电等次生灾害，对关系国计民生的重要基础设施造成巨大影响，导致交通、通信瘫痪，水、气、煤、油等供应中断。

国网新疆电力十分重视此类灾害的应急。国网新疆电力应急领导小组通过考虑雨雪、冰冻灾害危害程度、灾区救灾能力和社会影响等综合因素，成立国网新疆电力雨雪、冰冻灾害处置领导小组及其办公室。组长由总经理担任，副组长由分管生产的副总经理担任，成员由国网新疆电力相关部门的主要负责人组成。

（三）针对恐怖袭击事件的应急机构

新疆为少数民族聚集地区，大部分人都安居乐业，但有极少数的极端分子，从历史等各方面原因固执地认为是汉族群众侵占了他们的领土。再加上敌对中国势力的干涉支持，虚构东突厥，以引发恐怖袭击事件。恐怖袭击事件的发生不仅会导致人员伤亡和财产损失，还容易引发次生事故，造成电网大面积停电，导致关系国计民生的重要市政基础设施电力供应中断，进而影响社会安全稳定。

为了能够有效应对恐怖袭击事件，国网新疆电力按照国家电网公司要求，建立国网新疆电力维稳安保工作组织保障体系，系统防范和应对恐怖袭击组织领导工作，并成立相应的领导小组和办公室。组长由国网新疆电力党政主要领导担任，副组长由国网新疆电力党组成员及总工程师、总会计师担任，成员由国网新疆电力相关部门的主要负责人组成。

（四）针对其他突发事件的应急机构

针对其他突发事件，如电力短缺、设备事故、环境污染事件等应急机构的设立，由国网新疆电力根据突发事件发生的类型及严重程度设立相应应急事件处置小组，并由国网新疆电力相应突发事件类型的处置领导小组（以下简称领导小组）统一领导突发事件应急处置工作。组长由总经理担任，副组长由分管生产的副总经理担任，成员由国网新疆电力相关部门的主要负责人组成。

国网新疆电力相应突发事件类型领导小组办公室在领导小组领导下，落实领导小组部署的各项工作。办公室根据分管突发事件类型的不同，设置在国网新疆电力不同部门，例如设备事故处置领导小组办公室设在运维检修部，而环境污染事件处置领导小组办公室设在生产技术部。办公室的负责人也由相应部门负责人担任，成员由相关部门人员组成。

二、恐怖袭击防范措施

受各种因素的影响，新疆维护社会稳定的任务依然存在。为了尽可能降低恐怖袭击对750kV电网运行的影响，国网新疆电力针对电网调度中心、重要变电站、输电线路和基建施工工地等重点区域和重要设备制定了防范和应对恐怖袭击措施。

（一）电网调度中心防范和应对恐怖袭击措施

（1）由于国网新疆省调在本部大楼内，因此在大楼门口配置24h固定门卫（哨位），在公司调度中心持枪武警执勤；另配置其他3～5人流动哨，不定期对大楼内外巡逻执勤；10～15人备勤换岗上勤；与辖区公安机关建立联防机制，张贴报警电话号码，纳入重点防控巡逻网格化模式管理范畴中，接受公安派出所定时巡检。

（2）大门外配置车辆阻挡装置、隔离墩，安装出入口控制系统。

（3）大楼楼层安装门禁设施，安装防盗门窗及栅栏。

（4）配置消防器材、应急灯、警棍、橡胶棒、铁制红缨枪、铁制钩镰枪、斜尖钢管、大头棒等防暴器具。

（5）设置监控中心，大楼内外、每楼层及不同角度安装视频安防监控系统，适时监控情况。

（二）重要变电站防范和应对恐怖袭击措施

（1）对有重要用户的 750kV 变电站，配置 24h 固定门卫（哨位），不定期巡逻执勤；与辖区公安机关建立联防机制，张贴报警电话号码，纳入重点防控巡逻网格化模式管理范畴中，接受公安派出所定时巡检。

（2）变电站封闭式管理，安装金属防护门、防盗栅栏，大门外配置车辆阻挡装置，站内安装防盗门、窗等。

（3）站内配置消防器材、应急灯、警棍、橡胶棒、铁制红缨枪、铁制钩镰枪、斜尖钢管、大头棒等防暴器具。视治安环境情况，通过喂养鹅、狗等方法对突发事件进行预警。

（4）所有变电站安装安防视频监控系统，适时监控情况。

（5）所有变电站安装电子围栏等入侵报警系统；所有变电站与公安机关 110 报警系统联网。

（三）输电线路防范和应对恐怖袭击措施

（1）将重要区域输电线路纳入各级公安机关网格化巡逻治安防范管理范畴中，在特殊情况下，与公安人员不定期治安巡逻。

（2）组织特巡队伍，开展线路巡视防护工作；特殊保电时期，派人一人一杆现场蹲守防护。

（3）安装移动式监控系统，适时监控情况。

（4）巡线人员配置具有步话功能和对讲功能手机。

（四）基建施工工地防范和应对恐怖袭击措施

（1）封闭驻地区域，集体住宿，安排专人开展安保值班和执勤巡逻，加强自我防范水平，并纳入各级公安机关网格化巡逻治安防范管理范畴中，不定期治安巡逻，接受公安派出所定时巡检。

（2）施工工地和集中驻地安装防护门、防盗栅栏。

（3）配置消防器材、应急灯、警棍、橡胶棒、铁制红缨枪、铁制钩镰枪、斜尖钢管、大头棒等防暴器具。视治安环境情况，通过喂养鹅、狗等方法对突发事件进行预警。

（4）施工工地和集中驻地安装安防视频监控系统，适时监控情况。

（5）对施工工地和集中驻地符合条件的地段、区域安装电子围栏。

三、应急保障

（一）应急队伍保障

国网新疆电力按照"平战结合、反应快速"的原则，建立健全应急队伍体系，规范应急队伍管理，并对应急队伍加强专业化、规范化、标准化建设，确保做到专业齐全、人员精干、装备精良、反应快速，持续提高突发事件应急处置能力。在现有生产检修和基建施工力量的基础上，按照"平战结合"的原则，建立快速反应机制，组建应急抢修队伍。建立国网新疆电力应急专家库，通过加强专家之间的交流和培训，为应急抢修和救援提供技术支撑。

国网新疆电力定期开展应急演练，加强应急抢修队伍技能。在每次的应急演练过程中，参演的各级生产运行人员沟通流畅、配合默契，面对突发情况，都能做到沉着应对，有条不紊地在第一时间处理故障，确保电网运行安全。同时，国网新疆电力善于利用社会救援力量，进而提高协同作战能力。

（二）通信与信息保障

国网新疆电力按照"统一系统规划、统一技术规范、统一组织建设，必要时统一调配使用"的原则，持续完善电力专用和公用通信网，建立有线和无线相结合、基础公用网络与机动通信系统相配套的应急通信系统，确保应急处置过程中通信畅通。

（三）应急物资装备保障

国网新疆电力建立健全备品备件等应急物资的储存、调拨和紧急配送机制。按规定周期，对备品备件进行试验和检测，确保物资始终处于可用状态。为了防止地震、暴风雪、大风沙尘暴等自然灾害造成电力设备大面积受损，时刻做好抢险物资储备管理工作，认真清理和检查防暴风雪、排水设施，落实防震、防暴风雪等器材物资储备。各地州公司投入必要的资金，配备应急处置所需的备品备件、抢修工器具、通信交通等各类装备和抢险物资，确保应急处置需要。

（四）经费保障

国网新疆电力在年度大修、技改费用中设置应急处置专项资金，确保应急支出需要。特别紧急情况下，事发地公司可以先予拨款支付，再按照规定程序办理相关手续。

（五）技术保障

国网新疆电力将应急研究工作纳入国网新疆电力科技发展计划予以重点支持，开展应急抢修装备研制开发与技术研究，结合设备状态检修管理工作的推进，组织开展设备设施损坏突发事件预测、预防和应急处置等技术研究。

（六）其他保障

国网新疆电力各单位根据本单位实际情况，明确相应突发事件的应急交通运输保障、安全保障、治安保障、医疗卫生保障、后勤保障及其他保障的具体措施。

第二十章　检修管理

　　根据国家电网公司"大检修"体系建设需要，国网新疆电力坚持"三集五大"体系建设总方案，按照全面建设阶段工作要求，充分摸查体系运转情况，确保新疆电网安全稳定运行。

　　结合各单位实际情况，国网新疆电力从 2013 年开始建设适合新疆电网发展需要的"大检修"体系，于 2014 年全面建成组织机构精简高效、核心资源集约共享、运维业务高度融合、专业检修全面覆盖、运检管理精益规范的运检体系，实现了新体系制度标准健全、流程衔接顺畅、信息系统完备、绩效激励到位、资源调配高效的目标。

　　各单位积极配合国网新疆电力"大检修"体系建设总体方案，全面做好电网运维工作。自 750kV 输变电工程投运以来，各检修单位顺利组织完成 750kV 电网工程投运以来的检修工作，及时消除检修过程中发现的缺陷及问题，确保新疆电网安全稳定运行。

第 一 节　线 路 专 业

　　自 750kV 电网首条线路运行以来，国网新疆电力积极探索超高压线路检修工作的合理性和实效性，消除设备存在的所有缺陷，确保 750kV 电网安全健康；注重现场管控，确保检修工作高效完成，努力杜绝人身、设备安全事故。

一、大型综合停电能力逐步提升

　　2014、2015 年天中直流停电期间，国网新疆电力 750kV 电网开展空前的大型综合停电检修工作。检修工作实施统一部署，成立检修工作指挥部，涉及超特高压输电线路 29 条·次，投入输电运维类人员累计超过 2000 人次，输电施工类人员累计超过 6000 人次，单日投入运维人员最多 160 人，单日同停线路最多 5 条，单日现场检修、风险管控、"N−1"运行方式保电等作业点最多超过 50 个，单日调用运检车辆最多 45 辆，实现现场组织管理零事故。

二、带电作业水平持续提升

750kV 电网投运之初，针对新的电压等级，国网新疆电力勇于探索，积极交流，开拓眼界，不仅具备开展常规带电作业的能力，并成功在 750kV 带电检修工作项目上完成多个"首次"。2011 年 3 月，在哈密—敦煌 750kV 输变电工程线路开展新疆首次 750kV 电压等级带电作业；2011 年 4 月，在吐鲁番—巴州 750kV 输变电工程线路开展首次带电走线消缺作业。2014 年 11 月，在乌北—吐鲁番—哈密 750kV 输变电工程线路实施国内首创 750kV 线路带电加装防风拉线作业。2015 年 9 月，在乌北—吐鲁番—哈密 750kV 输变电工程线路成功开展带电更换 750kV 引流线、带电压接引流线新型带电作业项目。截至目前，国网新疆电力具备开展所辖 750kV、±800kV 电压等级常规检修项目带电作业的能力。

第二节 变 电 专 业

变电类设备的健康安全运行是电网安全运行的前提。新疆检修公司严格按照国网新疆电力工作要求，未雨绸缪、统筹计划，高质量完成 750kV 变电类设备检修工作，在工作中获得很多经验，这些经验无疑也是检修工作的亮点。

一、规范检修方式

新疆检修公司对变电设备检修方式主要采取状态检修为主，定期检修为辅的方式。考虑到定期检修存在两个方面的不足：①设备存在潜在的不安全因素时，因未到检修时间而不能及时排除隐患；②设备状态良好，但已到检修时间，就必须检修，检修存在很大的盲目性，造成人力、物力的浪费，检修效果也不好。状态检修弥补定期检修的不足，根据设备的运行状况进行检修，是有目的的工作。状态检修的前提是必须要做好状态检测。状态检测有两个主要功能：①及时发现设备缺陷，做到防患于未然；②为主设备的运行管理提供方便，为检修提供依据，减少人力、物力的浪费。由此可见，新疆检修公司采取的检修方式兼具科学性与全面性两个方面，通过采取该种检修方式，在 750kV 变电类设备检修方面取得卓越的成效。

（一）深入开展状态检修

新疆检修公司按照数据收集、设备评价、风险评估、检修策略制定、检修计划调整等环节开展 750kV 变电类设备状态检修工作，同时针对状态检修工作开展中存在的突出问题，提出相应的解决措施。新疆检修公司积极研究输变电设备风险评估技术，通过综合考虑可靠性、检修维护成本、安全、环境影响等风险因素，合理确定设备的平均故障率和风险值，得出设备风险级别排序，为确定设备检修的轻重缓急和优先顺序提供依据。经过历年的设备状态检修工作，公司认为该工作具有以下优点：

（1）实用性较强，有关设备状态制度各方面的制定比较完善，评分方法详细，评价原则合理，在内容、方法、依据、要求方面具有较高的完整性和准确性。

（2）评价标准各阶段（环节）分值划分和各项目取分标准合理；核心项目（指标）确定正确全面，专业水平较高。

（3）评价标准的可实施性强，设备评价工作以量化评分的方式进行，定性给出结果，其内容丰富，项目齐全，涵盖面广。

（二）检修方法科学合理

1. 制定检修策略

新疆检修公司通过制定科学的检修策略，开展设备状态检修工作。以设备状态评价结果为基础，以状态检修试验规程、检修导则等技术标准为依据，综合考虑电网安全性、设备重要性、资金需求等因素以及电网发展和技术进步等要求，对设备检修的必要性和紧迫性进行排序来制定检修策略。在检修策略制定的过程中，充分发挥状态检修专家组的作用。

2. 制定检修计划

新疆检修公司为统筹安排检修计划，依据检修策略，结合资金计划，分别制订年度、三年滚动和长期检修计划。在计划的制定过程中，要求系统考虑、统筹安排，做到生产与基建、变电与输电、一次与二次的协调配合，确保方案的最优化，进而提高检修计划的可操作性。

3. 采取管控措施

在检修计划的实施过程中，保证检修作业水平是状态检修工作的最终落脚点。为了能够切实保证检修作业质量，新疆检修公司采取的措施为：

（1）全面开展现场标准化作业，结合状态检修工作要求，以提高检修针对性和检修质量为目标，不断修改完善标准化作业指导书（卡）范本。

（2）积极建设和应用现场标准化作业管理系统，提高现场安全和工作质量。

（3）梳理规范检修工艺导则技术要求，提高检修作业质量，进一步深化状态检修辅助决策系统的应用。

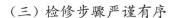

（三）检修步骤严谨有序

新疆检修公司基于设备在线监测及带电检测结果，结合设备出厂试验、交接验收、例行试验、运行工况等基础资料，对照相关标准，认真开展设备评价，全面评估设备状况，进而有序地开展变电类设备检修工作。

1. 收集状态信息

在状态信息收集上按照"谁主管、谁收集"的原则进行，变电类设备按照变电检修专业的划分，由试验专业完成变压器类设备检修和试验方面的信息数据收集（包括投运前设备的监造、验收卡）、运行中在线监测和带电检测数据收集、例行检修与试验工作中信息采集卡的填写、运行人员提供设备缺陷的统计收集等，逐年做好历史数据的保存和备份。

2. 三级设备评价

设备评价按照三级评价方式，班组通过设备信息采集形成班组的初评意见，运维监控班审核初评意见形成初评报告，制定检修决策，报运维检修部审核，完成风险评估。具体评价包括新设备首次评价、运行动态评价、运行缺陷评价、检修（A、B、C、D类检修）评价。结合设备状态评价结果，综合考虑安全性、经济性和社会影响3个方面的风险，确定设备风险程度。风险评估与设备定期评价同步进行。

3. 制定检修方案

在风险评估、检修策略制定、检修计划调整上，依据年底的设备定期状态评价结果，参考风险评估结果，考虑电网发展、技术更新等要求，综合调度、安监部门意见，依据国家电网公司输变电设备状态检修导则等技术标准，制定出年度设备检修类别、检修项目和检修时间。

> 坚守平凡的岗位，收获精彩的人生。作为新疆750kV电网的中坚力量，电气试验班负责全疆16座750kV变电站的油样检验和油质分析工作。他们每三个月就要为主设备"体检"一次。不管天气如何恶劣，他们始终坚持在自己岗位上有序地开展工作，不惧工作本身的繁琐，做到事无巨细。在第一时间分析化验报告，判断变压器等高压设备的健康情况，及时通过各种通信渠道，将化验结果告知公司各级部门相关人员，做到防患于未然，为确保电网安全稳定运行提供坚强保障。试验班油务化验人员被大家亲切地称为750kV电网的"化验科医生"。

二、大型停电综合检修质效高

随着新疆超高压电网的迅速发展，新疆检修公司每年都迎接新建、改扩建、增容以及定检相结合的大型停电综合检修工作。检修公司750kV综合停电检修工作具有停电范围大、电网运行方式变化大、持续时间长、检修任务重、工期紧、参与单位多、人员多、电网风险及作业风险高等特点，通过规范化和精细化管理，有效控制检修的安全、质量、进度，现场作业风险管控规范化、常态化机制建设取得实效，安全生产"可控、能控、在控"能力进一步提升。750kV设备检修现场如图20-1所示。

图 20-1 750kV 设备检修现场

（一）周密安排，加强领导

新疆检修公司认真落实国网新疆电力输变电设备综合检修工作总体安排，提前制定变电综合检修工作方案，提前研究、确定检修项目、内容、模式和时间，为检修工作的顺利实施奠定良好的基础。各中心按照总体安排要求，结合本中心实际，编制各中心综合检修工作子方案，"超前"与"精细"并举，使各项工作任务落实到班站，确保检修工作的顺利实施。

加强组织领导，成立新疆检修公司现场大型检修工作组织机构，分解、落实各级人员责任，深化、细化工作任务，统一各级人员思想认识，保持清醒头脑，深刻认识本次大型检修工作的安全风险，进一步增强风险意识、忧患意识和责任意识，切实提升安全风险辨识能力，严格落实"安全风险管控15关"具体措施，确保各项检修、消缺、工程验收工作有序开展。加强信息沟通，畅通公司内外部信息交流渠道，与上级部门、现场工作单位和各级人员建立信息通报协调制度，形成高效紧密的联动机制。

（二）分工明确，强化安全

1. 确保分工明确

综合检修工作点多、交叉作业多、时间紧、任务重，各工作现场严格计划执行，加强分工协调，密切配合，严格做到任务到人、工作到天，确保检修环节的紧密衔接。每天工作任务结束后，各现场检修总负责人组织召开工作总结会，认真分析检修进度，协调处理综合检修过程中遇到的问题，确保综合检修工作按期完成。

2. 树立安全意识

树立安全生产红线意识，高质量开展安全风险辨识和分析工作，要做到以下要求：

（1）严格两票三制。组织提前对两票进行审核，对多班组、交叉作业严格执行总分工作票。为保证操作现场安全有序，操作过程中，严格执行标准化作业，加强监护力量，确保全部操作零差错。

（2）加强到位管理。综合检修期间，认真履行到岗到位制度，重要现场公司领导全过程到位，同时借助新能咨询公司第三方安全监察力量，加强现场安全监督力度，各级到位人员切实做到人到责到。

3. 落实安全管控

开工前，组织召开安全交底会，落实管控职责，明确安全、质量要求，签订安全告知书；每项大型工作前，组织检修、运维中心现场人员进行安全交底，各中心每日组织召开班前班后会，对相关作业安全风险进行交底和管控总结；加强外部厂家及施工单位的安全管控，对检修现场厂家人员进行安规考试及安全交底；落实现场各项安全管控措施。防止出现误操作、误入带电间隔、高空坠落、高空物体打击、感应电伤人、临近带电体吊装、保护三误、外部人员管控等众多安全风险。

（三）有的放矢，精准消缺

消缺计划下达后，提前与建设单位联系，对计划消除缺陷提前组织梳理，落实方案、责任人，现场每日进行跟踪管控。对于停电检修过程中已消除的缺陷，特别是设备发热、油位或压力异常、设备渗漏油、油样或气体组分指标异常、高空设备等缺陷，重点加强跟踪和监控，检查缺陷是否有反复和发展，切实提升设备健康水平。积极落实"十八项"反事故措施，提炼出"根源解决、过程管控、落实整改"的缺陷隐患治理原则，务实开展春秋检、迎峰度夏（度冬）及重大节日等专项检查工作。密切关注重大隐患和异常设备，及时分析成因、制定措施并强化整改，建立重点设备厂家联系机制，完善制定应急抢险预案，确保设备状态可控在控。完善缺陷隐患治理长效机制，加强新投设备、异常设备及检修后设备的监控，建立带病设备"健康档案"，分析薄弱环节，制定整治方案，做好"五落实"工作。建立重大缺陷隐患督办，推行"两单一表"闭环管理，确保缺陷隐患治理取得实效。

深入总结检修经验，认真开展重大问题"回头看"工作，组织专业人员缺陷隐患设备典型案例的收集，不断补充《750kV变电设备典型问题案例》，根据案例汇编修订标准化作业文本、验收细则以及综合检修方案，提升标准化检修质量。

（四）推进标准化管理

新疆检修公司制定前期准备工作标准，以安全生产管理为核心，以技术资料管理、安全工器具管理、作业指导书管理、风险分析预控管理、两票管理5大模块为支撑，按专业重新编制标准化作业指导书，确保准备工作标准化；狠抓现场安全生产薄弱点，规范现场作业过程开收工管理模式，细开工，严收工，编制检修标准化工艺控制卡，确保现场工作的标准化、常态化；落实专业工作技术标准，实现作业环节的可控、在控；编制标准化工序卡，杜绝漏试、漏检、漏修的情况发生，做到标准化管理流程与现场工作流程的有效衔接。

三、全过程管控改、扩建工程作业现场安全风险

新疆检修公司不断总结近年来改、扩建工程典型经验，梳理出现场作业风险最大的15个环节，运用OPDCA管理程序，在作业现场每个阶段、每个环节开展全过程风险管控，并形成作业现场"安全风险管控15关"创新的安全管理方式和浓厚的安全文化氛围。自"安全风险管控15关"推行以来，国网新疆电力安全管理水平稳步提升。新疆检修公司从"安全风险管控15关"中提炼出新改、扩建工程从开工到投运之间的各类管理、安全管控流程，旨在各级人员能够规范地执行新改、扩建工程的各项安全管理规定，确保工程有序、安全地开展。2015年8月，新疆检修公司圆满完成750kV吐鲁番变电站220kV系统双母双分段改造工作，在此次工作中为确保工程圆满完成，重点加强以下几点工作：

（1）强化工作组织领导，构建立体化风险管控体系。形成"纵向到底、横向到边"的全覆盖立体化风险管控体系。超前谋划，主动工作。对扩建施工的安全风险进行了深入细致分析，明确组织及责任分工。主动管理，强化施工计划管控。为确保现场施工可控、能控，每日收工前，施工单位上报当日工作完成情况及次日工作计划，验收组按照次日工作计划有的放矢，安排相应验收及监护人员，未纳入日计划的工作原则上不予许可。通过计划的刚性约束力，有效实现运行单位对施工进度的管控。

（2）超前开展风险预控，实施精细化安全风险管控措施。充分落实超前的安全风险管控理念，实施精细化的安全风险管控措施。以"超前"为基础，提前介入工程施工图审查、四措一案编制等各环节，从源头上化解和消除风险；以"精细"为保障，将风险控制细化到每个装置及配置文件、每个端口、每一个回路、每一个端子，在过程中全面控制风险。"超前"与"精细"并举，实现安全风险可控、能控。

（3）努力降低施工安全风险，推行隔离措施强制化。强化基建与运行设备的安全隔离，在一、二次设备设置更为严格有效的硬质强制性隔离措施，彻底消除人员误碰的可能。强化设备区硬质围栏设置，有效降低误入带电间隔的风险。吐鲁番变电站220kV母线改扩建期间，工作地点多，工作人员多，现场将所有运行设备用硬质围栏进行强制封闭隔离。强制二次运行设备与基建设备的隔离，有效避免施工过程中误碰的风险。

（4）创新风险管控手段，实行现场作业标准化。全过程执行标准化、模板化的旁站监督卡、质量工序控制卡及作业指导书，把无形的安全风险变成有形的、可控的。严格一、二次设备接火管控，合理安排接火工作计划。在新疆检修公司制定的《改扩建工程现场安全管控实施细则》中，对接火必备的14个条件提前明确，严格进行审核，防止不满足条件的设备及回路接入运行系统。推行二次接火工序质量控制卡，有效降低作业安全风险。双母双分段改造工程的重点及危险点主要在于保护专业二次回路改造、配置文件的变更、接火及回路的验证。

（5）严格执行到岗到位制度，紧盯现场风险管控。形成强势的安全管理氛围，将安全压力逐级传递，形成一级抓一级，实现安全风险管控由被动执行到主动管理的转变，到岗到位的作用得到最大限度的发挥。

认真落实国网新疆电力到岗到位管理规定，建立公司、单位、中心三级到位体系，检查各类安全、组织、技术措施的执行和落实情况，及时发现并制止多起违章行为。

四、强化带电检测及在线监测深度运用

运行人员熟练运用在线监测和带电检测技术，坚持定期分析设备运行状况。同时为了达到运行管理工作精益要求，新疆检修公司建立750kV设备运行分析会制度，要求运行人员坚持每年、每半年、每季度、每月一次对该阶段内电网整体和分专业运行情况进行分析，进而掌握750kV输变电设备在运行过程中的特点，探索设备运行变化趋势和内在规律。

（一）广泛应用先进检测技术

在线监测能够对设备状态进行连续、实时的监测，随着技术的发展，其数据准确性在逐步提高，目前新疆检修公司广泛应用带电检测和在线监测技术。

随着750kV输变电工程的不断投运，新疆检修公司不断丰富带电检测和在线监测装置，建立完善的带电检测管理标准，使带电测试工作更加规范。新疆检修公司配置的设备主要有红外热成像仪、紫外成像仪、铁芯接地电流测试仪、油色谱分析仪（含便携式）、变压器超声波局放仪、变压器局放巡检仪、高频局放测试仪等，主要开展红外热成像及精确测温、铁芯接地电流测试、绝缘油气体组分含量测试、超声波局放、高频局放测试等带电检测项目。

2013年6月25日，新疆检修公司在对750kV烟墩变电站进行射频局放、DMS超高频局放检测过程中发现，750kV烟天二线7512断路器C相超声局放信号异常，试验人员使用DMS和PDS100仪器对该断路器进行多次复测，判断该断路器内部存在局部放电点，且放电现象有进一步扩大的风险，新疆检修公司及时对该断路器进行停电检修，检查结果与带电检测结果一致，并更换损坏的断路器套管，消除设备隐患，保证"疆电外送"二通道的可靠供电。

（二）定期分析设备运行状况

在变电管理方面，变电设备运行状态的分析主要由新疆检修公司负责。新疆检修公司通过不断摸索规律，找出其中运行的薄弱环节，进而制定针对性的反事故措施，确保电网安全稳定运行。按照运行分析管理制度，新疆检修公司根据阶段内变电站运行状态，详细分析电网系统接线方式的合理性、所配置的保护装置、各种规章制度执行情况及尚需完善的内容。对分析阶段内新发现的缺陷进行重点分析，并提出相应的处理方法。由于750kV电网不断的建设与投产，可能会引发设备运行方式改变，新疆检修公司分析可能出现的问题，提前制定相应的应急措施，通过切实落实750kV设备运行分析制度，保证电网稳定性要求。

借助750kV电网运行分析会制度的建立，国网新疆电力在2014年完成《国网新疆电力公司技术监督管理办法》《国网新疆电力公司技术监督百分制考核实施细则》《国网新疆电力公司技术监督专家管理办法》等标准的编制，形成状态监测系统"日监控、周通报、月评价"的常态管控机制。750kV电网运行分析会制度的建立，给新疆750kV电网安全稳定运行增加了一道保护屏障。

（三）实时掌握设备运行状态结果

自新疆 750kV 输变电工程投运以来，新疆检修公司一直把设备状态评价工作作为电网安全稳定运行的重要保障之一。新疆检修公司从设备的制造、安装、调试、运行、检修维护、技术监督、改造等方面进行综合性的评价，客观反映出输变电设备的运行状况和健康水平，为加强输变电设备全过程管理，及时掌握设备运行各阶段的状况，进行设备的技术改造和检修提供针对性的依据。新疆检修公司根据输变电设施可靠性评价规程及国家电网公司下发的输变电设备评价标准全面开展变压器类设备状态评价工作。

五、深入开展变电精益化评价，提升设备管理水平

强化设备精益管理、推进创新发展、提高运检效率效益将有助于电网建设运营。新疆检修公司自 2013 年开展变电设备精益化评价，到 2016 年已经做到变电站全覆盖，无论从设备管理水平，还是到人员素质，都有很大的提升。将精益化评价贯彻到检修工作中，从设计审核、工程验收到运维检修阶段，严格按照精益化管理要求，不断规范各阶段设备规范要求。

（1）提前部署，统筹安排。新疆检修公司组织制定年度精益化评价实施方案，各部门、中心按照总体方案要求，结合各专业的特点，编制精益化评价子方案，将精益化评价管控责任落实到中心、班站。各专业按照各自的职责分工落实方案实施，梳理问题并自查整改。

（2）健全机制，落实责任。以精益化评价管理为依据，每月召开精益化评价协调会，落实"月计划、周安排、日管控"机制，形成"评价全面、问题明晰、整改到位"的闭环管控体系。各中心、专业班组落实变电站设备主人，将各变电站各设备管理落实到人，精益化管理长效开展，全面提升设备精益化管理水平。

（3）不断总结，持续提升。结合历年查评结果，制定《国网新疆检修公司变电精益化管理提升方案》。及时修订设备验收细则、检修标准化作业指导书（卡），滚动修编精益化评价典型问题汇编。将历年查评问题纳入年度检修消缺、技术监督及验收计划，构建变电专业精益化管理长效机制，推动各项评价标准和反事故措施有效落实，在实现精益化评价工作持续提升的同时，强化设备管理水平。

第三节　技　术　监　督

技术监督是安全生产技术管理的一项传统的、基础的、行之有效的重要工作，对电网的建设和管理具有重要作用；是防范重、特大安全事件发生、提高设备可靠性的有效措施，对电网安全稳定运行具有重大意义。为确保圆满完成 750kV 电网建设和运维任务，国网新疆电力各相关单位始终坚持"安全第一、预防为主、综合治理"的原则，全面落实国家电网公司全过程技术监督重点工作计划各项要求，依托国网新疆电力技术监督体系建设，选拔、培养各级技术监督专家人才 356 人，面向可研规划、工程设计、设备采购、设备制造、设备验收、运输储存、安装调试、竣工验收、运维检修、退役报废 10 个阶段，对电气设备性能、化学、电测、继电保护、调度自动化、通信、信息、环保、电能质量、金属和线损共 11 个专业组织开展技术监督工作，将技术监督工作深入落实到 750kV 电网建设的全过程各环节中，为新疆 750kV 骨干网架建设和电网安全稳定运行提供可靠的技术保障。

一、监督伴行计划保驾电网基建生产

750kV 输变电工程生产与基建伴行工作计划是国网新疆电力强化入口监督、提升技术监督全过程管控的一个重要方式。以 750kV 亚中变创优示范工程建设为例，技术监督工作组依据伴行工作计划提前介入工程可研、初设等前期工作，发现不满足技术协议及反措要求等问题 95 项，并下发技术监督告警单，发挥技术监督的超前防范作用。严把设备出厂、安装调试、验收质量关，先后组织专家 20 余人赴全国 40 家设备厂家，针对关键技术性能、关键原材料和关键组部件质量进行抽检，发现问题 195 项，并全部落实整改，有效预防不合格产品进入电网。驻厂监造——750kV 高压电抗器绕组检查现场如图 20-2 所示。

依托生产与基建伴行工作计划，国网新疆电力以管理层面、技术层面及长效协同机制 3 个方面为抓手，形成基建工程典型缺陷库，编制并印发《国网新疆电力公司新建变电工程典型缺陷》《基建工程设计和施工质量通病控制要点》及

图 20-2　驻厂监造——750kV 高压
电抗器绕组检查现场

《输变电工程验收管理实施细则》，细化完善750kV新建变电站工程一次设备、电气试验、土建隐蔽工程关键工艺监督卡，这些宝贵的实践成果为后续新疆电网的发展建设提供可靠的工作指导和理论依据。

二、竣工验收监督把关工程建设质量

竣工验收是电网生产建设的一个重要阶段，是输变电工程投运前的最后一道关卡，竣工验收阶段技术监督是全过程技术监督工作的重要环节。2014年以来，国网新疆电力多部门协同合作，组织各专业技术监督专家成立专项技术监督工作组，对网内所有750kV新建及改、扩建输变电工程开展竣工验收阶段专项技术监督。工作组采取现场检查的方式，针对工程建设的前7个阶段发现问题的整改情况，结合国家电网公司运检部发布的《竣工验收阶段技术监督重点检查内容》要求，展开技术监督工作。其中新建750kV输变电工程7个，发现问题1452项，发布预（告）警单152份，消除主变压器接地开关机构SF_6气体渗漏、750kV断路器微水超标等重大隐患，有力促进工程建设质量水平的提升，确保工程"零缺陷"移交生产。通过加强竣工验收阶段的技术监督，防雷击、防误动、防污闪、防鸟害等反事故措施在基建工程中都得到及时落实。

三、带电检测技术护航电网安全运行

电力设备带电检测是发现设备潜伏性运行隐患的有效手段，是电力设备安全、稳定运行的重要保障。国网新疆电力积极拓展带电检测新技术，共开展21项带电检测测试项目，涵盖11类主设备，在国家电网公司要求开展的16项带电检测项目基础上，增加紫外成像、射频局放、电缆震荡波等5项检测技术。深化应用"输变电设备状态监测系统"，全方位构建电网运行安全防御体系，完成状态监测系统与生产管理系统、统一视频平台、统一GIS平台、雷电定位系统的横向集成，并从电网安全生产切入，建设新疆电网输电智能防外力破坏系统、变电站红外智能巡检系统，提前发现并避免6起外破事故。

2012年5月31日，750kV吐哈一线高压电抗器B相色谱在线监测装置测得系统数据各特征气体含量出现异常增长现象。通过便携色谱仪和试验室色谱仪进一步分析及离线试验室色谱分析，判断为750kV吐哈一线高压电抗器B相内部低能量放电故障，继续运

行可能引起重瓦斯动作，若设备内部含气量超过饱和状态，会引发设备喷油事故，随着故

障点放电速度加剧，有可能发生电抗器烧毁或爆炸事故。根据试验室试验数据及判断结果，该高压电抗器紧急停运并安排更换，成功避免一次电网安全事故。2015 年度，国网新疆电力带电检测工作成绩斐然，确认疑似缺陷 549 条，形成带电检测案例 108 份，其中 29 例入选国家电网公司典型案例库，为新疆电网安全稳定运行提供可靠保障。750kV 隔离开关支柱绝缘子探伤试验如图 20-3 所示。

图 20-3　750kV 隔离开关支柱绝缘子探伤试验

四、专业技术监督促进新技术应用推广

"十二五"期间，新疆电网建设取得长足的发展，电网智能化水平逐年提高，大量先进适用技术应用于电网生产建设。在电网新技术、新材料、新工艺、新设备的推广应用中，专业技术监督把关作用十分重要。近年来，国网新疆电力组织开展智能电网新技术应用研究和相关运维技术研究，完成变电设备带电检测故障模拟技术研究、X 射线在带电检测中的应用研究、750kV 高压并联电抗器绕组故障在线监测及状态评价研究等一系列科研项目，开展电子式互感器、二次合并单元、状态检测装置以及网络交换机等智能电网设备的性能检测和质量抽检技术监督工作，指导厂家结合新疆独特自然环境因素，提高设备性能质量，有效降低电网安全风险，为新技术推广应用创造良好的条件，推动新疆智能电网建设的稳步发展。

创新篇

　　2006~2015 年，是国网新疆电力攻坚、奋进、创新的十年。从"十一五"到"十二五"，新疆电网实现了跨越式发展，由一个孤立的省级电网发展到 750kV 与西北主网联网，建成哈密南—郑州 ±800kV 直流外送通道，实现清洁能源大规模接入和综合利用，初步形成大型交直流混联电网。

　　国网新疆电力深入实施"一流四大"科技发展战略，以电网发展的技术需求为向导，充分发挥科技创新引领作用，不断完善科技创新体系，自主创新能力得到显著增强。结合新疆气候特点和极端环境，开展电网相关技术领域的科技攻关，在大电网运行控制、输变电设备运行、750kV 联网稳定控制、强风区复合绝缘子研制等关键技术领域取得了重大突破，获得省部级奖 33 项，国家电网公司科技奖 13 项。为电网调度运行、特高压及新能源规划发展提供了指导依据，有效提升了清洁能源消纳能力和疆电外送能力。

　　新疆电力人认识到创新是国网新疆电力持续发展的动力和源泉，要想持久地发展下去，就必须不断地展开管理创新。在 750kV 电网工程建设过程中，国网新疆电力在管理上不断尝试创新，取得了多项创新成果。

　　国网新疆电力的技术创新与管理创新，不仅为"十三五"实现技术集成创新和管理飞跃奠定了科学基础，也彰显了新疆"750 精神"。

第二十一章 科技攻关成果

第一节 输电线路研究

一、西北电网输电线路抵御沙尘暴外绝缘技术研究

本项目荣获 2010 年度新疆维吾尔自治区科学技术进步三等奖。

（一）成果简介

《西北电网输电线路抵御沙尘暴外绝缘技术研究》是国网新疆电科院与西安交通大学合作的前沿科技项目，项目阶段起止于 2010 年 1～12 月。

结合新疆地区（或具有相同气候环境的其他地区）的沙尘暴环境，依托西安交通大学电力设备电气绝缘国家重点实验室的人工模拟沙尘环境实验系统，开展线路绝缘子在大气与沙尘混合介质条件下的空气流场仿真计算，对绝缘子沿面放电、电场计算、介质击穿、电弧放电进行试验研究，提出绝缘子绝缘结构（包括伞形结构和串型结构）的优化方案（如图 21-1 所示），为绝缘子的设计和选型提供依据，进一步探究绝缘子的击穿放电规律。

图 21-1　试品垂直悬挂，后方为整流段

（二）主要创新点

本项目以西北电网输电线路抵御沙尘暴技术为研究重点，在调研新疆地区绝缘子运行状况的基础上，建立和完善了人工模拟沙尘环境积污试验系统和人工模拟强风及沙尘(暴)气隙放电试验系统，研究了沙尘环境下绝缘子表面的积污规律和闪络电压与气候条

件的关系，探索了沙尘介质环境下气隙击穿特性，解释了风沙条件下的闪络机理和本质，建立了可用于表面积污初步计算的分析模型和仿真方法。对强风引起绝缘子风偏时的电位和电场分布进行计算，分析了强风沙尘环境对外绝缘特性的影响，综合比较了瓷质和复合绝缘子的积污特性，以及绝缘子伞形结构与积污量的关系。

二、强风区复合绝缘子的研制及应用

本项目荣获 2014 年度新疆维吾尔自治区科学技术进步二等奖。

（一）成果简介

复合绝缘子在新疆电网 750kV 输电线路中大量使用，新疆地区存在 8 个著名的大风区，以乌北—吐鲁番 750kV 输电线路途径的"三十里风区"为例，在 10m 高度处线路的最高设计风速为 42m/s，其中撕裂最严重的绝缘子有效爬距降低达 20.4%。强风区复合绝缘子伞裙撕裂问题由来已久，但在低电压等级线路中一直未受到足够重视，随着 750kV 线路的投运，杆塔高度的上升加剧了伞裙撕裂事故的发生，对电网安全运行构成直接威胁。此状况也引发行业内对哈密南—郑州 ±800kV 直流输电线路（新疆段）经过风区安全问题的担忧。

4 个绝缘子厂家 8 个型号 750kV 复合绝缘子的风洞实验显示，其中 7 个复合绝缘子无法抵御乌北—吐鲁番 750kV 输电线路平均呼称高处最高风速（53.5m/s），伞裙在强风下出现剧烈大幅摆动现象。通过 4 个厂家绝缘子材料的疲劳龟裂实验发现，其经受疲劳往复平均次数均低于一万次，最差的仅能够承受数百次，绝缘子硅橡胶耐疲劳性能较差。由此可以看出，常规 750kV 复合绝缘子抗风性能和硅橡胶耐疲劳性能均较差，需研究提高绝缘子抗撕裂能力的有效技术。

国内外对复合绝缘子的各项研究开展广泛，但对强风下伞裙撕裂问题研究尚未见报导。目前的研究主要包括对材料方面的硅橡胶憎水性和漏电起痕性能的研究，提高绝缘子污闪电压和防覆冰闪络结构优化的研究，对特殊气候环境方面的覆冰闪络问题和风沙闪络问题研究。对于强风下绝缘子的伞裙撕裂问题，由于其具有独特的地域特征，本项目是对这一问题的首次探索（实物如图 21-2 所示）。

图 21-2　抗风型复合绝缘子实物

（二）主要创新点

本项目研究主要包括绝缘子硅橡胶材料性能研究、模型的流体激振问题研究、复合绝缘子伞型优化研究。绝缘子硅橡胶材料性能研究主要关注硅橡胶的电气性能，包括漏电起痕、憎水性、撕裂强度等，而对于其耐疲劳性能未作关注，绝缘子硅橡胶材料与其他种类橡胶材料相比，耐疲劳性能极差；模型的流体激振问题研究是针对刚体模型进行研究，其特点是振动幅度小、频率高，而本项目中伞裙结构为弹性体，其固有频率较低，摆动幅度大，给风洞实验中各项测量带来巨大挑战，最终研究人员采用非接触式的高速摄影测量，利用专业分析软件得出频率、幅值等数据；复合绝缘子伞型优化设计一般关注其积污特性、污闪性能、覆冰特性等，研究对象主要为大小伞配合、伞伸出差配合、伞径/伞间距调节，本项目重点考察单片伞裙的抗风性能，研究其结构参数对力学性能的影响，在确保伞裙能经受强风的基础上，进一步保证其电气性能达到污区要求。

三、强风环境下输电线路复合绝缘子和金具防损技术研究及应用

本项目荣获 2014 年度国家电网公司科学技术进步三等奖，申请并受理国际发明专利 2 项，申请及获得授权的国家发明和实用新型专利 6 项，共发表研究论文 8 篇（EI 和国内核心检索），受邀在国际高电压技术会议（ISH2013，韩国）、国际输配电发展会议（INMR2013，加拿大）作正式报告。

（一）成果简介

乌北—吐鲁番—哈密 750kV 输电线路是"疆电外送"的重要电力通道，途经"三十里风区"及"百里风区"等强风区，恶劣的气候环境极大考验了线路的安全运行。2011年 3 月巡视发现 35 基塔 49 支复合绝缘子伞裙环裂、破损，有效爬距降低达 20.4%；全线光缆、地线挂点金具出现严重磨损，940 支导线间隔棒因严重磨损失效。复合绝缘子破损导致电气性能降低，随时可能产生线路跳闸的后果，金具快速磨损随时可能引发掉串及断线等重大安全事故。本项目对于提高线路安全运行水平、指导特殊气候环境下电网建设具有重要意义。

本项目通过理论分析和实验研究，建立伞裙断裂理论体系。通过分析伞型参数与结构刚度的关系，建立复合绝缘子抗风性能评价体系与设计原则，制定了《国网新疆电力公司强风

区复合绝缘子选型导则》，设计生产了 2 个型号
750kV 抗风型复合绝缘子样品（如图 21-3 所示），
风洞实验验证该复合绝缘子能抵御 60m/s 的风
速，通过了型式试验。462 支复合绝缘子已挂网运
行两年，无伞裙断裂情况发生，运行效果较好。针
对金具磨损，项目开展了金具磨损性能机理分析、
技术检测、优化方案研究和金具寿命预测评估，成
功研制了连接金具摇摆磨损试验机，提出了适用于
新疆强风区线路金具最佳配合方式的建议，改型金

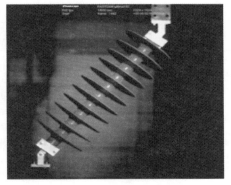

图 21-3　新设计抗风型复合绝缘子 60m/s
风速下的风洞实验

具 1747 套、间隔棒 8598 套已挂网运行近 4 年，无明显磨损现象发生，运行效果较好。

　　截至 2014 年 2 月，采用本项目研究成果，更换绝缘子 462 支，至今无明显破损情况。
项目形成的《强风地区复合绝缘子使用技术导则》用于指导强风区复合绝缘子的选型、使
用，提出的连接金具优化连接方案及间隔棒线夹选型方案，已成功应用于乌北—吐鲁番—哈
密 750kV Ⅰ、Ⅱ线大修金具更换中。2012 年 4 月，针对不同区段磨损情况，实施了 1747 套 U
型环、8598 套间隔棒的更换工作，至今无明显磨损情况发生。针对我国特高压输电的特
点，该项科技成果将有利于推进特高压输电线路在西北地区和其他强风地区的建设。

（二）主要创新点

　　提出了强风区复合绝缘子的伞裙摆动问题，研究了绝缘子硅橡胶材料的疲劳特
性，揭示了疲劳裂纹的微观发展过程，建立了强风条件下复合绝缘子伞裙断裂理论体
系；通过仿真和试验研究，提出了强风区复合绝缘子抗风性能的评价体系，编制了
《强风地区复合绝缘子使用技术导则》；建
立了强风区的复合绝缘子设计原则，为风区复
合绝缘子设计、选型和评估奠定了理论基础，
设计 750kV 抗强风复合绝缘子，产品通过型式
实验并挂网，已安全运行两年（如图 21-4 所
示）；研制了连接金具摆动磨损试验机，提出
了适合于强风区的金具结构型式，并在网内大
量推广应用，建立了强风区电力金具磨损寿命
评估、预测模型。

图 21-4　新设计抗风型复合绝缘子挂网运行

第二节　变电设备研究

一、750kV 电抗器乙炔超标监测与治理技术的研究与应用

本项目荣获 2014 年度新疆维吾尔自治区科技进步三等奖，取得发明专利 2 项、实用新型专利 5 项；科技成果鉴定 1 项、软件著作权 2 项；发表论文 2 篇；制定技术标准 1 项。

（一）成果简介

新疆 750kV 电网设备投运后，乌北、吐鲁番、哈密、巴州 750kV 变电站共计 29 台（2 台备用），750kV 电抗器先后出现微量乙炔。在 2011 年 7 月 24 日和 2012 年 5 月 31 日，吐鲁番—哈密 750kV Ⅰ线高压电抗器 B、C 相分别检测到各特征气体含量异常增长，设备紧急停运，吐鲁番—哈密 750kV Ⅰ线退出运行。750kV 电抗器乙炔超标缺陷对 750kV 电网安全运行造成严重危害。

此项目涉及信息采集技术、智能传感技术、实时监测技术、状态诊断技术、电力一次设备制造技术、机械设计技术等多学科。历时 5 年，经历了产品研发、技术缺陷监测、技术改造三个阶段，研发了 750kV 油色谱在线监测系统、局部放电在线监测系统，制定了解决 750kV 电抗器乙炔超标的标准化工艺流程和实验流程，为 750kV 140Mvar 电抗器乙炔超标故障消缺提供了技术依据。经科技成果鉴定，本项目的研究成果已达到国内同类产品先进水平。

本项目成果已在甘肃 750kV 武胜站和沙洲站、青海 750kV 日月山站单相容量 100Mvar 的油浸式高压并联电抗器、新疆 29 台 750kV 高压并联电抗器技术改造上应用，至今未出现乙炔超标现象。

（二）主要创新点

研发了以传统气相色谱法和新型光声光谱法原理相结合的 750kV 油色谱在线监测系统（如图 21-5 所示）；通过超声波、超高频、脉冲电流法综合应用，研发了一套 750kV 电抗器局部放电在线监测系统；发明了一种提高电抗器主体底板与基础平台接触面积的方法，降低了电抗器主体底板与基础平台的振动；发明了一种 140Mvar 电抗器噪声降低

的方法，可降低噪声 4～7dB；选用新型芯柱材料，改进 750kV 电抗器结构，提高电抗器内部绝缘及抗振能力。

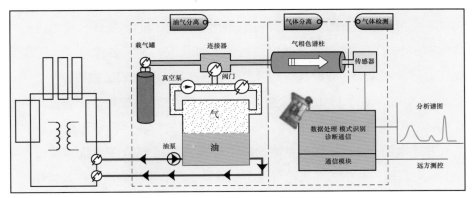

图 21-5　油色谱在线系统原理图

二、超／特高压组合电器（GIS）绝缘缺陷分布式检测研究与应用

本项目荣获 2015 年度新疆维吾尔自治区科技技术进步三等奖，获得授权及受理的专利共计 10 项，其中发明专利 7 项。发表学术论文 14 篇。

（一）成果简介

全封闭气体绝缘组合电器作为电网设备家族中的重要成员，随着新疆电网的快速建设及高可靠性要求，其数量在未来 10 年内将会骤增，GIS 将在新疆电网扮演日益突显的变电角色。近几年对 GIS 运行状况的统计，其运行状态不甚理想，鉴于国内外 GIS 内绝缘故障产生的机理、故障类型和辨识、传感器研制（见图 21-6）等核心技术问题尚处于争论和探索阶段，尤其针对 GIS 的现场故障模拟及带电检测研究仍为行业空白，其深

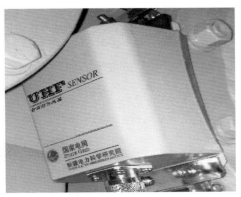

图 21-6　微型矩阵螺旋天线传感器

层次机理及问题解决方案长期困扰电力生产领域。面对新疆电网的生产迫切需要及该技术领域纵深发展相关问题，本项目从基础研究层面探索故障机理和技术难点，从应用层面提出具体解决方案，有助于保障新疆电网的长期安全运行。

本项目提出分布式超高频局部放电检测系统研究方案，创新性地提出对超高频信号进行分布式采集的新思路。该思路采用先将传感器的信号处理工作在检测点完成，再将处理后的结果传回主控室进行综合处理的方式，避免了信号传输过程中的衰减及变形失真。分布式系统可以以较低的资源获得较高的运算性能，能够在 GIS 正常运行时，检测其内部的局部放电情况，实现局部放电信号的实时获取，并将各传感器所采集到的信号通过主程序进行实时显示、分析判断，可准确、快速地捕捉到设备故障。

截至 2014 年底，新疆电网内各个电压等级的 GIS 变电站数量已经超过 150 座，与此同步增长的还有 GIS 逐渐增多的故障，GIS 一旦出现故障，其检修周期很长，造成的损失巨大。瓷套成本低，可以推广可扩展的新型分布式 GIS 局放在线监测系统，实现局部放电信号的实时获取及分析、一次电气设备绝缘状态的数字化、集成化及智能化，进一步提高了国网新疆电力电网安全、经济、稳定运行水平，起到示范和推动作用，促进智能电网和电气设备的状态检修。

（二）主要创新点

研制出了高灵敏度微型矩阵螺旋天线传感器，该天线在 1GHz 以上具有很好的宽频特性，能够较好地定向接收性能，增益很高，能更好地检测到局部放电所产生的特高频信号。针对 GIS 的典型缺陷类型，搭建了两套 GIS 局部放电试验装置，结合抽象处理后的四种典型缺陷模型的电场仿真计算结果，研究了该范围内各种缺陷模型的放电特性并确定了缺陷模型参数，并将其运用到实际设备。根据 GIS 局部放电特高频检测中存在的噪声特点，提出并创立了用复小波变换对局部放电信号去噪的复合信息与复阈值理论和算法，创新了用复小波变换去噪的系统理论，通过实例分析，确定了新型算法良好的去噪效果和实用价值。基于 TRPD 和 PRPD 的模式识别，将 TRPD 和 PRPD 模式识别方法的决策信息进行融合，提出基于 DS 证据理论的多信息融合的 PD 辨识方法，实现了对 GIS 内部绝缘缺陷的综合判别，极大地提高了局部放电故障辨识的可靠性。设计并搭建了 GIS PD 在线监测系统（如图 21-7 所示）。对局部放电的特征信息进行连续监测并实时保存，总体实现局部放电信号的调理、传输、多路采集、数据分析、数据查询、阈值报警等功能。

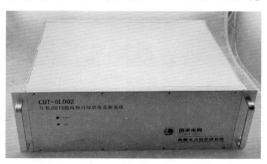

图 21-7　分布式 PD 监测系统装置

三、超/特高压变电站机器人智能巡检系统关键技术研究与应用

本项目荣获 2015 年度新疆维吾尔自治区科技进步三等奖，获得授权发明专利 2 项、授权实用新型专利 1 项，通过科技成果鉴定 1 项、软件著作权 5 项；发表论文 1 篇。通过鉴定项目整体水平达到国内领先水平。

（一）成果简介

超/特高压变电站存在设备体积大、厂区规模大、设备种类多以及电磁干扰强等特点。实践表明，传统的变电站智能巡检技术已难以满足超/特高压变电站自动巡检需求。随着超/特高压输变电技术的大规模推广，适应超/特高压变电站工作环境的智能巡检技术亟待解决。

国网新疆检修公司和北京兴汇同维电力科技有限公司联合组建了近 50 人的研究团队，历时 3 年半完成了《超/特高压变电站机器人智能巡检系统关键技术研究与应用》项目，研发了适应于高温、高寒、强风沙、大温差和强电磁干扰等多扰动源极端环境下超/特高压变电站智能巡检机器人系统。围绕超/特高压变电站机器人智能巡检系统优化构建及仿真技术、多扰动源极端环境下的智能巡检机器人导航控制技术等关键理论和应用技术进行了"国内首创研究"，达到国内领先水平，应用价值重大。

本项目研制的智能巡检机器人通过在乌北、吐鲁番 750kV 变电站成功试点工作，已推广应用至哈密 ±800kV 天山换流站、西藏拉萨换流站、甘肃平凉 750kV 变电站、陕西榆横 750kV 变电站、新盛 330kV 变电站、新疆乌鲁木齐钢东 220kV 变电站、宝钢 220kV 变电站、新疆昌吉 220kV 变电站和长宁 220kV 变电站等 15 座变电站。

该项目的经济效益在于显著减少了工作人员的劳动强度，提高了变电设备使用的安全性，延长了使用寿命，确保了变电设备在出现发热故障时，能够快速、准确地进行更换或维修，保障了电网的安全持续运行。

通过应用超/特高压变电站机器人智能巡检系统进行自动巡检、实时温度监控，提高了设备的检控能力、检测的时效性、针对性和准确性，达到了自动检测、及时发现设备隐患的目的。通过对设备开展自动化巡检，取代人工检测方式，极大地降低了人员劳动强度，提高了工作效率和质量，解决了在恶劣天气下，巡检难度和危险度大的问题，为实现变电站无人化、信息化、智能化提供了基础平台。该技术的研究与应用对保障整个新疆电网乃至西北电网的安全运行，促进新疆经济繁荣、社会安定团结意义重大。

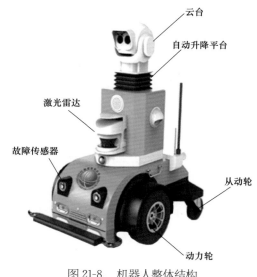

图 21-8 机器人整体结构

云台
自动升降平台
激光雷达
故障传感器
从动轮
动力轮

（二）主要创新点

本项目提出了视觉与有源电磁融合智能导航控制技术，实现了智能巡检机器人在强风沙和电磁等多扰动源极端环境下的可靠、自主导航；针对超/特高压变电站特殊运行环境，提出了基于多元信息设备状态辨识技术，满足了超/特高压变电站巡检的全覆盖率、高识别率和高准确率的工作要求；在国内率先开发出了能够针对超/特高压变电站的智能巡检机器人系统（如图 21-8 所示），并成功应用于指导工程实践。

四、适用于新疆极端环境下变电站设计关键技术研究及应用

本项目荣获 2015 年度新疆维吾尔自治区科学技术进步三等奖。获授权专利 6 项（其中 3 项发明专利），软件著作权 1 项，发表学术论文 3 篇，通过新疆维吾尔自治区科技成果鉴定，总体技术达国内领先水平。

（一）成果简介

本项目针对新疆地区极端环境的主要影响因素，从提高变电站设备/建筑防护性能和加快变电站建设速度等方面入手，研究适用于新疆极端环境的变电站关键设计技术。研究变电站二次户外设备对于高温、极寒、大风沙等恶劣环境的防护性能提升技术并提出设计方案，提出一种新型材料的二次设备预制舱和高防护性能户外控制柜，解决变电站二次电气设备对高温、极寒、大风沙等气候的适应能力，提高极端环境下运行可靠性。图 21-9 展现了在技术

图 21-9 试验现场

研究完成后进行现场试验的情景。

项目组提出采用工厂预制技术提升变电站施工效率和工艺质量，实现设备生产、调试"工厂工作量最大化，现场施工量最小化"，解决极端环境下变电站建设工期短问题。通过数字化设计手段，实现二次施工图集成设计和数字化移交，提升设计质量和效率。

考虑到新疆部分地区安保问题较为突出的极端治安环境，现有变电站辅助系统之间信息孤立运行，不具备对话功能，联动效果差，无法完善实现智能告警联动及方便运行。基于上述原因，技术人员提出基于无线传感器网络和专家系统的智能变电站技术，提高变电站"感知"水平，实现辅助系统智能运行和联动控制，及时发现对变电站的非法入侵、破坏活动。

截至2014年底，该项目所形成的标准设计方案已在新疆地区的750、220、110kV变电站中全面应用。使现场施工周期缩减为常规工程的67％左右，现场调试时间缩短为原来的43％左右，设计人工工作量减少近50％，变电站一次设备因恶劣气候导致的故障率下降42％，二次设备故障率下降53％，建构筑物故障率下降39％，后期变电站设备运行的可靠性明显提高。通过采用快速建设设计方法，基建产能提高30％以上；通过采用物联网智能辅助控制系统技术，变电站辅助系统提高了在无人值班情况下的自主运行能力，智能巡检系统的应用使运行检修的智能化程度有效提高。为解决极端环境地区变电站设备、建筑物防护的问题，国网新疆电力快速建设变电站，开发变电站辅助系统智能联动技术，带动相关产业和技术发展，提升了电网技术水平。

（二）主要创新点

本项目研制了极端恶劣环境下二次设备预制舱技术，并成功应用于部分新疆变电站工程中。研制了新型组合式二次设备，有效提高了变电站施工建设效率。发明了"Visual SCD智能变电站系统集成设计软件"，有效提高了设计人员的设计效率，并显著减少了人工错误。提出了变电站智能辅助控制及联动技术，有效提高了变电站智能化防护水平。

第三节　电网系统研究

一、新疆与西北750kV输变电联网工程关键性技术问题研究

本项目荣获2011年度新疆维吾尔自治区科学技术进步二等奖。

（一）成果简介

本项目主要包括新疆高一级电压等级论证及电网规划、新疆750kV输电线路设计中关键性技术的研究、"疆电外送"交易机制研究、新疆与西北750kV输变电联网工程系统调试研究四部分内容。于2008年1月开始，2011年2月结束，历时3年2个月。本项目不仅进行了常规的经济技术比较，还在占用走廊、节能减排、与低一级电网的衔接、资源优化配置以及远期风电开发方面进行了全面、详细的比较。在远景年网架方案对比方面，不仅考虑了2020年500kV和750kV电压等级，甚至展望到2040年，远远超出了常规论证展望的时间。750kV电压等级具有线路回路数少(2∶3)、落点少(3∶5)、稳定送电能力裕度大等特点，更适合于新疆电网未来的发展。此结论已成功应用于新疆与西北750kV联网工程。

吐鲁番地区属于干热地区，以往变压器采用胶囊式储油柜，其橡胶材料在长期高温下容易发生裂化，存在需要定期停电检修、停电更换的问题。为解决这一问题，经过可行性研究后，吐鲁番750kV变电站主变压器（电抗器）采用了金属波纹内油式储油柜，该储油柜使用不锈钢材料，它的使用寿命能保证在干热地区使用30年，不检修，不更换。实现了在干热地区750kV主变压器（电抗器）采用金属波纹内油式储油柜的应用。

本项目的研究成果已于2011年1月7～9日应用于吐鲁番—巴州750kV输变电工程的系统调试工作中。1月10日，乌鲁木齐电网已正式向巴州地区送电。该工程的投产，大大缓解了南疆地区的缺电问题。

根据新疆电力发展近、中、远期规划，已建成凤凰—乌北750kV输变电工程和巴州—伊犁、巴州—库车750kV输变电工程。截至2020年，新疆750kV电网将实现全疆联网，750kV变电站将建到19座，输电线路将大幅增加。因此，本项目的研究成果对今后新疆750kV输变电工程的生产运行具有很大的推广应用价值。

（二）主要创新点

本项目采用真型塔仿真计算、试验，解决了新疆强风区750kV输电线路铁塔的设计问题。结合线路沿线的气候特征及地形特征，通过天气学分析、数值模拟和统计学分析等技术方法，确定强风区域内线路的设计风速取值及其区段划分。结合新疆强风特点，对非静力中尺度数值模式中的杆塔风荷载等系数做出了调整和修正，解决了新疆强风区750kV输电线路铁塔的设计问题。

本项目采用建模、仿真计算方法，解决了220kV孤网单电源对750kV主变压器冲击合闸、单回线负荷侧单相重合闸的问题。针对新疆地区 220kV 孤网单电源特殊运行方式，采用系统动态等值 EPRIE 方法，建立了 220kV 电网的数学模型；利用自耦变压器空载特性和励磁阻抗，建立了 220、750kV 变压器的等值数学模型。通过仿真计算，提出了将电源点设在乌北 750kV 变电站的实施方案；提出乌北 750kV 变电站 220kV 母线电压控制在 238kV 以下、750kV 侧母线电压控制在 800kV 以下等指导意见。这些方案使得乌北 750kV 变电站主变压器空载合闸顺利完成，解决了 750kV 吐巴 II 线单回线负荷侧单相重合闸的问题。

二、与西北电网 750kV 联网后新疆电网频率稳定性研究

本项目荣获 2013 年度新疆维吾尔自治区科学技术进步三等奖，是国家电网公司重点科技项目，形成企业标准 1 项，发表论文 3 篇。

（一）成果简介

截至 2013 年夏季，除吐巴线 750/220kV 电磁环网没有打开外，其他电磁环网均已解环，而且主变压器均为单主变压器、750kV 双回线多数同杆。因此，750kV 网架不同线路或主变压器发生故障，会导致新疆电网不同地区脱网孤岛运行，联网后新疆电网频率稳定问题突出。原动机调速系统作为电力系统四大参数之一，是电力系统计算分析的基础，新疆电网现有仿真数据中发电机调速模型均为经典模型，仿真结果与实际运行情况差别较大，为更好地开展大区域互联网稳定性分析，研究原动机调速系统仿真模型以及其对电力系统稳定性的影响十分必要。

本项目的研究目的是保证 750kV 联络线或主变压器解列后，新疆电网稳定运行不损失负荷。

本项目建立了仿真计算用实测调速系统模型，确定模型参数，分析调速系统各参数对频率稳定性的影响，解决了典型模型调频容量、频率死区和频率响应特性不符合实际等相关问题。

本项目建立的实测调速系统模型与实际机组调速系统特性一致，可以为国网新疆电力调度部门提供更直接准确的数据模型，已成功应用与新疆电网的年度运行方式计算和次年度安全稳定评估计算。凤凰—乌苏—伊犁 750kV 输变电工程已于 2013 年 4 月 30 日顺利通过系统调试；伊犁地区正式通过 750kV 线路向主网送电，从根本上解决了伊犁夏季水电大发时的窝电问题。

哈密南—郑州±800kV特高压直流输电工程（新疆段）和750kV二通道工程已经投运，交直流之间已出现频率稳定问题以及由此带来的其他稳定问题，本项目对频率稳定性的研究成果能够为电网稳定性管理提供决策，可以为提高哈密南—郑州±800kV特高压直流输电工程（新疆段）和750kV二通道工程的输电能力提供技术支持。

在不采取频率稳定控制措施下，750kV联络线或主变压器解列造成频率稳定问题和750kV输电通道的输电能力受限问题，严重制约了新疆电力外送的能力，新疆"煤从空中走"的资源战略大打折扣。因此，本项目的研究成果具有重要意义和推动作用，取得了巨大的经济效益和社会效益。

（二）主要创新点

本项目采用现场试验测试、理论分析以及模型仿真验证等方法，探明了机组产生反调的机理，采用转速微分法和功率延时法相结合的方法，解决了机组反调的问题，提高了机组及电力系统的安全运行水平。

采用实测调速系统模型进行西北电网仿真计算，突破了调速系统在大电网仿真计算的难点，解决了新疆电网750kV主变压器跳闸或联络线解列事故后的频率稳定问题及电压稳定问题。通过仿真计算，提出了加快第二台主变压器建设进度、优化运行方式、细化切机方案、研究快关汽门和加装动态无功补偿等方案，解决了哈密750kV变电站主变压器跳闸后的电压稳定和频率稳定问题；提出了主动切机的安控措施和在吉林台等水电厂增加两轮高周切机措施的方案，解决了凤凰750kV变电站主变压器跳闸或凤凰—乌苏750kV输电线路解列后的频率稳定问题；提出了主动切机的安控措施和联切750kV线路的方案，解决了新疆乌吐、甘肃敦泉双线解列后的电压、频率稳定问题。具体情况如图21-10所示。

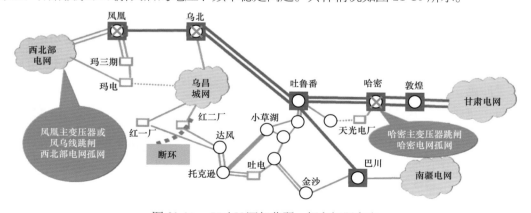

图21-10 750kV网架薄弱，频率问题突出

三、哈密南—郑州±800kV特高压直流输电工程偏磁监测与关键技术研发

本成果获得 2014 年度新疆维吾尔自治区科学技术进步二等奖，获得授权发明专利 1 项，授权实用新型专利 4 项，受理发明专利 12 项，软件著作权 2 项，发表论文 6 篇。

（一）成果简介

直流输电处于单极或双极不平衡运行时，电流会经接地极流入大地，造成地表电位分布不均匀，因而在交流电网不同接地点间产生电位差，使部分直流电流从一端变压器中性点流入，再从另一端变压器中性点流出，变压器绕组中将流入直流电流，变压器直流偏磁，振动、噪声、温升、谐波等问题接踵而来。随着特高压西电外送直流通道的建设，特高压直流工程额定电流、西北干旱地区土壤结构、接地极附近 750kV 和 1000kV 变压器均属于受直流偏磁影响最敏感的结构类型，以上因素造成变压器直流偏磁问题日渐突出，对设备及系统安全运行产生的不利影响已成为建设特高压大电网、实现大规模清洁能源外送必须解决的关键问题。

本项目围绕歧异高参数地质环境下直流偏磁产生的机理、仿真、监测和治理等基础理论和应用技术进行了"国内首创研究"。本项目深入研究歧异高参数地质环境下直流偏磁产生的机理，对直流偏磁对单相、三相三柱、三相五柱变压器产生影响。研究层状土壤的地电位分布、直流极入地电流的流向问题以及地质结构对直流偏磁的影响，提出了可以精确求解任意参数水平多层土壤地电位的高阶复镜像法，确定了歧异高参数地质环境下的土壤模型参数。项目提出交流电网直流电流广域分布模型构建方法，建立了哈密南—郑州±800kV 特高压直流送端直流偏磁的系统仿真模型，在国内率先开发了交流电网中性点直流电流电压电位分布计算软件，实现了交流电网中直流电流和各节点电位的仿真分析。本项目研制了高精度采样的直流偏磁监测技术、隔直电容器并联氧化锌阀片和高速旁路开关的直流偏磁抑制技术，开发了直流偏磁监测及抑制成套装备，可以实时在线监测变压器中性点直流电流，对超出指标的变压器及时进行报警并进行直流隔离。实物如图 21-11 所示。

本项目针对哈郑直流送端的特高压交直流输电系统的直流偏磁问题，研究了新疆及甘肃地区主要变压器中性点直流偏磁水平，提出了山北、烟墩西、石城子、烟墩南、烟墩北、苦水西 220kV 变电站中性点不接地的治理措施，并在哈密南—郑州±800kV 直流系统调试及运行中得到成功应用。为调度运行和方式安排部门科学决策提供了有效依据，

图 21-11　直流偏磁监测与抑制装置在东疆变电站投入运行

对哈密南—郑州 ±800kV 直流接地极附近变压器安全稳定运行具有重大指导意义。项目研制的直流偏磁监测与抑制成套装备已经在哈密地区东疆 220kV 变电站和十三间房 220kV 变电站投入使用，在哈密南—郑州 ±800kV 直流系统调试及运行中装置正确动作，有效隔离了变压器中性点直流电流，保证了变压器安全稳定运行。

自首条"疆电外送"特高压——哈密南—郑州 ±800kV 特高压直流输电工程（新疆段）正式投运以来，新疆跨入了大规模特高压"疆电外送"时代，本项目的研究成果能够为即将新建的准东—华东 ±1100kV 特高压直流工程接地极选址、直流偏磁治理提供有效依据，实现新疆清洁能源产生的电力资源在全国范围内优化配置，促进新疆能源优势转化成经济优势，缓解华中和华东地区用电紧张局面，进一步促进我国电网技术升级，为新疆电网的安全运行及社会经济发展做出重要贡献。

（二）主要创新点

本项目提出了分析歧异高参数地质环境下电网直流电流广域分布的新方法，研制了歧异高参数地质环境下弱送端电网直流偏磁监测与抑制的新装备，提出了治理歧异高参数地质环境下弱送端电网中 750kV 电压等级自耦变压器直流偏磁的新措施。

四、满足新疆电力大规模外送网架规划和关键技术应用

本项目荣获 2014 年度国家电网公司科学技术进步二等奖，是国家电网公司重大科技项目，整体技术达到国际领先水平。已获得授权及受理的专利共计 12 项，超额 3 项，超额完成科技论文 6 篇。

（一）成果简介

本项目包括 5 个子课题，分别是《哈密—郑州 ±800kV 直流工程投运后送端电网稳定特性研究》《哈密—郑州 ±800kV 直流工程投运后受端电网稳定特性研究》《满足疆电大功率外送的送、受端电网结构研究》《适应新疆地区电网解列的源网协调控制技术研究》《大型能源基地送出系统的协调优化控制技术研究和示范》。研究目的是掌握送受电端电网的稳定特性和运行控制技术，实现大型能源基地送出系统的协调优化控制，解决新疆网架结构薄弱、交直流系统特性复杂等引起的电网安全稳定问题，为推动"疆电外送"能源战略，保障新疆电力安全可靠送出提供重要支撑。结合设备研发等情况，哈密南—郑州 ±800kV 特高压直流输电工程（新疆段）采用送端经 750/500kV 联变与主网相联的混联送电模式。综合考虑电网安全运行、直流输送效率等因素，国网新疆电力改善哈密南—郑州 ±800kV 特高压直流输电工程（新疆段）配套火电、风电、光伏的规模，在国家已安排 660 万 kW 火电、800 万 kW 风电、125 万 kW 光伏的基础上，增加 200 万 kW 配套火电机组，相关研究成果已多次向国家能源局、新疆维吾尔自治区政府汇报。综合电源容量、位置等因素，提出配套火电接入方案，风电、光伏的接入系统方案以及 750/500kV 联变的扩建方案，指导电源接入和输变电工程前期工作。结合新疆电力大规模外送，为确保哈密南—郑州 ±800kV 特高压直流输电工程（新疆段）及后续直流送出通道安全稳定运行，国网新疆电力提出了新疆送端 750kV 主网架方案，提出受端特高压网架建设时序，为国网新疆电力"十三五"电网发展规划提供重要支撑。

本研究项目开发了大型能源基地交直流协调控制系统，并成功应用于新疆电力调度控制中心，解决了电力需求与输电能力不足、电网发展与环境保护等严重制约电网发展的矛盾，带动相关产业和技术发展，提升电网技术水平，具有重要意义和推动作用。

（二）主要创新点

考虑火电调节能力和风电、光伏出力特性，拟定直流送电曲线，结合生产运行模拟，提出了哈密南—郑州 ±800kV 特高压直流输电工程（新疆段）直流送端风光火打捆外送协调优化容量配置方法；研究哈密南—郑州 ±800kV 特高压直流输电工程（新疆段）直流输电工程单、双级闭锁故障后，系统盈余功率在送端电网的分配规律；基于自组织特征映射网络和 Lasso 方法，结合误差反向传播型神经网络，提出了在线预测电力系统静态电压稳定极限的方法；基于电力系统物理等效机理，提出了构建大规模交直流电力系统电磁暂态仿真的方法；综合考虑大电网互联模式、直流落点以及新能源接入规模的交直流电网协调规划技术原则；提出了适应于 0.05～0.2Hz 的大网互联低频振荡的 PSS4B 设计技术；提出了协调广域强励控制与电网安自切机、低压减载维持地区电网解列电压稳定的策略；提出了协调调速器与电网安自切机维持地区电网解列频率稳定的控制策略；提出了计及风电运行特性的大规模能源基地交直流混联送端系统的励磁、调速模型影响因素分析方法；提出了基于等同电气阻尼特性的大电网次同步振荡等值简化研究方法；提出了规模化风电火电多电源种类的特殊多电压等级序列的含多条直流的大型能源送端系统在正常与故障运行方式下的电网优化协调控制策略；提出了适应多重复杂故障情况的稳控与可控高抗之间的协调配合控制策略。

五、大型综合能源基地交直流混联送端电网网架构建和运行控制技术研究与应用

本项目荣获 2015 年度新疆维吾尔自治区科学技术进步二等奖，发表论文 12 篇，授权发明专利 6 项。本项目通过新疆维吾尔自治区科技成果鉴定，总体技术达国内领先水平。

(一)成果简介

新疆地区蕴藏着丰富的能源资源，发展大容量交直流外送系统是实现资源优势转化的必然选择。然而，风、火、光伏和直流系统四者间的交互作用及其对交流电网的影响十分复杂。±800kV 天中直流作为世界上首个以送清洁能源为主的直流系统、输送容量最大的直流输送系统、新疆电网第一条特高压直流输送系统，其规划及运行难度超越以往直流输电系统。本项目针对新疆大规模综合能源基地交直流外送系统，开展了一系列关键技术研究工作，提出大规模电力外送的送端网架结构构架方案以及运行控制体系，为推动"疆电外送"能源战略，保障新疆电力安全可靠送出提供重要支撑。

本项目的研究成果主要适用于全国各大型能源基地规划及运行控制，研究成果中电源规划接入方案、天中直流配套电源分配比例已得到国家发改委批复，应用于天中直流的规划建设；750kV 无功优化方案已纳入新疆西北交流二通道工程建设中，提升了 150 万 kW 的疆电外送能力；安全控制体系已成功应用于天中直流的控制运行，确保天中直流稳定运行。

（二）主要创新点

考虑能源利用最大化，线路廊道最省化，电网运行安全性与经济性，本项目提出了基于四象限原则的送端电源汇集方法，解决了能源基地电源汇集无序问题；提出了送端系统电压可控能力最优、基于轨迹灵敏度判稳、满足一次调频约束的风、火电打捆直流外送最佳配置比例计算方法，揭示了影响风火打捆送电系统电压、功角、频率稳定的内在机理及关键因素；基于火电与直流交叉协调联合调频、动态无功电压控制、交直流/多直流协调控制，建立了大规模综合能源基地交直流外送系统的电网安全控制体系，并在新疆、西北电网予以工程应用。

第二十二章 管理创新成果

第一节 企业发展创新

一、电网企业运营集约监控体系创建与实施

本项目于 2014 年获得新疆维吾尔自治区管理创新一等奖。

（一）成果简介

国网新疆电力作为关系新疆维吾尔自治区能源安全和经济命脉的国有重要骨干企业，依据国家电网公司顶层设计，为适应新形势、新发展、新变革，2012 年创建了"电网运营集约监控体系"并实施应用。该体系是一项管理创新的系统工程，以强化运营数据资产管理和"大数据"挖掘为手段，以先进信息技术为依托，以提升运营效率和效益、促进国网新疆电力安全健康发展为目标，逐步实现对主营业务活动、核心资源和客户服务的实时在线监测分析、协调控制，全景展示国网新疆电力形象，掌控经济运行状况，增强业务管理的透明度，增强集团管控能力和风险防范能力，为运营决策提供有力支撑，为提高管理绩效和经济绩效提供保障。运营集约监控体系建成以来，取得的管理效果逐步显现，企业管理大幅提升，效率效益明显提高。

（二）主要创新点

电网运营集约监控体系是集外部环境、综合绩效、运营状况、核心资源、关键流程五个方面组成的企业级运营模型，形成全面监测、运营分析、协调控制、全景展示完整的运营监测（控）业务体系，涵盖了 516 项指标和 1389 项数据项，形成运营监测分析的载体和基础，与企业运营模型相适应，同管理模式相契合。通过运营监测（控）信息支撑系统（包括工作台、大屏幕可视化和数据接入三个部分）实现了 330 个监测场景、4790 个监

测页面、713 个业务功能，实现了 14 个业务部门、28 个业务系统数据接入，接入数据 4500 多万条，形成在线监测分析的基础工作平台，全面建成国网新疆电力运营的"实时在线监测中心、在线运营分析中心、综合协调控制中心、企业形象展示中心、数据资产管理中心"。在支撑运营监测和分析的同时促进了业务融合和数据共享，提升了数据资产的价值。为实现企业运营优化和业绩提升，构建省级电网公司管理能力、业务分析等提供了重要手段。同时消除信息壁垒，加快数据共享与业务融合，提高数据质量，挖掘数据资产价值，提供了基础保障；进一步促进管理信息化和现代化提升。

二、基于提高决策能力的电网企业电子沙盘实训系统的创建与实施

本项目于 2014 年获得新疆维吾尔自治区管理创新二等奖。

国网新疆电力培训中心将立体实物沙盘和模拟软件系统有机结合，创建了电网企业经营管理电子沙盘实训系统。一方面将现代计算机模拟决策技术应用于培训教学，为学员提供虚拟的经营决策环境，使学员能够参与决策、解决问题，同时计算机根据决策给出反馈及评价，形成人机互动，让参与者从自己的实践中学习，从自己的错误中学习。这种教学方式解决了传统管理决策培训实践不足的问题，却又不会使公司遭受任何损失。另一方面以电子沙盘模拟决策实训系统为核心，针对传统管理决策培训远离行业、业务实践问题，通过在模拟环境中加载真实发生的场景，在系统设计中基于电网实际业务流程，从而贴近一线经营实际；针对传统管理决策培训课堂理论灌输教学模式单一的问题，引入参与竞争、角色扮演的替代方式，增加培训的参与体验感和趣味性；针对传统管理决策培训教学效果难以评价的问题，以团队竞争、模拟经营业绩代替传统教学中的考试分数，为评估管理决策能力提升水平提供了最接近真实的答案。

国网新疆电力培训中心创建并实施的基于决策能力的供电企业电子沙盘实训系统，作为国内外第一个专门针对电网行业的电子沙盘模拟决策培训系统，具备在电网乃至于整个电力行业及其他行业的推广价值，将为电网和电力行业干部员工的管理决策能力提升做出重要贡献。

三、企业文化在创新工作室建设中的落地实践

本项目于 2015 年获得新疆维吾尔自治区管理创新一等奖。

为适应企业快速发展的需要，提升管理水平，建设卓越企业，国网奎屯供电公司以"顾世峰创新工作室"为载体，将企业文化融入在创新工作室创建工作当中，构建了"道""法""术"三位一体的企业文化落地实践模式，实施创新工作室建设一体化推进，规范项目精益化的工作方法，形成了工作室系统性管理机制，同时发挥创新工作室引领作用，着力培养一批知识型、技术型、技能型、专家型和创新型人才，不断提高企业管理水平和自主创新能力，为企业带来更多的经济与社会效益，达到以文化力激活生产力、强化管理、深化落地、建立卓越企业的目的。

在具体的实施中，确立了运作体系协同化、运作管理项目化、平台运作互动化、管理体系标准化及"五个转变"的管理策略；引入项目精益化管理方法和工具，提升创新项目运作效率；完成了组织权责、日常管理、项目管控、成果评审、成果应用、知识产权、档案资料、考评流程等八大关键环节的工作机制建设；初步形成了资金运作与外协单位配合的管理模式，打造了创新成果综合服务平台阵地，形成了有目标、有方法、有工具、有计划、有管控的系统性管理方法，实现了工作室建设由形式建设到绩效转化的转型升级。

以"顾世峰创新工作室"为企业文化传播落地的阵地，带动引领作用更加明显，员工创新潜能得到激发，企业发展活力增强，创新能力和创新水平被显著激发，全员劳动生产率得到快速提升，2014年，国网奎屯供电公司全员劳动生产率比2013年提高了378339元/（人·年），售电量突破60亿kWh，再创历史新高。企业文化对工作室系统提升的指引和指导进一步凸显，各层级员工、班组、工作站的责任意识、创新意识、奉献意识得到不断加强，员工能动性的发挥促进了企业发展，企业综合管理水平明显提高，打造了"企业科学发展与员工价值提升"的互动共进平台。2014年，国网奎屯供电公司人才当量密度为0.9641，高技能人才比例为77.2152％；经济转化效益逐步凸显，涌现出一批卓有成效、贡献丰硕的创新成果，先后研制发明出一系列电力安全辅助装置，申请电力发明专利达32项。8项电力发明专利成果已经在国网奎屯供电公司范围内由试点应用转为规模推广。

四、系统集成企业以信息技术服务标准为核心的运维能力建设

本项目于2016年获得新疆维吾尔自治区管理创新一等奖。

（一）成果简介

新疆信息产业有限责任公司紧密围绕发展战略，以市场需求为导向，以融合发展为

主线，改变传统信息运维管理方式，提出一种新思路、新方法、新技术，构建符合行业特点的信息运维管理新模式。通过确立信息运维体系框架关键点、设计信息运维能力模型、制定人才培养规划、搭建运维技术服务平台、建立服务标准、建立内控管理保障机制、完善绩效考核管理体系、构筑安全保障体系等方面建设以信息技术服务标准为核心的信息运维能力体系，从能力管理的策划、实施、检查、改进以及能力要素的人员、资源、技术、过程八个方面实施，形成横向协同、纵向贯通、整体协调、运转高效的信息系统运维能力体系，确保企业持续健康稳步发展。

（二）主要创新点

通过以信息技术服务标准为核心的运维能力建设，改变传统信息运维管理方式，提出一种新思路、新方法、新技术，构建符合行业特点的信息运维管理新模式。创新点主要体现：

（1）设计 ITSS 信息运维能力模型。按照运维服务对象提出的服务级别要求，采取相应的技术流程规范，设计以策划、实施、检查、改进为循环模式的信息运维能力模型。信息运维能力模型主要由人员、资源、技术和过程四部分组成。

（2）融合运维技术与资源，建设运维技术服务平台。主要创新做法是整合运维监控平台、建立服务台、健全运行维护管理流程、开发运维知识库、深化应用运维辅助分析系统。

（3）建立服务标准，提升服务质量。实施服务的过程有记录，并可进行追溯、审计；基于运维服务生命周期管理，进行统一规定、统一度量标准，实现服务可复制交付，达到服务标准化。通过信息技术服务标准服务质量要求、可视化的服务体系、清晰的服务定价机制和统一的服务标准，形成具有特定属性的服务产品，并具有产品规范化、可视化、数字化特点，达到服务产品化。

（4）建立内控管理保障机制、完善绩效考核管理。为了满足电力行业信息化运维业务不断扩大和精益化管理需求，依据《信息技术服务质量评价指标体系》，指导运维服务能力的建设，形成一套符合企业自身特点的 ITSS 运维能力评价流程和规范。信产公司根据运维规模及运维范围、服务目录、运维服务需求，完善绩效考核管理。对原有岗位进行优化调整，以符合充分考虑人员各项因素，在主要生产岗位设置主备岗位，调整后的信息通信运维岗位 28 个；每年全员逐级签订绩效合约责任书，建立绩效考核机制，将运维服务纳入企业负责人绩效及全员绩效考核中；根据岗位不同，完善绩效考核管理体系，对员工设定合理目标，建立有效的激励约束机制，通过激励机制促使员工自我开发提高能力素质，改进工作方法从而达到更高的服务质量水平。

（5）构筑安全保障体系。信产公司构筑以安委会主任委员为第一责任人的安全生产责任制，建立健全有系统、分层次的安全生产保证体系和安全生产监督体系，并充分发挥作用。开展"安全生产月"活动，全面加强运维安全管理，深化安全文化建设，以到位监督人员、现场工作负责人及班组安全建设为载体，构筑三级安全网。

五、新形势下央企维稳安保常态化管控集成体系研究与实践

本项目于 2016 年获得新疆维吾尔自治区管理创新二等奖。

（一）成果简介

本项目遵循"顶层设计为先、社会责任至上、员工主动作为、稳定压倒一切"等四项基本原则，开展维稳安保常态化管控体系研究，建立以伤害、事故、损失是"零"为管理目标，以"一号工程"的一把手负责制为核心、"两化"建设为基础、"三全式"管理为保障，夯实"四层次"安保文化，强化"五导向"工作基石，构筑"六防范"立体管控，编制"七到位"规范运行的"01234567"维稳安保常态化管控体系，并通过近两年来在国网新疆电力建设、运营的电网中不断实践，取得显著效果，彰显了责任央企的"三大责任"，促进维稳安保工作成为新疆一流、国家电网公司典范、国内领先，为新疆地区社会稳定和长治久安及经济建设做出突出贡献。

（二）主要创新点

（1）国网新疆电力构建了在新形势下维稳安保"制度、标准、流程、考核、风险""五位一体"的防控体系，突出"嵌制入流、制流一体、规范标准、表单承载、量化评价、系统控制"的一体化管理方式，实用性、可操作性强，并通过了实践检验。

（2）国网新疆电力在全疆范围内全面使用"互联网"及信息化手段，将电网关键、重要设施通过系统视频监控接入公安机关监控信息指挥中心，将监控系统、集控中心传输等技防设施全覆盖所有变电站、营业场所、工作场所，与公安机关 110 报警系统联网，实现数据化、可视化，形成涵盖维稳安保、电力设施保护在内的公安保卫大数据库。

（3）国网新疆电力首次提出了建立维稳安保"四层次"企业文化建设的概念，即固化维稳安保理念文化、建设维稳安保制度文化、创建维稳安保行为文化、夯实维稳安保物质文化，打造维稳安保"防火墙"。

（4）结合《国网新疆电力公司维稳安保防范标准》及公安部门对电网基建在建工程对安保人员的要求，针对维稳安保系统的特征或数量依存关系，采用数学中的概念、公式和理论，确定其量化的主要影响因素，概括表述出维稳安保系统中各变量间内的关系，从而建立维稳安保标准化配置的数学模型。

第二节 电网建设创新

一、电网企业作业现场"安全风险管控十五关"构建与实施

本项目于 2015 年获得新疆维吾尔自治区管理创新一等奖。

（一）成果简介

2010 年底，新疆电网最高电压等级升级为 750kV，进入了跨越式发展时期，各类作业现场呈现参建队伍多、交叉作业多、作业工期紧、安全管控难等诸多问题，现场安全风险管控面临新的挑战。国网新疆电力从作业现场安全风险管控入手，开展风险辨识和分析，总结出了现场作业风险最大的 15 个环节，运用 OPDCA 管理程序，在作业现场每个阶段、每个环节开展全过程风险管控，并形成了作业现场"安全风险管控十五关"创新的安全管理方式和浓厚的安全文化氛围。自"安全风险管控十五关"推行以来，国网新疆电力安全管理水平稳步提升。2014 年，国网新疆电力一共排除了 13228 起安全隐患，防范了 5178 起未遂事故，发生在作业现场的安全事件同比下降 30.6%，为新疆经济社会持续高效发展提供了可靠的电力保障。

（二）主要创新点

1. 理念创新

传统的安全管理存在职责不清晰、管理要求多检查少、安全管理不闭环、以包代管等问题。国网新疆电力突破传统安全管理理念，强调超前介入、主动防控，率先提出将安全管理工作下沉、落实到现场，明确工作流程和分工，逐级落实人员安全责任；牢固树立"任何风险都可以控制"的理念，从开展风险辨识和分析入手，将原有宽泛、高高在上的安全管理转变为各负其责、简单易行、直接落地的风险管控，更加符合电网作业现场实际。

2. 管理创新

根据电网作业现场实际情况，一是将风险管控作为企业安全生产重中之重，构筑电网作业现场风险管控防线，抓住主要矛盾，达到事半功倍效果；二是归纳、总结出电网作业从设计施工到投运送电全过程中安全风险最大、最容易发生事故的十五个关键环节，以此作为"安全风险管控十五关"的核心，分专业、分层次开展全员、全方位立体化安全风险管控，消除和遏制各类事故苗头。

3. 理论创新

国网新疆电力创新地将 PDCA 管理手段增加以目标（Objective）为导向的环节，也就是 OPDCA 目标循环管理，并将其应用于现场风险管控，从事前制定目标、计划，事中管控，事后评价分析进行全过程循环管理，提高了作业质量，降低了现场安全风险。

4. 文化创新

坚持"文化治魂，管理治行"理念，从教育培训、制度建设、安全活动、舆论宣传等多角度全面培育特色安全文化，将工作现场"安全风险管控十五关"管理方式内化于心、外化于行、固化于制，树立了全员工作现场安全风险管控本能意识。

二、拓展工程成本标准体系，合理控制工程投资水平，提升电网企业投资经济效益

本项目于 2015 年获得新疆维吾尔自治区管理创新二等奖。

（一）成果简介

为拓展延伸标准成本体系建设范围和运用，有效控制工程投资，合理评价工程技术经济指标水平，降低电网工程建设和运行成本，国网新疆电力在《国家电网公司输变电工程典型设计》和《电网工程建设预算编制与计算标准》的基础上，为提升新疆地区工程成本标准化管理水平，积极探索拓展国网新疆电力工程成本标准化管理领域，以典型历史工程概算、结算数据为基础，全面研究分析，建立了一套 35kV 基建标准成本体系，为电网项目投资合理性分析、造价（成本）控制和效益评估提供可靠的方法与依据，有助于实现电网工程造价分析数据的可观察、可测量、可追溯，大幅提升 35kV 电网工程造价评价、分析、预测的效率及质量，高效、精确地指导电网项目造价（成本）控制，提高 35kV 电网工程建设的经济效益和社会效益。

（二）主要创新点

通过开展 35kV 基建标准成本体系建设，填补了国网新疆电力基建标准成本低电压成本库数据的空白，为工程造价分析提供了理论依据，在以下几个方面实现了创新：

（1）更新和拓展了成本管理观念。将工程成本纳入成本管理范畴，有助于国网新疆电力上下树立"大成本"理念，将成本管理的着力点从生产环节前移到建设环节，从资产全寿命周期费用最优的角度来考察和审视成本管理问题，为进一步优化成本控制策略创造了条件。

（2）建立了财务成本和工程造价的直接对应关系。以基建标准成本体系建设为契机，进一步密切了工程管理和财务管理之间的联系，将预规、概算、定额等工程专业语言通过标准成本的形式转化为财务语言，为进一步加强工程造价管理提供了直观、通用的平台。

（3）为深入推进基建财务集约化管理提供了有效的手段。各级财务人员可以将基建标准成本作为工程财务管理的抓手和工具，在预算编制、造价控制、分析评价等方面更加积极、主动地开展工作，实现工程全过程财务管理。

（4）为进一步规范工程支出行为提供了合理的标准。改变以往部分工程"以概算控决算"的情况，根据工程实际需要，合理优化支出项目，有效控制工程造价，减少和杜绝不规范支出行为的发生。

（5）首创以历史工程为基础的标准成本体系。国网新疆电力 35kV 工程标准成本体系不再以全国通用造价作为建设基础，未纳入庞大的造价报表，而是以新疆地区自身的历史工程为核心，并存储关键参数信息和内控系数，大大精简了基建标准成本数据库结构，缩减了维护成本，同时更贴合新疆地区的实际工程造价水平情况，满足本地区造价水平的管控需要。

（6）实现了标准成本库实时滚动更新。随着时间的推移，借助于信息化系统中的历史工程管理功能，可将不断产生的历史工程纳入系统中，并实时滚动测算出标准成本库中各方案的最新内控系数。历史工程和方案内控系数的更新简单方便、自由可控，确保了标准成本库能够随时处于最新状态。

三、电网检修企业基于"三全五统一"的智能变电站二次专业管理

本项目于 2016 年获得新疆维吾尔自治区管理创新一等奖。

（一）成果简介

国网新疆检修公司创新构建智能变电站二次专业管理体系，统一标准制度建设、统一精细流程管理、统一安全风险管控、统一标准化作业、统一信息化支撑，实施全员参与、全周期管理、全方位保障措施。自体系构建实施以来，建立健全了449项规章制度、打造标准化作业流程22项、全员规范了从业习惯现场、安全管控和质量管理扎实有效。专业管理逐步向"安全型、标准型、质量型、节约型、精益型、创新型"六型转变。2013～2015年，专业员工队伍建设卓有成效，二次专业国家电网公司级专家1人，省公司级专家10人，专利申请18项，专利授权13项，2个项目获得国家电网公司科技进步奖。连续3年未发生保护"三误"事件。保护及安自装置连续3年正确动作426次，实现了电网二次系统长周期安全可靠运行，电网安全生产基础进一步夯实。

（二）主要创新点

1. 以"三全"为基础

（1）全员。全员立足岗位打破专业界线、打破运检界线、打破管理界线，形成全员参与的良好态势。

（2）全寿命。针对设备在工程建设生产时序各阶段全寿命周期性管理。

（3）全方位。建立全方位保障体系，从组织结构、联动机制、考核体系保障二次专业管理长期、持续、稳步推进。

2. 以"五统一"为具体方法

（1）统一标准制度建设。立足解决规程规范的差异化、落地操作等问题，在参照并执行国家电网公司发布的各项标准的基础上，从技术发展与规程匹配相互滞后、规范不系统、内容不明确等处着手，统一标准制度建设。

（2）统一精细流程管理。着力从变电站工程建设和运维等生产工作入手，结合实际工作和现场实施情况，重塑和优化二次工作在工程前期、验收环节、接入投运、检修作业各阶段的流程。

（3）统一安全风险管控。依照金字塔式立体风险管控的全覆盖风险管控模式。以现场管控为主，形成常抓日常运维检修基础工作，主抓新改扩建工程现场工作，重点抓带电工作、接入系统、送电工作的统一管控模式。

（4）统一标准化作业。编制标准、梳理流程、管控风险，最终落地执行需有效操作的手段，以"一卡一票一书"格式化管理模式实施现场标准化作业，组织作业人员事前学习、事中严格执行、事后总结修编，确保标准执行规范。

（5）统一信息化支撑。专业管理手段和方式顺应信息化趋势，依托各类信息平台实现基础数据维护，现场作业实施管控、结果结论的提炼，闭环评价的应用，适应智能变电站可视化、远程化远景发展趋势。

四、电力施工企业以激励机制为源动力的项目管理

本项目于 2016 年获得新疆维吾尔自治区管理创新二等奖。

自 2014 年 8 月实施激励机制施工项目管理后，解决了生产关系与生产力不适应的问题，国网新疆电力对外承揽的工程从安全文明施工、质量控制、进度控制、造价管理等方面均得到了业主的肯定和表扬，对内工程成本、施工机械和工器具的施工利用率得到了控制和提高，生产规模得到了很大提高。

激励机制项目施工管理后，见效最为明显的是，施工项目部全体成员工作主动性、积极性有了很大提升。实行项目管理制，赋予了项目部较高的自主权，也极大地增加了项目部的责任感，减少了以往对分公司、职能部室的依赖性，去除了以往等、靠的观念，加之项目管理效益与自身收入挂钩，派遣员工与正式职工同工同酬，极大地激发了项目管理人员的工作积极性，能够主动地为提高工程效益而努力。项目经理有对项目管理人员、劳务队伍的自主选择决定权，相比以往能够有效保证项目管理人员的数量和质量，保证项目管理工作有效开展；选择自己熟知的劳务队伍，对劳务队伍的综合水平及主要管理人员特点比较了解，能够有效掌控劳务队伍，保证工程顺利进行。加大项目部的成本管理意识，工程进度计划更加细致、可行，设备、材料采购管理更加细致、严谨，人工、机械安排更加合理，有效地解决了以往工程在材料、人工、机械方面费用支出久高不下的问题，极大地节约了工程成本，使项目管理效率有了很大的提高。激励机制的项目管理制，赋予了项目部较高的自主权，项目部能够根据问题的具体情况及时做出最有利于工程及公司利益的决策，将风险降至最低。改变了以往管理权限过小，不能独立决策，需层层向上反映，问题得不到及时解决，导致风险增加的问题。提高了项目管理的时效性及灵活性，降低了工程成本。

国网新疆送变电工程公司通过优化组织模式有效降低项目成本，提高企业盈利能力。坚持推动项目管理与现代企业制度相结合的原则，二者相辅相成，互为保证。从集约

化、扁平化管理入手，进行内部挖潜，在全公司范围内实行激励机制的项目施工管理。优化项目管理模式，形成项目管理集中高效、资源集约共享、业务集成贯通、组织机构扁平、工作流程顺畅、制度标准统一、综合保障有力的"项目经理责任制"体系，全面提升公司工程项目管理、经济效益和服务水平。使国网新疆送变电公司承建的工程项目安全、质量、进度、成本、技术等管理工作更加有效，创新员工的价值定位，转换身份，赢得主动，在预定的时间、预定的质量前提下，通过不断改善项目管理工作，充分采用经济、技术、组织措施和挖掘降低成本的潜力，以尽可能少的耗费，实现预定的目标成本。通过激励机制充分调动一线施工人员的工作积极性，提高项目管理水平。

五、基于三联一控的电网前期建设管理体系构建与实施

本项目于 2016 年获得新疆维吾尔自治区管理创新二等奖。

（一）成果简介

随着国家"一带一路"战略的深入推进，国网乌鲁木齐供电公司开始大规模电网建设，再加上"依法治国"理念的不断深化，给电网建设前期工作提出了更高要求。乌鲁木齐电网覆盖范围广，跨 7 区 1 县政府及生产建设兵团相应师，国网乌鲁木齐供电公司肩负维稳重任，面临外部形势严峻，迫切需要进行电网建设前期创新管理体系构建与实施。首府国际化、环保型城市建设使得电网线路、廊道资源开辟更加困难，电网建设前期创新管理体系构建与实施是适应首府现代化国际城市建设的现实需要。前期工作任务量大且营配分离结构增加了电网建设前期管理人财物和组织的承载压力，电网建设前期创新管理体系构建与实施是提升企业工作质效的内生需要。

（二）主要创新点

国网乌鲁木齐供电公司变革组织架构，创新管理模式，优化业务流程，统筹内部资源，有效利用社会资源，引入"大前期"工作理念，以协同管理和风险管控理论为指导，构建"3＋1"电网建设前期创新管理体系。一是发挥"大前期"资源优势，成立电网建设领导小组，建立政企联动机制，实现前期工作跨单位、跨业务协同管理；二是深化"五位一体"协同管理，建立"大前期"体系联动机制，实现前期工作跨部门、跨专业协同开展；三是坚持"前期从早"，建立项目前期与工程前期深度联动机制，实现前期工作跨流

程协同管理；四是优化前期资源配置，完善应急管理，建立电网前期工作风险预警管控机制，实现前期工作突发事件处理能力显著提高。

创新性开展电网建设"大前期"管理工作，在乌鲁木齐电网建设过程中发挥出重要作用，为电网建设创造了良好的发展环境，有效提高了电网建设前期工作效率，创造出显著的经济效益，解决了许多历史疑难问题，维护了社会稳定。

精神文明篇

　　艰苦的工程造就伟大的精神在新疆 750kV 输变电工程中，之所以涌现出了一批追求卓越、富有奉献精神的优秀基层电力建设者和精英团队，就是因为他们具有"努力超越、追求卓越"的企业精神，具有"顽强拼搏、攻坚克难、百折不挠、勇攀高峰"的新疆"750 精神"。

　　若有耕耘，必有收获。经过十年的艰辛努力，国网新疆电力党的建设、队伍建设、企业文化建设成效显著，涌现出一批精英团队和先进个人，十年的辉煌业绩展现出了国网新疆电力公司在建设 750kV 输变电工程的过程中发展势头强劲、工作氛围融洽、科研能力稳步提升的勃勃生机。

　　回顾过往，新疆电力人用十年光阴谱写了一首 750kV 工程的赞歌！ 在全球能源互联网方兴未艾的今天，在世界性能源竞争更加激烈的今天，我们仍应坚持伟大的信仰，志存高远，不怕困难和阻碍，结合新的实践、新的发展，不断改革创新，再创辉煌。

第二十三章　党建工作

　　党的建设是国家电网公司"三个建设"的重要内容。加强党建工作，是国网新疆电力贯彻落实上级决策部署、促进可持续发展的重要保证。努力做好党建工作，将党组织的政治优势、组织优势和群众工作优势转化为国网新疆电力公司的竞争优势、创新优势和科学发展优势，是750kV电网建设顺利进行的保证。

　　国网新疆电力党组始终贯彻党的方针政策，全面落实从严治党要求，把"三个建设"放在重要位置，坚持围绕中心、服务中心、融入中心，党组的领导核心作用、党委的政治核心作用、党支部的战斗堡垒作用和党员的先锋模范作用得到充分发挥。引领员工自觉把个人发展与750kV电网建设紧密结合、增强员工自信心和自豪感、切实强化社会责任感和使命感，为750kV电网建设的顺利进行提供了坚强保障。

第一节　党组织建设

一、加强思想建设提素质

　　坚持中心组示范带动，抓好党员干部的学习教育，通过集体研讨、专题学习、个人自学、专家辅导、视频讲座、基层调研等形式，提高学习的针对性和实效性。深入开展党的群众路线教育实践活动、"三严三实"主题教育活动和"两学一做"学习教育活动，制定党员教育培训工作计划，开展党委书记讲党课活动。促进党员勤学善学、学以致用。在南疆四地州帮建4个党员活动室，改善了边远基层党支部的学习环境。

二、加强组织建设增活力

　　着力规范基层党组织设置，对照"四讲四有"和岗位实际，制订合格党员标准。创新开展"20强电网先锋党支部"创建，实现"对标—考评—改进—提升"的闭环管理，涌

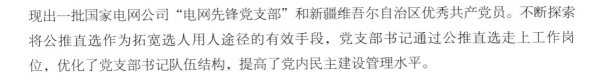

现出一批国家电网公司"电网先锋党支部"和新疆维吾尔自治区优秀共产党员。不断探索将公推直选作为拓宽选人用人途径的有效手段，党支部书记通过公推直选走上工作岗位，优化了党支部书记队伍结构，提高了党内民主建设管理水平。

三、加强制度建设强基础

制定完善《国网新疆电力公司基层党组织工作管理办法》《国家电网天山雪莲共产党员服务队标准化管理手册》《国网新疆电力公司党支部标准化建设评价标准》《基层党组织工作一本通》等，促进党内生活经常化、制度化、规范化。坚持定性考核与定量考核、自我考核与上级考核、党组织考核与群众评议相结合，把基层党组织建设工作情况作为企业负责人业绩考核的重要依据。

四、加强载体建设重实效

组建天山雪莲共产党员服务队 107 支，3 支队伍获得国家电网公司优秀共产党员服务队称号。先后开展"我为党旗添光彩""走在服务群众第一线""践行社会主义核心价值观"、党员"一带一"、"亮身份、亮职责、亮承诺，比作风、比技能、比业绩"（"三亮三比"）主题活动，组织党员集体佩戴党徽，挂牌上岗、亮明身份。通过发放"党群连心服务卡"、设立公示栏、客户座谈回访等方式，对工作成效和群众满意度监督检查，受到客户认可与好评。

五、坚持党建带团建

国网新疆电力党组制定了《关于进一步加强和改进共青团和青年工作的意见》，为国网新疆电力共青团组织建设提供了制度保证。各基层党组织不断深化党建带团建"五带六同步"措施，即带班子、带工作、带队伍、带思想、带项目，党团建设同步抓、党团任务同步下、党团阵地同步建、党团教育同步搞、党团经费同步筹、党团考评同步过。深入开展"号、岗、手、队"，青年志愿者、青年创新创意大赛等活动。国网新疆电力团委荣获团中央"五四红旗团委"称号，12 个基层单位团委荣获国家电网公司和新疆维吾尔自治区"五四红旗团委"称号。

第二节　干部队伍建设

一、深化领导班子建设

深化"四好"领导班子创建活动，对"四好"领导班子和年度考核优秀、排名前列的领导干部进行表彰奖励，对考核结果较差的干部进行诫勉谈话或提醒谈话，引导干部树立正确的政绩观，激发干部谋事干事活力。

加大对领导干部、后备干部的考核评价力度，落实新提拔干部"凡提必查"，坚决杜绝"带病提拔"。开展干部选拔任用集中倒查，严格执行选拔任用工作程序，确保选拔质量。

编制出台《国网新疆电力公司"十二五"人力资源规划》《国网新疆电力公司2011~2020年人才发展规划》《中共国网新疆电力公司党组关于领导干部的管理办法》，建立"近期、中期、远期"后备干部"三梯队"培养选拔机制。定期举办处级干部轮训、优秀青年干部培训。

二、加强干部作风建设

加大对干部的日常管理与监督力度，严格执行领导干部个人事项报告制度，坚持完善领导责任制和领导干部联系点制度，国网新疆电力领导班子成员赴基层现场调研，解决了现场施工生产服务用车配置、班组减负、关爱员工身心健康、丰富业余文化生活等与一线员工生产生活密切相关的热点问题。建立"领导干部上讲台"和领导干部下基层写日志制度，认真查找工作中的突出问题和薄弱环节。

第三节　党风廉政建设

一、落实"两个责任"

国网新疆电力党组始终把反腐倡廉工作贯穿于各项管理工作的全过程，制定《关于落实党风廉政建设主体责任和监督责任工作方案》，从5个方面、30项标准对"两个责任"落实情况进行评价。各单位每年至少召开2次专题党委会听取班子成员汇报落实党风廉政建设"一岗双责"情况,各单位党委书记和纪委书记每半年向公司纪检组长汇报一次工作。坚持各单位领导班子成员年度述职述廉等制度,把考核结果应用于干部选拔、企业负责人绩效考核兑现、开展廉政谈话的重要依据。

二、践行"四种形态"

全面落实监督执纪"四种形态",从信访受理、线索处置、谈话函询,到执纪审查、调查谈话等,坚持纪在法前,把"四种形态"运用情况作为检验工作的标准,对存在苗头性、倾向性问题的党员领导干部做好预防工作。结合专项检查和案件查办发现的问题,在工程建设和物资招标重点领域开展廉政风险防控工作。

三、遏制"四风"问题

认真落实中央八项规定精神,组织开展《中国共产党廉洁自律准则》《中国共产党纪律处分条例》和《中国共产党问责条例》的学习宣贯,先后制定了《改进工作作风促进企业健康发展实施办法》《关于严守纪律严格落实中央八项规定精神的通知》《作风建设七项纪律》等规定。先期解决一批"四风"方面存在的突出问题,拟定了改进文风会风和检查评比、切实解决突出问题强化供电服务确保客户满意等9个方面的专项整治计划,并对问题整治情况进行"回头看"。

举办廉政教育基地参观活动,电网建设队伍接受反腐倡廉教育和警示教育。运用信息化手段,在国网新疆电力门户网站建立3D网络廉政教育基地,通过微信平台发布最新反腐倡廉和作风建设的制度要求。国网新疆电力立足解决服务群众"最后一公里"问题,彰显了国家电网责任央企形象。

第四节 思想政治工作

一、注重思想引导

制定《关于在"三集五大"体系建设中进一步加强员工思想政治工作的意见》《国网

新疆电力公司员工思想动态分析管理办法》等，建立健全员工思想动态调研分析常态机制，试点建立员工心理疏导室。编制《员工思想道德手册》口袋书，举办"感恩企业、忠诚企业、我为企业做了什么"大讨论，开办道德讲堂，开展"书记谈心"活动。达到了"统一思想、理顺情绪、振奋精神、凝聚力量、集思广益、推动工作"的目的。

二、加强民族团结

深入开展党的民族宗教政策教育，编印维汉双语企业文化宣传手册、民族团结教育读本。成立14支民族团结宣讲队，建立各层级民汉"结对子"。相继开展民族团结"六个一"微行动、爱心"一元钱"计划、"雏鹰援弱""双语"大赛等特色活动，有力推动民族团结。

三、强化典型选树

在750kV电网建设过程中，国网新疆电力对特高压"疆电外送"伊库线750kV工程等重大题材进行了全方位、立体式宣传报道。组织中央电视台、新疆维吾尔自治区和行业媒体记者成立联合报道组，深入若羌、星星峡、伊犁—库车等施工一线进行实地采访，撰写和制作了一批具有影响力的深度报道和视频新闻，总结归纳了新型"宣传模式"。

开展"感动新疆电网十大人物"、最美供电所长、十大道德模范、十大杰出青年等评选活动，涌现出了全国道德模范提名奖、新疆维吾尔自治区和中央企业道德模范艾尼瓦尔·芒素，全国劳动模范秦忠、姜淑华、加沙来提·卡斯木，中国青年五四奖章获得者艾沙江，国家电网公司劳动模范——"雪橇上的供电所长"赛力别克、"火州巡线哥"韩光亮等一批可信可敬、可亲可学的模范人物。两名员工分别当选全国人大代表、全国青联委员，充分发挥了先进典型在推动工作中的示范引领作用，在内部形成了感恩和谐奋进、人人争做典型、人人学习典型的浓厚氛围。

第五节 社 会 责 任

国网新疆电力积极履行社会责任，实施"电力助军"工程，解决了6个边防连队的用电问题。推进军企之间战略合作，国网新疆电力及10个地州公司与军区签订军企融合发展协议。积极服务新疆维吾尔自治区重点项目，积极响应新疆维吾尔自治区党委"访民情、惠民生、聚民心"活动号召，通过开展扶贫帮困工作，为当地村民提供资金和技术支持，极大改善了当地的生产生活条件，使当地村民普遍受益。国网新疆电力帮扶工作赢得了当地政府和农户的一致认可，2013、2015 年分别被评为新疆维吾尔自治区扶贫帮困先进单位和优秀住村工作组。

第二十四章　文化建设

　　思想是行动的先导，理论是实践的基础。优秀的企业文化是建设"一强三优"现代公司的强大精神动力。经过多年不断努力，国网新疆电力在文化建设的多个方面取得了一定成绩。

第一节　多途径企业文化建设活动

　　国网新疆电力以现代文化为引领，以建设社会主义核心价值体系为根本任务，大力推进"三个建设"，发扬优秀企业文化，弘扬"爱国爱疆、勤劳互助、团结奉献、开放进取"的新疆精神，努力践行"诚信、责任、创新、奉献"的核心价值观。提升员工文明素质和社会文明程度，强化优质服务，履行服务承诺，保障电网安全可靠运行，使电网各项工作保持蓬勃健康发展的良好态势。国网新疆电力及所属5家单位获"全国文明行业"称号，12家单位获"自治区文明行业"称号。

　　团结一条心，凝聚千钧力。国网新疆电力坚定理想信念，同心协力、发奋图强。全面建成750kV主网架，各级电网结构进一步完善优化，努力将新疆电网建设成为全国最大的省级电网。

　　国网新疆电力深入开展"我为党旗添光彩""迎接党的十八大、创先争优作表率"等主题实践活动，形成了组织创先进、党员争优秀的良好局面。组建的136支天山雪松共产党员突击队在疆电外送、抗灾保电、迎峰度夏等急难险重任务中当先锋、打头阵；176支服务队切实帮助困难群众解难题；设立的248个党员示范岗和731个党员责任区以优异的表现得到了广大员工的一致好评。

　　坚持开展员工乐于参与、便于参与的文化娱乐活动，包括"红红火火过大年"、青工红歌赛、职工摄影书画展及"职工文化艺术节""共产党员服务队微电影展评"等，这些活动丰富多彩，有声有色。按照"四个融入"（融入中心、融入管理、融入制度、融入行为）的要求，大力加强企业文化传播工程、落地工程与评价工程，实施文化重点项目，建设企业文化示范点，开展企业文化成果、案例、论文征集和电视专题片影片评比等活动，创造鲜活、鲜明的文化实践载体。企业文化展厅、电力博物馆、文化长廊等文化产品，成为对内开展文明理念教育的生动课堂、对外展示精神文明建设成果的重要窗口。

坚持开展员工培训和特色培训。大力开展学习型企业、学习型员工创建活动，激励员工立足岗位成才。充分发挥"职工书屋"作用，建设阅览室、"书香电力"网站、网上学校，深化"读一本好书"活动，形成全员读书学习格局。

深化"热爱伟大祖国、建设美好家园"主题教育活动，开展新疆"三史"、形势任务、国情区情教育，特别是大力宣传中央新疆工作座谈会以来新疆发生的深刻变化，增强员工爱国、爱疆、爱企之情。公司广泛开展"新疆大建设、大开放、大发展，我们怎么办"活动，定期开展民族团结教育月活动。

卓有成效的企业文化建设工作，使得国网新疆电力呈现出发展势头强劲、队伍和谐稳定、员工素质良好、工作氛围融洽的勃勃生机。各族干部员工凝心聚力、团结进取，开启新疆750kV电网未来发展的新篇章！

第二节　凝心聚魂的"750 精神"

国网新疆电力在"努力超越、追求卓越"的企业精神指引下，孕育出"顽强拼搏、攻坚克难、百折不挠、勇攀高峰"的"750 精神"。在这种精神的指引下，国网新疆电力立足于发展国家电网事业，奋勇拼搏、永不停顿地向新的更高目标攀登，实现创新、跨越和突破。国网新疆电力及员工以党和国家利益为重，以强烈的事业心和责任感为己任，不断向更高标准看齐。多个750kV输变电工程在短短几年时间内建成、投运、安全稳定运行，铸造了一座坚强的电力长城，创造了古老丝路上新的奇迹。

1. 顽强拼搏

新疆电力人面对戈壁沙漠、狂风暴雪、炎热火洲的恶劣环境，从未有过畏惧和退缩。戈壁沙漠，躲过去接着干；狂风暴雪，架雪橇继续走；炎热火洲，避高温抓进度。线路规划的探索者们，为了调研线路的走向和建设难度，走进高山、戈壁与无人区，跋山涉水、风餐露宿，顽强拼搏的精神是他们前进的动力。

2. 攻坚克难

在施工过程中，混凝土基础经过冷热变化，容易产生变形。750kV 线路施工人员对基础侧面打孔，把9m长的热泵永久放入，将温度控制在零度左右，克服了温差变化大的难题。在进行铁塔基础浇筑时，考虑到狂风暴雪等极端天气，必须扩大基础范围。施工人员努力探索，尝试用直径2.2m、深27m的灌注桩压出坑中的积水，并注入混凝土，成功改进施工工艺，适应了新疆特有的极端天气。在许多这样的探索中，电力建设者实事求是、冷静分析，把经验和总结升华为克服困难的技术和工艺，不焦躁、不气馁，直面困难，善于思考，勇于创新，基本建成新疆750kV骨干网架，诠释了攻坚克难的精神。

3. 百折不挠

大雪过后，极端天气造成铁塔导线覆冰，导致线路出现险情的几率大大增加，极大增加了巡线和检修人员的工作量。但无论刮风下雪，还是暴雨冰雹，公司员工从未停止保卫线路安全的脚步。百折不挠的精神不仅体现在最困难的地方，而且扎根于平凡岗位的点点滴滴。无数员工日日夜夜坚守在变电站，把变电站当作自己的家，努力钻研超高压电网运维技术，克服一道道技术难题，全心全意为变电站的安全稳定运行贡献力量。

4. 勇攀高峰

750kV电网把新疆166万km²的土地紧紧连接在一起，电力顺利地被送出，家家户户再没有用不上电的苦恼。这依靠的是新疆750kV输变电工程建设者们的前赴后继，他们用行动诠释了电力人跨越艰难险阻的勇气和毅力。仰望天山上连绵不绝的线路和屹然耸立的高塔，人们仿佛看到了雪山上电力人勇攀高峰的身影。

"顽强拼搏、攻坚克难、百折不挠、勇攀高峰"的精神是新疆电力人在建设750kV输变电工程过程中优秀品格的集中体现，是750kV电网工程建设者工作态度的真实写照，建设者们用行动诠释了"750精神"的丰富内涵。

新疆"750精神"的提出起到了凝心聚魂的作用，指引着规划设计团队的调研方向，激励着建设管理团队的前进步伐，支撑着运行维护团队的日夜坚守。这精神不仅是一句口号，是千万个750kV电网建设者共同的追求，体现了新疆电力人顺应时代潮流、披荆斩棘、昂首向前的气魄。

新疆"750精神"贯穿于电力建设的每一个细节之中。它代表着开拓者顽强拼搏的气概，建设者攻坚克难的勇气，运维者百折不挠的坚持，以及全体新疆电力人勇攀高峰的品格。

新疆"750精神"是新疆电力人宝贵的精神财富和巨大的发展优势，它指引着新疆电力人建成了新疆坚强的超高压骨干网架和外送通道，实现了"疆电外送"和清洁能源的发展，推动了新疆经济社会的进步，为早日实现全球能源互联网奠定了基础。

第三节 "五统一"管理文化

在国网新疆电力推进"疆电外送"与建设 750kV 骨干网架期间，为了促进企业文化真正融入业务，蜕掉企业文化和建设管理"两张皮"，实现五统一企业文化"软着陆"，国网新疆经研院作为公司"大建设"的支撑机构，肩负的责任和使命光荣而艰巨。全面建设"三集五大"体系、进一步推动"两个转变"、深化推进"四个融入"企业文化、实现"五统一"渗透业务、构建"三层五维"特色文化体制，成为推动新疆电网发展再上新台阶的坚强保障。国网新疆经研院突破"三低"难题，建立以"五统一"企业文化为统领。以制度为根本，专业实践为基础，人才队伍为保障的主要路径，从引领层、实践层、支撑层三个层面贯标立制，做实制度维度、做优安全维度、做严质量维度、做精项目维度、做强队伍维度。在显著提升员工核心价值理念认同度，用文化规范电网工程建设管理的同时（见图 24-1），增强企业文化的影响力、执行力、穿透力，加强企业文化与中心工作的关联度，实现企业文化与经营管理一体化运作。

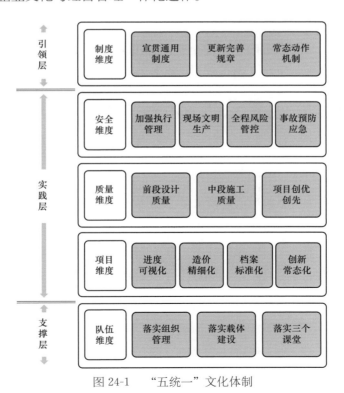

图 24-1 "五统一"文化体制

第二十五章　团队风采

750kV 电网建设中涌现出了一批先进的团队组织。他们奋斗一线，在不同的岗位上协同工作，为了共同的目标团结在一起，为建设和构筑坚强的新疆，促进新疆经济社会的快速发展贡献力量。

第一节　国网新疆经研院规划评审中心

有这么一支团队，团队成员平均年龄只有 30 出头，在新疆电网跨越式发展的期间，他们身居幕后，默默奉献，笔耕不辍，肩负起规划重任，出色地完成各项任务，用他们的智慧，精心描绘新疆电网发展蓝图。

国网新疆经研院规划评审中心主要负责新疆电网发展总体规划和专项规划的研究与编制，负责新疆电网项目可研、用户接入系统方案（设计）评审，他们全力支撑国网新疆电力"大规划""大建设"体系，全面支撑和服务公司各相关部门，为新疆电网持续、健康发展提供了坚强的技术支撑。

电网规划工作没有频繁的出差任务，大部分时间都是待在办公室里写方案、拟报告，但这却是一项知识、技术、经验高密集型的工作。刚开始他们只承担电网发展规划和可研评审工作，但是随着国网新疆电力的发展壮大需求，其支撑业务逐步涵盖了技改、大修、小型基建、营销、科技、信息化等项目可行性研究评审，涉及的项目更加复杂多样。量的增加没有影响工作质效，面对繁重的任务，他们克服专业人员严重不足、队伍年轻、经验不足等困难，加强内部业务规范化、标准化建设和员工队伍素质建设，编制了各类工程可研、初设评审意见模板。用标准确定方向、用制度规范行为、用流程顺畅业务，努力提高工作效率。他们用自己的智慧和奉献承担起了支持新疆电网发展重任。

"十二五"前三年，由于经济社会快速发展，带动全疆用电负荷及用电量快速增长，电网规划适应期短、规划工作难度大幅增加，电网发展中的不确定因素增多给规划评审工作带来了严峻的挑战。虽然面临的困难很多，但是他们兢兢业业、勤恳努力地工作，为国家电网公司"三集五大"体系建设的全面实施，为新疆电网的发展建设注入了新思路。

乘着新疆电网跨越式发展的东风，规划评审中心迎难而上、攻坚克难，取得了可喜的工作成果。仅 2015 年，规划评审中心完成规划报告 11 项，完成《中巴联网送端换流站建设方案研究》《准东—皖南 ±1100kV 特高压直流配套火电接入系统方案研究》《新疆电网新能源发展与消纳》等专题研究 37 项；完成电源接入系统方案评审 156 项，完成输变电工程可行性研究评审 186 项工作，完成输变电工程初步设计评审 152 项，完成综合类项目评审 3354 项。同时专利申请 5 项，与国网能源院合作申报国家电网公司 2016 年科技项目《全球能源互联网的发展规律和推进路径分析方法研究》，承担《国网新疆电力公司电力经济技术研究院一体化支撑服务提升研究与计划评审管控模式实践》和《新疆"十三五"风电、光伏发电消纳能力分析及风光互补关键技术研究》2 项公司科技项目，完成《适应新疆大型能源基地网源送端网架结构构建关键技术研究及应用》科技项目成果鉴定，达到"国内领先水平"。2014 年，规划评审中心荣获"国网新疆电力先进集体"荣誉称号。

如今，在倡导建设全球能源互联网的大背景下，新疆作为中国向西开放的"桥头堡"，又面临新的发展定位和历史使命，国网新疆经研院规划评审中心作为新疆电网"大规划""大建设"支撑机构，需要展望和描绘的发展前景将更富挑战和意义。

第二节 国网新疆经研院建设管理中心

国网新疆经研院建设管理中心前身是国网新疆电力 750kV 工程建设公司，是专门为新疆 750kV 工程建设而打造的一支优秀建设管理团队。在他们手中，新疆超、特高压电网不断延伸，已建成 3 条"疆电外送"通道，他们是新疆电网最优秀的建设管理团队。

安全质量硕果累累。建设管理中心所管辖的工程全部获得国家电网公司优质工程称号，2012～2016 年，连续 5 年勇夺国家电网公司项目管理流动红旗，实现了"五连冠"。其中，1 个工程是国网新疆电力首个获得国家电网公司创优示范命名工程。荣获中国电力优质工程奖 3 项，国家优质工程金奖 1 项，国家优质工程奖 1 项。

科技创新持续新高。依托工程开展科技和管理创新工作，累计荣获中国电力建设协会科技进步二等奖 2 项、三等奖 6 项，新疆维吾尔自治区管理创新二等奖 1 项，省部级 QC 成果二等奖 4 项、三等奖 12 项，取得各类专利授权 20 余项。

在新疆这片地质条件异常脆弱、气候条件异常复杂、运输条件异常恶劣、保障条件异常艰难的地域进行如此大规模的输变电工程建设，每一个环节都充满了未知的挑战，每一个环节都书写了人类与自然抗争的新篇章。尤其是 2015 年，建设管理中心续建、新建 750kV 输电线路 2735km，变电容量 2520 万 kVA；投运线路 1008.5km，变电容量 1470 万 kVA，均创历史新高。

伊犁—库车 750kV 输电线路是我国首条横跨西天山主障的输电线路，沿线海拔 800～3750m，地形复杂，地质多样，泥石流、雪崩、山体滑坡等地质灾害危害多发，伊犁河谷、天山山区雨雪频繁，极端天气多，俗称"一山有四季，十里不同天"，施工区域的天气情况瞬息万变，全年有效施工期仅 4 个月。建设管理中心团队不畏艰辛、攻坚克难，提前建成并投运了这条"电力天路"。每一尊铁塔，就像无名挺立的纪念碑，将惊心动魄的历史凝固成永恒；每一尊铁塔，又像一个个音符，将祖国团结和民族富强的跳动旋律演绎得更加动听。

曾经风华正茂的年轻人变成了中年人，新鲜的血液正不断补充。建设管理中心的每一名成员，都把自己最美的青春年华奉献给了新疆电网建设，任劳任怨，克服大风沙、极寒、缺氧等极端天气条件，用心血与付出，完成了一个个看似不可能实现的使命和梦想，这是对"努力超越、追求卓越"国家电网精神的最好诠释。

目前，国网新疆电力正处于改革发展的关键时期，世界电压等级最高的昌吉—古泉 ±1100kV 输变电工程也已开工建设。面对前所未有的机遇和挑战，建设管理中心将以更加昂扬的斗志和扎实的作风，始终严抓严管，抢抓机遇，迎难而上，敢于拼搏，秉承"不忘初心、继续前进"的理想，为新疆电网建设和发展做出更大的贡献。

第三节 国网新疆检修公司二次检修一班

国网新疆检修公司二次检修一班成立于 2013 年 1 月，是一支朝气蓬勃的队伍，31 名成员的平均年龄不足 26 岁。这样一支年轻的队伍，承担着新疆 9 座 750kV 变电站的日常检修、运行维护、基建验收和技术改造工作。他们始终以服务"一带一路""电力能源通道"为己任，守护着祖国"疆电外送"的大门。二次检修一班于 2013 年获得公司"先进班组"与西北电力系统继电保护专业"先进集体"称号，获得新疆维吾尔自治区 QC 成果发布三等奖；2015 年获得新疆维吾尔自治区"安全生产示范岗"称号。图 25-1 是国网新疆检修公司变电检修中心二次检修一班全体成员合影。

国网新疆检修公司变电检修中心二次检修一班成立以来，始终坚持以安全生产为中心，提前介入，积极准备，不打无准备的仗，全心全力确保安全生产，努力推进能源互联网的进程，服务"一带一路"电力能源通道。

图 25-1 国网新疆检修公司变电检修中心二次检修一班全体成员合影

打造"高精专"。二次检修一班成立以来，将班组建设的目标与公司"努力建设高、精、专现代检修公司"的目标相一致，不但增质高效地完成了全年运维检修任务，而且在智能化变电站扩建验收安全风险管控难度大、知识储备经验少的情况下，顺利完成了库车、烟墩、达坂城三座智能变电站的验收投运和改造任务，为后期智能变电站的扩建及运维储备了必要的人员。

班组成员秉承"废寝忘食""找不到原因不休息"的工作作风和"哪有故障哪有我，有我就没有故障"的工作信念，克服全年基建验收工作量大、智能化知识欠缺、新进员工多、人员技术水平参差不齐的重重困难，顺利完成了吐鲁番 750kV 变电站 220kV 双母双分段改造工程，哈密、吐鲁番、烟墩 750kV 变电站 750kV 主变压器增容扩建工程、达坂城 750kV 变电站线路保护技改换型、烟墩变电站 750kV 线路合并单元、智能终端改造等检修工作。

锤炼"硬功夫"。由于二次工作的特殊性，班组成员几乎没有周末和节日，也没有一人叫苦叫累，甚至有"今天结婚明日就出差"的感人故事。他们用自己的热血和执着，默默地为新疆超高压电网的安全稳定运行贡献力量。

2015 年，二次检修班各项生产任务及技术指标达到了预定目标。继电保护装置正确动作率、故障录波完好率、装置定检完成率均为 100%，继电保护技术监督考核得分 100 分，被授予新疆维吾尔自治区"青年安全生产示范岗"荣誉称号。750kV 变电设备电力检修移动管控系统研究和应用获实用新型专利授权，完成科技论文 15 篇，其中 EI 检索收录 2 篇，另有 5 篇在国家级核心刊物公开发表。

成绩代表过去，奋斗成就未来。这支"不骄不躁、敢打硬仗、耕耘奉献"的电力铁军，将以更高的标准要求自己，不断创新、开拓进取，继续奋斗在新疆超高压电网快速发展的征途上，谱写更加绚丽夺目的新篇章。

第四节 刘新民职工创新工作室

刘新民职工创新工作室（如图 25-2 所示）是由长期从事线路带电、设备检修与维护的一线职工组成的队伍，在 750kV 输变电线路的运维中也不乏他们的身影。工作室共有工作人员 17 人，大学专科毕业的职工占一半，平均年龄 35 岁。他们以"爱岗敬业、恪尽职守、团结合作、创新进取、勇攀高峰、张创一流"为宗旨，树立了"认真可以把事做对，用心才能把事做好"的工作理念，更提出了"六心"工作法。"六心"包括：爱岗敬业、恪尽职守的中心，立足标准、安全生产的细心，攻坚克难、迎难而上的信心，创新进取、精益求精的专心，令行禁止、团结一致的齐心，目标明确、永不松懈的恒心。

工作室在不断提高管理水平和创新能力的过程中，完善工作、培训、竞赛、技能创新的机制。本着"课题不求大但求实，推进不求快但求严，全员参与力求带动，落实精细力求效能，成果转换力求实际"的原则，进行了 QC 项目、科技论文、团队专利、难题攻关、科技立项等创新内容，创造出了许多丰硕成果。刘新民工作室共申请专利 4 项，发表科技论文 2 篇，QC 课题获奖 2 项，其中架空线路防鸟刺装置已经作为标准在全疆范围推广。"刘新民工作室"被国家电网公司命名为劳动模范创新工作室示范点。

图 25-2 刘新民职工创新工作室

第二十六章　榜样力量

　　榜样是一种力量，彰显进步；榜样是一面旗帜，鼓舞斗志；榜样是一座灯塔，指引方向。新疆 750kV 电网建设十年，是人才辈出的十年。750kV 电网发展中，涌现出了许多令人敬佩的先进人物，他们是支撑新疆 750kV 电网发展的中坚力量，是千万个电力工作者的代言和缩影，是激励奋进的榜样。

第一节　孟岩——追求卓越的实干家

　　孟岩（见图 26-1），国网新疆检修公司总经理、党委书记，2012 年获得"国网新疆电力公司先进工作者"称号，2013～2014 年获得"国家电网公司科技（智能电网）工作先进个人"称号，2015 年获得"国家电网公司劳动模范"称号。

　　孟岩在担任国网新疆检修公司总经理的两年间，750kV 电网运行安全

图 26-1　孟岩——追求卓越的实干家

稳定，检修公司规模实现倍增，这些成绩凝聚着孟岩同志的心血和汗水。他高标准、严要求，一丝不苟，率先垂范，以精严细实的作风，锻造新疆电网的运维铁军。

　　孟岩作为检修公司安全生产第一责任者，始终牢固树立"750，无小事"的安全理念，严格执行"三个百分之百"要求。他要求公司各级人员深度参与工程建设，组织抓好设备监造、关键环节、重点设备、隐蔽工程验收工作，为全面高质量完成验收投运任务奠定了坚实的基础。

　　同时，孟岩始终坚持创新理念，不断突破技术难关。近年来他主持的 8 项成果分别获得新疆维吾尔自治区、国家电网公司科技进步一、二、三等奖和管理创新一等奖。

　　脚踏实地，砥砺前行。孟岩就是这样，坚守"责任、使命重于泰山"的理念，带领大家顽强拼搏，创新奉献，凝心聚力谋发展，众志成城创业绩，全力保障大电网安全运行，全面支撑大电网建设运营，为早日建成"一强三优"现代公司添砖加瓦。

第二节　杨新猛——一路豪歌向天涯

图 26-2　杨新猛——一路豪歌向天涯

　　杨新猛（见图 26-2 左），国网新疆送变电工程公司总工程师，2010 年获得"国家电网公司劳动模范"称号和"国网新疆电力公司新疆与西北 750kV 联网工程建设模范个人"称号，2012 年 4 月获得"国家电网公司输变电工程优秀设计二等奖"，2014 年 12 月获得国家电网公司新疆与西北主网联网第二通道工程建设指挥部"新疆与西北主网联网第二通道工程先进个人"称号。

　　"750kV 电网发展是值得我们去奋斗终生的事业"，这是杨新猛的信念。2007 年底，当他从国网新疆送变电公司生产技术部主任的岗位上调动到新成立的新疆超高压公司时，正值新疆 750kV 电压等级论证完成，准备迈出 750kV 电网建设的第一步。这对新疆电网是一项重大突破，对杨新猛来说更是职业生涯中的全新挑战。他说过，"我们将去建设的工程，是一项伟大的工程，是一项创新的工程，是一项新疆电力建设史上前所未有的工程。"

　　在工作中，杨新猛始终与基层施工人员一起早早赶到施工现场，密切关注安装和调试进度。夜幕降临了，施工人员都回去休息了，他还要在项目部召开工程协调会，协调解决施工中出现的问题。在勇担多项重担的同时，还抱病在施工现场坚持工作直到工程建设全部完工。他说："我代表的是企业的利益，我们是国有企业，实际上代表的是国家利益。我没有选择，必须一丝不苟地履行自己的责任。"

　　杨新猛多次对大家说，750kV 新疆与西北电网联网工程的顺利投运是对自己最大的奖励。但在杨新猛心中的那一丝遗憾，就是对家人的愧疚。他总是奔波在电网建设工地上，为了让更多的人过好节，他只好选择坚守电网建设工地上，无法与家人一起共度佳节。这样的奉献精神带来的是高质量、高效率的工程建设，带来的是新疆 750kV 的美好未来。对于杨新猛来说，前方，是追求，是永远前行的脚步；身后，是足迹，是无愧无悔的岁月。

第三节 杨世江——伴优质工程一路前行

杨世江（见图 26-3 右二），国网新疆经研院建设管理中心变电室副主任。从 2010 年起，主要参建的乌北—吐鲁番—哈密 750kV 输变电工程、巴州 750kV 变电站工程和伊犁 750kV 变电站工程，均获得国家电网公司优质工程称号。2014 年主要参建了库车750kV 变电站工程，并首次获得国家电网公司流动红旗。有效推动了750kV 变电工程的建设管理水平。

图 26-3 杨世江——伴优质工程一路前行

自 1996 年参加工作以来，杨世江长期从事一线工作，主动学习规程规范，结合现场实际，加强理论与实际的工作结合。他常虚心向同事及参建单位学习专业技能及管理知识，努力提高建筑专业理论水平及实践应用，加强学习国家电网公司关于建筑专业的标准规范的学习，推进、推广国家电网公司制定的标准工艺、典型工法、示范光盘、典型设计等，并运用到工作实际中，在工作中重视技术创新、科技成果的总结和积累。他全面掌握变电站知识，在工作中积极学习电气各专业知识，加强变电工程知识的全面性、系统性，有效提高变电站各专业知识的认知水平，提高工作技能实施的全面性；有效运用基建程序，提高工程建设管理水平，在实际工作中解决工程管理工作中的复杂问题。

2010 年，杨世江被新疆与西北 750kV 主网联网工程建设指挥部评为优秀个人。2013 年，荣获"国网新疆经研院综合先进个人"。2014 年，荣获"国网新疆经研院优秀业主项目经理"。

第四节 宋新甫——在历练中闪亮青春

宋新甫，国网新疆经研院规划评审中心副主任，主要从事新疆电网规划、电力系统专题研究、供电方案编制、电源项目接入系统评审等工作。曾先后获得"国网新疆电力发展先进个人""国网新疆电力青年岗位能手""国网新疆经研院特殊贡献个人""国网新疆经研院优秀共产党员"等荣誉称号，负责并参与编制了各类规划及专题报告30余项，为国网新疆电力相关领导及部门实施决策提供技术支撑，保障了电网安全稳定经济运行。

在准北750kV电网进入核准、未开始建设时，宋新甫同志带领自己的团队针对该项目进行了多次现场考察，仅用短短一周的时间敲定了最终技术方案，为工程建设提供了可靠的技术支撑。他带领的团队针对750kV电网短路电流超标问题，对准东地区电网短路电流现状进行了详细的分析计算，结合准东电网"十三五"发展规划提出了限制短路电流有效可行的措施——分散电源接入，解决了该地区短路电流超标和设备选型困难的难题。

宋新甫同志负责规划评审中心规划工作期间，中心被授予经研院先进集体称号，1人荣获国网新疆电力先进工作者，3人荣获国网新疆经研院先进工作者。2014年以来，他带领团队通过编制、修编各类电网规划及专题研究报告，推动国家能源局下发《关于同意新疆准东煤电基地外送项目建设规划实施方案的复函》等；促成新疆维吾尔自治区对五家渠750kV输变电工程、准东外送配套火电等项目的核准；开展风电和光伏发电并网消纳、区域短路电流超标等专题研究和评估，做好重大问题前瞻性研判。2014年负责的科技项目《±1100kV特高压直流外送四川能力研究》荣获国家电网公司经研体系科学技术进步奖二等奖；参与完成的《适应新疆大型能源基地网架结构规划关键技术研究与应用》获得新疆维吾尔自治区科技成果鉴定；参与完成的《防爆型高压电柜》获得实用新型专利。

作为新疆电网规划人，宋新甫持一腔热情工作，伏案工作一丝不苟，研讨方案详细周全，工作量大不抱怨，面对辛苦不怠慢，争分夺秒工作，常至深夜归家，他用勤恳展现态度，他用成绩谱写华章，他说电网是我们共同的家。

第五节 邵海——精细管控，让电网造价更科学

邵海，国网新疆经研院技经中心基建项目室主管，自新疆750kV电网建设以来，全程参与18项750kV及特高压工程的全过程造价管控工作，始终秉承"依法合规、标准统一、科学合理、有效控制"的原则，坚持依法执业，注重超前控制，过程控制和闭环管理，为750kV电网工程建设排查隐患、扫清障碍，做好技经专业支撑。

邵海同志潜心钻研，为推进750kV电网工程过程造价管控标准化做出积极贡献。他

带领部室全员着手编制的《输变电工程实施阶段标准化工作手册》成为基建项目全过程造价管控标准化执行手册，对 750kV 电网工程合同管理、工程施工阶段费用控制和资金管理、工程结算等全过程造价管理进行了全面交底。组织编写的《750kV 输变电工程全过程造价咨询实施方案》，提出了新年度 750kV 电网工程管理能力提升计划和措施，逐年提高自身管理水平和服务质量。邵海同志为技经专业管理标准化研究提供了新的可能性和方向，为国网新疆电力技经管理水平助力。

每年冬休结束后，邵海同志都要组织 750kV 电网工程各参建单位启动全过程造价管控，对上一年度技经管理工作进行总结，对容易出现争议的地方进行重点分析；对新开工 750kV 输变电工程全过程造价控制工作的要求和标准进行宣贯，保证 750kV 输变电工程全过程造价管控工作的顺利开展。

邵海同志结合多年工作经验，仔细琢磨、研究，对新疆冬季施工降效、大风、安防维稳等方面提出系统性的解决措施，为不熟悉新疆特殊环境的参建单位提供了切实可行的应对措施和建议。他积极参与《新疆地区输变电工程安保维稳配置及费用标准探讨》《新疆地区输电线路工程冬季施工增加费用解析》等专项课题研究，为国网新疆电力安防维稳工作方案的出台奠定了坚实基础。

邵海一直坚持以实干为行动导向，以强大的主观能动性活跃在新疆 750kV 主干网架的建设主战场中，将实践过程中积累的精华经验融入专项课题研究之中，从实践中出真知，依法执业，廉洁从业，严格执行"三通一标"，将投资、进度、安全质量和谐统一起来，为新疆 750kV 主干网架建设添砖加瓦、贡献力量。

第六节　左热古丽·尼亚孜——巾帼站长，铿锵"古丽"

左热古丽·尼亚孜，吐鲁番 750kV 变电站站长，1997 年 9 月参加工作，2007 年 12 月调至国网新疆检修公司，是新疆超高压变电站最早的一批值班员。18 年来，左热古丽在平凡的岗位上勤恳务实，一丝不苟，先后获得"新疆与西北联网工程先进个人""巾帼建功标兵""国网新疆电力劳动模范"等荣誉。

"我认为我做的事和我妈妈一辈子洗衣服做饭一样平凡"，左热古丽·尼亚孜同志在接受采访时如是说。2008 年初，刚调至国网新疆检修公司的左热古丽初次接触 750kV 电压等级超高压电网，而恰逢乌北、凤凰 750kV 变电站新建及投运准备时期，左热古丽等一批超高压变电站最早的值班员凭借顽强的毅力和认真的学习态度，不断摸索，不断学

习，不断突破，最终顺利完成国网新疆检修公司开荒阶段的一系列工作。规程规范的修订，典型操作票的编制，新站投运的宝贵经验都为检修公司后续的发展奠定了坚实的基础，左热古丽作为第一代750kV电网运维人，功不可没。

历经乌北、凤凰750kV变电站的前期建设工作，2009年9月，左热古丽调入吐鲁番750kV变电站，完成了吐鲁番变电站的施工验收、联网升压、设备定检、应急抢修等一系列工作。左热古丽用超高压的"超"字要求自己，她曾说，"我是维吾尔族，别人都说我汉语说得不错，但我还是担心第二天网调听不清我的声音。我就在主控室外的走廊里一遍遍练习第二天的复令内容"。

"古丽"在维语中是花朵的意思，而左热古丽正像是盛开在茫茫戈壁滩上的一朵鲜艳的花朵，坚强、美丽、平凡而伟大！

◎ **2007 年**

1 月 11 日，国网新疆电力召开赴韩国电力公社 750kV 电网工程技术培训动员大会，国网新疆电力党组书记、总经理苏胜新等为 12 名技术骨干送行，此为首次选派人员出国接受超高压电网建设、运营、维护技术的专业培训。

3 月 26 日，国网新疆电力与乌鲁木齐市委、市政府就"十一五"期间共同推进乌鲁木齐电网发展举行会谈，国网新疆电力党组书记、总经理苏胜新与乌鲁木齐市市长乃依木·亚森签署了会谈纪要。根据纪要，"十一五"期间，双方就拓展融资渠道和建立形成良性电价机制方面共同努力，公司将投资 45.9 亿元加强乌鲁木齐电网建设，新建 750kV 线路 1 条 650km，变电站 1 座 150 万 kVA。

4 月 12 日，国网新疆电力与吐鲁番地委、行署就"十一五"期间共同推进吐鲁番电网建设发展和"户户通电"工程建设举行会谈，国网新疆电力党组书记、总经理苏胜新与吐鲁番地委委员、行署常委副专员巫文武签署了会谈纪要。根据纪要，"十一五"期间在建合理电价形成机制的前提下，国网新疆电力将投资 23.9 亿元，启动吐鲁番 750kV 电网建设，构筑局部双回、220kV 环网，着力增加电网供电能力。

5 月 16 日，新疆维吾尔自治区首项 750kV 输变电工程——玛纳斯发电厂三期（2×30 万 kW）送出工程米东新区乌北变电站开工奠基仪式举行。工程由西北电网有限公司投资建设。中共中央政治局委员、新疆维吾尔自治区党委书记王乐泉，新疆维吾尔自治区党委副书记、主席司马义·铁力瓦尔地，人大主任阿不都热依木·阿米提，政协主席艾斯海提·克里木拜，西北电网有限公司党组书记、董事长陈峰，西北电网有限公司副总经理李新建，国网新疆电力党组书记、总经理苏胜新等参加了奠基仪式。

8 月 25 日，国家电网公司党组书记、总经理刘振亚来自治区调研，与中共中央政治局委员、新疆维吾尔自治区党委书记王乐泉，新疆维吾尔自治区党委副书记、主席司马义·铁力瓦尔地等举行电网发展会谈。双方充分肯定了 2006 年 6 月签署的《新疆电网"十一五"发展和"户户通电"工程建设会谈纪要》的落实情况，就进一步加快新疆电力发展达成共识，"十一五"期间国家电网公司将新疆电网建设投资由182亿元追加到255亿元，明确2020年新疆电力外送容量2500万kW。

11月11日，西北电网有限公司党组书记、董事长陈峰，国家电网公司发展策划部副主任刘开俊等在国网新疆电力党组书记、总经理苏胜新等相关部门及单位负责人陪同下，实地考察吐鲁番750kV变电站推荐地址。

12月9日，西北电网有限公司组织的"新疆电网电压等级论证深化研究启动会"在乌鲁木齐召开。与会领导和专家在西北电力设计院提出的《新疆电网电压等级论证》的基础上，结合新疆煤电基地和风电开发规划、负荷水平等，就新疆电网电源配置、负荷分布、电压结构等进行了深入讨论。并一致认为：新疆电网采用750kV等级电压对实现新疆电网与西北电网联网，加快新疆电力外送，实施能源转换战略，实现能源资源优化配置，促进新疆经济社会又好又快发展有着重要意义。10日，专家组一行对吐鲁番—库尔勒750kV输变电工程的库尔勒750kV变电站3个预选站点进行了实地踏勘。

12月29日，国网新疆电力所属分公司——国网新疆超高压公司成立，负责公司所属220kV和新疆境内750kV输变电设施的运行维护及检修。

◎ **2008年**

5月15日，国网新疆电力党组书记、总经理苏胜新前往乌北750kV变电站视察工程建设进展情况。

6月12日，凤凰—乌北750kV输变电工程启动调试工作展开。16日，西北电网有限公司总经理孙佩京在国网新疆电力党组书记、总经理苏胜新等的陪同下，现场指挥工程验收启动工作。20日，工程降压220kV投入运行。该工程在国内第一次全线采用扩径导线，可节约投资并降低线路运行噪声。工程的建设运行可满足玛纳斯电厂三期2台30万kW机组的送出需要。

6月24日，西北电网有限公司党组书记、董事长陈峰在国网新疆电力党组书记、总经理苏胜新陪同下前往阜康市视察国网新疆超高压公司。

7月14日，国网新疆电力召开伊犁电源基地电力外送南疆工程可行性研究报告预审会，对连接南北疆电网第二通道——伊犁—库车750kV输变电工程可行性研究报告进行预审。

11月21日，国网新疆电力750工程建设公司成立，是国网新疆电力的分公司，负责新疆境内750kV输变电工程建设。

◎ 2009 年

1月3日，中共中央政治局委员、新疆维吾尔自治区党委书记王乐泉，新疆维吾尔自治区党委副书记、自治区主席努尔·白克力，参观了公司2008年十件大事图片展览，听取了国网新疆电力党组书记、总经理苏胜新的工作汇报，并向广大电力员工表示新年慰问。

1月5日，国网新疆电力党组书记、总经理苏胜新与哈密地委书记郭连山共同签订推进哈密电网建设发展第二轮会谈纪要。纪要明确，加快推进750kV电网建设，建成乌北—吐鲁番—哈密750kV输变电工程，通过哈密—甘肃瓜州750kV输电线路实现新疆电网与西北主网联网。

2月12日，国网新疆电力与昌吉州党委、政府就昌吉州电网"十一五"后两年建设和发展进行第二轮会谈，国网新疆电力党组书记、总经理苏胜新与昌吉州党委副书记、州长刘志勇签署了会谈纪要。"十一五"期间，国网新疆电力将进一步加大昌吉州电网建设投资力度，规划新建750kV变电站4座、线路686km。

2月16日，西北电网有限公司总经理、党组副书记孙佩京等在国网新疆电力党组书记、总经理苏胜新，哈密地委副书记、行署常务副专员张文全等陪同下，到哈密750kV变电站站址和哈密鲁能煤电化工程大南湖电厂建设工地调研，并与哈密地委书记郭连山，地委副书记、行署专员古丽夏提·阿不都卡德尔等座谈。

2月17日，中共中央政治局委员、新疆维吾尔自治区党委书记王乐泉会见西北电网有限公司总经理、党组副书记孙佩京等。是日，在国网新疆电力党组书记、总经理苏胜新等的陪同下，孙佩京一行实地考察220kV楼哈线百里风区线路防风措施和吐鲁番750kV变电站施工建设，并与吐鲁番地区行署专员伊力汗·奥斯曼等举行座谈。18日后，陆续实地踏勘了奇台、乌苏、伊力750kV变电站站址，并前往博尔塔拉州调研电网建设情况。

2月24日，新疆电网发展规划评估会在乌鲁木齐举行。受国家发改委委托，中国国际工程咨询公司专家组将与自治区发改委联合评估《新疆电网2008～2015年及远景目标网架规划》。新疆维吾尔自治区党委书记、自治区主席努尔·白克力，中国国际工程咨询公司总经理助理、能源部主任黄峰，西北电网有限公司总经理、党组副书记孙佩京，国家电网公司发展策划部副主任刘开俊，西北电网有限公司副总经理屠强，国网新疆电力党组书记、总经理苏胜新等参加了会议。

3月12日，乌北—吐鲁番—哈密750kV输变电工程启动会议召开，并举行了设计、监理、施工合同签订仪式。该工程是新疆电网满足地区电力产业结构升级需要，加快西部能源输送通道建设步伐，实现新疆电网与西北电网联网目标的重要节点工程。

5月14日，吐鲁番—巴州750kV输变电工程（降压220kV运行）初步设计评审会在乌鲁木齐召开，15日通过中国电力工程顾问集团公司专家评审。

6月30日，国网新疆电力党组书记、总经理苏胜新等陪同新疆维吾尔自治区总工会副主席激浪·阿布都拉，新疆维吾尔自治区经济和信息化委员会党组成员、副主任曹继耀前往乌北—吐鲁番—哈密750kV输变电工程1号标段施工现场慰问一线施工人员。

7月24日，国家能源局批准伊宁—凤凰、凤凰—乌北、乌北—吐鲁番、吐鲁番—巴州、吐鲁番—哈密750kV输变电工程开展前期工作。

8月10日，国家电网公司党组书记、总经理刘振亚等一行赴乌北750kV变电站和乌北—吐鲁番—哈密750kV输变电工程施工现场维稳调研，后在乌鲁木齐与中共中央政治局委员、新疆维吾尔自治区党委书记王乐泉，新疆维吾尔自治区党委副书记、自治区主席努尔·白克力等举行新疆电网发展会谈。双方一致表示，要加快750kV电网建设，推进新疆与西北主网联网工程，尽快启动特高压电网建设，以电力外送促进新疆优势资源转换战略，推动新疆经济又好又快发展。

8月20日，国家发改委核准凤凰—乌北、乌北—吐鲁番、吐鲁番—哈密750kV输变电工程。

9月4日，西北电网有限公司和国网新疆电力共同举办的750kV输变电工程技术培训班在乌鲁木齐开课，国网新疆电力党组书记、总经理苏胜新等出席开学典礼。

9月11日，国家能源局批准国家电网公司开展新疆与西北主网联网工程前期工作。

9月24日，新疆能源基础设施重大工程——凤凰—乌北—吐鲁番—哈密750kV输变电工程开工奠基仪式在乌鲁木齐市米东区举行。新疆维吾尔自治区人大常委会主任艾力更·依明巴海，新疆维吾尔自治区党委常委、乌昌党委书记、乌鲁木齐市委书记朱海仑，国家能源局法规司司长曾亚川，国家电网公司总工程师张丽英，西北电网有限公司副总经理屠强和国网新疆电力党组书记、总经理苏胜新等领导共同为工程奠基。

10月5日，国网新疆电力党组书记、总经理苏胜新等一行前往乌北—吐鲁番—哈密750kV输变电工程施工现场检查指导工作。

◎ 2010 年

1月8日，国网新疆电力总经理苏胜新、党组书记文博、总工程师金炜在新疆电力调度中心指挥，党组成员、副总经理沙拉木·买买提和施学谦分别在乌北750kV开关站和吐鲁番 750kV 开关站现场指挥，国网新疆电力投资建设的乌北—吐鲁番—哈密 750kV 输变电工程成功实现带电运行。

1 月 14 日，国网新疆电力总经理苏胜新、国网新疆送变电工程公司变电安装分公司二工区主任赵刚、国网新疆电力所属伊犁电力有限责任公司昭苏供电分公司萨尔阔布供电所所长苏里坦·马纳甫汗当选国家电网公司劳动模范。

1 月 23 日，新疆维吾尔自治区党委常委、副主席库热西·买合苏提带领相关部门负责人在国网新疆电力总经理苏胜新的陪同下，专程走访西北电网有限公司，就加快新疆电网建设、推动"疆电东送"进行座谈。西北电网公司党组书记、董事长孙佩京，西北电网公司总经理喻新强等参加了座谈会。

1 月 25 日，新疆维吾尔自治区党委常委、副主席库热西·买合苏提带领相关部门负责人在国网新疆电力总经理苏胜新陪同下，专程走访国家电网公司，同国家电网公司副总经理、党组成员舒印彪就加强新疆电网建设、推动"疆电东送"进行座谈。

2 月 1 日，国网新疆电力总经理苏胜新，党组书记文博，党组成员、副总经理叶军，总工程师金炜在吐鲁番地委副书记、行署专员伊力汗·奥斯曼等陪同下，前往国网新疆电力所属吐鲁番地区电力调度中心、吐鲁番 750kV 变电站了解电网运行情况，并看望慰问各族电力员工。

2 月 2 日，国网新疆电力与吐鲁番地区行署就共同推进"十二五"吐鲁番电网建设发展会谈。国网新疆电力总经理苏胜新与吐鲁番地委副书记、行署专员伊力汗·奥斯曼代表双方签订会谈纪要。根据纪要，"十二五"期间，国网新疆电力将投资 31.2 亿元用于吐鲁番电网建设，重点加快 750kV 骨干网架建设，优化电网结构，为吐鲁番地区"强农、兴工、促旅、活水、宜居、育人"战略提供可靠的电力保障。

3 月 23~25 日，国网新疆电力总经理苏胜新一行实地踏勘乌苏 750kV 开关站站址、伊犁变电站站址，对加快凤凰—乌苏—伊犁 750kV 输变电工程建设工作进行了安排部署。

4 月 18 日，国网新疆电力与阿克苏地区行署就共同推进"十二五"阿克苏电网建设发展举行会谈。国网新疆电力总经理苏胜新与阿克苏地委书记黄三平代表双方签署了会谈纪要。根据纪要，"十二五"期间，国网新疆电力计划投资 40.3 亿元用于阿克苏电网建设。将建设伊犁—库车、库车—库尔勒 750kV 输变电工程，开展 750kV 库车至阿克苏输变电工程前期工作。

5 月 19 日，西北电网有限公司总经理喻新强、副总经理左玉玺一行在国网新疆电力总经理苏胜新、党组书记文博、副总经理沙拉木·买买提陪同下视察新疆与西北联网 750kV

输变电工程的国网新疆电力所属建设现场。

5月27日，国家电网公司在北京召开新疆电力工作座谈会，对认真贯彻落实中央新疆工作座谈会精神做出全面部署。会议提出，要进一步加大对新疆电网的投资力度，加快新疆750kV电网建设，建成围绕天山山脉东、西段的两个750kV环网，并以环网为依托，适时向南疆三地州进一步延伸至喀什地区。加快新疆—哈密—甘肃永登750kV输变电工程建设，2010年底实现新疆电网和西北主网联网。国家电网公司党组成员、副总经理舒印彪作重要讲话。国家能源局副局长吴吟、国资委群众工作局局长李学东、电监会输电管理部主任幺虹、新疆维吾尔自治区政府副秘书长张宏伟出席会议并讲话。国网新疆电力总经理苏胜新在会上作专题发言。

6月3日，国网新疆电力与哈密地区行署就共同推进"十二五"哈密电网建设发展举行会谈。国网新疆电力总经理苏胜新与哈密地委副书记、行署专员古丽夏提·阿不都卡德尔代表双方签署了会谈纪要。根据纪要，"十二五"期间，国网新疆电力将投资43.9亿元建设坚强哈密电网，使之成为新疆电网的重要枢纽和能源外送基地，加快建设750kV风电配套送出工程及疆电外送等输变电工程，提高疆电外送能力。

6月6日，国网新疆电力在喀什市召开南疆三地州电网建设座谈会，出台了《加快南疆三地州电网建设的意见》。决定投资120亿元加快南疆三地州电网建设，解决当地缺电问题。新疆维吾尔自治区党委常委、副主席库热西·买合苏提出席会议。"十二五"期间，建成吐鲁番—巴州750kV输变电工程，进一步提高对新疆三地州的供电能力。力争"十二五"期间750kV电网延伸至喀什，"十三五"期间覆盖和田电网，满足南疆三地州发展对电力的需求。

6月14日，国家发改委副主任、国家能源局局长张国宝，国家能源局电力司司长许永盛，新疆维吾尔自治区党委副书记、自治区主席努尔·白克力，新疆维吾尔自治区党委常委、副主席库热西·买合苏提等在伊犁州党委书记李湘林，州党委副书记、州长毛肯和国网新疆电力总经理苏胜新陪同下，前往伊犁州尼勒克县苏布台乡对伊犁750kV变电站工程前期准备工作进行实地检查指导。

7月12日，公司与昌吉回族自治州人民政府就共同推进"十二五"昌吉电网建设发展举行会谈。国网新疆电力总经理苏胜新与昌吉州党委副书记、州长刘志勇共同签署会谈纪要。根据纪要，"十二五"期间，国网新疆电力将投资65.6亿元建设昌吉电网，加快建设乌北—奇台—五彩湾—乌北750kV环网线路，显著提高昌吉地区供电支撑能力。

8月17日，西北电网有限公司党组书记、董事长孙佩京、副总经理左玉玺一行，在国网新疆电力总经理苏胜新、党组书记文博、国网甘肃省电力公司总工程师王多等陪同下到甘肃、新疆检查指导新疆与西北主网750kV联网工程建设，视察了哈密、吐鲁番和乌北750kV变电站。

8月27日，国家电网公司总经理、党组书记刘振亚在乌鲁木齐与新疆维吾尔自治区党委书记张春贤、新疆维吾尔自治区主席努尔·白克力等举行电网发展会谈，谋划"十二五"期间新疆电网发展大计，一致表示要进一步加快电网建设，提升保障能力、促进"疆电东送"，为新疆跨越式发展和长治久安贡献力量。

9月3日，国家电网公司党组成员、副总经理郑宝森，总工程师张丽英和西北电网有限公司负责人，在国网新疆电力总经理苏胜新陪同下，前往乌北750kV变电站检查新疆与西北主网750kV联网工程建设情况。

9月9日，国网新疆电力邀请中国电力科学研究院总工程师印永华、国家电力调度通信中心电力通信处处长常宁举行《西北新疆750kV联网系统特性及运行方式研究》《国家电网公司"十二五"通信网规划介绍》专题讲座。

9月15日，国家电监会安全生产工作监督组在国网新疆电力党组成员、副总经理施学谦陪同下，前往吐鲁番750kV变电站就工程建设安全及落实国家相关安全生产规定情况进行督查。

9月19日，国网新疆电力总经理苏胜新一行前往乌北750kV变电站检查联网工程进展情况，并对国网新疆超高压公司生产准备和工程验收工作进行现场指导。

9月23日，国网新疆电力总经理苏胜新带领有关部门负责人看望和慰问了中秋节期间奋战在一线的吐鲁番—巴州750kV输变电工程参建人员。

9月26日，西北电网有限公司党组书记、董事长孙佩京，副总经理左玉玺一行在公司党组书记文博陪同下，前往新疆与西北主网联网工程新疆段乌鲁木齐北变电站现场调研。

10月1日，国网新疆电力总经理苏胜新，党组成员、副总经理沙拉木·买买提一行前往吐鲁番、哈密视察新疆与西北主网750kV联网工程建设现场，慰问一线员工，赠送慰问品和慰问金。

10月12日，受新疆维吾尔自治区党委书记张春贤、新疆维吾尔自治区主席努尔·白克力的委托，新疆维吾尔自治区党委常委、副主席库热西·买合苏提一行在国网新疆电力总经理苏胜新、党组书记文博陪同下，前往新疆与西北主网750kV联网工程的起始点——乌北

750kV 变电站视察慰问。

10 月 18 日，新华社、新疆日报、新疆经济报、新疆人民广播电台、新疆能源网、今日新疆杂志 6 家中央和自治区主流新闻媒体专题采访国网新疆电力总经理苏胜新，以深入报道新疆与西北主网联网这一历史性壮举，大力宣传"疆电外送"重大意义。

10 月 22 日，新疆维吾尔自治区党委书记张春贤，新疆维吾尔自治区党委常委、秘书长白志杰，新疆自治区党委常委、副主席库热西·买合苏提，副主席艾尔肯·吐尼亚孜，新疆维吾尔自治区政协副主席、发改委主任刘晏良一行在国网新疆电力党组书记文博陪同下，前往哈密 750kV 变电站视察新疆与西北主网 750kV 联网工程的建设和调试情况。

11 月 3 日，新疆与西北主网 750kV 联网工程投入运行，投运仪式同时在北京、新疆、甘肃三地举行。

11 月 15 日，国网新疆电力召开新疆与西北 750kV 联网工程建设先进表彰大会，号召员工大力弘扬"顽强拼搏、攻坚克难、百折不挠、勇攀高峰"的"750 精神"，继续推进以 750kV 为骨干网架、各级电网协调发展的坚强智能新疆电网建设，为新疆维吾尔自治区大建设、大开放、大发展做出新的贡献。新疆维吾尔自治区党委常委、副主席库热西·买合苏提到会祝贺。

11 月 22 日，国网新疆电力与塔城地委、行署就共同推进"十二五"塔城电网建设发展举行会谈。国网新疆电力总经理苏胜新与塔城地委副书记、行署专员马宁·再尼勒代表双方共同签署会谈纪要。根据纪要，"十二五"期间，国网新疆电力将投资 21.5 亿元用于塔城地区电网建设，建设乌苏—伊犁 750kV 输变电工程，优化电网结构，满足符合需求，继续支持塔城地区风电、火电等的发展，为塔城经济社会发展提供强大动力。

12 月 9 日，国网新疆电力总经理苏胜新带领有关部门负责人与伊犁州党委书记李湘林、州长毛肯、副州长万水等，就加快推进伊犁 750kV 电网建设进行座谈，交换意见。

12 月 16 日，国网新疆电力成立推进"疆电外送"特高压直流工程前期工作领导小组，按照国家电网公司建设坚强智能电网的总体战略部署，及新疆维吾尔自治区党委政府关于加快新疆优势能源资源转化和推进"疆电外送"的要求，全面落实哈密、准东能源基地建设和"疆电外送"特高压工程相关前期工作。

◎ 2011 年

1 月 2 日，国网新疆电力总经理苏胜新等在阿克苏地委副书记、行署专员穆铁里甫·哈斯木等陪同下，前往阿克苏地区实地勘察库车县拟建的苏巴什古城 750kV 变电站址。

1月10日，国网新疆电力投资建设的吐鲁番—巴州750kV输变电工程投入运行，新疆电网向南疆五地州电力输送能力由27万kW提高至54万kW。

3月2日，国网新疆送变电工程公司完成新疆与西北主网联网工程——甘肃敦煌—新疆哈密750kVⅠ回输电线路644号铁塔带点更换R销及加装碗头抱箍作业，这是国网新疆电力首次成功实施750kV带电作业。

3月26日，西北电网有限公司乌鲁木齐建设（运行管理）公司人员、资产和在建工程成建制划转公司。

3月31日，国网新疆电力总经理王风雷、党组书记杨玉林额新疆特变电工股份有限公司董事长张新举行会谈。双方表示，共同推进新疆电网的安全，快速发展，为新疆优势资源转换战略，跨越式发展做出积极贡献。

5月3日，国网新疆电力调整特高压疆电外送领导小组成员，下设特高压疆电外送办公室，暂按国网新疆电力本部部门建制设置。

5月4日，国网新疆电力总经理王风雷前往哈密750kV变电站检查工作。

5月9日，国家电网公司总经理、党组书记刘振亚前往公司视察工作，召集国网新疆电力主要负责人和随行领导就特高压"疆电外送"、新疆750kV主网架和各级电网规划等重点问题深入讨论研究。

5月26日，国家能源局批准开展哈密南—郑州±800kV特高压直流输电工程前期论证工作。

5月28日，国网新疆电力总经理王风雷前往即将升压的凤凰750kV变电站视察。

6月2日，新疆维吾尔自治区党委常委、常务副主席黄卫担任组长，新疆维吾尔自治区成立"疆电外送"工程协调工作领导小组，新疆维吾尔自治区发改委、国土资源厅、环境保护厅等16个有关厅局，昌吉州、哈密地区领导和公司总经理王风雷担任成员。

6月13日，国家电网公司副总经理、党组成员杨庆在公司总部与到访的新疆维吾尔自治区党委常委、副主席库热西·买合苏提一行举行会谈。双方表示将共同推进"疆电外送"特高压工程建设，促进新疆资源优势转化为经济优势。国网新疆电力总经理王风雷参加了会谈。

8月31日，国家电监会副主席史玉波前往乌北750kV变电站检查保电工作。国家电网公司总经理助理孙佩京、新疆电监办专员曹继耀、国网新疆电力副总经理施学谦陪同检查。

9月5日，中国电力工程顾问集团公司在北京召开《哈密南—郑州±800kV特高压直流输电工程可行性研究报告》评审会。国家能源局、国家电网公司、新疆能源局、河南省能源局和工程沿线相关各省（区）电力公司及相关可研设计单位参加会议。

9月7日，哈密南—郑州±800kV特高压直流输电工程换流站（预）初步设计启动动员会在哈密召开。国家电网公司建设部副主任高理迎、国网新疆电力副总经理沙拉木·买买提、哈密地区人大工委主任樊庆魁出席会议。

10月10日，国家电网公司党组成员、副总经理郑宝森与新疆维吾尔自治区党委书记张春贤举行会谈，双方表示将加强合作，携手推进特高压"疆电外送"工作，实现中央提出的"十二五"疆电外送规模达到3000万kW的目标。国家电网公司发展部主任赵庆波、建设部主任刘洪泽、国网西北分部副主任左玉玺、国网新疆电力总经理王风雷、党组书记杨玉林、副总经理沙拉木·买买提等参加会议。

12月18日，国家能源局批复准东—五彩湾750kV输变电工程、凤凰750kV变电站扩建工程、哈密南—郑州±800kV特高压直流送端750kV配套工程、哈密南—甘肃沙洲（新疆与西北主网联网750kV第二通道）4项工程开展前期工作。

12月31日，国家发展改革委核准凤凰—乌苏—伊犁750kV输变电工程（发改能源〔2011〕3200号）。

◎ 2012年

1月13日，在国网新疆电力党组成员、副总经理沙拉木·买买提及哈密地区人大工委副主任樊庆魁等陪同下，国家电网公司发展策划部副主任吕健带领专家组前往哈密网巴里坤县三塘湖及伊吾县淖毛湖地区，对哈密北—重庆±800kV特高压直流输电工程哈密北换流站共5处站址实地踏勘。

1月15日，国网新疆电力总经理王风雷、副总经理施学谦一行往乌北750kV变电站，调研国网新疆电力公司超高压公司工作情况。

2月3日，新疆维吾尔自治区召开特高压"疆电外送"工程电网、电源、煤炭项目建设企业负责人座谈会，新疆维吾尔自治区党委常委、副主席库热西·买合苏提主持会议，新疆维吾尔自治区党委副书记、主席努尔·白克力，国家电网公司党组成员、副总经理杨庆出席会议并讲话。国家电网公司发展策划部负责人介绍了特高压"疆电外送"规划及哈密—郑州±800kV特高压直流工程前期工作推进情况。

2月4日，全面启动新疆750kV电网建设项目会议召开，新疆维吾尔自治区党委常委、副主席库热西·买合苏提主持会议，新疆维吾尔自治区党委副书记、主席努尔·白克力出席会议并讲话，国网新疆电力总经理王风雷汇报了750kV电网发展及2012年建设计划。会议确定成立自治区 750kV 电网建设协调工作领导小组和常设办事机构，协调解决工程遇到的各种问题。公司领导杨玉林、沙拉木·买买提参加会议。

2 月 14 日，国网新疆电力召开 750kV 电网建设工作推进会，国网新疆电力总经理王风雷、党组书记杨玉林、副总经理沙拉木·买买提、总会计师张宁杰分别对工程建设相关事宜和工程建设资金进行了安排部署。

2 月 28 日，国家电网公司、新疆、甘肃、青海三省（区）政府在北京召开新疆与西北主网联网 750kV 第二通道工程前期工作领导小组第一次会议。会议成立了新疆与西北主网联网 750kV 第二通道工程前期工作领导小组及办公室，审查通过了工程系统方案和可研设计报告，审定了工程核准申请报告，并对工程下一步工作作了部署。国家电网公司副总经理、党组成员舒印彪出席会议并讲话。

4 月 11 日，国网新疆电力总经理王风雷、党组书记杨玉林、副总经理沙拉木·买买提实地踏勘凤凰—亚中—达坂城 750kV 输变电工程亚中变电站站址。

5 月 13 日，哈密南—郑州 ±800kV 特高压直流输电工程与新疆—西北主网联网 750kV 第二通道工程开工仪式在新疆举行。国家电网公司副总经理、党组成员郑宝森主持仪式，新疆维吾尔自治区党委书记张春贤，新疆维吾尔自治区党委副书记、主席努尔·白克力，国家电网公司党组书记、总经理刘振亚出席仪式并讲话。国网新疆电力王风雷、杨玉林、白伟在主会场参加仪式，副总经理沙拉木·买买提在分会场出席仪式。

5 月 24 日，新疆维吾尔自治区党委常委、副主席库热西·买合苏提在国网新疆电力总工程师白伟陪同下，前往哈密 ±800kV 换流站调研。

6 月 1 日，国家电网公司在西安召开新疆与西北主网联网 750kV 第二通道输变电工程建设动员大会。国家电网公司副总经理郑宝森出席会议并讲话，国家电网公司总经理助理、西北分部主任、新疆与西北主网联网 750kV 第二通道工程建设指挥部总指挥喻新强作总结讲话。国网新疆电力党组书记杨玉林代表国网新疆电力与国网新疆送变电工程公司、特变电工衡阳变压器有限公司等单位签订合同，副总经理沙拉木·买买提作为工程建设管理单位发言。

6 月 15 日，国网新疆电力党组书记杨玉林前往乌北 750kV 变电站了解五期改扩建工程进展情况，并对国网新疆超高压公司各项工作进行调研。

7 月 1 日，国网新疆电力总经理王风雷往乌北 750kV 变电站施工现场检查指导工作。

7 月 13 日，准东—五彩湾 750kV 输变电工程水土保持方案通过国家水利部水土保持监测中心的技术审查。

9月2日，国家能源局总工程是吴贵辉一行来公司调研新疆电网建设情况，国网新疆电力总经理王风雷作工作汇报，副总经理沙拉木·买买提、总工程师白伟参加会议。

9月4日，新疆与西北主网联网750kV第二通道工程建设指挥部在哈密南750kV变电站施工现场，举行"丝路传真情电网送光明"主题实践活动与"五赛一创"（赛安全、赛质量、赛管理、赛工期、赛文明施工、创优质工程）劳动竞赛活动启动仪式。国家电网公司总经理助理、西北分部主任、工程建设总指挥喻新强授予新疆送变电工程公司共产党员先锋队队旗，国家电网公司基建部主任丁广鑫授予湖南电网建设公司青年突击队队旗。5日，举行新疆与西北主网联网750kV第二通道线路工程新疆段首基铁塔组立仪式。

12月6日，国网新疆电力在哈密市大南湖乡哈密南—郑州±800kV直流输电线路和新疆与西北主网联网750kV第二通道输电线路施工现场，组织"聚焦电力丝绸路"采访活动，6家中央驻疆、自治区主要新闻媒体参加活动。

12月15日，国网新疆电力总经理王风雷前往哈密750kV变电站四期扩建工程施工现场调研。

12月16日，国家电网公司副总经理郑宝森前往哈密南750kV变电站、哈密南±800kV换流站施工现场慰问一线员工，并在哈密市组织召开新疆与西北主网联网750kV第二通道工程建设协调会。

◎ **2013 年**

3月4日，中央政治局常委、新疆维吾尔自治区党委书记张春贤在北京与国家电网公司副总经理郑宝森等，就进一步加强合作、加快推进特高压及疆电外送通道建设、加快新疆电网发展、服务新疆经济社会发展等进行会谈。

4月30日，凤凰—乌苏—伊犁750kV输变电工程投入试运行。

5月6日，新疆维吾尔自治区党委副书记、主席努尔·白克力，新疆维吾尔自治区党委常委、政府副主席库热西·买合苏提等，在哈密地委书记刘剑、公司副总经理沙拉木·买买提陪同下，视察哈密南±800kV换流站和哈密750kV变电站建设和运行情况。

是日，国网新疆电力总经理王风雷、总工程师白伟与来访的山东电工电气集团总经理赵启昌、党组书记赵永志一行，就加强联系合作，促进新疆750kV骨干网架建设等进行会谈。

6月6日，哈密南—郑州±800kV特高压直流输电工程166km的新疆段线路工程全线贯通，该工程是"疆电外送"首个特高压项目。

6月27日，新疆与西北主网联网750kV第二通道工程竣工投运。投运仪式主会场设在国家电网公司总部，分会场设在新疆哈密南变电站、甘肃沙洲变电站、青海鱼卡开关站。国家电网公司董事、总经理、党组成员舒印彪在主会场下达工程投运指令，新疆维吾尔自治区党委常委、常务副主席黄卫在主会场出席竣工仪式。

8月27日，国家发改委核准凤凰—亚中—达坂城、库车—巴州750kV输变电工程。

9月10日，国网新疆电力召开凤凰—亚中—达坂城750kV输变电工程建设动员会，副总经理沙拉木·买买提到会并讲话。

9月13日，哈密南—郑州±800kV特高压直流输电工程启动验收委员会第一次会议在北京召开，提出确保工程今年实现双极低端投运、力争实现双极高端投运目标，国网新疆电力总经理王风雷参加了会议。

9月24日，国网新疆电力党组书记杨玉林陪同国家电网公司副总经理郑宝森往哈密南—郑州±800kV特高压直流输电工程哈密南换流站视察工程建设现场，慰问施工人员，并对配套电源建设进行调研。

10月17日，国家电网公司在郑州换流站召开哈密南—郑州±800kV特高压直流输电工程双极低端系统调试启动会，副总经理郑宝森到会并宣布调试工作启动。国网新疆电力副总经理沙拉木·买买提在新疆分会场汇报了准备情况，新疆电网运行安全稳定，运行维护和抢修保障人员全部就位，接地极线路和接地极具备带电条件。30日，特高压直流双极低端通过大负荷及过负荷试验，完成第一阶段系统调试。

11月26日，国网新疆电力总经理王风雷陪同中共中央政治局委员、新疆维吾尔自治区党委书记张春贤前往哈密南—郑州±800kV特高压直流工程天山换流站实地考察，了解特高压"疆电外送"相关事宜。

11月27日，国网新疆电力总经理王风雷往哈密750kV变电站进行现场安全督查。

12月19日，国家电网公司在新疆哈密召开哈密南—郑州±800kV特高压直流输电工程双极高端系统调试启动会，副总经理郑宝森到会并宣布调试工作启动。

12月31日，国网新疆电力总经理刘劲松、副总经理沙拉木·买买提往哈密供电公司、哈密750kV变电站和天山±800kV换流站视察调研"疆电外送"情况，并慰问一线各族员工。

◎ **2014年**

1月14日，国家电网公司副总工程师赵庆波与新疆维吾尔自治区党委常委、副主席库热西·买合苏提举行工作会谈。双方表示将加强合作，携手推进特高压"疆电外送"工作，共同促进自治区经济跨越式发展和社会长治久安。国网新疆电力总经理刘劲松、党组书记杨玉林、副总经理沙拉木·买买提、叶军等参加会谈。

1月22日，国网新疆电力总经理刘劲松在乌鲁木齐向全国人大常委会副委员长艾力更·依明巴海汇报特高压"疆电外送"进展情况和特高压电网整体建设发展及公司重点工作。

1月23日，国网新疆电力总经理刘劲松向新疆维吾尔自治区主席努尔·白克力汇报公司和电网今后5年的发展规划及近期的15项重点利民工程，对新疆维吾尔自治区电源、电网共同协调发展提出了相关建议。

1月27日，国家电网公司举行哈密南—郑州±800kV特高压直流输电工程竣工投运仪式，国家电网公司总经理舒印彪在国家电网公司总部主会场宣布工程投运，新疆维吾尔自治区党委常委、常务副主席黄卫、国网新疆电力总经理刘劲松在主会场出席仪式，新疆维吾尔自治区党委常委、副主席库热西·买合苏提在国网新疆电力分会场出席仪式并讲话。

是日，国家电网公司总经理舒印彪在京会见新疆维吾尔自治区党委常委、常务副主席黄卫，并就加快新疆电网建设、服务地方经济社会发展交换了意见。国家电网公司副总工程师赵庆波等有关部门负责人和国网新疆电力总经理刘劲松参加会见。

是月，国网新疆电力副总经理沙拉木·买买提荣获国家电网公司劳动模范，国网新疆送变电工程公司哈郑工程施工班组（哈郑工程线路新1标段施工项目部）荣获国家电网公司先进班组（国家电网公司工人先锋号）。

2月25日，国网新疆电力成立凤凰—亚中—达坂城750kV输变电工程启动验收委员会，并召开了委员会第一次会议。

3月8日，国家电网公司董事长、党组书记刘振亚在京与中共中央政治局委员、新疆维吾尔自治区党委书记张春贤、新疆维吾尔自治区党委副书记、主席努尔·白克力一行举行会谈。双方就进一步加快新疆电网发展达成共识，表示要大力推进特高压等各级电网发展，拓宽"疆电外送"通道，共同推进新疆跨越式发展和长治久安。国家电网公司总经理舒印彪、新疆维吾尔自治区常务副主席黄卫、国网新疆电力总经理刘劲松参加会谈。

4月9日，国网新疆电力召开2014年特高压"疆电外送"领导小组第二次会议，国网新疆电力总经理刘劲松、党组书记杨玉林对进一步加快开展相关工作进行了安排部署。

5月7日，国网新疆电力总经理刘劲松等往吐鲁番750kV变电站调研。

5月11日，国网新疆电力建设的凤凰—亚中—达坂城750kV输变电工程移交生产。

5月15日，国家电网公司副总经理郑宝森来公司调研，听取了国网新疆电力总经理刘劲松、党组书记杨玉林关于新疆电网运行、750kV骨干网架建设、哈郑直流"疆电外送"和新能源接入电网情况汇报。

6月28日，国网新疆电力投资建设的新疆首条500kV输电线路工程——哈密南—郑州±800kV特高压直流输电工程配套电源之一——国家开发投资公司哈密电厂500kV送出工程投入运行，线路全长36.1km，共85基铁塔。

是月，国网新疆电力参与建设管理的新疆与西北主网联网750kV第二通道工程获得2014年度电力行业优质工程奖。

8月30日，库车—巴州750kV输变电工程系统调试工作全部结束，并投入试运行。

9月10日，国家能源局副局长童光毅及电网处领导一行，在北京听取了新疆750kV电网网架汇报，对新疆750kV电网发展给予肯定，对下阶段待实施的750kV项目表示大力支持。

10月16日，随着哈密南—郑州±800kV输电线路新疆段1号铁塔开始进行铁塔绝缘子防污闪硅橡胶涂料进行喷涂工作，标志着新疆电力史上电压能级最高、规模最大的电力线路停电检修工作全面展开。

11月2日，截至当日零时，新疆已向华中地区输电100.0121亿kWh，首次突破百亿千瓦时大关，占新疆年内疆电外送总量132.7亿kWh的75.37%，相当于外送标准煤280.2137万t，减少华中地区排放二氧化碳728.56万t、二氧化硫7766.88t，有效缓解了华中地区用电紧张的局面，促进了新疆资源优势向经济优势转化。

11月5日，国家能源局电力司司长韩水一行来公司调研，对国网新疆电力加快电网建设、推动疆电外送、做好新能源接入等工作给予充分肯定。

11月14日，国网新疆电力召开750kV电网建设指挥部第一次会议，正式启动新疆750kV主网架建设工程，确保2015年底基本建成750kV主网架。

11月21日，中国施工企业管理协会发文表彰2013～2014年国家优质工程奖获得者，新疆与西北主网联网750kV第二通道工程榜上有名。国网新疆电力作为该工程的5家建设单位之一同时获得表彰，这也是新疆电网建设史上首次获得此殊荣。

12月12日，国家电网公司董事长、党组书记刘振亚在乌鲁木齐与中共中央政治局委员、新疆维吾尔自治区党委书记张春贤，新疆维吾尔自治区党委副书记、主席努尔·白克力一行举行会谈。双方就进一步加快新疆电网发展达成共识，强调积极落实"一带一路"

战略部署，加快推进特高压等各级电网发展，实现更大规模的疆电外送，为新疆社会稳定和长治久安提供更可靠的能源保障。

12月20日，国网新疆电力技术人员在哈密南—郑州±800kV输电线路84号耐张塔等电位板处成功带电补装开口销，开创了西北地区最高电压等级首次成功带电作业的先河。

12月28日，五彩湾750kV变电站2号主变压器调试送电完成，乌北—五彩湾750kV输变电工程投入试运行。

◎ 2015 年

8月8日，新疆首条特高压疆电外送工程——哈密南—郑州±800kV特高压直流工程首次实现500万kW大负荷运行，日送电量高达1亿kWh，占"疆电外送"日均送电量的99%。

8月28日，国网昌吉供电公司顺利完成准东—华东±1100kV特高压直流输电工程境内预审工作。

9月11日，新疆克孜勒苏柯尔克孜自治州阿克陶县巴仁乡罕铁列克村正式通电，历时4年的新疆"十二五"无电地区电力建设工程全线告捷，国网新疆电力比国家计划的提前15个月实现了电网延伸覆盖范围内的"户户通电"，全疆98.4万无电人口彻底告别了无电的历史。

11月23日，哈密南—郑州±800kV特高压直流输电工程荣获国家优质工程金奖，这是继二通道工程获得国家优质工程奖之后又一次重大飞跃和突破。国网新疆电力、国网新疆送变电公司获得表彰，国网新疆电力党组成员、副总经理沙拉木·买买提荣获国家优质工程金奖突出贡献者。

11月20日，新疆750kV东环网的重要组成部分五彩湾—芨芨湖—三塘湖750kV输电线路工程全线贯通。

12月28日，国家发改委正式印发《关于准东—华东（皖南）±1100kV特高压直流输电工程项目核准的批复》（发改能源〔2015〕3112号），核准建设准东—皖南±1100kV特高压直流输电工程。

B1　变压器主要供应商

序号	变电站名称	型号	数量	生产厂家
1	喀什 750kV 变电站	ODFPS-500000/750	3	山东电力设备有限公司
2	巴楚 750kV 变电站	ODFPS-500000/750	3	特变电工沈阳变压器集团有限公司
3	五彩湾 750kV 变电站	ODFPS-500000/750	6	山东电力设备有限公司
4	库车 750kV 变电站	ODFPS-500000/750	3	西安西电变压器有限责任公司
5	达坂城 750kV 变电站	ODFPS-500000/750	4	保定天威保变电气股份有限公司
6	亚中 750kV 变电站	ODFPS-500000/750	6	西安西电变压器有限责任公司
7	哈密南 750kV 变电站	ODFPS-500000/750	6	特变电工衡阳变压器有限公司
8	伊犁 750kV 变电站	ODFPS-500000/750	3	山东电力设备有限公司
9	乌苏 750kV 变电站	ODFPS-500000/750	3	山东电力设备有限公司
10	凤凰 750kV 变电站	ODFPS-334000/750	2	特变电工股份有限公司新疆变压器厂
			4	特变电工沈阳变压器集团有限公司
11	乌北 750kV 变电站	ODFPS-500000/750	6	特变电工沈阳变压器集团有限公司
12	巴州 750kV 变电站	ODFPS-500000/750	6	特变电工沈阳变压器厂
13	哈密 750kV 变电站	ODFPS-500000/750	7	重庆 ABB 变压器有限公司
14	吐鲁番 750kV 变电站	ODFPS-500000/750	3	特变电工新疆变压器厂
			3	特变电工衡阳变压器有限公司
15	阿克苏 750kV 变电站	ODFPS-500000/750	4	特变电工沈阳变压器集团有限公司

B2　电抗器主要供应商

序号	变电站名称	型号	数量	生产厂家
1	喀什 750kV 变电站	BKD-70000/750	3	西安西电变压器有限责任公司
2	巴楚 750kV 变电站	BKD-70000/750	6	西安西电变压器有限责任公司
3	五彩湾 750kV 变电站	BKD-120000/800	3	保定天威保变电气股份有限公司
4	库车 750kV 变电站	BKD-120000/800-110	3	特变电工衡阳变压器有限公司
		BKD-120000/800	3	保定天威保变电气股份有限公司
5	达坂城 750kV 变电站	BKD-70000/800-110	4	特变电工衡阳变压器有限公司
6	亚中 750kV 变电站	BKD-80000/800-110	3	山东电力设备有限公司
7	哈密南 750kV 变电站	BKD-100000/800	6	保定天威保变电气股份有限公司

序号	变电站名称	型号	数量	生产厂家
8	伊犁 750kV 变电站	BKD-100000/750	4	西安西电变压器有限责任公司
		BKD-140000/750	3	特变电工沈阳变压器集团有限公司
9	乌苏 750kV 变电站	BKD-100000/750	3	西安西电变压器有限责任公司
10	凤凰 750kV 变电站	BKD-100000/750	7	西安西电变压器有限责任公司
11	乌北 750kV 变电站	BKD-120000/750	3	西安西电变压器有限责任公司
		BKD-80000/800-110	9	特变电工衡阳变压器有限公司
12	哈密 750kV 变电站	BKD-100000/800-110	3	特变电工衡阳变压器有限公司
		BKD-140000/800-110	5	特变电工衡阳变压器有限公司
		BKD2-140000/800-110	1	特变电工衡阳变压器有限公司
		BKD-140000/750	7	西安西电变压器有限责任公司
13	吐鲁番 750kV 变电站	BKD-140000/800-110	9	特变电工衡阳变压器有限公司
		BKD-80000/800-110	6	特变电工衡阳变压器有限公司
14	阿克苏 750kV 变电站	BKD-100000/750	4	特变电工沈阳变压器集团有限公司
		BKD-70000/750	4	特变电工沈阳变压器集团有限公司
15	巴州 750kV 变电站	BKD-120000/800	7	特变电工沈阳变压器集团有限公司

B3 断路器主要供应商

序号	变电站名称	型号	数量	生产厂家
1	喀什 750kV 变电站	LW30A-800/Y6300-63	2	山东泰开高压开关有限公司
2	巴楚 750kV 变电站	LW13-800	5	西安西电开关电气有限公司
3	五彩湾 750kV 变电站	LW55B-800	7	河南平高电气股份有限公司
		LW30A-800/Y6300-63	4	山东泰开高压开关有限公司
4	库车 750kV 变电站	LW55-800	5	河南平高电气股份有限公司
5	达坂城 750kV 变电站	ZF27-800（L）	11	河南平高电气股份有限公司
6	亚中 750kV 变电站	LW13-800/Y5000-50（G）	7	西安西电开关电气有限公司
7	哈密南 750kV 变电站	LW55B-800	1	河南平高电气股份有限公司
		LW13-800	9	西安西电开关电气有限公司
8	伊犁 750kV 变电站	LW13-800	7	西安西电开关电器有限公司
		LW56-800	1	新东北电气集团高压开关有限公司
9	乌苏 750kV 变电站	LW55-800	1	河南平高电气股份有限公司
		LW30A-800	4	山东泰开高压开关有限公司
10	凤凰 750kV 变电站	LW56-800	2	新东北电气集团电器设备有限公司
		LW55-800	4	河南平高电气股份有限公司生产
		800PM50-50T	2	北京 ABB 高压开关设备有限公司生产
11	乌北 750kV 变电站	800PM50-50T	4	北京 ABB 高压开关设备有限公司
		LW13-800	7	西安西电高压开关有限责任公司

序号	变电站名称	型号	数量	生产厂家
12	巴州 750kV 变电站	LW13-800	1	西安西开高压电气股份有限公司
		LW55-800	7	河南平高电气股份有限公司
13	哈密 750kV 变电站	LW55B-800	4	河南平高电气股份有限公司
		LW56-800	8	新东北电气集团电器设备有限公司
		800PM50-50T	4	北京 ABB 高压开关设备有限公司
14	吐鲁番 750kV 变电站	LW55-800/Y5000-50	9	河南平高电气股份有限公司
		LW30A-800/Y6300-63	2	山东泰开高压开关有限公司
15	阿克苏 750kV 变电站	LW30-800/Y6300-63	5	山东泰开高压开关有限公司

附录C 主要750kV电网工程监理项目部及其管理单位

序号	项目名称	监理项目部归口管理单位
1	阿克苏—巴楚降压750kV输电线路	新疆电力工程监理有限责任公司
2		河南立新监理有限责任公司
3	乌北—五彩湾750kV双回输电线路	河南立新监理咨询有限公司
4		西北电建监理有限公司
5		新疆新能监理有限公司
6	吐鲁番—巴州750kV输电线路	新疆新能监理有限公司
7		河南立新监理咨询有限公司
8		湖北鄂电监理有限公司
9	库车—巴州750kV输电线路	山西锦通工程项目管理咨询有限公司
10		新疆电力工程监理有限责任公司
11	凤凰—乌北750kV输电线路	新疆新能监理有限责任公司
12		青海智鑫电力监理有限公司
13	凤凰—亚中—达坂城750kV输电线路	新疆电力工程监理有限责任公司
14		吉林吉能电力监理有限责任公司
15		河南立新监理咨询有限公司
16	伊犁—库车750kV输电线路	青海智鑫电力监理咨询有限公司
17		天津电力工程监理有限公司
18	乌北—吐鲁番—哈密750kV输电线路	河南立新监理咨询有限公司
19		陕西银河工程监理有限公司
20		西北电力建设工程建设监理公司
21		新疆新能监理有限责任公司
22		青海智鑫电力监理咨询有限公司
23	哈密南—郑州±800kV特高压直流输电线路(新疆段)	河南立新监理咨询有限公司
24	凤凰—乌苏—伊犁750kV输电线路	吉林省吉能电力建设监理有限责任公司
25		山东诚信工程建设监理有限公司
26	新疆与西北主网联网750kV第二通道线路(新疆段)	四川电力工程建设监理有限责任公司
27		吉林省吉能电力建设监理有限责任公司
28		湖北环宇工程建设监理有限公司
29	五彩湾750kV变电站	新疆电力工程监理有限公司
30	库车750kV变电	新疆电力工程监理有限公司
31	吐鲁番750kV变电站	湖北鄂电建设监理有限责任公司

续表

序号	项目名称	监理项目部归口管理单位
32	巴州 750kV 变电站	新疆电力工程监理有限责任公司
33	乌北 750kV 二期扩建	山东诚信工程建设监理有限公司
34	哈密 750kV 变电站	新疆新能监理有限责任公司
35	凤凰 750kV 变电站	新疆新能监理有限责任公司
36	三塘湖—哈密 750kV 输电线路	新疆电力工程监理有限责任公司
37		天津电力工程监理有限公司
38	准北—乌北 750kV 输电线路	新疆新能监理有限责任公司
		吉林省吉能电力建设监理有限责任公司
39	凤凰—乌北 750kV 输电线路	新疆新能监理有限责任公司
40		青海智鑫电力监理咨询有限公司

附录D 主要750kV电网工程施工项目部及其管理单位

序号	参建项目名称	施工项目部归口管理单位
1	阿克苏—巴楚降压750kV输电线路	新疆送变电工程公司
2		新疆电力建设公司
3		青海送变电工程公司
4	乌北—五彩湾750kV双回输电线路	东电送变电工程公司
5		华东送变电工程公司
6		新疆送变电工程公司
7		新疆电力建设公司
8		宁夏送变电工程公司
9	吐鲁番—巴州750kV输电线路	新疆送变电工程公司
10		新疆电力建设公司
11		甘肃送变电工程公司
12		江西送变电工程公司
13		山西送变电工程公司
14	库车—巴州750kV输电线路	甘肃送变电工程公司
15		新疆送变电工程公司
16		华东送变电工程公司
17		陕西送变电工程公司
18		宁夏送变电工程公司
19	凤凰—乌北750kV输电线路	陕西送变电工程公司
20		青海送变电工程公司
21		新疆送变电工程公司
22	凤凰—亚中—达坂城750kV输电线路	东北电业管理局送变电工程公司
23		武警水电第二总队
24		青海送变电工程公司
25		吉林送变电工程公司
26		新疆送变电工程公司
27		陕西送变电工程公司
28	伊犁—库车750kV输电线路	黑龙江省送变电工程公司
29		华东送变电工程公司
30		新疆维吾尔自治送变电工程公司
31		吉林省送变电工程公司
32		贵州送变电工程公司
33		福建省送变电工程有限公司

续表

序号	参建项目名称	施工项目部归口管理单位
34	乌北—吐鲁番—哈密 750kV 输电线路	吉林送变电工程公司
35		陕西送变电工程公司
36		河南送变电工程公司
37		山东送变电工程公司
38		葛洲坝集团电力公司
39		宁夏电力建设公司
40		湖南省送变电工程公司
41		新疆电力建设公司
42		青海送变电工程公司
43		黑龙江省送变电工程公司
44		湖北送变电工程公司
45		新疆送变电工程公司
46	哈密南—郑州 ±800kV 特高压直流输电线路（新疆段）	新疆送变电工程公司
47		河北送变电工程公司
48	凤凰—乌苏—伊犁 750kV 输电线路	黑龙江省送变电工程公司
49		青海送变电工程公司
50		北京送变电公司
51		天津送变电工程公司
52	新疆与西北主网联网 750kV 第二通道输电线路（新疆段）	宁夏送变电工程公司
53		福建省第二电力建设公司
54		天津送变电工程公司
55		山西省电力公司供电工程承装公司
56		吉林省送变电工程公司
57		河北省送变电公司
58	五彩湾 750kV 变电站	新疆送变电工程公司
59	库车 750kV 变电	山西送变电工程公司
60	吐鲁番 750kV 变电站	新疆送变电工程公司
61	巴州 750kV 变电站	新疆送变电工程公司
62	乌北 750kV 二期扩建	新疆送变电工程公司
63	哈密 750kV 变电站	甘肃送变电工程公司
64	凤凰 750kV 变电站	东北电管局送变电工程公司
65	三塘湖—哈密 750kV 输电线路	云南省送变电工程公司
66		重庆市送变电工程有限公司
67		甘肃送变电工程公司
68		新疆送变电工程公司
69		广东省输变电工程公司
70	凤凰—乌北 750kV 输电线路	新疆送变电工程公司
71		陕西送变电工程公司
72		青海送变电工程公司

序号	参建项目名称	施工项目部归口管理单位
73		山东送变电工程公司
74		新疆送变电工程公司
75	准北—乌北 750kV 输电线路	黑龙江省送变电工程公司
76		内蒙古送变电工程有限责任公司
77		辽宁省送变电工程公司

序号	项目名称	建设性质	线路长度（km）	变电容量（MVA）	变电台数	总投资（万元）	规划投产时间	备注
1	乌北—吐鲁番—哈密750kV输变电工程	新建	1158	450	3	444271	2010-10-12	已投运
2	吐鲁番—巴州750kV输变电工程	新建	337	150	1	146600	2011-01-09	已投运
3	凤凰—乌苏—伊犁750kV输变电工程	新建	416	150	1	204094	2013-04-26	已投运
4	哈密南—郑州±800kV特高压直流输电工程（新疆段）	新建	50	420	2	62500	2013-06-10	已投运
5	新疆与西北主网联网750kV第二通道输变电工程（新疆段）	新建	510	150	1	199277	2013-06-12	已投运
6	凤凰—亚中—达坂城750kV输变电工程	新建	225.5	450	3	249423	2015-06-20	已投运
7	乌北—五彩湾750kV输变电工程	新建	272	300	2	197276	2014-12-31	已投运
8	库车—巴州750kV输变电工程	新建	298	300	2	145783	2014-08-30	已投运
9	库车—阿克苏—巴楚—喀什750kV输变电工程	新建	673	450	3	334340	2015-12-31	已投运
10	吐鲁番750kV变电站	新建		150	1	16375	2015-08-27	已投运
11	天山换流站±800kV联变扩建工程	新建	5	420	2	48000	2016-03-31	已投运
12	三塘湖—哈密750kV输变电工程	新建	292	300	2	183781	2015-12-31	已投运
13	五彩湾—芨芨湖—三塘湖750kV输变电工程	新建	710	150	1	289783	2015-12-31	已投运
14	伊犁—库车750kV输变电工程	新建	346	150	1	189960	2016-12-31	已投运
15	烟墩750kV变电站	新建		300	2	30543	2016-01-26	已投运
16	乌苏750kV开关站扩建工程	新建		150	1	27300	2016-05-31	已投运
17	凤凰—乌北750kV输变电工程	新建	136	500			2008-06-18	已投运
18	准北—乌北750kV输变电工程	新建	638	300	1	260024	2017-12-31	在建

参 考 文 献

［1］ 国家电网公司.青藏电力联网工程—西藏中部220kV电网工程［M］.北京:中国电力出版社,
2012.

［2］ 国家电网公司.新疆与西北主网联网750kV第二通道工程［M］.北京:中国电力出版社,2013.

［3］ 国家电网公司.青藏电力联网工程　西宁—柴达木750kV输变电工程［M］.北京:中国电力出版
社,2012.

［4］ 国家电网公司.创新与超越—记"十一五"电网建设［M］.北京:中国电力出版社,2011.

［5］ 国家电网公司.国家电网公司750kV输变电示范工程建设总结［M］.北京:中国电力出版社,
2006.

［6］ 刘振亚.中国电力与能源［M］.北京:中国电力出版社,2012.

［7］ 刘振亚.全球能源互联网［M］.北京:中国电力出版社,2015.

［8］ 国家电网公司.中国三峡输变电工程［M］.北京:中国电力出版社,2009.

［9］ 刘振亚.宁东—山东±660kV直流输电示范工程总结［M］.北京:中国电力出版社,2011.

［10］ 马丽琼,陶信平.论新疆地区生态文明建设的法制保障［J］.中国环境资源法学研究会,2013:
375-380.

［11］ 白伟,韩波,张艳.新疆电网联网工程规划探讨［J］.新疆电力,2000（65）:1-4.

［12］ 关洪浩,张锋,孙谊媺,等.哈郑直流工程投运初期对新疆电网影响分析［J］.中国电力,
2012,45（12）:48-51.

［13］ 弋长青,尚勇,李刚.西北750kV电网发展规划若干问题探讨［J］.电网与清洁能源,2009,
25（11）:17-25.

［14］ 鹿飞.新疆首批750kV工程获核准——新疆电网规划进入实施阶段［N］.国家电网报,2009-8-
26（001）.

［15］ 弋长青,朱敏奕,尚勇.西北750kV电网规划新进展及重大问题探讨［J］.电网与清洁能源水
力发电进展,2007（8）:8-13.

［16］ 鲁立岗.750——新疆电网腾飞的起点［J］.国家电网,2009（4）:97-99.

［17］ 关洪浩,罗忠游,宋新甫,等.750kV乌北片区电网短路电流现状及改进措施［J］.陕西电力,
2014,42（6）:42-49.

［18］ 李刚,姚斯立,杜炜,等.特高压断路器容量试验回路研究［J］.高压电器,2013,49（4）:
6-11.

［19］ 周坚，胡宏，庄侃沁，等.华东电网短路电流分析及其限制措施探讨［J］.华东电力，2006，34（7）：55-59.

［20］ 陆建忠，张啸虎.加强电网规划　优化电网结构　限制短路电流［J］.华东电力，2005，33（5）：7-10.

［21］ 杨熙，喻新强，尚勇，等.750kV输电线路复合横担均压特性［J］.电网技术，2013，37（6）：1625-1631.

［22］ 关志成，彭功茂，王黎明，等.复合绝缘子的应用及关键技术研究［J］.高电压技术，2011，37（3）：513-519.

［23］ 王容，王少敏，周平.750kV交流输电线路的运行维护技术探讨［J］.专家论坛，2008（10）：44-48.

［24］ 喻新强，朱岸明，李小亭，等.四分裂导线在750kV输电线路中的应用研究［J］.电网与清洁能源，2013，29（10）：1-5.

［25］ 李小娟，姜梅，杨洁.750kV输电线路电磁环境水平分析与研究［J］.陕西电力，2014，42（5）：52-55.

［26］ 王建国.新疆750kV变电站周围电磁环境水平及其特征分析［J］.干旱环境监测，2012，26（2）：104-107.

［27］ 吕世荣，刘本粹.750kV输变电工程关键技术研究［J］.中国电力，2006，39（1）：1-6.

［28］ 陈树勇，逄博，陈得治，等.新疆电网多送出直流输电系统运行特性分析［J］.中国电力，2014（4）：102-107.

［29］ 付豪，张博.新疆750kV乌吐Ⅰ线247♯塔引流线断股缺陷的分析［J］.电子世界，2014（10）：33.

［30］ 陶奕杉.新疆五彩湾区域网架结构对短路电流的影响［J］.能源研究与管理，2014（3）：89-92.

［31］ 许可，莫莉，鲜杏，等.电网消纳大规模风电能力分析［J］.水电能源科学，2014（8）：193-197.

［32］ 付豪，陈立新.大风对新疆电网输电线路的危害浅析［J］.新疆电力技术，2014（1）：10-13.

［33］ 张锋，王衡，常喜强，等.基于新疆电网750kV～220kV环网的潮流转移分配分析［J］.新疆电力技术，2014（2）：44-50.

［34］ 朱凌志，陈宁，韩华.风电消纳关键问题及应对措施分析［J］.电力系统自动化，2011（22）：29-34.

［35］ 刘德伟，黄越辉，王伟胜，等.考虑调峰和电网输送约束的省级系统风电消纳能力分析［J］.电力系统自动化，2011（22）：77-81.

［36］ 李敏，王新宝，常喜强，等.新疆与西北联网750kV交流联络线功率波动峰值计算分析研究

[J].电网与清洁能源，2011（9）:26-31.

[37] 刘勇，田晓军，夏保安，等.电网风电消纳能力计算方法分析[J].河北电力技术，2012（2）:21-22.

[38] 张玉琼，王新宝，程林，等.新疆—西北联网后新疆电网稳定特性及应对措施[J].中国电力，2012（4）:1-4.

[39] 魏新泉，杨桂兴，常喜强.乌鲁木齐电网运行分析[J].供用电，2013（3）:46-50.

[40] 刘新刚，乔怡，闫广新.关于如何降低电网短路电流水平方法的研究[J].电气应用，2013（12）:97-100.

[41] 蔡鹏程，常喜强，杨永利，等.新疆电网风电、水电、火电装机比例的优化分析[J].新疆电力技术，2013（3）:117-123.

[42] 宋军.新疆电网与疆南电网、和田电网联网运行分析[J].新疆电力，2006（2）:7-16.

[43] 张娟，常喜强.2012～2015年新疆电网750kV感性无功补偿分析[J].新疆电力技术，2010（4）:1-3.

[44] 苗长越，常喜强，姚秀萍，等.新疆风电消纳相关问题研究[J].新疆电力技术，2015（4）:39-43.

[45] 王晓飞，侯玉强，常喜强，等.新疆750kV电网初期安控策略调整分析及思考[J].新疆电力技术，2010（3）:1-3.

[46] 宋新甫.750kV联网初期新疆电网短路电流分析及控制措施[J].新疆电力技术，2010（2）:1-2.

[47] 杨桂兴，王亮，魏新泉.光伏电站在乌鲁木齐地区电网的运行特性分析[J].新疆电力技术，2013（4）:101-102.

[48] 蒋佳良.风电并网运行的频率稳定问题研究[D].新疆:新疆大学，2010.

[49] 常喜强.新疆电网第三道稳定防线的研究[D].上海:上海交通大学，2009.

[50] 申盛召.基于新疆电网继电保护故障信息系统研究及应用[D].新疆:新疆大学，2014.

[51] 贠剑，常喜强，魏伟，等.大规模光伏发电对新疆电网继电保护影响的研究[J].电气技术，2015（10）:27-33.

后　记

本书客观记载了"十一五""十二五"期间新疆 750kV 电网跨越式发展历程。

回顾新疆 750kV 电网发展十年来的收获与成果，犹如翻过一本厚重的画卷。十年来，国网新疆电力坚定不移地推进新疆电网发展方式转变，实现了新疆与西北主网联网，结束了新疆电网孤网运行的历史。建成投运哈密南—郑州 ±800kV 特高压直流输电工程，基本形成了疆内 750kV 骨干网架，使新疆电网迈进了超高压、特高压交直流混联电网时代，实现了"煤从空中走，电送全中国"。新能源并网装机容量大幅提升，实现了新疆电网跨越式发展。国网新疆电力发展方式也发生了变化，实现了综合实力的大幅提升。全面建成"三集五大"体系，管理机制进一步优化。国网新疆电力荣获全国文明单位等多项荣誉称号，涌现出一批先进典型和模范人物。

掩卷沉思，展望"十三五"，新疆电网的"大变化"与"大趋势"相辅相成，跃然而出。新疆电网所面对的电力供需、节能减排、电网建设等都将呈现出前所未有的"大变化"，而新的发展理念、目标、战略及全球能源互联则引领新疆电网发展"大趋势"。"十三五"期间，新疆电网将建成"五环网、三交流、六直流"的骨干网架，疆内规划新增 110kV 及以上的变电站 305 座。到 2020 年，将实现"内供五环网、外送九通道"，规划外送能力达到 6600 万 kW，把新疆的风、光、火、水电基地连接起来，形成输送能力更强、电网结构更加安全可靠的坚强送端电网。届时，新疆电网将成为全国最大的省级电网，也是全国最大的电力外送基地。

雄关漫道真如铁，而今迈步从头越。"一带一路""全球能源互联网"战略构想赋予了新疆电网发展新的使命，精进不休的新疆电力人将在跨越式发展的征途中不断奋进，砥砺前行。

编　者

2016 年 11 月

索　引